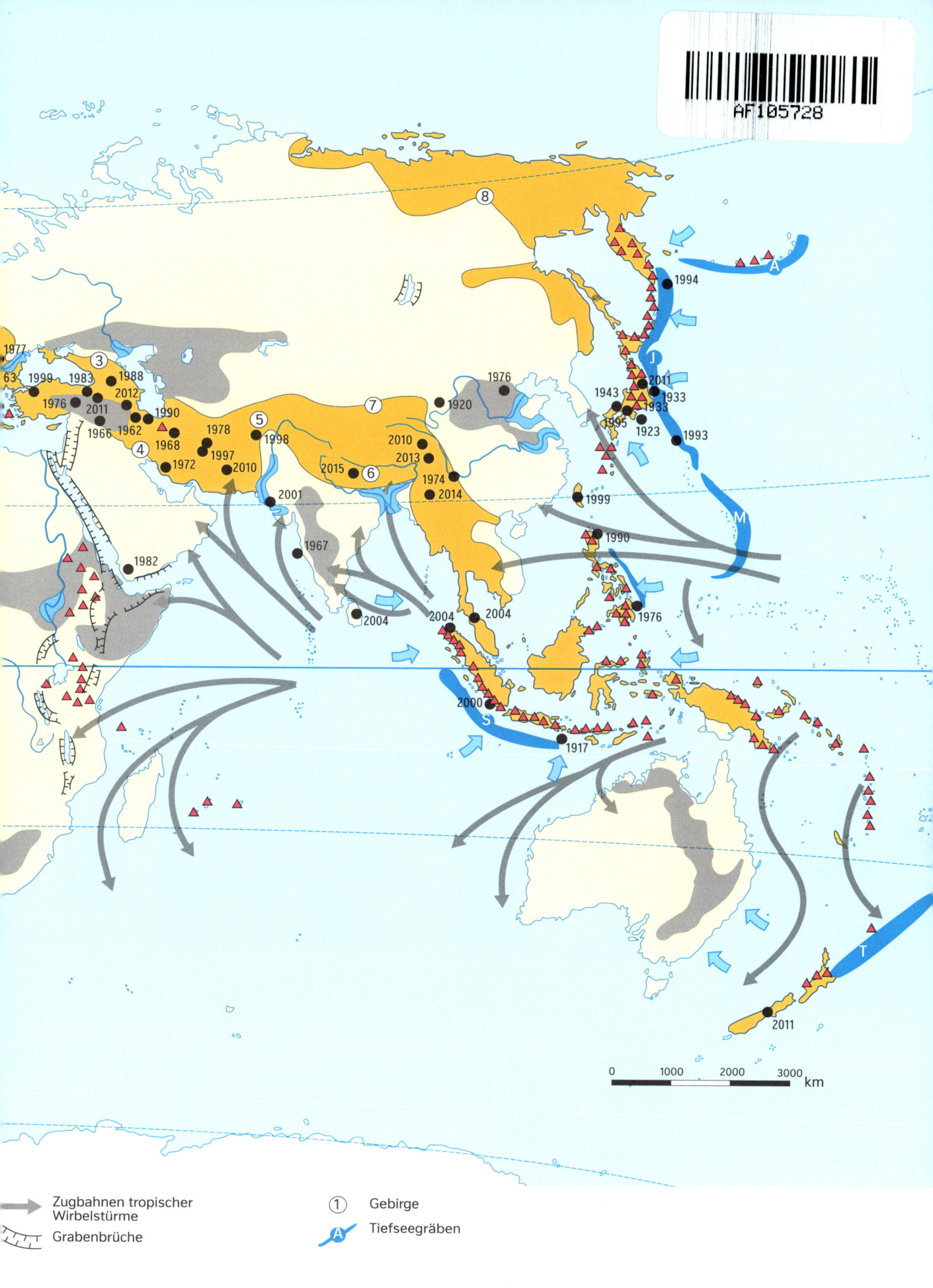

Diercke Erdkunde 2

für Rheinland-Pfalz

Moderatoren:
Dr. Thomas Brühne
Peter Kirch

Zeichenerklärung

M5	Materialen sind mit „M" gekennzeichnet. Zu ihnen zählen Grafiken, Tabellen, Fotos, Texte.	**1**	Rot gekennzeichnete Aufgaben sind Standardaufgaben.
	Zahlreiche Texte (Infotexte) geben weiterführende Informationen.	2	Eine Vielzahl von Aufgaben ist schwarz gekennzeichnet. Mit der Bearbeitung dieser Aufgaben kannst du die Kompetenzen des Lehrplans erlangen.
	Auf diesen Seiten findest du Vorschläge für spannende Projekte.		Auf diesen Seiten werden Themen angeboten, die dein Wissen erweitern. Sie stellen zusätzliche Angebote dar.
	Dieses Symbol kennzeichnet Seiten, auf denen du Arbeitsmethoden kennenlernst.		Auf diesen Seiten werden Inhalte angeboten, die dein Wissen vertiefen.
Alles klar?	Auf den Alles-klar-Seiten kannst du dein Wissen überprüfen.	 www.diercke.de 100857-011	Durch Eingabe des Web-Codes unter der Adresse www.diercke.de gelangt man auf die passende Doppelseite im aktuellen Atlas „Diercke Weltatlas 2 differenzierende Ausgabe Rheinland-Pfalz". Auf der Internetseite erhält man Hinweise zu ergänzenden Atlaskarten mit Informationen zu den Karten sowie weiterführende Materialien.
Klima	Wichtige Begriffe sind blau gedruckt. Sie werden im Anhang in einem Minilexikon erklärt.	dif	Zu diesen Seiten werden im Lehrerband und in der digitalen BiBox differenzierende Arbeitsmaterialien angeboten. Das dif-Zeichen steht immer unten auf der rechten Seite.

Titelbild: Verkehr in Hyderabad / Indien

© 2016 Bildungshaus Schulbuchverlage
Westermann Schroedel Diesterweg Schöningh Winklers GmbH, Braunschweig
www.westermann.de

Das Werk und seine Teile sind urheberrechtlich geschützt. Jede Nutzung in anderen als den gesetzlich zugelassenen bzw. vertraglich zugestandenen Fällen bedarf der vorherigen schriftlichen Einwilligung des Verlages. Nähere Informationen zur vertraglich gestatteten Anzahl von Kopien finden Sie auf www.schulbuchkopie.de. Für Verweise (Links) auf Internet-Adressen gilt folgender Haftungshinweis: Trotz sorgfältiger inhaltlicher Kontrolle wird die Haftung für die Inhalte der externen Seiten ausgeschlossen. Für den Inhalt dieser externen Seiten sind ausschließlich deren Betreiber verantwortlich. Sollten Sie daher auf kostenpflichtige, illegale oder anstößige Inhalte treffen, so bedauern wir dies ausdrücklich und bitten Sie, uns umgehend per E-Mail davon in Kenntnis zu setzen, damit beim Nachdruck der Verweis gelöscht wird.

Druck A^2 / Jahr 2020
Alle Drucke der Serie A sind im Unterricht parallel verwendbar.

Redaktion: Lektoratsbüro Eck, Berlin
Druck und Bindung: Westermann Druck GmbH, Braunschweig

ISBN 978-3-14-114930-2

Inhaltsverzeichnis

Geofaktoren – Grundlage des Lebens — 6

- Eine Landschaft – viele Geofaktoren — 8
- Die Erde – schiefe Drehung um die Sonne — 10
- Klima-, Vegetations- und Landschaftszonen — 12
- Geofaktor Boden — 14
- Günstige Geofaktoren in der gemäßigten Zone — 16
- Subtropen – Geofaktoren wirken zusammen 📧 — 18
- Das Klima ändert sich — 20
- METHODE Textanalyse am Beispiel Ozonschicht — 22
- Folgen des Klimawandels — 24
- Klimapolitik und Klimaschutz — 26
- Verletzbarkeit eines Weltmeeres 🔍 — 28
- Alles klar? Gewusst – gekonnt — 29

Endogene Naturkräfte verändern Räume — 30

- Innere und äußere Kräfte der Erde — 32
- Kontinentaldrift – Kontinente in Bewegung — 34
- Erdbeben und Vulkanausbrüche — 36
- Sh...sha...shakin' on the fault line — 38
- Tsunamis – Monsterwellen und ihre Folgen 📧 — 40
- Vulkane – Fluch und Segen 🔍 — 42
- Der Ätna – Leben am Vulkan — 44
- Hotspot-Vulkanismus 📧 — 46
- In der Vulkaneifel — 48
- Der Merapi wird überwacht — 50
- Alles klar? Gewusst – gekonnt — 51

Exogene Kräfte verändern die Erde — 52

- Flüsse bilden Täler — 54
- Wasser schafft den Durchbruch — 56
- Hochwasser am Rhein – Wer ist schuld? — 58
- Karstformen 🔍 — 60
- Landschaftsgestalter Eis 🔍 — 62
- Der Wind als formende Kraft 📧 — 64
- Alles klar? Gewusst – gekonnt — 66

Grenzen der Raumnutzung — 68

- Wo kann der Mensch leben und wirtschaften? — 70
- Regenzeiten und Trockenzeiten im Wechsel 📧 — 72
- Entwicklung in semiariden Räumen? — 74
- Wer bekommt das Wasser? 🔍 — 76
- METHODE Ein Ursache-Wirkungs-Schema erstellen — 78
- Der Aralsee – vom See zur Wüste 🔍 — 80
- Ist der Aralsee noch zu retten? 🔍 — 82
- Lebendige Vergangenheit 📧 — 84
- Alles klar? Gewusst – gekonnt — 85

Welternährung – Überfluss und Mangel — 86

- Nahrungsmittel – ausreichend vorhanden? — 88
- Schauplatz Somalia — 90
- Hunger – ein weltweites Problem — 92
- Auswirkungen des weltweiten Fleischkonsums 📧 — 94

	Auf dem Weg in die Fast-Food-Gesellschaft?	96
	Biokraftstoffe – Tank oder Teller?	98
	Nahrung aus dem Meer	100
	Nachhaltige Entwicklungsziele	102
Alles klar?	Gewusst – gekonnt	104

Nachhaltigkeit konkret 106

	Nachhaltigkeit – eine globale Herausforderung	108
	Fairer Handel	110
	Wohin mit unserem Müll?	112
	Der ökologische Rucksack	114
	Virtuelles Wasser	116
	Energieverbrauch weltweit	118
	Wie viel Landoberfläche verbrauchst du?	120
	Energien der Zukunft – Zukunftsenergien	122
	Hoffnungsträger Elektromobilität	124
PROJEKT	Die Energiesparschule	126
	Ruanda – Partnerschaftshilfe	128
Alles klar?	Gewusst – gekonnt	129

Europa – Einheit und Vielfalt 130

	Europa – vielfältiger Erdteil	132
	Einheit in Vielfalt	134
	Der EU-Binnenmarkt	136
	Europa der Regionen	138
METHODE	Eine thematische Karte entwerfen	140
	Frankreich – Zentralismus und Dezentralisierung	142
	Die Tschechische Republik – Nachbar im Osten	144
	Euregios	146
PROJEKT	Einen EU-Schulprojekttag durchführen	148
	Europa – gemeinsam die Umwelt schützen	150
	Türkei – Brücke von Europa nach Asien	152
Alles klar?	Gewusst – gekonnt	153

Möglichkeiten der Raumplanung 154

	Raumplanung – Grundlage der Entwicklung	156
	Landesentwicklung durch Konversion	158
	Der „Ring" – Rennstrecke auf dem Prüfstand	160
	Brückenbau – Räume werden verbunden	162
	Bad Ems – neue Wege der Stadtentwicklung	164
	Bauleitplanung – Sie geht uns alle an!	166
PROJEKT	„… aber nicht in meiner Nachbarschaft"	168
METHODE	Eine thematische Karte lesen	172
	Unsere Region hat Zukunft	174
Alles klar?	Gewusst – gekonnt	175

Bevölkerungsentwicklung 176

	Die Weltbevölkerung wächst	178
	Nigeria – immer mehr Menschen!	180
	Die Situation von Frauen in der Welt	182
	Die Tragfähigkeit der Erde	184
METHODE	Eine Bevölkerungspyramide lesen und auswerten	186
	China – kontrolliertes Bevölkerungswachstum	188

Inhaltsverzeichnis

	Orientierung in Asien	190
	Deutschland – immer weniger Menschen!	192
	Der demographische Übergang – ein Modell	194
Alles klar?	Gewusst – gekonnt	196

Migration und Verstädterung — 198

	Die Welt wird Stadt	200
	Menschen verlassen ihre Heimat	202
	Weltstadt New York – Menschen aus aller Welt	204
	Lebenswelten in der Metropole São Paulo	206
	Megastädte – Megarisiken	208
Methode	Im Internet recherchieren	209
	Megastadt Mexiko-Stadt	210
	Chinas ländlicher Raum im Umbruch	212
	Die (Wüsten-)Stadt der Zukunft?	214
Alles klar?	Gewusst – gekonnt	215

Länder und ihre Entwicklungsmöglichkeiten — 216

	Eine Welt – verschiedene Entwicklungsstände	218
	Zusammenarbeit in der Einen Welt	220
	Brasilien – das „B" unter den BRICS-Staaten	222
	Brasilien – Folgen der Raumerschließung	224
	Ruanda – ein Partnerland in Afrika	226
	Ruanda – Kinder sind die Zukunft	228
Methode	Ländervergleich	230
	Armut trotz Rohstoffreichtum	232
	Bildung und Gesundheit	234
Alles klar?	Gewusst – gekonnt	235

Globalisierung — 236

	Globalisierung – neues oder altes Phänomen?	238
	Leben in einer globalisierten Welt	240
	Weltweiter Handel – globalisierte Wirtschaft	242
	Containerschifffahrt durch den Panamakanal	244
	Globalisierung vor der Haustür	246
	Wirtschaftliche Verknüpfung durch Logistik	248
	Globalisierung hautnah – Textilindustrie	250
	Sweatshops – Nähen für die Welt	252
	Smartphones aus dem Silicon Valley?	254
	Mc World und Cocacolization	256
	Entwicklung durch Tourismus?	258
	Auswirkungen des Tourismus	260
	Globalisierung konkret	262
Alles klar?	Gewusst – gekonnt	264

Anhang — 266

Minilexikon	266
Bildquellenverzeichnis	272

Geofaktoren – Grundlage des Lebens

M1 Ernte in der Magdeburger Börde – das Zusammenwirken der Geofaktoren bewirkt gute Erträge.

M2 Braunkohlekraftwerk – der Mensch beeinflusst durch den Ausstoß von CO_2 den Geofaktor Klima.

M3 Klima und Pflanzen – von Pol zu Pol (Weltraumbild – zusammengesetzt aus mehreren Tausend Aufnahmen von Wettersatelliten)

Eine Landschaft – viele Geofaktoren

M1 Landschaften – von Geofaktoren geformt und geprägt

Die Erde – Planet vielfältiger Landschaften

Unsere Erde ist sehr vielfältig. Einerseits gibt es Feuchtgebiete mit dichten, schier undurchdringlichen Regenwäldern. Hier entstand eine artenreiche Tier- und Pflanzenwelt (M4).
Andererseits gibt es ausgedehnte Trockengebiete, in denen es nur wenige Tage im Jahr regnet. Hier breiten sich Wüsten aus. Nur wenige Tier- und Pflanzenarten können unter diesen Bedingungen existieren. Die Wüsten sind bis auf die Oasen (M3) weitestgehend unbesiedelt. Nur dort kann Landwirtschaft betrieben werden.
Das heutige Deutschland ist hingegen gut für eine landwirtschaftliche Nutzung geeignet. Früher wuchsen hier fast flächendeckend Laub- und Mischwälder, die der Mensch aber im Laufe der Jahrhunderte häufig umwandelte: An die Stelle der Wälder traten Acker- und Weideflächen.
In den kälteren Regionen gibt es endlose Nadelholzwälder (Taiga, M6), die in Richtung der Pole die baumlose Tundra übergehen. Unter diesen Bedingungen entstanden Dauerfrostböden, die im kurzen Sommer nur oberflächennah auftauen. Ackerbau ist hier nicht mehr möglich.
Stets stehen Klima und Vegetation, die Erdoberfläche (Relief), der geologische Bau, die Böden, die Tier- und Pflanzenwelt sowie die menschliche Nutzung in einem engen Zusammenhang. Sie bilden ein Wirkungsgefüge verschiedener Geofaktoren (M2), das sich als räumliches Muster auf die Erde übertragen lässt. Auf dieser Grundlage werden Landschaftszonen ausgewiesen, die gleiche oder ähnliche Merkmale besitzen. Landschaftsökologen untersuchen die Zusammenhänge und Wirkungsweisen einzelner Geofaktoren in einer Landschaft. Sie untersuchen aber auch, wie der Mensch als eigenständiger Geofaktor die Landschaften beeinflusst.

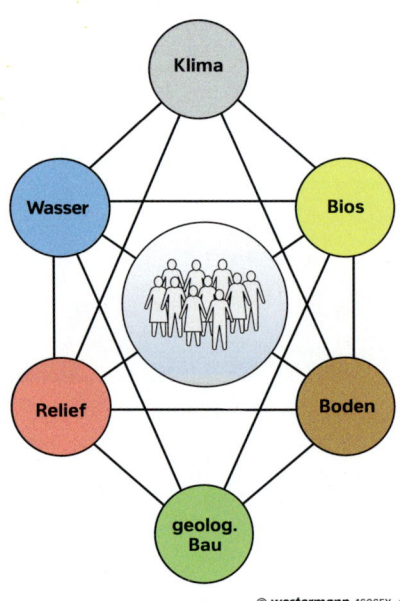

M2 Geofaktoren im Zusammenspiel

8

www.diercke.de
100857-178

Geofaktoren – Grundlage des Lebens

M3 Oase Timimoun in der Sahara

M6 In Mittelfinnland

M4 Tropischer Regenwald in Zentralafrika

Im tropischen Regenwald gibt es ... ① ... Niederschläge, die ... ② ... über das Jahr verteilt sind. Charakteristisch sind ... ③ ... Temperaturen um 25 °C. Ein Merkmal des dort herrschenden Tageszeitenklimas ist, dass ... ④ ... fällt und auch im Verlauf des Tages kaum ... ⑤ ... zu verzeichnen sind. Der Jahresniederschlag liegt meist bei mehr als ... ⑥ ... . Das führt zu einer hohen Luftfeuchtigkeit. Der tropische Regenwald ist ... ⑦ ... . Die günstigen klimatischen Bedingungen führen auch zu einer ... ⑧ ... Tierwelt. Der Boden ist relativ ... ⑨ ... , da nur eine dünne Humusschicht existiert und Minerale und Nährstoffe durch die hohen Niederschläge ... ⑩ ... werden. Es gibt einen ... ⑪ ... , der zu einem ... ⑫ ... , einem hohen Grundwasserstand und vielen Seen führt.

M5 Zusammenspiel der Geofaktoren im tropischen Regenwald

Aufgaben

1 Ersetze die Zahlen im Text M5 durch die passenden Begriffe unten. In der richtigen Reihenfolge ergeben sie ein Lösungswort. Achtung: Einige Buchstaben kommen doppelt vor.
   N weitverzweigten Flussnetz
   C 2000 mm
   A vielfältigen
   L sehr hohe
   D fast täglich Regen
   E Wasserüberschuss
   S Temperaturschwankungen
   H artenreich und immergrün
   T ausgewaschen
   A gleichmäßig
   F unfruchtbar
   N konstante

2 Beschreibe die Landschaft M1 und erkläre an diesem Beispiel das Zusammenspiel der Geofaktoren.

3 Wähle in M1 und M2 zwei Geofaktoren aus und erläutere Zusammenhänge zwischen ihnen.

9

Die Erde – schiefe Drehung um die Sonne

M1 Unser Sonnensystem – finde die Erde mithilfe des Atlas.

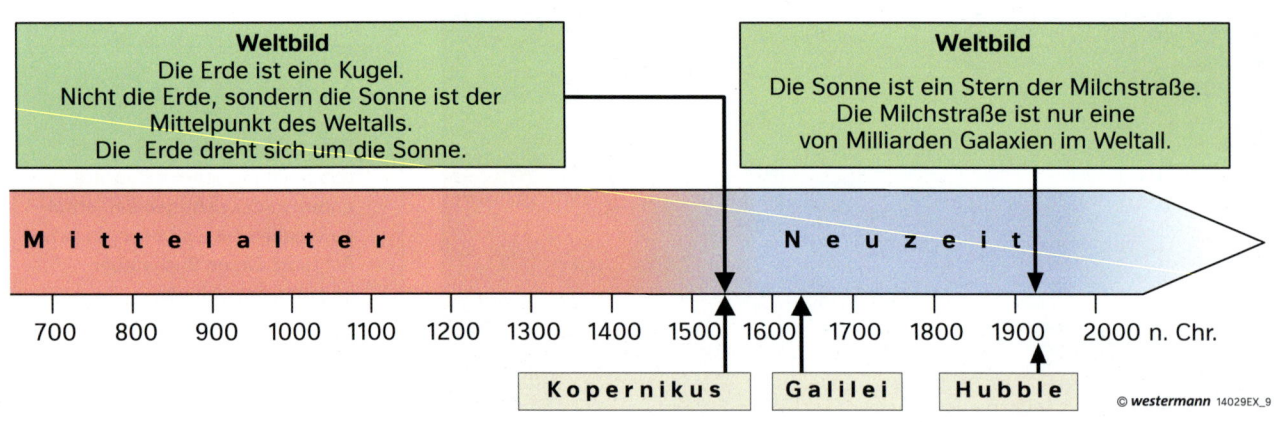

M2 Weltbild im Wandel der Geschichte

Schieflage der Erde – eine Drehung mit Folgen

Die Erde ist ein Planet in einem Sonnensystem, das wiederum Teil einer Galaxie ist. Unsere Galaxie ist nur eine von Milliarden weiteren Galaxien.
Die Erde dreht sich jeden Tag einmal um ihre Achse. So entstehen die Tageszeiten – der Tag und die Nacht. Im Jahresverlauf verändert sich, in Abhängigkeit vom jeweiligen Breitengrad, die Dauer der Tageszeiten.
Die Ursache für den Wechsel der Jahreszeiten ist die Umkreisung der Sonne durch die Erde. Eine Umkreisung dauert ein Jahr. Bei dieser Umkreisung bleibt die Erdachse immer in der gleichen Stellung (M4, M6). Deshalb ist die Nordhalbkugel am 21. Juni der Sonne am stärksten zugeneigt (① in M4). Dabei erhält die Nordhalbkugel viel Sonnenenergie: Es herrscht Sommer, auch in Deutschland. Wenn bei uns Winter ist, wendet sich die Nordhalbkugel von der Sonne ab (② in M4). Gleichzeitig wendet sich die Südhalbkugel der Sonne zu. Die unterschiedliche Bestrahlung der Erde durch die Sonne im Jahr ist somit für die Entstehung der Jahreszeiten verantwortlich.

Geofaktoren – Grundlage des Lebens

M3 Eine Landschaft zu den vier Jahreszeiten in unseren Breiten

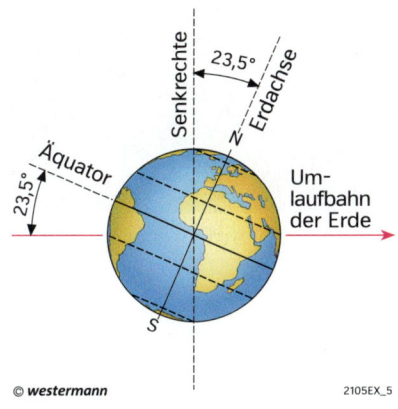

M6 Die Erde steht schief

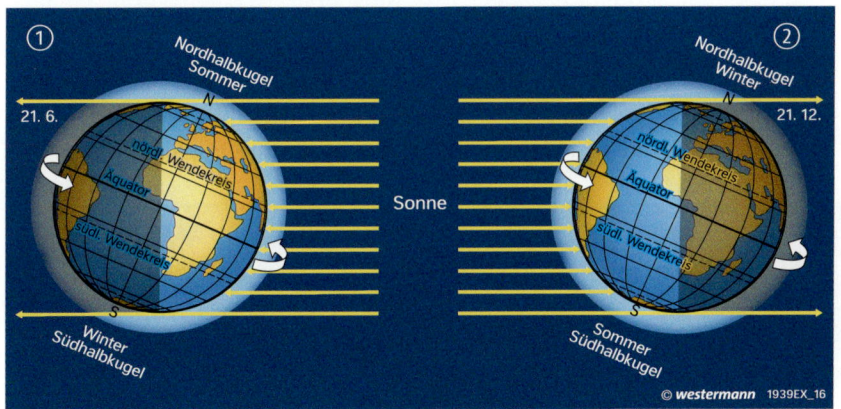

M4 Die Bestrahlung der Erde zum Sommer- und Winteranfang

20./21. März: (Frühlingsanfang)	Die Sonne steht über dem Äquator im Zenit, Nord- und Südhalbkugel werden gleich bestrahlt. Tag und Nacht sind überall gleich lang.
21. Juni: (Sommeranfang)	Die Sonne steht über dem nördlichen Wendekreis (23,5° N) im Zenit. Auf der Nordhalbkugel ist die Nacht vom 21. auf den 22. Juni die kürzeste des Jahres. Nun beginnt die scheinbare Wanderung des Zenitstandes zum südlichen Wendekreis.
22./23. September: (Herbstanfang)	Zenitstand der Sonne erneut über dem Äquator.
21./22. Dezember: (Winteranfang)	Die Sonne steht über dem südlichen Wendekreis im Zenit (23,5° S). Auf der Südhalbkugel beginnt der Sommer.

M5 Beginn der Jahreszeiten auf der Nordhalbkugel

Info

Zenitstand der Sonne

Wenn sich die Sonne senkrecht über einem Punkt auf der Erde befindet, steht sie im Zenit. Ihre Strahlungsintensität ist dann sehr hoch und die Erdoberfläche erwärmt sich stark. Nur innerhalb der Tropen ist ein Zenitstand möglich.

Aufgaben

1 Begründe, warum sich die Erdoberfläche im Laufe des Jahres unterschiedlich erwärmt.

2 Vervollständige die folgenden Sätze: Wenn sich die Nordhalbkugel von der Sonne abwendet, herrscht auf der Südhalbkugel … . In Deutschland ist dann … .

3 Erkläre den Begriff Zenit.

Klima-, Vegetations- und Landschaftszonen

M1 Kartoffelernte in der gemäßigten Zone

Klima – ein Geofaktor in Gürteln

Temperatur, Niederschlag, Wind, Bewölkung und Luftdruck sind in vielen Gebieten der Erde über sehr lange Zeiträume ähnlich ausgeprägt. Regionen mit ähnlichem Klima werden als Klimazonen zusammengefasst. Diese verlaufen etwa parallel zu den Breitenkreisen, weil das Klima von der Sonneneinstrahlung und damit von der geographischen Breite abhängt. Neben den drei Hauptklimazonen gibt es Übergangszonen (Subzonen). Häufig ragt eine Klimazone weit in die nächste hinein. Wichtige Gründe dafür sind die unterschiedliche Verteilung von Land und Meer sowie warme und kalte Meeresströmungen. Auch die Höhenlage und die Ausdehnung der Gebirge spielen eine wichtige Rolle bei der Ausprägung des Geofaktors Klima.

Klima und Vegetation passen zusammen

Bei den Hauptklimazonen denken wir automatisch an eine bestimmte Vegetation, die typischen Pflanzen dieser Zonen. Regenwälder mit undurchdringlichem Urwald, Baumriesen und Schlingpflanzen verbindet man mit der tropischen Zone. Bei den kalten Regionen am Polarkreis sind es Flechten und Moose. Die Pflanzenwelt hat sich über Jahrtausende an die natürlichen klimatischen Bedingungen angepasst. So gibt es den Klimazonen entsprechende Vegetationszonen. Auch der Mensch richtet sich beim Anbau von Nutzpflanzen nach den natürlichen Bedingungen, den Geofaktoren, des jeweiligen Raums. Das trifft zum Beispiel auch auf die weltweit verbreiteten Knollenfrüchte zu.

Maniok (in Afrika: Kassava)
Die Pflanze verlangt ein warmes, feuchtes Klima mit Temperaturen um 27 °C sowie 500 – 1500 mm und mehr Niederschlag.
Sie braucht viel Licht, dagegen sind die Ansprüche an die Böden bescheiden.
Maniok ist Grundnahrungsmittel in der tropischen Zone, z. B. in Brasilien, Kolumbien, Westafrika, Indien, Thailand und Indonesien, und wird dort in großem Umfang angebaut. Er wird zu Mehl verarbeitet, als Brei gegessen oder zu Fladen gebacken.

Kartoffel
Die Pflanze verlangt ein kühlgemäßigtes Klima mit nicht zu trockener Luft und nicht zu hohen Niederschlägen. Frost, hohe Temperaturen (über 25 °C) und lange Sonnenscheindauer vermindern die Erträge.
Die bedeutendsten Anbaugebiete der Kartoffel liegen in der gemäßigten Zone, z. B. in Ost- und Mitteleuropa sowie in China. In ihrer Heimat Südamerika werden seit Jahrhunderten Dutzende unterschiedlicher Kartoffelsorten angebaut.

M2 Maniok und Kartoffel – Wachstumsansprüche und Verbreitung

Geofaktoren – Grundlage des Lebens

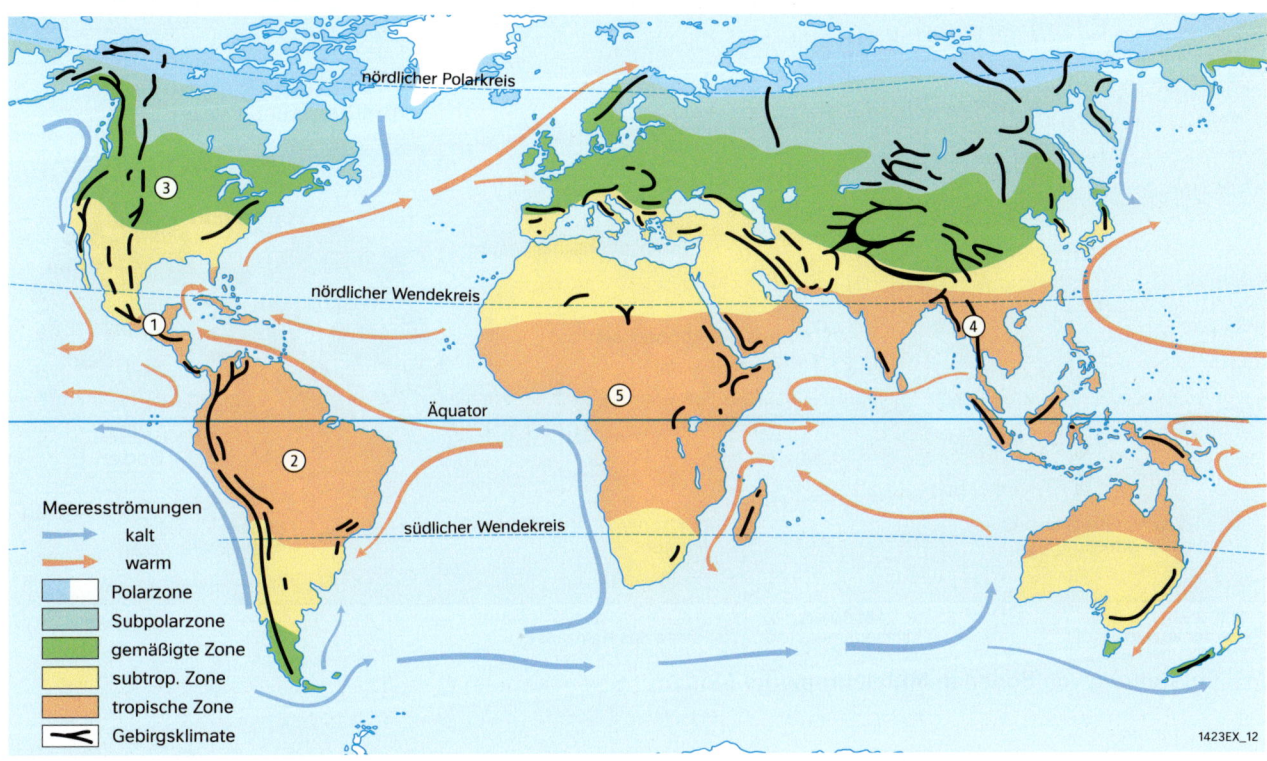

M3 Die Klimazonen der Erde, Gebirge und Meeresströmungen

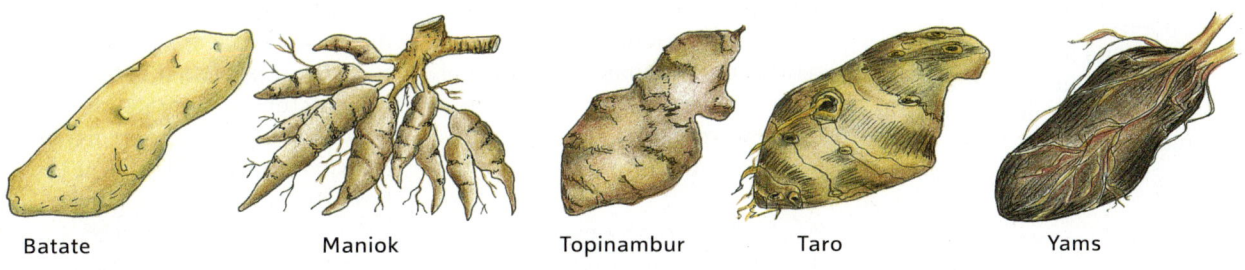

Name	Anbau in Klimazone (heute) überwiegend	Pflanzung/Ernte
Batate	①	ganzjährig
Maniok	②	ganzjährig
Kartoffel	②	Pflanzung: März – Mai Ernte: Herbst
Topinambur	③	Pflanzung: April Ernte: Winter
Taro	④	ganzjährig
Yams	⑤	ganzjährig

M4 Knollenfrüchte – Nutzpflanzen verschiedener Klimazonen

Aufgaben

1 Bestimme in M4 die Klimazonen und ursprünglichen Heimatkontinente der Knollenfrüchte (Atlas).

2 Suche je drei Staaten, in denen Hirse, Weizen, Bananen, Zuckerrohr, Baumwolle, Kaffee, Tee und Kakao angebaut werden. Ordne den Anbaustaaten die jeweilige Klimazone zu (Atlas).

Geofaktor Boden

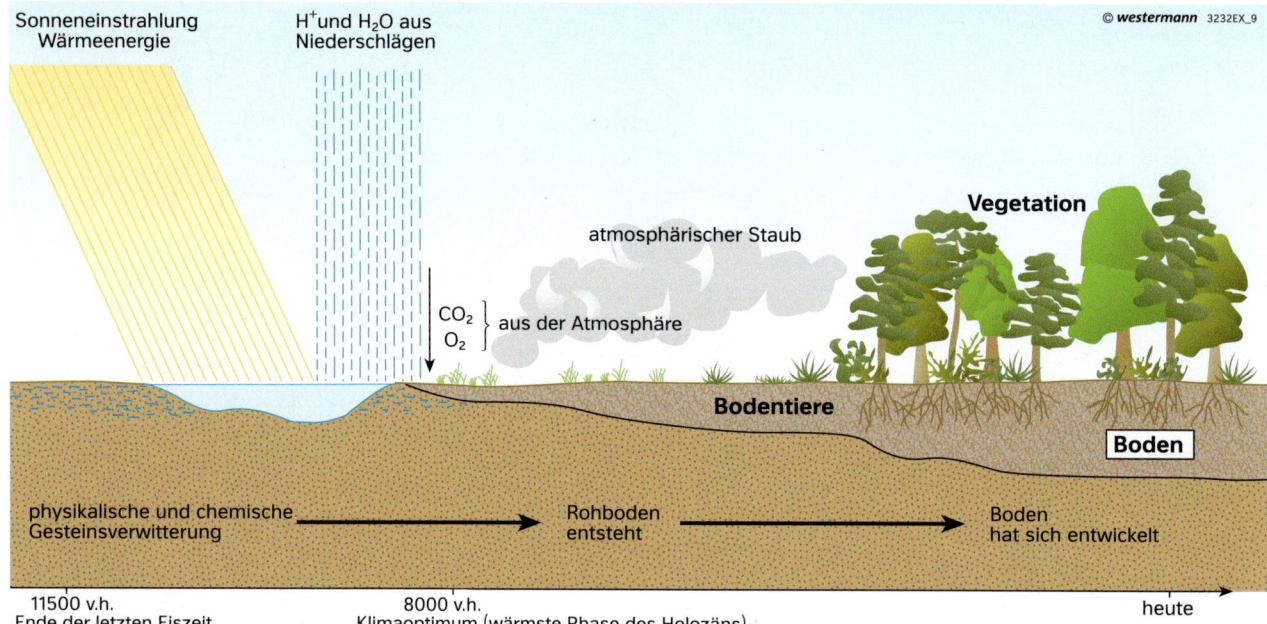

M1 Entstehung von Böden in Mitteleuropa (im Modell)

Böden sind
- Lebensraum für (Boden-)Lebewesen;
- Standort für natürliche Vegetation und für Kulturpflanzen;
- Wasserspeicher und Filter für Grundwasser;
- Filter für Schadstoffe aus der Luft.

M2 Die Bedeutung des Bodens

Böden – Grundlage des menschlichen Lebens

Seit etwa 10 000 Jahren nutzen Menschen Böden. Mithilfe verschiedener Maßnahmen versuchen sie, den Ertrag zu steigern. Heute werden fast alle fruchtbaren Flächen der Erde bewirtschaftet.
Der Boden ist die wesentliche Basis unserer Nahrungsmittelproduktion. Er ist die Grundlage der Land- und Forstwirtschaft. Böden werden aber auch durch Bebauung versiegelt. So entstehen Siedlungs-, Wirtschafts- und Verkehrsflächen.

Voraussetzung für die Bodenbildung ist die chemische Verwitterung des Ausgangsgesteins. Dabei entstehen Minerale, die als Nährstoffe für Pflanzen dienen, die sich hier ansiedeln. Der Umfang der Niederschläge und die Höhe der Temperaturen bestimmen die Art und Intensität der Verwitterung sowie das spätere Pflanzenwachstum.
Durch abgestorbene Tier- und Pflanzenteile wird dem Boden organische Substanz zugeführt. Die Bodenlebewesen zersetzen die organischen Stoffe. Es kommt zur Bildung von Humus und Mineralstoffen.

M3 Vom Blattfall zum Zerfall

Geofaktoren – Grundlage des Lebens

Böden sind sehr unterschiedlich

Kein Boden gleicht einem anderen. Es gibt aber Böden mit ähnlichen Merkmalen. Auf dieser Grundlage werden Bodentypen ausgewiesen. Jeder Bodentyp besitzt eine festgelegte Abfolge von Bodenhorizonten. Danach werden die Bodentypen unterschieden.
Die Korngröße des Materials, aus dem der Bodentyp hauptsächlich besteht, bestimmt die Bodenart (z. B. Sand- oder Tonböden).
Da sich die natürlichen Bedingungen in Rheinland-Pfalz unterscheiden, bildeten sich auch hier verschiedene Bodentypen heraus. Besonders fruchtbar sind die Schwarzerdeböden.

Böden sind stark gefährdet

Deutschland gehört zu den dicht besiedelten Ländern. Der Bau von Siedlungen, Freizeiteinrichtungen, Straßen und Plätzen, Fabrikgebäuden, Betriebs- und Gewerbeflächen nimmt stetig zu. Bodenflächen werden immer mehr zugebaut (man sagt auch versiegelt). Damit nimmt die Bodenversiegelung weiter zu. Es verändern sich die Lebensräume von Tieren und Pflanzen.
Auch der Eintrag von Düngemitteln durch die Landwirtschaft verändert und schädigt Böden. In Deutschland gibt es daher seit 1998 ein Bodenschutzgesetz, das den Umgang mit der wichtigen Lebensgrundlage Boden regelt.

M5 Versiegelter Bereich in der Stadt

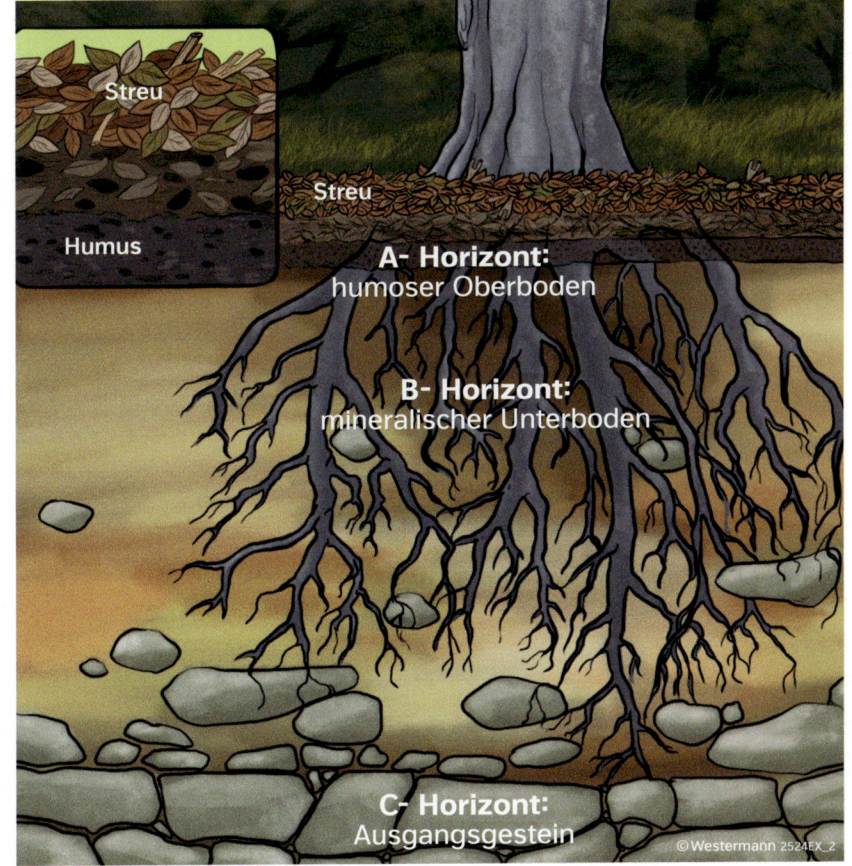

M4 Horizonte eines Waldbodens

Aufgaben

1 Erläutere die Bedeutung des Bodens.

2 a) Beschreibe die Entstehung und Entwicklung von Böden (M1).

b) Gib mit eigenen Worten wieder, was man unter Bodentyp, Bodenart und Bodenhorizont versteht. Nutze auch das Minilexikon.

3 Liste mithilfe des Atlas Gebiete in Europa auf, in denen es fruchtbare Schwarzerde gibt.

Günstige Geofaktoren in der gemäßigten Zone

M1 Lage der gemäßigten Zonen

Gemäßigte Zone – prima Klima, prima Böden

Der größte Teil des Kontinents Europa liegt in der gemäßigten Zone. Hier ist es weder besonders heiß noch besonders kalt. Niederschläge fallen zu jeder Jahreszeit. In West- und Nordwesteuropa wird das Klima der gemäßigten Zone durch den Atlantischen Ozean beeinflusst. Hier herrscht Seeklima. Die Wassermassen erwärmen sich durch die Sonneneinstrahlung sehr langsam und speichern die Wärme bis in den Winter hinein. Die Sommer sind kühl, die Winter mild. Westwinde bringen feuchte Luft mit sich und sorgen für ergiebige Niederschläge. Zusätzlich wird das Klima durch die warme Meeresströmung des Golfstroms bestimmt. Im Innern des Kontinents Europa herrscht Landklima. Die Landmassen erwärmen sich schneller als Wasserflächen, geben aber die Wärme auch rascher wieder an die Luft ab. Die Sommer sind warm und die Winter kalt. Die Niederschläge sind nicht so hoch, weil sich die Luftmassen auf ihrem Weg von Westen nach Osten schon abgeregnet haben.

In der gemäßigten Zone wachsen neben Nadelbäumen auch Laubbäume wie Buchen oder Eichen. Sie werfen ihre Blätter im Winter ab, um sich gegen die niedrigen Temperaturen und Fröste zu schützen.

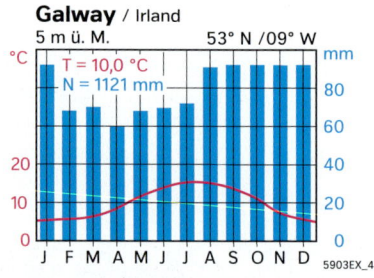
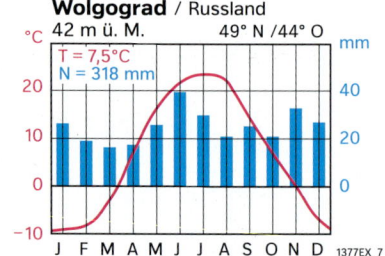

M3 Klimastationen der gemäßigten Zone

M2 Europa – Klimazonen

16

Geofaktoren – Grundlage des Lebens

„Herr Westerhagen, Sie bauen auf Ihren Feldern in der Soester Börde Weizen und Kartoffeln an. Sind Sie nicht stark vom Wetter abhängig?"
„Natürlich! Ende Juli war es zum Beispiel sehr heiß und es regnete überhaupt nicht. Deshalb wird die Kartoffelernte schlechter ausfallen als im letzten Jahr. Aber für den Weizen war dieses Wetter günstig. Er ist gut herangereift."
„Nun, Sie sprachen vom Monat Juli. Aber müssen nicht das ganze Jahr über gute Bedingungen herrschen, damit die Nutzpflanzen gut wachsen?"
„Bei uns gibt es glücklicherweise keine durchgehend warmen Sommer mit hohen und auch keine kalten Winter mit sehr niedrigen Temperaturen. Das würde beispielsweise der Weizen überhaupt nicht vertragen. Außerdem fallen in jedem Monat Niederschläge, in keinem Monat zu viel, aber auch nicht zu wenig. Wir haben halt ein gemäßigtes Klima. Deshalb gedeihen hier bei uns in der Börde viele verschiedene Nutzpflanzen, die gute Erträge bringen. Missernten gibt es kaum."
„Warum eignet sich die Börde so gut für den Weizenanbau?"
„Der Weizen ist eine anspruchsvolle Nutzpflanze. Er stellt höhere Ansprüche an den Boden als andere Getreidearten und braucht vor allem nährstoffreiche, fruchtbare Böden. Solche Böden gibt es bei uns. Sie bestehen aus Löss, der bis zu mehreren Metern mächtig sein kann. Lössböden speichern die Niederschläge gut. Die Feuchtigkeit geben sie allmählich wieder an die Pflanzen ab."

M4 Landwirtschaft auf fruchtbarem Boden – aus einem Interview mit einem Landwirt

Aufgaben

1 Beschreibe die Anordnung der Klimazonen Europas von Norden nach Süden (M2).
2 Ordne die Begriffe Seeklima und Landklima den Klimastationen in M3 zu. Begründe.
3 Weizen ist eine Pflanze, die besonders anspruchsvoll ist. Erkläre.
4 Erläutere, warum die Börden für den Ackerbau besonders gut geeignet sind.
5 Nenne fünf Börden in Deutschland (Atlas).

M5 Sommergrüner Laubwald

Subtropen – Geofaktoren wirken zusammmen

Klimazonen – stark vereinfacht

Subtropische Zone

M1 Lage der subtropischen Zonen

M3 Am Mittelmeer – Bucht von Amalfi (bei Neapel)

Der Mittelmeerraum – ein Gebiet der Subtropen

Der Mittelmeerraum ist Teil der Subtropen. Hier sind die Sommermonate heiß und trocken. Im Herbst und im Winter bringen Westwinde viel Niederschlag, die Temperaturen bleiben mild.

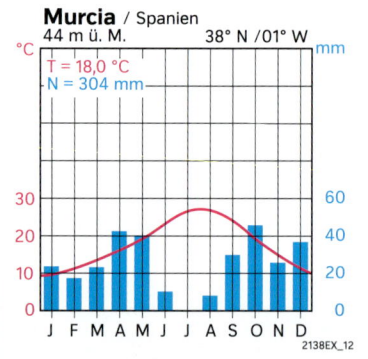

Murcia / Spanien
44 m ü. M.   38° N /01° W
T = 18,0 °C
N = 304 mm

M4 Klimadiagramm von Murcia

Geofaktor Wasser

Viele Pflanzen können nicht genügend Wasser aus den eher trockenen Böden aufnehmen. Will man im Mittelmeerraum zum Beispiel Obst und Gemüse anbauen, muss man die Pflanzen bewässern, denn die Früchte bestehen zum größten Teil aus Wasser.
Das Wasser dafür stammt aus Flüssen. So geschieht das auch in der Huerta (deutsch: Garten) von Murcia. Ein Teil des Wassers wird aus dem Segura genommen. Außerdem wird Wasser aus dem 400 km entfernten Tajo über dicke Betonröhren in die Huerta geleitet. So kann das ganze Jahr über geerntet werden.

M2 Kostbares Wasser

Geofaktoren – Grundlage des Lebens

Die Olive, eine alte Kulturpflanze

Die Olive ist eine der ältesten Kulturpflanzen der Erde. Schon in der Bibel wird der Olivenbaum auch Ölbaum genannt, denn aus den Früchten, den Oliven, wird hauptsächlich Öl gepresst. Olivenbäume können, sobald sie ein bestimmtes Wachstum erreicht haben, viele Jahre, sogar Jahrzehnte genutzt werden. Man nennt diese Nutzung Dauerkultur. Manche Bäume werden bis zu 1000 Jahre alt. Die trockenen Sommer des subtropischen Mittelmeerraums übersteht der Olivenbaum dank seiner weitverzweigten Wurzeln. Sie dringen bis zu sechs Meter tief in den Boden ein. Die Verwurzelung hat einen Durchmesser von 20 m. Dadurch können die Bäume dem Boden ausreichend viel Wasser entnehmen. Vor den ersten Regenfällen im Herbst legen die Olivenbauern Netze unter die Bäume, in die die Oliven fallen. Grüne Oliven haben noch nicht ihre volle Reife erreicht. Blaue bis schwarze Oliven sind vollreife Früchte.

M5 Olive, die Dauerkultur des Mittelmeerraumes

M8 Bei der Olivenernte

Überlebenskünstler subtropischer Wüsten

Im Bereich der Subtropen liegen auch die sogenannten Wendekreiswüsten, beispielsweise die Wüste Sahara. Sie zählt zu den lebensfeindlichsten Räumen der Erde. Es kommt vor, dass in den trocken-heißen Gebieten mehrere Jahre hintereinander kaum ein Tropfen Regen fällt. Und wenn es regnet, verdunstet ein Großteil der Niederschläge bereits in der Luft.

Hinzu kommen die Hitze im Sommer und der große Temperaturunterschied zwischen Tag und Nacht.

Aufgrund dieser extremen klimatischen Verhältnisse müssen Pflanzen und Tiere Überlebensstrategien entwickeln, die auf einen sehr sparsamen Umgang mit Wasser ausgerichtet sind.

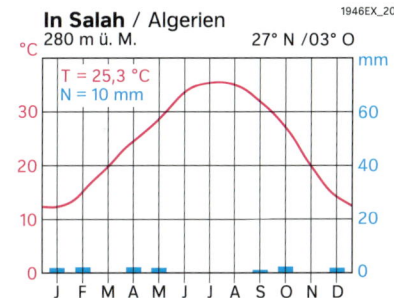

M9 Klimadiagramm von In Salah in der Wüste Sahara

M6 Das Dromedar, ein einhöckriges Kamel, ist ein Hitzespezialist. Es ist an das Leben in der Wüste angepasst und kann bis zu zwei Wochen überleben, ohne Wasser aufzunehmen.

M7 Diese Welwitschie aus Namibia ist mannshoch und geschätzt 1500 Jahre alt. Sie ist ein Baum, dessen Pfahlwurzel bis 18 Meter in den Boden reicht und Feuchtigkeit unter der Erdoberfläche aufnimmt.

Aufgaben

1. Liste Unterschiede zwischen subtropischer Zone und gemäßigter Zone auf.
2. Vergleiche die Klimadiagramme von Murcia und In Salah (M4, M9). Nenne Gemeinsamkeiten und Unterschiede.
3. Erkläre, wie sich die Pflanzen (Olive, Welwitschie) der Wasserarmut der Subtropen angepasst haben.

Das Klima ändert sich

M1 Emissionen als Ursache des Klimawandels

Der Klimawandel

Beim Klimawandel handelt es sich um eine langfristige und weltweit wirksame Klimaveränderung. Dass sich das Klima ändert, ist zunächst nicht ungewöhnlich. Schwankungen der globalen Durchschnittstemperatur gab es in der Erdgeschichte bereits. Die aktuelle globale Erwärmung erfolgt aber besonders rasch, ohne dass sie auf langfristige Naturkräfte zurückzuführen wäre.

Die Ursachen dieses Klimawandels hängen mit der industriellen Entwicklung der Menschheit seit dem 19. Jahrhundert zusammen. Die Energieerzeugung, die industrielle Landwirtschaft, Fabriken, Autos und Flugzeuge führen zu immer mehr Abgasen, sogenannten Emissionen. Diese verstärken den Treibhauseffekt und die globale Durchschnittstemperatur steigt.

Info

Atmosphäre

Die Atmosphäre ist die Gashülle der Erde und besteht aus mehreren Schichten. Die Troposphäre ist der untere Bereich der Atmosphäre. Hier spielt sich das Wettergeschehen ab.
Gäbe es die Atmosphäre nicht, wäre die Erde wie ihre Nachbarplaneten unbewohnbar. Für ein lebensfreundliches Klima auf der Erde sorgt neben der schützenden Ozonschicht auch der sogenannte natürliche Treibhauseffekt. Ohne ihn wäre die Erde eine Eiswüste.

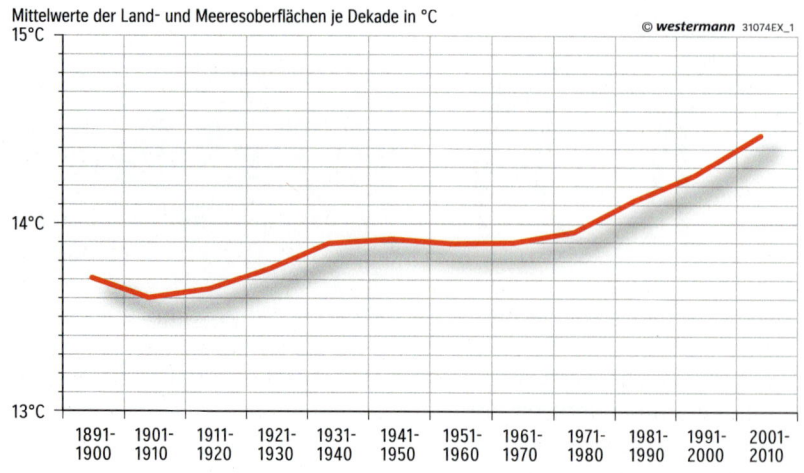

M2 Globaler Temperaturanstieg

Geofaktoren – Grundlage des Lebens

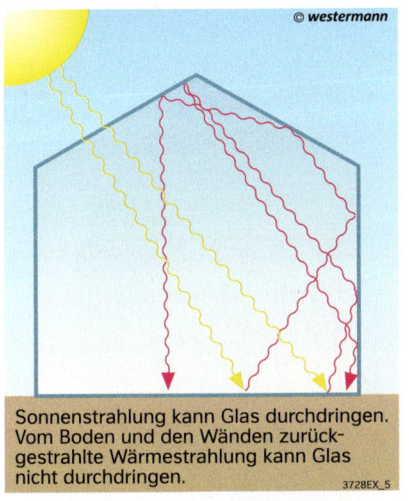

M3 Erwärmung in einem Treibhaus

M5 Der natürliche Treibhauseffekt der Erde

Das brauchst du dazu:
zwei Einmachgläser, drei Thermometer, drei feste Unterlagen (z. B. Karton), ein Holzklötzchen, weißes Papier

So führst du den Versuch durch:
1. Stelle ein Einmachglas mit der Öffnung nach oben und das andere mit der Öffnung nach unten auf eine Unterlage in die Sonne.
2. Stelle je ein Thermometer in die Gläser hinein. Lehne das dritte Thermometer an das Holzklötzchen an.
3. Decke die Thermometerfühler mit je einem Stück weißem Papier ab.
4. Lies die Temperatur auf den drei Thermometern nach zehn Minuten ab. Vergleiche die Temperaturen.
5. Übertrage deine Beobachtungsergebnisse auf das Treibhaus Erde.

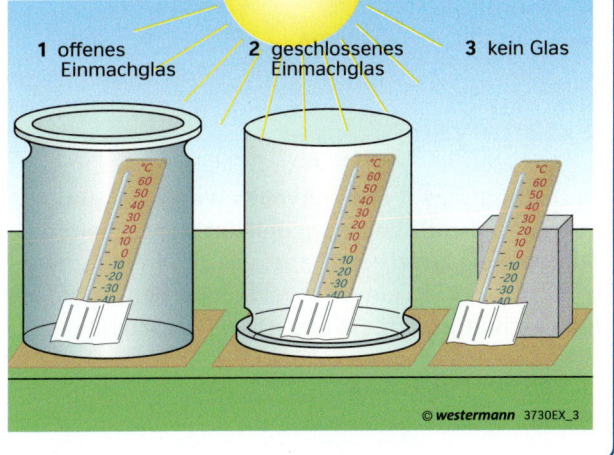

M4 Versuch zum Treibhauseffekt

Treibhaus Erde

Es ist Hochsommer in Deutschland. Die Menschen tragen Wollmützen, Schals, dicke Mäntel und gefütterte Handschuhe. Draußen ist es bitterkalt, wie immer zu dieser Jahreszeit. – So sähe das Leben auf der Erde aus, wäre der Treibhauseffekt abgeschaltet.

Wenn es in der Atmosphäre (Info) keine Gase gäbe und damit auch nicht den natürlichen Treibhauseffekt, dann wäre es auf der Erde minus 15 Grad Celsius kalt.

Gase, wie zum Beispiel Kohlenstoffdioxid (CO_2) oder Methan, wirken wie die Glasscheibe eines Treibhauses. Sie werden auch Treibhausgase genannt. Diese lassen die Sonnenstrahlen nahezu ungehindert bis zur Erdoberfläche durch. Sie verhindern aber, dass die von der Erde ausgehende Wärmestrahlung vollkommen ins All entweicht. Es kommt zu einer natürlichen Erwärmung der Erde. Dieser Vorgang heißt natürlicher Treibhauseffekt.

Aufgaben

1. Werte M2 aus. Beschreibe die abgebildete Entwicklung und benenne mögliche Ursachen.
2. Erläutere den natürlichen Treibhauseffekt (M3, M5)?
3. a) Beschreibe die Folgen einer weiteren Erwärmung der Erde (M4).
   b) Nenne mögliche Verursacher dieser Entwicklung.

Textanalyse am Beispiel Ozonschicht

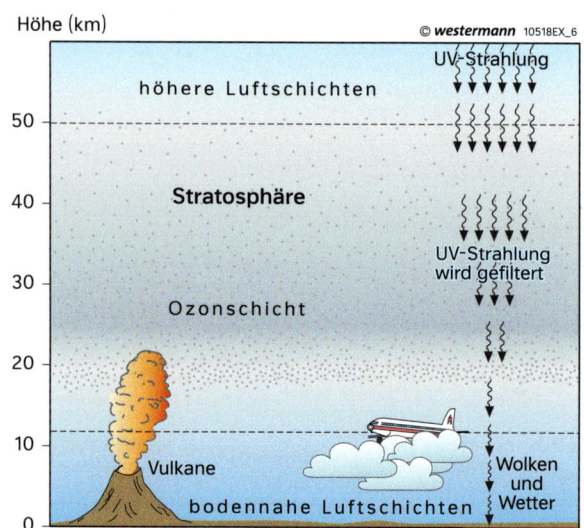

M1 Ozonschicht im Schema

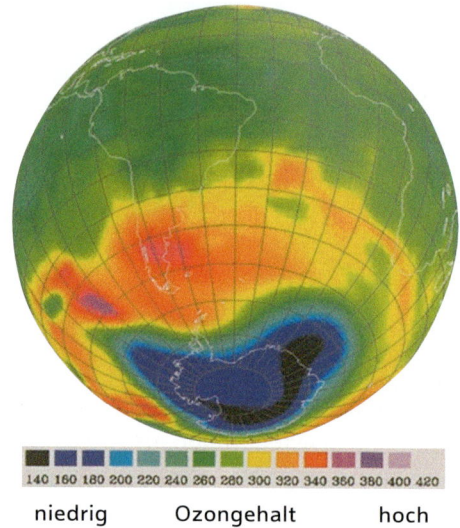

M2 Ozongehalt über der Südhalbkugel – sichtbar ist das Ozonloch

Textanalyse

Die Textanalyse ist ein sinnvolles Werkzeug, um Sachtexte vertieft und fragegeleitet zu erarbeiten und durch sie zu lernen. Dabei werden Inhalte, die zur Beantwortung einer Fragestellung beitragen, in Sinnabschnitten erfasst und analysiert. Zusätzliche Informationen zum Text werden gesammelt. Anschließend werden alle Informationen durchdacht, um Schlussfolgerungen zu ziehen und die Fragestellung zu beantworten.

So gehst du vor

Als Basis dient eine Fragestellung, die entweder vorgegeben ist, die dich interessiert oder die dir erst deutlich wird, wenn du den Text und seine Thematik vor dir hast.

1. Schritt
- Lies den Text zweimal aufmerksam durch. Notiere die Wörter, die du nicht verstehst und kläre sie mithilfe eines Wörterbuchs oder in Partner-/Gruppenarbeit.

2. Schritt
- Teile den Text in Sinnabschnitte, gib jedem Abschnitt eine Überschrift. Erweitere die Überschrift dann zu einer sehr knappen Inhaltsangabe des Sinnabschnitts. Konzentriere dich auf die Informationen zur Fragestellung.

3. Schritt
- Erkunde die Sprache des Textes (z. B. Stilmittel, Fach- oder Umgangssprache).

4. Schritt
- Finde den Autor oder Herausgeber, mögliche weitere Informationen hierzu und das Erscheinungsjahr des Textes heraus. Hierbei hilft das Internet.

5. Schritt
- Beurteile die Absicht des Textes (z. B. informieren, berichten, erklären, überzeugen, kommentieren).

6. Schritt
- Fasse den Inhalt des Textes zusammen und bewerte den Nutzen des Textes für die Beantwortung deiner Frage.

Frage: Was ist das „Ozonloch"?
Detailfragen: Wie entsteht es, welche Folgen hat es und wie wird es sich entwickeln?

M3 Fragestellung

In einer Höhe von 30 bis 40 km über der Erde befindet sich die Ozonschicht. Ozon ist reiner Sauerstoff, aber in einer recht instabilen Form. Und gerade dieses unstabile Ozon hat die Fähigkeit, die gefährlichen, kurzwelligen Sonnenstrahlen (ultraviolettes Licht) aus dem Sonnenlicht einzufangen. Die Strahlen sind deshalb so gefährlich, weil sie Krebs erzeugen können.
Der Mensch lässt viele chlorhaltige Chemikalien in die Atmosphäre entweichen, die früher zum Beispiel in Spraydosen vorkamen. Die Chlorteilchen der Chemikalien reagieren mit dem Ozon. Dabei wird das Ozon in normalen Sauerstoff umgewandelt. Aber normaler Sauerstoff wirkt nicht als Filter für die gefährliche Strahlung. Diese Vorgänge spielen sich seit einiger Zeit vor allem über der südlichen Halbkugel der Erde ab. Man spricht vom Ozonloch. In Wirklichkeit ist das kein richtiges „Loch", sondern eine Ausdünnung der Ozonschicht. (…) In Australien hat das Ozonloch die Sonne zur Gefahr gemacht. Das Land hat die höchste Hautkrebsrate der Welt. Mit steigender Tendenz. Jeder dritte Australier muss sich irgendwann im Leben wegen Hautkrebs behandeln lassen.
(Quelle: [Alexander Stahr, Geowissenschaftler, für: Was ist Was.] www.wasistwas.de/aktuelles/artikel/link//503df7444a/article/zum-tag-der-ozonschicht.html, 14.11.2014)

1. Schritt:
z. B. Sauerstoff: Element, in stabiler Form Teil der Atemluft.
2. Schritt:
1. Sinnabschnitt: Ozonschicht und UV-Strahlung ‹ Ozonschicht schützt Menschen vor Krebs … .
3. Schritt:
kurze Sätze, einfache Wörter, Wortwiederholungen
4. Schritt:
ein Geowissenschaftler für „Was ist Was" (Kinderbuchreihe)
5. Schritt:
Text erklärt den Sachverhalt.
6. Schritt …

M4 Text und exemplarische Analyse

(…) Die Ozonschicht umhüllt die Erde wie ein Schutzschild. Seit Anfang der 1980er-Jahre beobachteten Wissenschaftler eine Abnahme des Ozons in (…) 15 bis 50 Kilometern Höhe. Über der Antarktis wiesen sie 1985 erstmals ein Ozonloch nach, das sich im südpolaren Winter bildet. Durch die dünnere Ozonschicht dringt mehr ungefiltertes UV-Licht auf die Erde, was zu Augen- und Hautschäden bis hin zu Hautkrebs führen kann.
Zahlreiche Länder haben sich (…) 1987 dem Schutz der Ozonschicht verschrieben und die Produktion von ozonschädigenden Chemikalien, vor allem von FCKW, gestoppt. (…) Ohne weltweites FCKW-Verbot wäre die Ozonschicht 2050 weltweit fast komplett zerstört, sagt Markus Rex vom Alfred-Wegener-Institut für Polar- und Meeresforschung. Auch in unseren Breiten hätte es in diesem Fall ein enormes Problem mit der UV-Strahlung gegeben. (…)
In den vergangenen Jahren gab es immer wieder Meldungen darüber, dass sich das Ozonloch wieder schließen könnte. „Wenn der Trend anhält, dann schließt sich nach diesen Modellrechnungen das Ozonloch, und die Ozonschicht regeneriert sich", prognostizieren etwa Wissenschaftler des Deutschen Zentrums für Luft- und Raumfahrt. Experten sind allerdings uneins darüber, wie sich der Klimawandel auf die FCKW-Prozesse in der Ozonschicht auswirken wird.
(Quelle: dpa: Antarktis: Ozonloch kleiner als im Durchschnitt der letzten 20 Jahre. www.spiegel.de, 26.10.2013)

M5 Text Ozonschicht und Ozonloch

Aufgaben

1 Vervollständige die Analyse des Textes M4 entsprechend der Schrittfolge.

2 Analysiere den Text M5 entsprechend der Schrittfolge.

23

Folgen des Klimawandels

M1 Die Pasterze, der größte Gletscher Österreichs (links 1937, rechts 2011)

Aktuelle und zukünftige Folgen

Die Folgen der globalen Erwärmung sind bereits jetzt erkennbar (M1) und werden zukünftig noch wesentlich deutlicher und dramatischer in Erscheinung treten (M3 – M5). Wie stark sie ausfallen werden, darüber geben uns Prognosen Auskunft.

Diese beruhen auf Klimamodellen und Berechnungen, die aktuell und zukünftig abgegebene Treibhausgase einbeziehen und daraus den erwarteten Temperaturanstieg ermitteln.

Grenzen von Prognosen

Aufgrund zahlreicher Faktoren, die durch eine Temperaturzunahme beeinflusst werden, sind die Auswirkungen nie eindeutig abzuschätzen. Deswegen gibt es auch verschiedene Prognosen.

Relativ einig ist man sich darüber, dass der Meeresspiegel durch den Klimawandel ansteigen wird. Wie stark und wie schnell, darüber gehen die Annahmen auseinander.

Die globale Erwärmung kann lokal sehr unterschiedlich ausfallen. Sie kann zudem Luft- und Meeresströmungen beeinflussen, die wiederum Auswirkungen auf lokale Niederschläge haben, was letztlich das Abschmelzen der Gletscher verlangsamt oder beschleunigt.
Manche Prognosen sehen zumindest auf ganz begrenztem Raum auch positive Auswirkungen: Die Sahara könnte grün werden.

Klimaskeptiker sind diejenigen, die die Ursachen des aktuellen globalen Klimawandels als „nicht durch den Menschen verursacht" ansehen. Sie sehen ihn nur als eine weitere natürliche Klimaschwankung an, wie sie es in der Erdgeschichte schon vielfach gegeben hat. Die vorliegenden Messwerte zur Entwicklung des Klimas sprechen gegen diese These. Sie legen vielmehr den Zusammenhang zwischen den vom Menschen verursachten Emissionen und der Erhöhung der mittleren globalen Temperatur nahe. Dennoch sprechen sich weltweit noch immer Vertreter aus Politik und Wirtschaft für die Variante des natürlichen Klimawandels aus. Dies trägt zu einer mangelnden Bereitschaft bei, etwas gegen den Klimawandel zu unternehmen.

M2 Streit um die Ursachen des Treibhauseffekts

Geofaktoren – Grundlage des Lebens

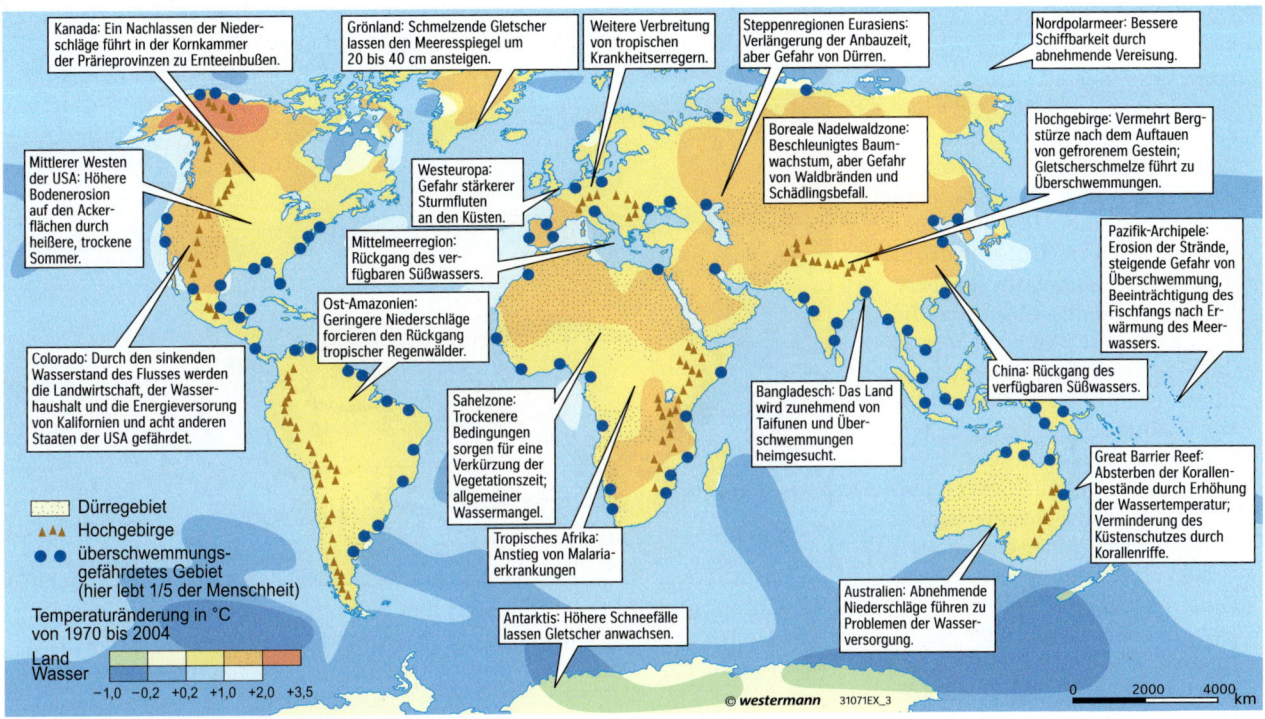

M3 Mögliche Auswirkungen des Klimawandels im 21. Jahrhundert

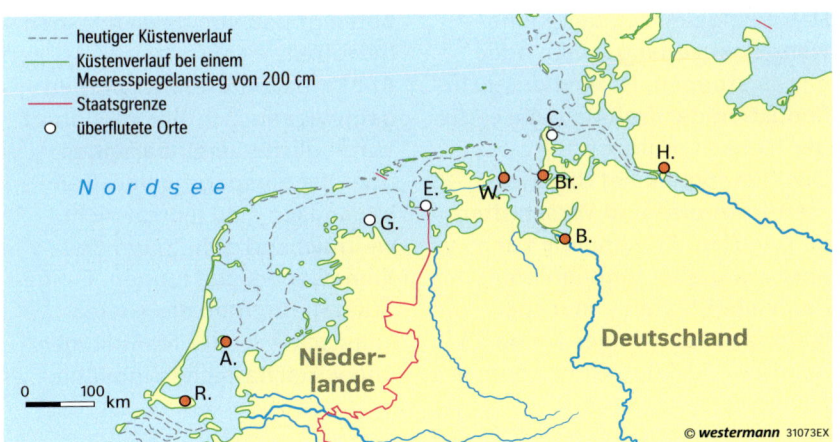

M4 Überschwemmungen infolge eines Meeresspiegelanstiegs um zwei Meter ohne neue Schutzmaßnahmen

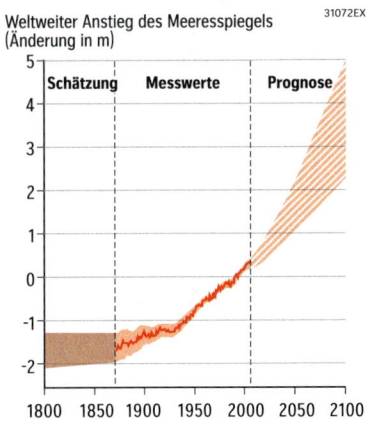

M5 Anstieg des Meeresspiegels

Aufgaben

1. Nenne zu erwartende Folgen des Klimawandels (M3).
2. Erkläre, warum die Folgen des Klimawandels nicht eindeutig vorhergesagt werden können.
3. Entwickle ein Ursache-Wirkungs-Schema für den Anstieg des Meeresspiegels. Beginne mit dem durch den Menschen (anthropogen) verursachten Treibhauseffekt (M2).
4. a) Welchen zukünftigen Zeitpunkt stellt die Karte M4 dar? Nutze dazu M5.
   b) Nenne mithilfe von M4 fünf Städte, die dann ohne Schutzmaßnahmen vollständig oder teilweise im Meer versinken würden (Atlas).
   c) Erläutere die Möglichkeiten der Menschen, auf diese Bedrohung zu reagieren.

25

Klimapolitik und Klimaschutz

Für Barack Obama wird die Zukunft des Planeten auch auf dem Weltklimagipfel in Paris entschieden. Schon ganz zu Beginn seiner Rede spricht der US-Präsident von seiner Reise nach Alaska in diesem Sommer. Wo das Meer Dörfer zu verschlucken droht und an der Küstenlinie knabbert. Wo der Permafrost taut und die Tundra brennt. Wo Gletscher in ungekanntem Tempo schmelzen. „Es war ein Blick in eine mögliche Zukunft", sagt Obama. „Wir haben die Macht, diese Zukunft zu ändern. Genau hier. Genau jetzt", ruft er den Delegierten anschließend zu. Einer der größten Feinde einer erfolgreichen Klimakonferenz sei der Zynismus – die Haltung, dass man ja doch nichts tun könne gegen die weitere Erwärmung der Erdatmosphäre. Doch er (...) will nicht zynisch sein – sondern visionär. (...) Am Dienstag ist er mit Vertretern kleiner Inselstaaten verabredet, die den Anstieg des Meeresspiegels besonders fürchten.

(www.spiegel.de/politik/ausland/ klimagipfel-in-paris-so-lief-obamas- auftritt-a-1065330.html,1.12.15)

M1 Aussagen des US-Präsidenten auf dem Weltklimagipfel in Paris, 2015

M3 Greenpeace-Aktivisten bilden das Wort HOPE am Strand während der 16. UN-Klimakonferenz in Cancún, Mexiko (Dezember 2010)

Gemeinsam gegen den Klimawandel?

Das einzige Mittel, den Klimawandel zu verlangsamen oder gar zu stoppen, ist eine deutliche Reduktion der Treibhausgase, die der Mensch produziert.
Die Klimapolitik hat das Ziel, hierfür Anreize und Vorschriften zu schaffen. Klimapolitik kann aber nur global funktionieren, denn alle Staaten – manche mehr, andere weniger – sind an den Ursachen des Klimawandels beteiligt und von dessen Folgen betroffen.
Auf Klimakonferenzen werden gemeinsame Schritte vereinbart. Verbindliche Vereinbarungen über die Einsparung von Treibhausgasen sind jedoch nicht weitreichend genug, um den Klimawandel zu stoppen. Einige Staaten fürchten die Kosten klimaschützender Maßnahmen und wirtschaftliche Einbußen.

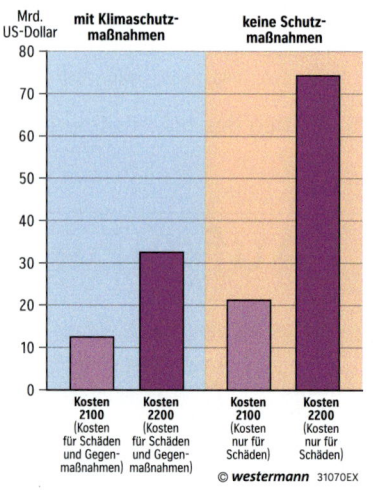

M2 Kosten des Klimawandels (nach EU-Daten)

Info

Klimaasyl

Gerade in wirtschaftlich schwachen Regionen sind die Auswirkungen des Klimawandels stark. Dazu zählen Teile Afrikas und einige Inselstaaten. Ernteausfälle sind ein Teil der wirtschaftlichen Kosten des Klimawandels. Auch können ganze Staaten dem Meeresspiegelanstieg zum Opfer fallen. Der Asylantrag eines Manns aus Kiribati, dessen Felder zunehmend unter Wasser stehen und versalzen, wurde 2013 abgelehnt. 2014 wurde erstmals eine Familie aus Tuvalu von Neuseeland als Klimaflüchtlinge anerkannt. Tuvalus Regierung ist jedoch mit der Idee gescheitert, Asyl für die gesamte Bevölkerung von knapp 10 000 Menschen zu erhalten.

Geofaktoren – Grundlage des Lebens

Staatliche Ebene
Beispiel Energiewende

Als Energiewende werden Maßnahmen der Politik zur Förderung erneuerbarer Energiequellen bezeichnet. Hierbei hat man nicht nur die Endlichkeit der konventionellen Energiequellen im Blick, sondern auch den geringeren CO_2-Ausstoß durch erneuerbare Energiequellen. „Erneuerbare Energiequellen sind nicht teurer als konventionelle", sagen Befürworter. „Wenn die Nebenkosten konventioneller Energie, z. B. Kosten des Klimawandels, einbezogen werden, dann sind erneuerbare Energiequellen schon heute günstiger."

Privatpersonen
Beispiel Ökostrom

Mit Ökostrom können auch private Haushalte erneuerbare Energien unterstützen. Zwar beziehen alle Stromkunden ihren Strom aus ein und demselben Netz, sodass bei jedem Kunden ein Strommix aus erneuerbaren und konventionellen Energiequellen ankommt. Aber wenn ein Kunde Ökostrom ordert, so wird mehr Strom ins Netz gespeist, der aus erneuerbaren Energiequellen stammt. Das heißt, nicht er selbst erhält jetzt nur Ökostrom, aber er trägt dazu bei, dass der Anteil steigt. Die wichtigste Maßnahme des Klimaschutzes allerdings bleibt das Sparen von Energie.

M4 Erneuerbare Energien

Staatliche Ebene
Beispiel Handel mit Emissionszertifikaten

Innerhalb der EU existiert ein Modell, das Unternehmen zur Reduktion von Treibhausgasen anregen soll. Jeder industrielle Produktionsstandort bekommt CO_2-Zertifikate, die zum Ausstoß einer bestimmten Menge an Treibhausgasen berechtigen. Kann ein Unternehmen nun günstig Maßnahmen zur Reduktion des Ausstoßes umsetzen, benötigt es weniger Zertifikate und kann die überschüssigen an andere Unternehmen verkaufen, denen eine Reduktion nicht derart kostengünstig gelingt. Bedauerlicherweise existieren so viele Zertifikate auf dem Markt, dass ihr Preis gering ist und wenig Ansporn zur Reduktion besteht.

Privatpersonen
Beispiel CO_2-Abgaben beim Fliegen

Privatpersonen können einen übermäßigen CO_2-Ausstoß, den sie durch ihr Handeln verursachen, auf freiwilliger Basis kompensieren. Beispielsweise zahlt man für eine Flugreise, bei der zwei Tonnen CO_2 pro Fluggast ausgestoßen werden, zusätzlich 60 Euro an eine Organisation, die in Projekte investiert, die dem Klimaschutz dienen. Das kann beispielsweise der Bau von Windkraftanlagen sein.
Kritisiert wird, dass hierbei keine Treibhausgase reduziert werden, sondern an einer Stelle ausgestoßene Treibhausgase an anderer Stelle eingespart werden.

M5 Ausgleichsmaßnahmen

M6 Klimapolitik als Hilfe?

Aufgaben

1. Suche die in der Info-Box genannten Staaten im Atlas und erkläre, warum sie so gefährdet sind.
2. a) Werte M2 aus.
   b) Erkläre, warum die Kosten des Klimawandels mit der Zeit steigen.
3. Interpretiere M6 (Hinweis: Cancún war Austragungsort einer Konferenz zum Klimaschutz wie in M1).
4. a) Vergleiche die Maßnahmen zum Klimaschutz (M4, M5).
   b) Bewerte ihre Wirksamkeit. Hinweis: Bedeutet Ausgleich die Reduktion von CO_2 in der Summe?
5. Liste auf, wie du zum Klimaschutz beitragen kannst.

Verletzbarkeit eines Weltmeeres

Gefahren für den Südlichen Ozean

Ein argentinisches Tank- und Versorgungsschiff lief südlich von Kap Hoorn auf einen Felsen und sank. Knapp 1000 Tonnen Dieselöl bildeten vor der bis dahin unberührten Küste der Antarktis einen Ölteppich von zehn Kilometern Länge.
Eine Schiffshavarie hat für die gesamten antarktischen Küsten verheerende Folgen. Durch die polumkreisende Wind-Drift würden die Gewässer des südlichen Meeres die Küsten ringsum verschmutzen. Umweltaktivisten fordern, die Antarktis als Weltpark unter absoluten Schutz zu stellen.

M1 Ölgefahr im Südlichen Ozean

Zwischen dem 50. und 60. Grad südlicher Breite mischt sich das kalte, sauerstoffreiche Wasser des Südlichen Ozeans (seit 2000 Bezeichnung für das ehemalige Südliche Polarmeer) mit den wärmeren, nährstoffreichen Wassermassen der polwärts strömenden Weltmeere. Der Südliche Ozean gilt bei Seeleuten als das stürmischste aller Weltmeere. Es hat sich ein erstaunliches, aber sehr zerbrechliches Ökosystem entwickelt, dessen Schlüsselfigur der Krill ist. Sauerstoff und Nährstoffe bilden zusammen die ideale Nahrung für mikroskopisch kleine Lebewesen, das Plankton. Plankton und Algen ernähren den Krill. Das sind etwa sechs bis acht Zentimeter kleine Krebse, die in dichten Schwärmen schwimmen. Der Krill ist die Hauptnahrung der Wale. Plankton, Krill und Wal bilden eine kurze, geschlossene Nahrungskette. Jedes Abfischen von Krillbeständen durch den Menschen wirkt sich zwangsläufig auf die gesamte antarktische Tierwelt negativ aus, denn auch Robben, Fische sowie Pinguine und andere Vögel leben vom Krill.

Verkehrsraum

Rohstoffquelle

Nahrungsquelle

Erholungsraum

Klimabeeinflusser

Regenbringer

Energiequelle

M2 Bedeutung der Weltmeere

Aufgaben

1 Begründe, warum das Leben in der Antarktis in Zeitlupe verläuft.

2 a) Ordne den Funktionen in M2 konkrete Beispiele zu.
b) Bewerte die Bedeutung der Weltmeere für Mensch, Tier und Umwelt.

3 Beschreibe die Lage und Verteilung der Lebensräume antarktischer Tierarten (M3).

4 Erläutere die Aussage: „Mit dem Abfischen des Krills stirbt der Wal".

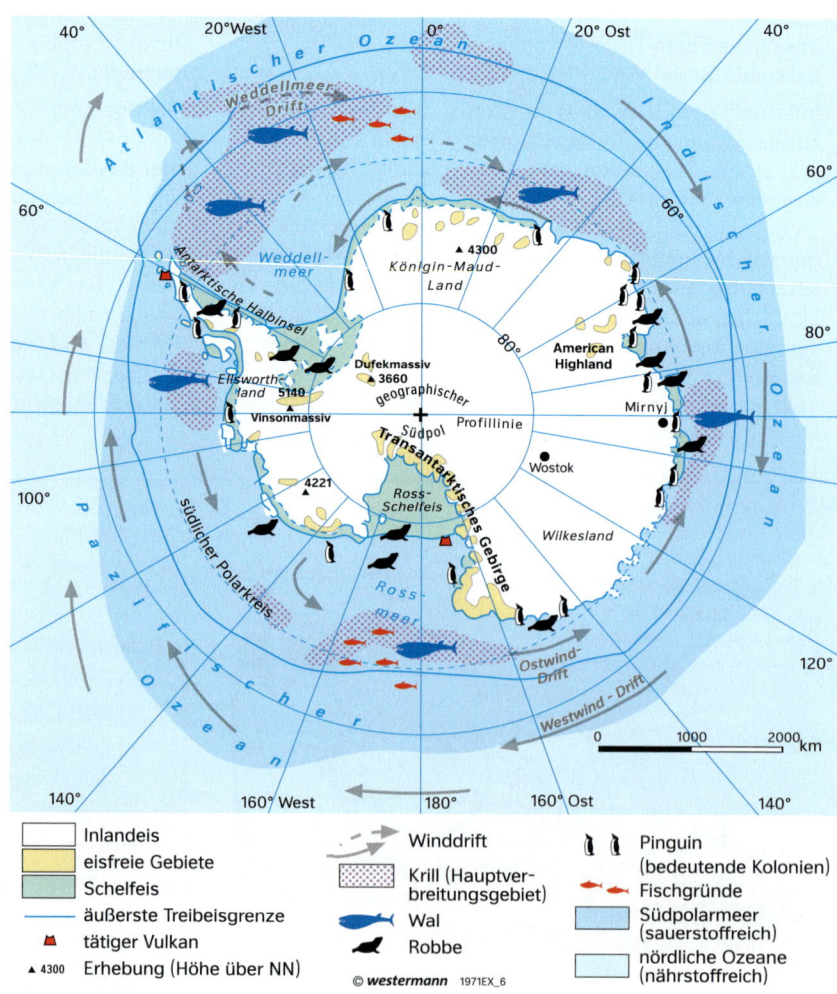

M3 Ökosystem Südlicher Ozean / Antarktis: Geofaktor Tierwelt

Gewusst – gekonnt

1 Landschaften

Durch welche Geofaktoren sind die unterschiedlichen Landschaften der Erde im Einzelnen geprägt? Übertrage die Abbildung in dein Heft und beschrifte sie.

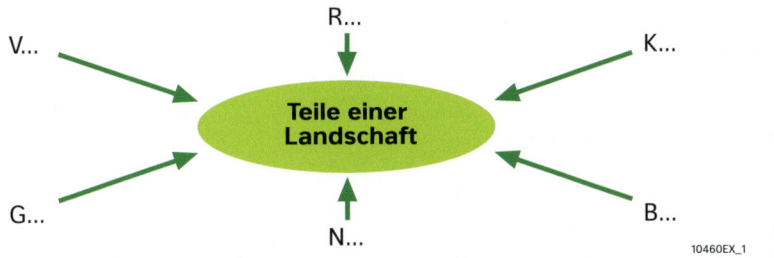

2 Jahreszeiten

Erkläre, warum es in der gemäßigten Zone vier ausgeprägte Jahreszeiten gibt.

3 Klimawandel

a) Nenne Ursachen und Folgen des Klimawandels.
b) Werte die Karikatur aus.

Klimawandel: die Menschen denken um!

4 Klimazonen

Ermittle für die Städte Kap Barrow und Manaus die zugehörige Klimazone und ordne das passende Klimadiagramm (① oder ②) zu.

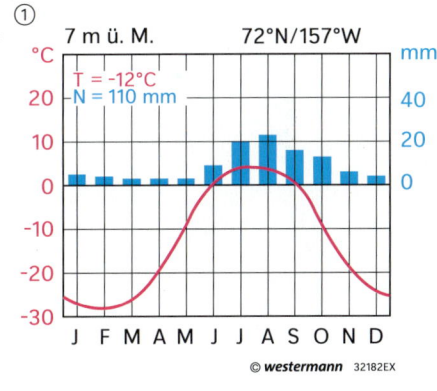

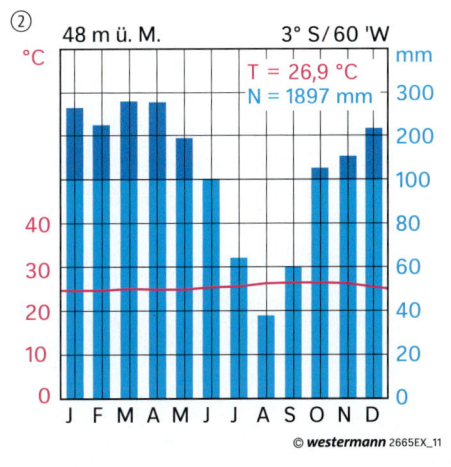

29

Endogene Naturkräfte verändern Räume

M1 Eine Tsunamiwelle erreicht die Küste von Honshu (Japan, 2011)

M2 Blaue Lagune auf Island – baden im heißen Topf

M3 Flucht vor dem Vulkan – Ausbruch des Pinatubo (Philippinen, 1991)

Innere und äußere Kräfte der Erde

M1 Straßenschäden durch Verwitterung

Die Kräfte der Erde spielen zusammen

Die Oberflächenformen der Erde entstehen im Zusammenspiel der endogenen (erdinneren) Kräfte und der exogenen (erdäußeren) Kräfte. Von inneren Kräften werden zum Beispiel Vulkanausbrüche ausgelöst oder Gebirge aufgefaltet. Zu den äußeren Kräften zählen alle Einwirkungen auf die Erdoberfläche wie Verwitterung und Erosion. Verursacht werden sie unter anderem durch Eis, Wasser, Sonneneinstrahlung und Wind.

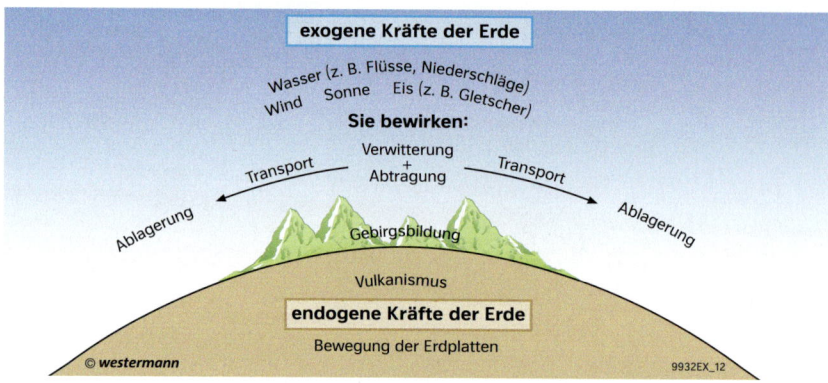

M3 Endogene und exogene Kräfte der Erde

Abtragung	→ Transport →		Ablagerung
Wind Ausblasen von Gesteinsmaterial, Abschleifen des Gesteins durch den Wind			Ablagerung des mitgeführten Materials, Dünenentstehung, Lössablagerungen
Wasser Abtragung von Gesteinsmaterial, Talbildung, Verkarstung			Verringerung der Fließgeschwindigkeit führt zur Ablagerung des mitgeführten Materials.
Massenbewegung Gesteinsschutt folgt der Schwerkraft: Felsstürze, Erdrutsche und Schlammlawinen. Dabei spielen mehrere exogene Kräfte zusammen.	 		Aufschüttung von Schutthalden an Gebirgsfüßen
Gletscher Ausschürfung von Tälern (Trogtälern) durch Gletscher			Ablagerung des abgetragenen Materials im eisfreien Gebiet (z.B. Moränen)

M2 Wirkung exogener Kräfte (Auswahl)

Endogene Naturkräfte verändern die Erde

M4 Im Himalaya findet man vielfältige Bergformen.

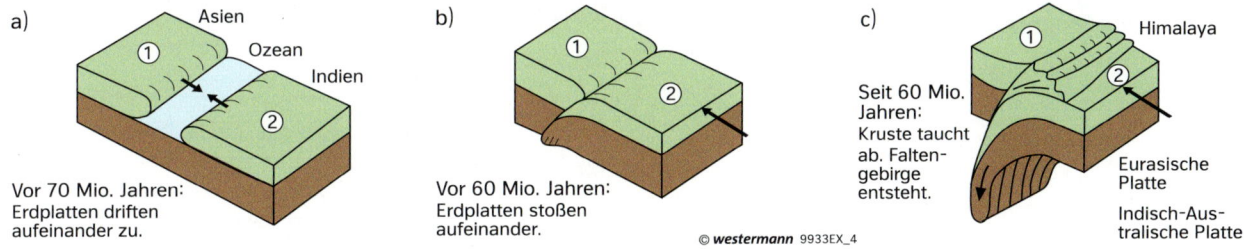

a) Vor 70 Mio. Jahren: Erdplatten driften aufeinander zu.
b) Vor 60 Mio. Jahren: Erdplatten stoßen aufeinander.
c) Seit 60 Mio. Jahren: Kruste taucht ab. Faltengebirge entsteht.

M5 Der Himalaya – ein Faltengebirge entsteht.

Innere und äußere Kräfte am Himalaya

Der Himalaya ist das höchste Gebirge der Erde. Erdinnere Kräfte bewirkten in einem etwa 200 Millionen Jahre dauernden Prozess, dass die Indisch-Australische Platte nach Norden in Richtung der Eurasischen Platte driftete. Vor etwa 60 Millionen Jahren kam es zum Zusammenstoß der beiden Platten. Die Gesteinsschichten schoben sich zusammen und falteten sich hoch auf. Der Himalaya entstand.

Die Hebung dauert bis heute an. Schwere Erdbeben sind die Folge. Das Gebirge wächst jedes Jahr um rund fünf Zentimeter. Doch die Berge werden nicht höher. Hierfür sorgen äußere Kräfte. Verwitterung, Frostsprengung und Erosion setzen ein. Das Gesteinsmaterial wird an der Erdoberfläche zerkleinert und abgetragen. Bäche und Flüsse transportieren das Material zum Teil bis in den Indischen Ozean.

Aufgaben

1 Erläutere anhand von M3 das Zusammenwirken der inneren und äußeren Kräfte der Erde.

2 Erkläre mithilfe des Minilexikons den Unterschied zwischen Verwitterung und Erosion.

3 a) Schreibe einen Bericht zur Entstehung des Himalaya (M2, M5, Text). Verwende folgende Begriffe: Faltengebirge, Indisch-Australische Platte, Eurasische Platte, Kollision, Erosion.

b) Ermittle die geologische Periode des Zusammenstoßes der Erdplatten (M5, hinterer Einband).

4 Die Alpen sind ähnlich wie der Himalaya entstanden. Das Mittelmeer soll in einigen Millionen Jahren verschwunden sein. Begründe dies mithilfe von M2.

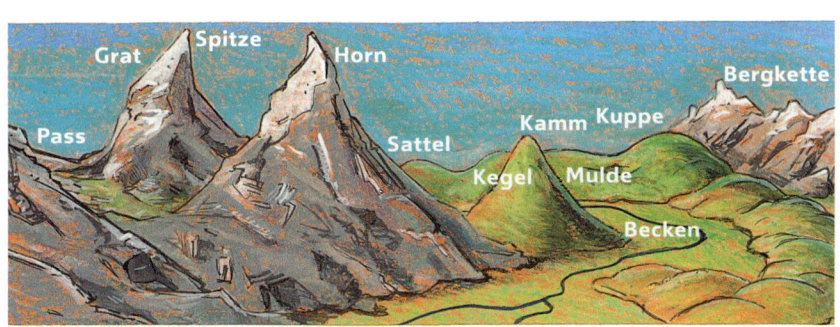

M6 Vielfältige Bergformen – gestaltet durch äußere Kräfte der Erde.

Kontinentaldrift – Kontinente in Bewegung

Blick ins Erdinnere

M1 Alfred Wegener (1930)

Die Erde ist aus mehreren Schalen aufgebaut. Die feste äußere Schale nennt man Lithosphäre. Sie ist bis zu 100 km mächtig und in einzelne Platten unterteilt. Darunter folgen Erdmantel und Erdkern. Die Lithosphäreplatten können entweder kontinentale Kruste oder ozeanische Kruste tragen. Die relativ leichten Lithosphäreplatten schwimmen auf dem schweren und zähflüssigen Material des oberen Erdmantels.

Durch dort vorhandene Konvektionsströme – das sind langsame Bewegungen des Erdmantelmaterials, die sich aufgrund von Temperatur- und Dichteunterschieden ergeben – werden die Platten bewegt. An den Plattengrenzen entstehen häufig Erdbeben und Vulkane. Die Kollision von Platten führt zur Bildung von Gebirgen, das Auseinanderdriften zu Gräben und vulkanischen Gebirgsketten im Ozean.

M2 Spuren der Kontinentaldrift

Warum passen die Ränder der Kontinente so gut zusammen? Warum findet man in entfernten Kontinenten gleiche Pflanzen und Gesteine? Diese Fragen stellte sich Alfred Wegener zu Beginn des 20. Jahrhunderts. Die Antwort fand er 1912: Die festen Erdplatten bewegen sich! Die Theorie der Kontinentaldrift war geboren. Lange Zeit von anderen Wissenschaftlern als Unsinn abgetan, fand diese Theorie um 1960 ihre endgültige Anerkennung.

M4 Wegeners Entdeckung

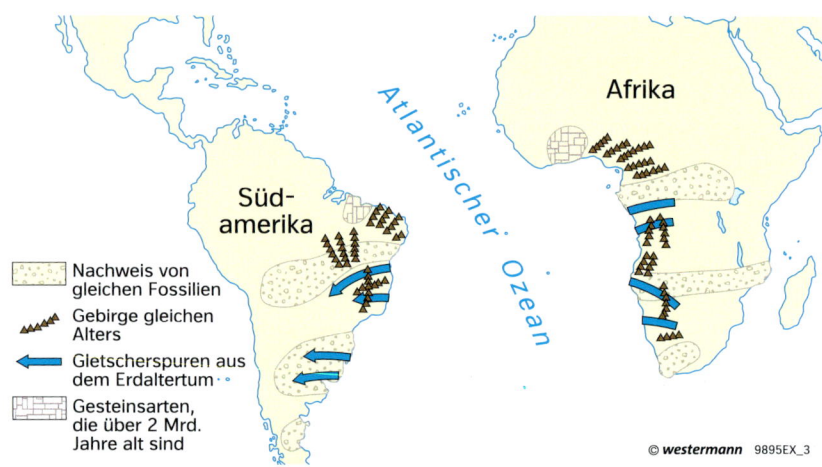

M3 Bewegung der Lithosphäreplatten und ihre Auswirkungen – ein Modell der Plattentektonik

Endogene Naturkräfte verändern Räume

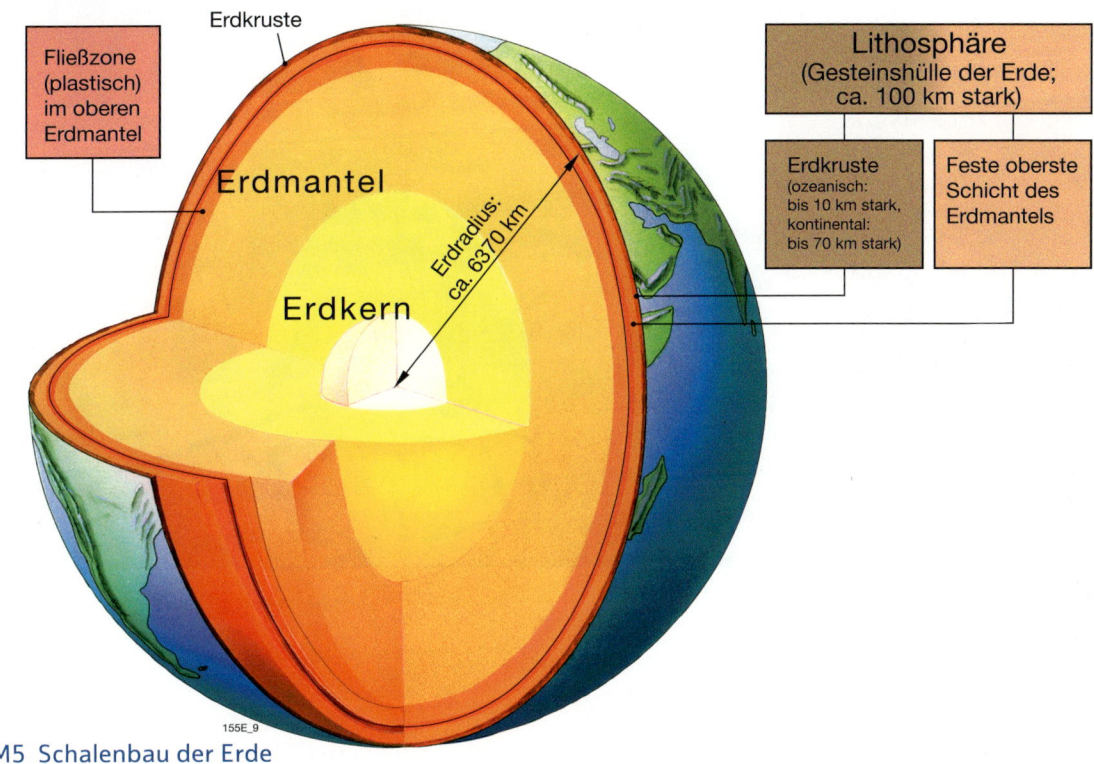

M5 Schalenbau der Erde

Auf der diesjährigen Hauptversammlung stellte der junge Wissenschaftler Alfred Wegener seine Idee vor: Die Kontinente wandern. Einem älteren Geologie-Professor entlockte dies nur einen verächtlichen Ausruf. Fast alle anwesenden Wissenschaftler lehnten Wegeners Theorie ebenso ab.

M6 Die Hauptversammlung der Geologischen Vereinigung am 6.1.1912

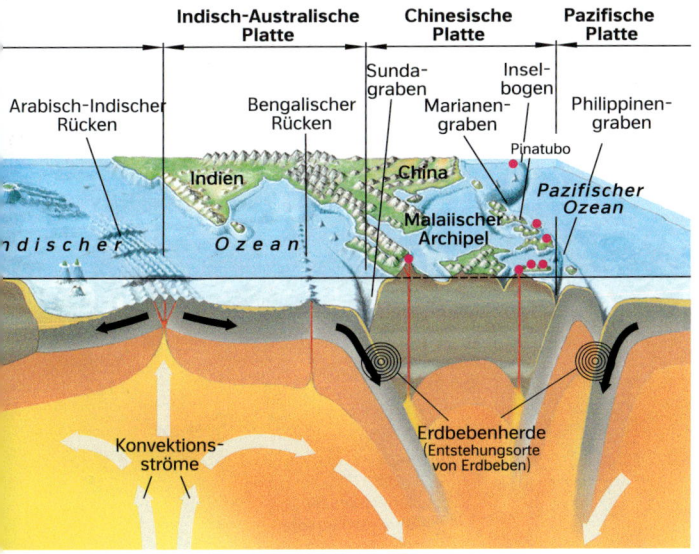

Aufgaben

1. a) Fertige eine vereinfachte Skizze zum Schalenbau der Erde an (M5).
   b) Beschreibe den Schalenbau der Erde (eigene Skizze, M5).
2. Nenne Belege für Alfred Wegeners Theorie der Kontinentaldrift (M2-M5).
3. Ermittle mithilfe der Weltkarte im Atlas Kontinente, deren Ränder besonders gut zusammenpassen.
4. Liste mithilfe des Atlas die acht größten Lithosphäreplatten auf.
5. Erläutere die Bewegungen der Lithosphäre und ihre Folgen (M3).
6. Liste drei Beispiele für die Auswirkungen der Bewegung der Lithosphäreplatten auf (Atlas).
7. Beurteile aus heutiger Sicht den Verlauf der Hauptversammlung im Jahr 1912 (M6).

Erdbeben und Vulkanausbrüche

M1 Nach dem Erdbeben in Nepal (2015)

Gewaltige Naturereignisse

„Ein schweres Erdbeben hat die indonesische Insel Java erschüttert. Durch die Erdstöße sind mehr als 5 000 Menschen getötet worden." Wir hören oft solche Meldungen über Naturereignisse, wie zum Beispiel Erdbeben und Vulkanausbrüche. Ursachen hierfür sind vor allem natürliche Vorgänge im Erdinneren. Eine Vorhersage solcher Ereignisse ist kaum möglich. Naturereignisse werden dann zu Naturkatastrophen, wenn ihre Auswirkungen für die Menschen verheerend sind.

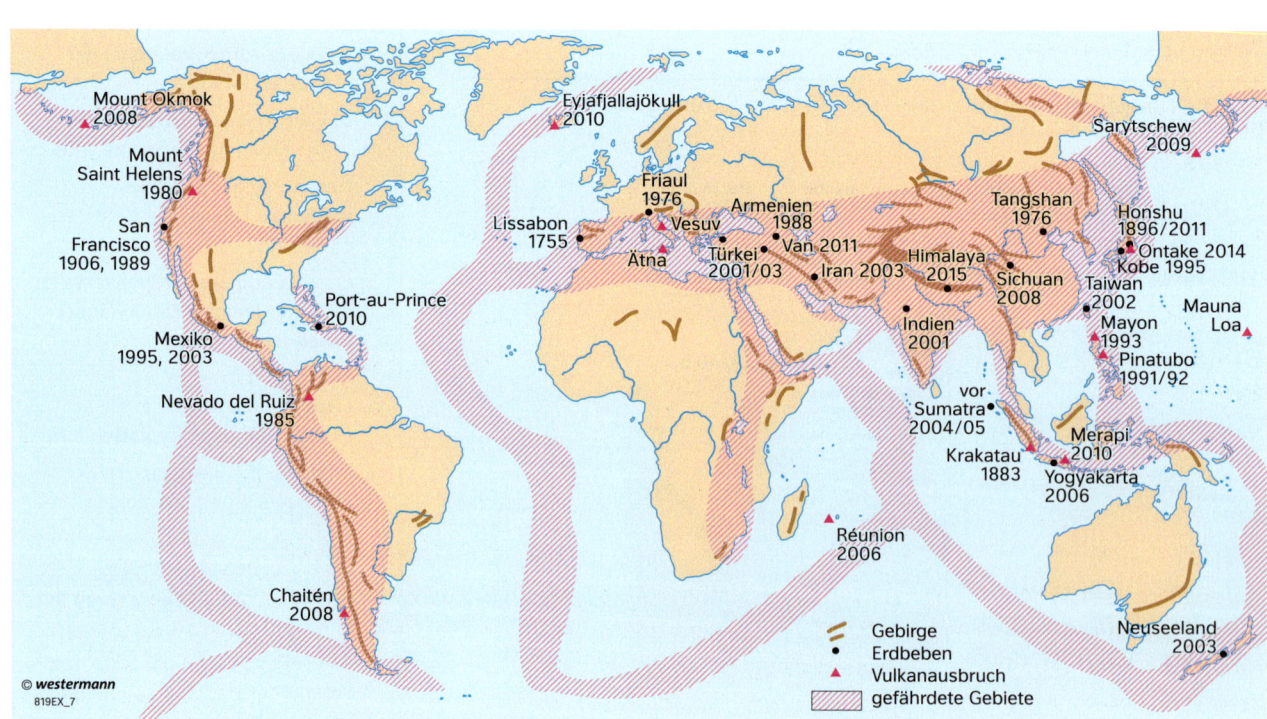

M2 Durch Erdbeben und Vulkanausbrüche gefährdete Gebiete auf der Erde

Endogene Naturkräfte verändern Räume

Infolge eines Vulkanausbruches musste der Flugverkehr in weiten Teilen Europas für Tage ganz oder teilweise stillgelegt werden. Die Vulkanasche in der Atmosphäre hätte Cockpitscheiben verdunkelt und die Düsentriebwerke stark beschädigen können. Deshalb erteilten die Flugsicherheitsbehörden Flugverbote. Laut EU-Kommission beliefen sich die Schäden auf 1,5 – 2,5 Mrd. Euro. Insgesamt wurden circa 100 000 Flüge gestrichen, zehn Millionen Menschen waren davon betroffen.

M3 Ausbruch des Eyjafjallajökull auf Island und dessen Folgen (2010)

Gestern um 19.59 Uhr wurde auf dem Stadtgebiet von Neuwied ein leichtes Erdbeben registriert. (...) Das Epizentrum lag am Rheinufer nahe der Raiffeisenbrücke (...). Die Tiefe wird mit sieben Kilometern angegeben. Das Neuwieder Becken mit den Städten Koblenz, Andernach und Neuwied wird regelmäßig von leichten Erdbeben erschüttert. Meist haben diese ihren Ursprung in der Osteifel nahe Mendig. Historisch belegt sind aber auch Erdbeben am Südrand des Beckens. (...)
(Quelle: Leichtes Erdbeben in Neuwied (Rheinland-Pfalz). juskis-erdbebennews.de, 28.05.2014)

M5 Leichtes Erdbeben in Neuwied

Datum	Ort/Gebiet	Ursache	Opfer
24.08.0079	Pompeji/Italien	Ausbruch des Vesuv	ca. 10 000 Tote
01.11.1755	Lissabon/Portugal	Erdbeben	ca. 42 000 Tote
27.08.1883	Krakatau/Indonesien	Explosion des Krakatau	ca. 36 000 Tote
15.06.1896	Honshu/Japan	Seebeben mit Flutwelle	ca. 27 000 Tote
17.04.1906	San Francisco/USA	Erdbeben	ca. 1 000 Tote
27.07.1976	Tangshan/China	Erdbeben	ca. 240 000 Tote
13.11.1985	Kolumbien	Ausbruch des Nevado d. Ruiz	ca. 23 000 Tote
07.12.1988	Armenien	Erdbeben	ca. 25 000 Tote
30.09.1993	Indien	Erdbeben	ca. 30 000 Tote
17.01.1995	Kobe, Osaka/Japan	Erdbeben	ca. 5 500 Tote
17.08.1999	Türkei	Erdbeben	ca. 20 000 Tote
26.01.2001	Indien	Erdbeben	ca. 100 000 Tote
26.12.2003	Iran	Erdbeben	ca. 36 000 Tote
26.12.2004	vor Sumatra	Seebeben mit Flutwelle	ca. 230 000 Tote
27.05.2006	Java/Indonesien	Erdbeben	ca. 5 000 Tote
06.04.2011	Honshu/Japan	Seebeben mit Flutwelle	ca. 18 500 Tote
25.04.2015	Nepal	Erdbeben	ca. 8 800 Tote

M4 Erdbeben und Vulkanausbrüche aus zwei Jahrtausenden

Aufgaben

1 Naturereignisse – Naturkatastrophen: Erläutere den Unterschied.
2 Erkläre die Verbreitung von Gebieten, die durch Erdbeben und Vulkanausbrüche gefährdet sind (M2).
3 Wähle aus M4 drei Erdbeben und Vulkanausbrüche aus. Lege eine Tabelle an und ordne den Orten/Gebieten die Kontinente zu.
4 Werte einen Internetbeitrag über ein Erdbeben im Rheinland aus. Orientiere dich an M5 (www.seismo.uni-koeln.de).
5 Bewerte die Auswirkungen des Ausbruchs in Island (M3).

Sh...sha...shakin' on the fault line

M1 San-Andreas-Spalte in Kalifornien

Das Problem der Erdbebenforscher

Erdbeben treten praktisch ohne Vorwarnung auf und können ganze Städte und Landstriche binnen Sekunden zerstören. Vorhersagen und Prognosen sind nicht möglich. Seismologen (Erdbebenforscher) wissen heute, wo die tektonisch unruhigen Regionen liegen, in denen es mit Sicherheit zu Erdstößen kommen wird. Aber über die unmittelbare Phase vor dem Beben – und nur diese lässt sich als Alarmzeit nutzen – wissen die Forscher viel zu wenig.

Auch entlang der San-Andreas-Spalte, die sich wie eine riesige Gletscherspalte 1200 Kilometer lang durch ganz Kalifornien zieht, sind Erdstöße unabwendbar. Auf Spurensuche nach dem Superbeben „The Big One" (M4) reisen Erdbebenforscher nach Parkfield (M2).

If You Feel a SHAKE or a QUAKE, Get Under Your Table & EAT YOUR STEAK

M2 Aufschrift im Parkfield-Café

M3 Der Lehrer Duane Hamann trainiert mit Schülern das Verhalten bei Erdbeben im Klassenraum der Schule von Parkfield.

In Kalifornien – dem US-Staat am Pazifik – wird seit Jahren auf ein Superbeben gewartet. Die Erdstöße von 2014 erreichten Werte von über 6 auf der Richterskala. Diese waren die stärksten seit langem, eine Erinnerung, dass The Big One irgendwann kommen wird. Genaue Messungen sollen die Metropolen Los Angeles und San Francisco vor dem Beben warnen.

M4 Wann kommt The Big One?

Endogene Naturkräfte verändern Räume

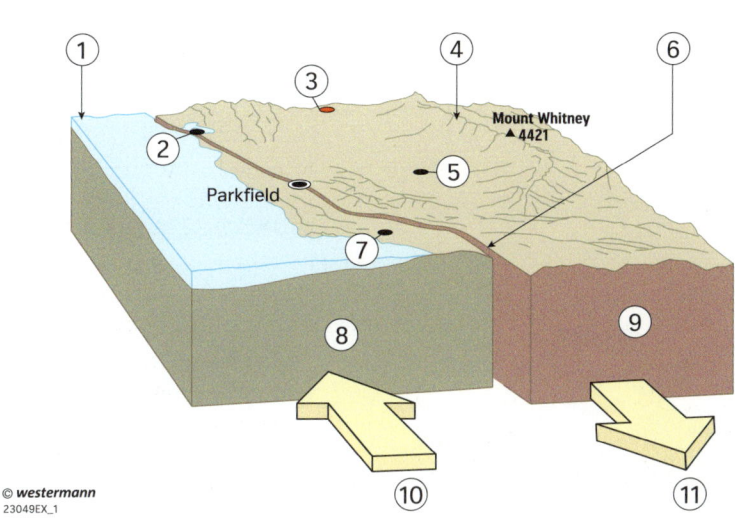

M5 Tektonische Situation Kaliforniens (vereinfachtes Schema)

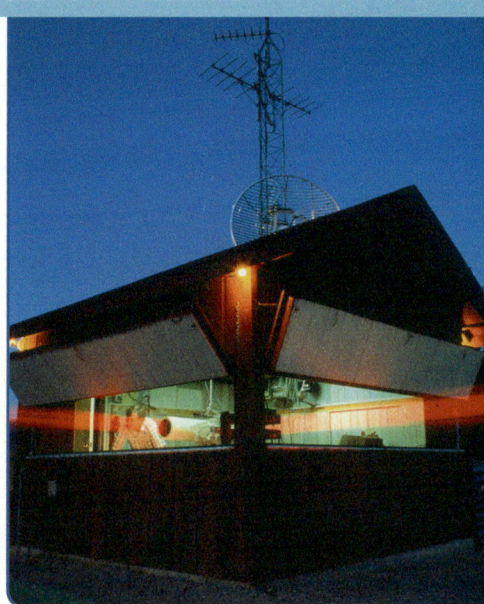

M8 Messhütte mit Laserapparatur

Das ländliche Parkfield nennt sich „Earthquake City", denn der Ort liegt direkt an der San-Andreas-Spalte. Beide Platten der Erdkruste Kaliforniens sind entlang des Grabens in dauernder Bewegung. So kann Parkfield eine lange Geschichte von Erdbeben vorweisen: 1875, 1881, 1901, 1922, 1934 und 1966, also durchschnittlich alle 20 Jahre. Mit einem groß angelegten Experiment in Parkfield wollen Seismologen seit den 1970er-Jahren erstmals den Puls des Bebens untersuchen und mithilfe eines exakten Messsystems den Zeitpunkt eines schweren Erdbebens möglichst genau voraussagen. Um die Gefahr vorzeitig zu erkennen, wurden die Hügel und Felder rings um Parkfield mit Hunderten empfindlicher Meßgeräte, mit Seismographen, Bebenfühlern, Kriechmessgeräten und Wassermeldern gespickt. Sie funken jede Regung im Boden in ein geologisches Forschungszentrum bei San Francisco. Dort werten Computer die Messdaten in Sekundenschnelle aus.

M6 Parkfield, CA – Earthquake City

Duane Hamann ist Lehrer der kleinen Schule von Parkfield. Als begeisterter Hobby-Seismologe hat er sich der Erdbebenmessung verpflichtet. Mit einer Laserkanone geht er den Erdbewegungen um Parkfield auf die Spur. Die Laserapparatur ist in einer Messhütte auf einem Hügel untergebracht. Dieser liegt auf der amerikanischen Platte. Mit Laserlicht vermisst Hamann dreimal in der Woche das Land. Dazu richtet der Forscher den Laserstrahl auf mehrere Spiegel, die auf Hügeln auf der Pazifischen Platte stehen. Die Zeit, die der Lichtstrahl von der Quelle zu den Spiegeln und zurück benötigt, wird drahtlos ins Forschungszentrum übermittelt. Die Lasermessung ist sehr genau und erfasst geringste Abweichungen. Vergleichsmessungen geben Hinweise auf Bewegungen zwischen den beiden Platten an der San-Andreas-Spalte.

M7 Die Laserkanone des Duane Hamann

Aufgaben

1 Kalifornien ist ein „geteiltes" Land. Erkläre.

2 Benenne die Plattengrenzen, an denen folgende Städte liegen (Atlas):
Mexiko-Stadt, Tokio, Teheran, Jakarta, Neu-Delhi, Karachi, Peking, Manila, Los Angeles.

3 Ordne diese Namen den Ziffern in M5 zu:
a Amerikanische Platte, b Fresno, c Los Angeles, d Pazifische Platte, e Pazifischer Ozean, f Sacramento, g San-Andreas-Verwerfung, h San Francisco, i Sierra Nevada, j Südosten, k Nordwesten.

4 Stelle mithilfe von M5, M6 und M7 in einer einfachen Skizze die Laservermessung von Parkfield dar.
Zeichne: Messhütte, vier Hügel, Laserapparat, Laserstrahlen, San-Andreas-Spalte, Amerikanische Platte, Pazifische Platte, drei Spiegel.

Tsunamis – Monsterwellen und ihre Folgen

M1 Am 11. März 2011 trifft ein Tsunami auf die Nordostküste von Honshu (Japan).

Tsunamis – große Hafenwellen

Tsunami bedeutet „große Hafenwelle". Als einst Fischer vom Fischfang zurückkehrten, stellten sie fest, dass Hafen und Dorf offenbar durch eine riesige Welle zerstört wurden. Auf dem Meer hatten sie diese nicht bemerkt. Hier die Erklärung: Wenn es unter dem Meeresboden zu einem Beben kommt, wird mit dem Meeresboden das Wasser über dem Erdbebenzentrum ruckartig angehoben. Vom entstehenden Wasserberg breiten sich kreisförmig Wellen aus. Diese sind auf dem offenen Meer sehr flach, aber auch sehr schnell. Treffen sie auf die Küste, werden sie abgebremst und auf Wellenhöhen von bis zu 40 m aufgestaucht.

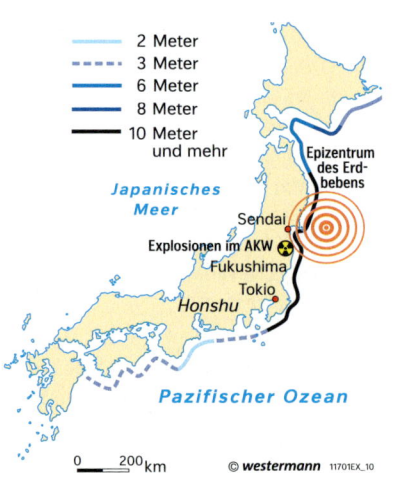

M2 Durch den Tsunami am 11. März 2011 betroffene Regionen

Erdbeben entstehen so spontan, dass die Bevölkerung nicht davor gewarnt werden kann. Bei Tsunamis ist dies hingegen möglich. Dazu messen Drucksensoren am Meeresboden alle Veränderungen der Meereshöhe. Diese Informationen werden an Tsunami-Warncenter an der Küste weitergeleitet. Bei Gefahr wird die Bevölkerung umgehend über die Medien informiert, sodass sie sich in Sicherheit bringen kann. Im besonders gefährdeten Pazifik existieren mehrere Tsunami-Warnzentren.

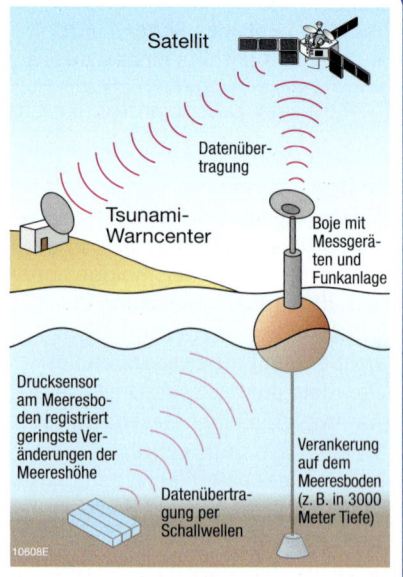

M3 Tsunami-Frühwarnsysteme retten Leben

Endogene Naturkräfte verändern Räume

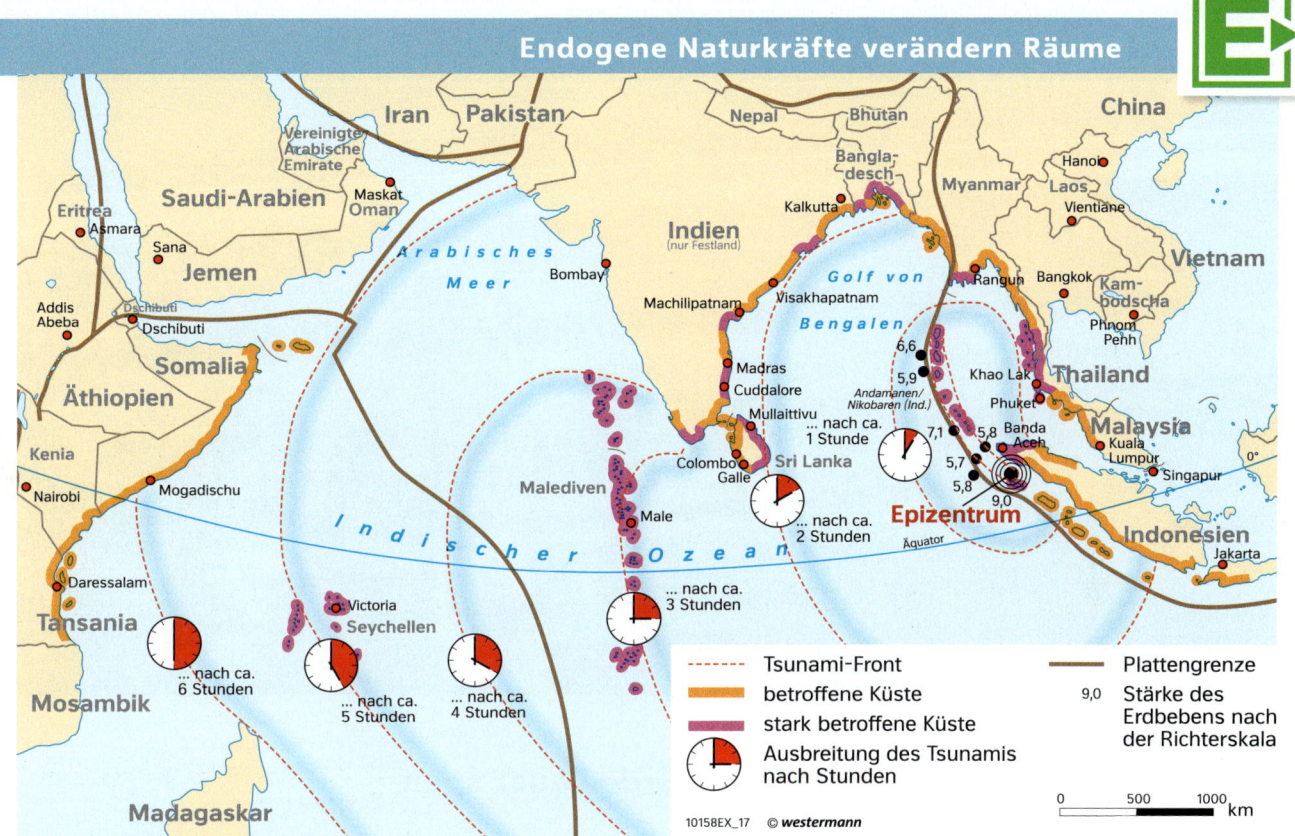

M4 Ausbreitung des Tsunamis am 26.12.2004. Als vor der Insel Sumatra (Indonesien) die Erde bebt, ist in Thailand, Sri Lanka oder auf den Seychellen noch nichts zu spüren.

Verheerende Folgen

Beim Auftreffen auf das Land zerschmettern die Wassermassen eines Tsunamis alles, was ihnen im Weg steht. Dabei kann eine zehn Meter hohe Welle durch ihre Bewegung auch noch Küstenbereiche überrollen, die mehr als 50 m über der normalen Meereshöhe liegen.
Während Erdbeben meistens nur in einer relativ kleinen Region Schäden anrichten, kann ein einzelner Tsunami weit entfernte Küsten (mehrere 1000 km) zugleich verwüsten. Dies liegt daran, dass die kreisförmige Ausbreitung der Wellen im offenen Meer kaum abgebremst wird. Die Schäden, die durch Tsunamis entstehen, sind besonders groß, weil sich die Menschen bevorzugt an den Küsten ansiedeln.

Im März 2011 entlädt sich vor der Nordostküste Japans ein Seebeben der Stärke 9,0, das einen Tsunami hervorruft. Das Beben und die bis zu 40 m hohen Wellen des Tsunamis zerstören ganze Städte an Japans Küste. Über 18 000 Menschen sterben. Das Atomkraftwerk Fukushima wird so stark beschädigt, dass große Mengen an radioaktivem Material freigesetzt werden. Mehr als 150 000 Menschen müssen evakuiert werden. Viele können nie wieder in ihre Heimat zurückkehren. Trotzdem wird Japan voraussichtlich weiterhin Atomkraftwerke betreiben. Deutschland beschließt hingegen, bis 2022 alle Kernkraftwerke stillzulegen.

M5 Tsunami vor Japans Küste

Aufgaben

1. Erkläre, wie Tsunamis entstehen.
2. Beschreibe die Funktionsweise des Tsunami-Frühwarnsystems (M3).
3. Nimm Stellung zu folgender Aussage: „Der Tsunami im Jahr 2011 wird die Welt dauerhaft verändern."
4. a) Am 26.12.2004 kam es im Indischen Ozean zu einem Seebeben der Stärke 9. Das Zentrum lag bei 3° nördlicher Breite und 95° östlicher Länge. Erkläre mithilfe von M4 die Ausbreitung des Tsunamis.
   b) Erstelle eine Übersicht der betroffenen Länder.
   c) Recherchiere die Opferzahlen.

Vulkane – Fluch und Segen

M1 Zerstörtes Pompeji

Wenn die Erde Feuer speit

An Grenzen von Lithosphärenplatten und auch innerhalb der Platten kann bis zu 1250 °C heiße Gesteinsschmelze (Magma) Richtung Erdoberfläche vordringen. Beim Erreichen der Oberfläche wird sie Lava genannt. Je nach Größe bezeichnet man das Auswurfmaterial zum Beispiel als vulkanische Asche oder Bomben. Vulkane können unterschiedlich aufgebaut sein. Zwei Typen sind besonders häufig: Schichtvulkane, bei denen sich Lava- und Ascheschichten abwechseln (siehe S. 45), und Schildvulkane, bei denen ausschließlich dünnflüssige Lava gefördert wird, die über große Entfernungen ruhig ausfließt (siehe S. 47). Während die kegelförmigen Schichtvulkane steilere Flanken besitzen, sind Schildvulkane flach und großflächig.

Im Jahr 1763 fand man bei archäologischen Grabungen in der Nähe des Vulkans Vesuv ein Haus mit der Inschrift „res publica Pompeianorum" (Staatswesen der Pompejaner). Das Haus muss Teil des antiken Pompeji sein. Unter der Erdoberfläche verbarg sich scheinbar die Stadt, von der in alten Schriften berichtet wurde. Doch wie konnte eine ganze Stadt im Erdboden verschwinden?
Im Jahr 79 n. Chr. kam es zum explosiven Ausbruch des Vesuv. Vulkanische Asche regnete auf die Stadt, die zu dieser Zeit dem Römischen Reich angehörte. Von den Hängen schoss eine glutheiße Lawine vulkanischen Materials auf die Bewohner zu. Sie hatten keine Chance, zu überleben. Über 1500 Jahre lagen sie unter einer 25 m mächtigen Decke aus Vulkanmaterial begraben. Das Bild zeigt den Bäcker Terentius Neo und seine Frau. Er hält eine Papyrusrolle, sie posiert mit ihrem Schreibgerät. Sie waren offenbar wohlhabend. Ihre Bäckerei lag im Zentrum der Stadt.

M2 Pompeji – Untergang einer Stadt

Endogene Naturkräfte verändern Räume

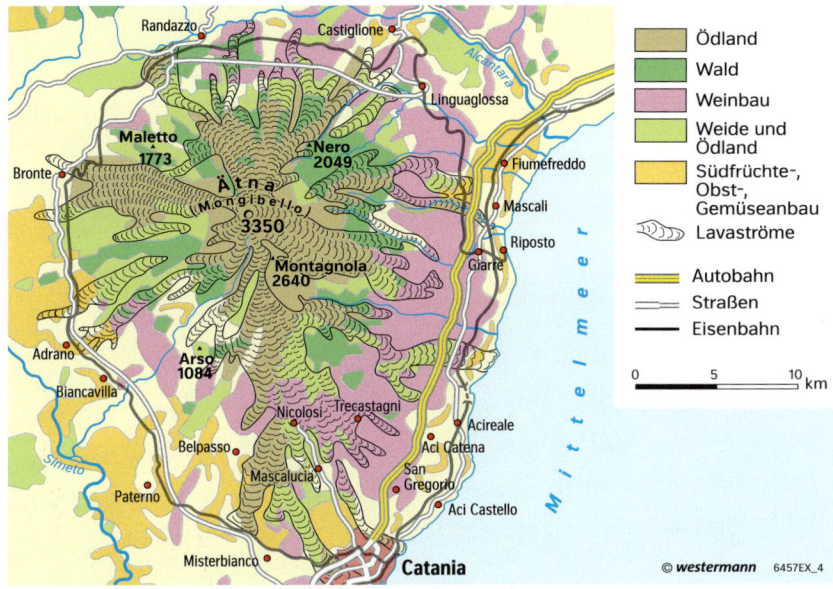

M3 Bodennutzung in der Ätna-Region (Sizilien)

Aufgaben

1. Arbeite die Bodennutzung in der Region rund um den Vulkan Ätna heraus (M3).
2. a) Lokalisiere die Ruinenstadt Pompeji (Atlas).
   b) Ermittle die italienische Großstadt, die heute durch einen Ausbruch des Vesuv bedroht ist (Atlas).
3. Begründe die Verteilung von Vulkanen auf der Erde mithilfe der Theorie der Plattentektonik (siehe S. 34 M3).
4. Erkläre, wie der Mensch die Erdwärme (Geothermie) für sich nutzt.

Leben am Vulkan

Trotz der Bedrohung durch Vulkanausbrüche leben in der Umgebung der Feuer speienden Berge häufig viele Menschen. Sie trotzen der Gefahr durch die Vulkane, weil diese ihnen Nutzen bringen: Dank der schnell verwitternden vulkanischen Gesteine sind die Böden fruchtbar. Vulkanische Gesteine werden zudem als gutes Baumaterial geschätzt.

Die Hitze des aufsteigenden Magmas lässt warme Quellen entstehen, deren Wasser in Heilbädern genutzt wird. Für Touristen sind Vulkane als Naturattraktionen beliebte Ziele. Die Touristen übernachten und essen dann in den Ortschaften rund um die Vulkane, sodass die ansässige Bevölkerung wirtschaftlich profitiert.

Island liegt auf der Eurasischen Lithosphäreplatte. Aber nicht die gesamte Insel, denn der Westen ist bereits Bestandteil der Nordamerikanischen Platte. Die Erdplatten driften mit einer Geschwindigkeit von zwei Zentimetern pro Jahr ständig auseinander. An der Grenze zwischen beiden Platten muss offenbar ständig neues Land entstehen, sonst wäre die Insel geteilt. Und tatsächlich: Das Zentrum Islands besteht aus einer Kette von 31 Vulkanen, die Magma fördern.
Erdwärme (Geothermie) wird schon lange in Island genutzt: Heiße Quellen sind beliebte Badeplätze. Noch wichtiger ist die Gewinnung von Wärme und Strom aus den unterirdischen Hitzevorkommen. Hierzu wird über Rohre aus bis zu fünf Kilometern Tiefe heißer Dampf an die Oberfläche geleitet.

M4 Geothermie – ein Segen für Island

Der Ätna – Leben am Vulkan

M1 Ausbruch des Vulkans Ätna auf Sizilien (rechts im Hintergrund die Stadt Catania)

Selten Ruhe am Ätna

Aus einer Nachrichtenmeldung: *„Vulkan Ätna bricht aus – glühende Massen von Lava wälzen sich in die Tiefe. Am frühen Morgen hat sich am Ätna, dem größten Vulkan Europas, in etwa 2000 Meter Höhe eine neue Lavaquelle geöffnet. Derzeit besteht jedoch keine Gefahr, dass sie Ortschaften und Siedlungen bedroht."*

Der Ätna entstand vor etwa 500 000 Jahren. Seitdem vergrößerte er sich durch zahlreiche Ausbrüche. Viele Schichten von Lava und Aschen türmen sich heute zu einem mächtigen, kegelförmigen Berg auf. Mit einer Höhe von 3 323 m ist der Ätna der größte Vulkan Europas. Die Ätnabewohner wissen, dass sie der Berg ständig bedroht.

Armee kämpft gegen Lava

Catania/Sizilien
Mit Bomben, Minen und Zementblöcken versuchen italienische Soldaten, die Lavaflut aus dem Ätna aufzuhalten. Schnee und Nebel behindern jedoch den Einsatz der Helikopter. Durch Sprengungen im oberen Teil des Vulkans soll der Lavafluss in ein anderes Tal umgeleitet werden. Die Einsätze der Soldaten sind bisher nicht erfolgreich. Immer neue Krater öffnen sich, aus denen die Lava in Richtung Catania fließt.

M2 Nach Zeitungsmeldungen

M3 Die Lava zerstörte die Felder des Bauern Alfonso.

Endogene Naturkräfte verändern Räume

Trotz der ständigen Unruhe stufen Forscherinnen und Forscher den Schichtvulkan Ätna als harmlosen Vulkan ein. Sein Gesteinsbrei ist vergleichsweise dünnflüssig. Deshalb kann das darin enthaltene Gas leicht entweichen. Im Schlot bilden sich keine Verstopfungen oder gefährliche Gaskammern, die jederzeit ausbrechen könnten.
Weitaus gefährlicher ist dagegen der Vesuv am Golf von Neapel. Er ist wie der Ätna ein Schichtvulkan. Jedoch ist das Magma des Vesuvs weitaus dickflüssiger. Es erstarrt schon im Schlot des Vulkans und verstopft den Krater. Über viele Jahre scheint der Vulkan erloschen. Doch unter dem Magmapfropf sammelt sich aufsteigendes Gas, das sich zuletzt 1944 mit einer gewaltigen Explosion entlud. Der Ausbruch war von Lavaflüssen, mächtigen Rauchwolken und hohen Lavafontänen begleitet. Die Städte Massa di Somma und San Sebastiano verschwanden vollständig unter den Lavamassen.

M4 **Gefahr durch Schichtvulkane**

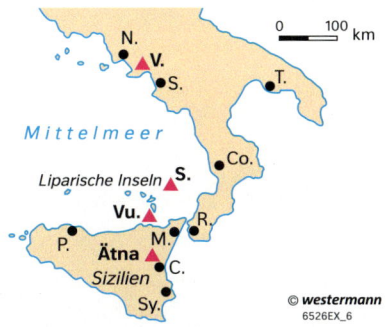

M6 **Vulkane und Städte in Süditalien**

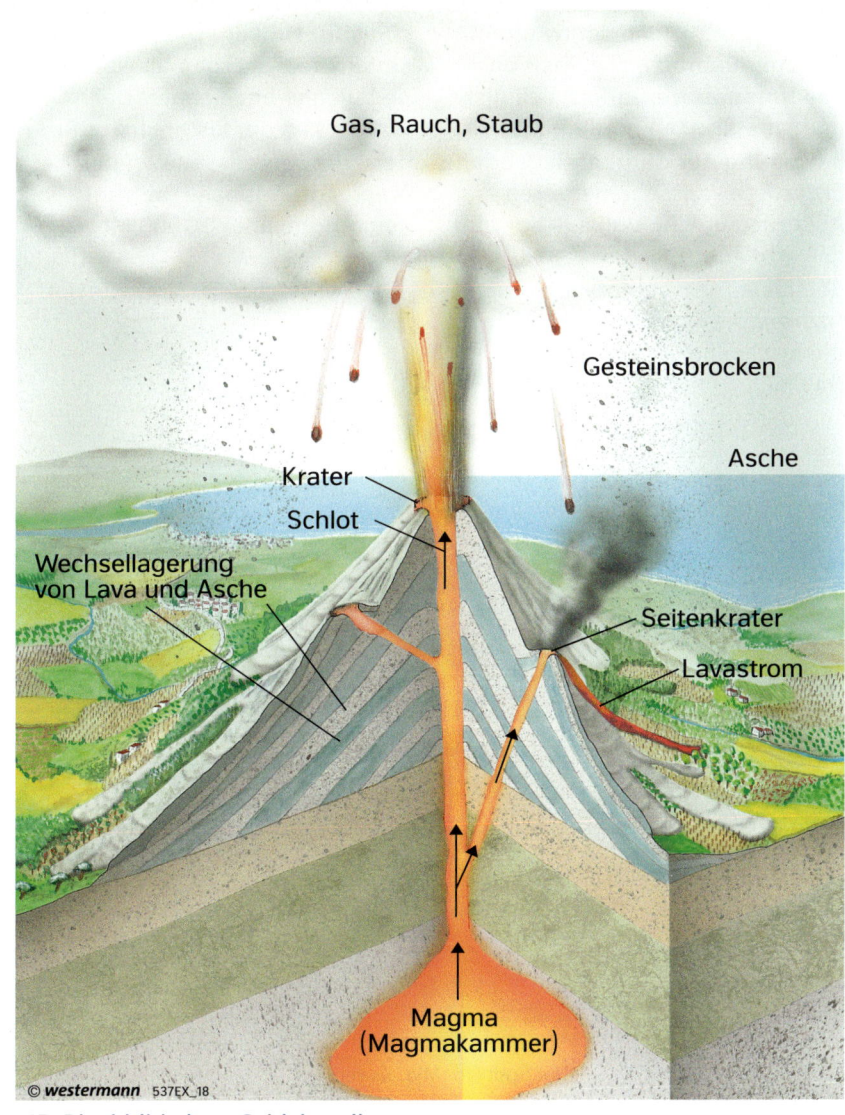

M5 **Blockbild eines Schichtvulkans**

Aufgaben

1. „Der Ätna schläft nicht, er döst nur", sagen die Einheimischen. Erläutere.
2. „Der Ätna nimmt und gibt." Erkläre diesen Satz.
3. a) Beschreibe die Vulkanform eines Schichtvulkans. Verwende dafür die Fachbegriffe (M5).
   b) Erstelle eine vereinfachte Skizze eines Schichtvulkans (M5).
   b) Bewerte die Gefahr durch Schichtvulkane (M4).
4. Bestimme in M6 alle Städte sowie die Namen der drei weiteren italienischen Vulkane (Atlas).
5. Begründe, ob du dir ein Leben an einem aktiven Schichtvulkan vorstellen könntest.

Hotspot-Vulkanismus

M1 Aktiver Vulkanismus auf Hawaii – das Alter der ältesten Vulkane wird auf 89 Mio. Jahre geschätzt.

M2 Basaltdecke auf ehemaliger Straße (Hawaii)

Heißer Fleck in der Erdkruste

Vulkanismus entsteht größtenteils an Plattengrenzen. Doch es gibt auch Vulkane, die mitten auf den Lithosphäreplatten liegen. Vulkanismus fernab der Plattengrenzen wird als Intraplattenvulkanismus bezeichnet. Ursache sind heiße Flecken im oberen Erdmantel, sogenannte Hotspots.

Hotspots entstehen, wenn aufgeschmolzenes Gestein aus dem Erdinneren aufsteigt. Das Magma sammelt sich zunächst in einer Kammer mit busch- oder pilzförmiger Form. Irgendwann kommt es zum Ausbruch. Die Position des Hotspots verändert sich nicht und ist starr. Durch die Plattenbewegung der darüber liegenden Erdkruste kann bei mehreren Ausbrüchen eine Vulkan- oder Inselkette entstehen.
Beispiele für Hotspots sind die Azoren, die Kanarischen Inseln, die Eifelvulkane (Maare) und Hawaii.

Die Inselkette Hawaii liegt mitten auf der Pazifischen Platte und besteht größtenteils aus erloschenen Schildvulkanen. Auf einer Länge von 6 100 km gibt es insgesamt 129 Vulkane. Das Alter der ältesten Vulkane wird auf 89 Mio. Jahre geschätzt. Die älteren Vulkane befinden sich im Nordwesten und die jüngeren im Südosten. Nicht alle Vulkane Hawaiis liegen über der Meeresoberfläche. Durch die Plattenbewegung ist auch ein Großteil davon unter die Meeresoberfläche abgesunken. Die „Unterwasservulkane" werden als submarine Vulkane bezeichnet. Der Mauna Kea gilt als höchster Berg der Erde: Gemessen von der Meeresgrundfläche beträgt seine Höhe über 10 000 Meter.

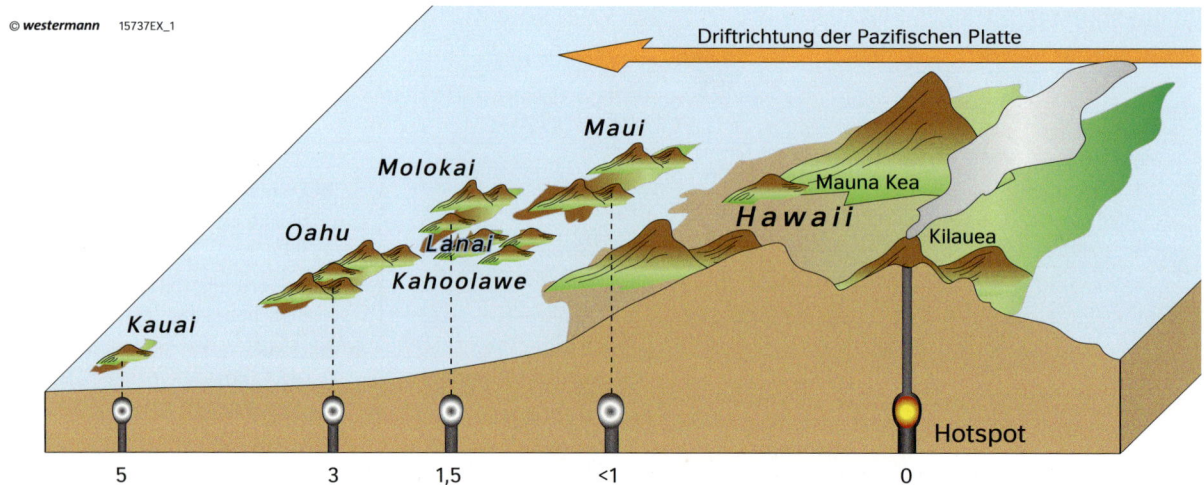

M3 Hotspot-Vulkanismus auf Hawaii – die älteren Vulkane liegen im Nordwesten, die jüngeren im Südosten.

Endogene Naturkräfte verändern Räume

M4 Honolulu, Hauptstadt Hawaiis, liegt an der Südküste der Insel O´ahu.

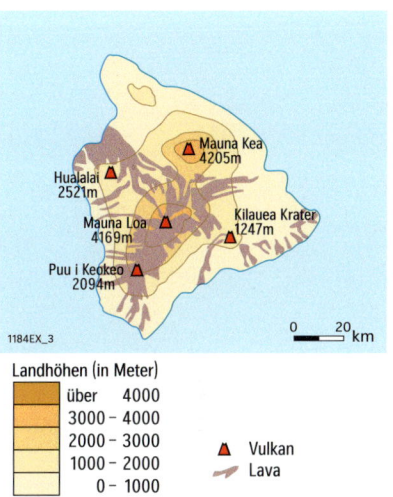

M6 Vulkane auf der Insel Big Island

Wie ein Schildvulkan entsteht

Der Schildvulkan ist ein Vulkantyp, der eine flache, schildartige Form besitzt. Diese Form kommt zustande, da die Lava beim Ausfließen aus der Magmakammer sehr dünnflüssig und gasarm ist. Dadurch kann sie beim Ausbruch schneller durch den Vulkanschlot fließen. Sobald die dünnflüssige Lava den Krater erreicht hat, fließt sie als Lavastrom großflächig in alle Richtungen. Die Geschwindigkeit kann hierbei bis zu 60 km/h erreichen. Schildvulkane haben deshalb eine große Flächenausdehnung. Der Lavastrom kühlt sich allmählich ab und beim erneuten Ausbruch lagern sich unterschiedlich alte Lavaschichten übereinander ab. Nicht alle Schildvulkane Hawaiis liegen über der Meeresoberfläche. Ein Großteil davon liegt darunter („Unterwasservulkane").

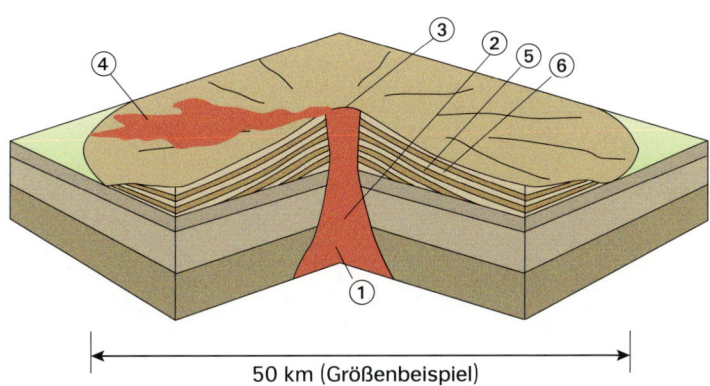

M5 Aufbau eines Schildvulkans

Aufgaben

1. Erläutere den Begriff „Intraplattenvulkanismus".
2. Erkläre die Entstehung der Inselkette Hawaii (M3). Beachte dabei den Zeitpunkt der Entstehung und die Lage der Inseln.
3. a) Ordne M5 die Begriffe „Vulkanschlot", „Magmakammer", „ältere Lavaschichten", „Lavastrom", „Krater" zu.
   b) Erkläre, wie ein Schildvulkan entsteht.
4. Erstelle einen Steckbrief über Hawaii. Präsentiere diesen.
5. Begründe, ob du dir ein Leben an einem aktiven Schildvulkan vorstellen könntest.

In der Vulkaneifel

Wo es brodelt und sprudelt

Alle 20 Minuten fängt das Wasser des Wallenborn bei Daun (siehe M4) an zu „brubbeln", wie die Einheimischen sagen. Das heißt, das Wasser der eingefassten Quelle beginnt scheinbar zu kochen. Dann schießt das Wasser in einer Fontäne heraus und es treten schwefelige Gase aus. Dieses „Brubbeln" ist ein Zeichen dafür, dass es im Erdinneren der Eifel immer noch brodelt und der Vulkanismus nur scheinbar zur Ruhe gekommen ist. Noch vor 10 000 Jahren – das ist, gemessen an der Erdgeschichte, eine sehr kurze Zeit – brachen hier Vulkane aus.
Damals entstanden auch die Maare. Glühend heißes, gasreiches Magma stieg auf und kam mit Grundwasser in Berührung, das sofort verdampfte. In Sekundenschnelle entstand ein ungeheurer Druck, der sich explosionsartig entlud. Bei diesen plötzlichen Gasausbrüchen wurden Krater aus der Erdoberfläche herausgesprengt, die bis zu 100 m tief und einen Kilometer breit sind. Vulkanische Asche bedeckte die Landschaft meterdick.

Die verfestigte Asche wird heute mit Baggern abgebaut und als Material zur Herstellung wärmedämmender Bausteine (Bims-Bausteine) verwendet. Viele der kreisrunden Explosionstrichter füllten sich nach und nach mit Regenwasser. Die Maare sind heute beliebte Ausflugsziele.

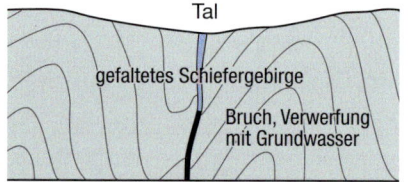
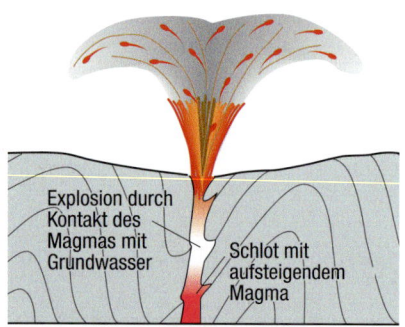
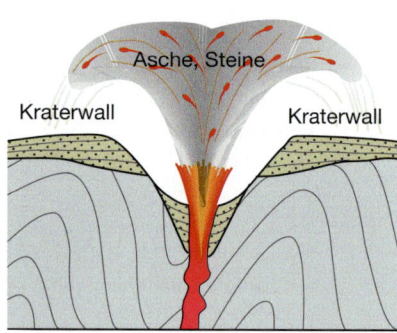
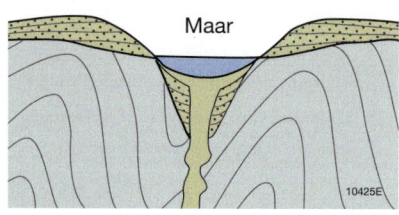

M1 So entsteht ein Maar.

M2 Dauner Maare

Endogene Naturkräfte verändern Räume

M3 Vulkanische Vielfalt im nördlichen Rheinland-Pfalz (a geschichtete vulkanische Bimsaschen bei Mendig, b Erlebnismuseum Lava-Dome in Mendig, c Logo des Vulkanparks Eifel, d Etiketten verschiedener Mineralwässer)

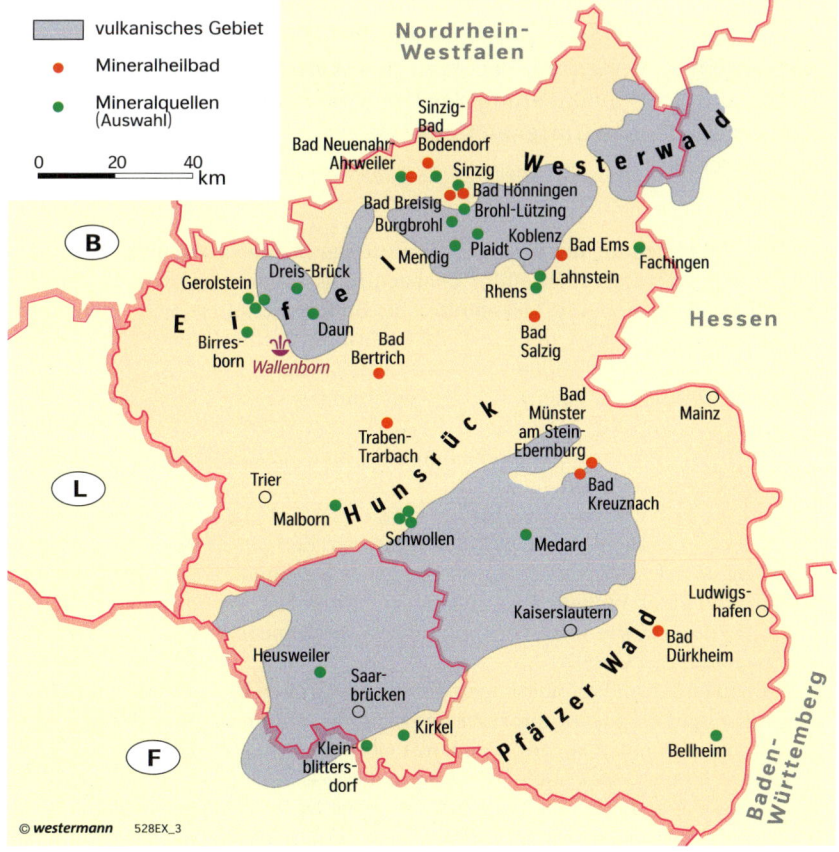

M4 Spätfolgen des Vulkanismus

Aufgaben

1. Schreibe einen Bericht über die Entstehung der Dauner Maare (M1, M2).
2. Plane einen Ausflug in die Vulkaneifel. Zeichne dazu eine Karte. Trage darin die Reiseroute ein und die Maare, die du besichtigen willst (Autoatlas).
3. Stelle den Nutzen dar, den die Menschen von der vulkanischen Vergangenheit der Eifel haben (M3, M4).
4. Sammelt Etiketten von Mineralwasser-Flaschen. Bestimmt die Herkunftsorte der Mineralwässer (Internet, Atlas).
5. Erläutere die Verteilung der Mineralbrunnen und Mineralheilbäder in Rheinland-Pfalz und im Saarland (M4).

Der Merapi wird überwacht

M1 Messgeräte zeichnen selbst die geringsten Erschütterungen des Merapi auf.

M2 Landwirtschaft auf fruchtbarer Erde am Merapi

Vulkanismus – Umgang mit den Risiken

Vulkanausbrüche sind oft mit großen Zerstörungen von Siedlungen und Landschaften verbunden. Häufig sind Tote zu beklagen. Asche- und Staubwolken mindern die Sonneneinstrahlung, was sich auf das Wetter auswirkt, häufig auch in weit entfernten Gebieten.

Es ist unmöglich, einen Vulkanausbruch zu verhindern. Trotzdem sind einige Maßnahmen möglich, um die genannten Auswirkungen zu minimieren. Von entscheidender Bedeutung ist die verlässliche Vorhersage, wann mit einem Vulkanausbruch zu rechnen ist. Messgeräte registrieren die Zunahme örtlicher kleiner Erdbeben, die auf Bewegungen des Magmas in einem Vulkan hinweisen. Auf einigen besonders aktiven Vulkanen sind sogar Observatorien eingerichtet worden, die ihre Aktivitäten messen. Rechtzeitiges Warnen ermöglicht eine Evakuierung der Menschen aus den mutmaßlich betroffenen Gebieten.

Aufgaben

1. Trotz der Gefahr siedeln viele Menschen in der Nähe des Merapi. Liste mögliche Gründe auf.
2. Suche den Merapi im Atlas und beschreibe seine Lage.
3. Erläutere, wie Wissenschaftler versuchen, einen Ausbruch des Merapi vorherzusagen.

Eine Überwachung des Merapi begann schon in den 1930er-Jahren. Die damalige Regierung erbaute fünf Beobachtungsstationen an den Flanken des Vulkans. Sie waren mit Messgeräten für Bodenerschütterungen, meteorologischen Sensoren und, in neuerer Zeit, Sensoren zur Bestimmung des Schwefeldioxidgehalts der vulkanischen Gaswolke ausgerüstet.

Das wesentliche Element des Überwachungssystems waren jedoch Menschen, die den Aktivitätszustand des Vulkans rund um die Uhr beobachteten und jede Veränderung weiterleiteten – eine Praxis, die bis zum heutigen Tage beibehalten wird.

Ein dichtes Netz aus Messstationen zeichnet die für das vulkanische Geschehen wichtigen Werte auf. Die Daten werden per Funk an die Zentrale in Yogyakarta übermittelt. Die wichtigsten Merkmale zur Bestimmung der Aktivität eines Vulkans sind vulkanische Erdbeben, Verformungen des Vulkanumrisses sowie Veränderungen in der Zusammensetzung und Menge der ausgestoßenen Gase.

Prinzipiell lassen Veränderungen dieser Messgrößen Rückschlüsse auf Bewegungen und Entgasungsprozesse des Magmas im Innern des Vulkans zu und helfen dabei, einen bevorstehenden Ausbruch vorherzusagen.

(Quelle: Jochen Zschau, Malte Westerhaus, Birger-Gottfried Lühr: Den Glutlawinen auf der Spur. In: Forschung – das Magazin der DFG, 2000, Nummer 3/4, S. 24-29)

M3 Der Merapi wird rund um die Uhr überwacht

Gewusst – gekonnt

1 Plattentektonik

a) Wiederhole, was unter Plattentektonik zu verstehen ist.
b) Benenne jeweils den plattentektonischen Vorgang, den die Abbildungen rechts zeigen und erkläre sie kurz.
c) Liste Folgen von plattentektonischen Vorgängen auf.

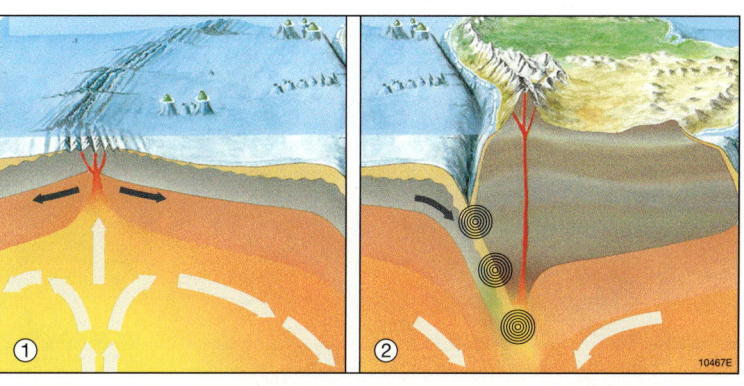

2 Vulkanismus

a) Zähle die Vulkantypen auf, die du in diesem Kapitel kennengelernt hast.
b) Nenne je ein Beispiel für diese Vulkantypen.
c) Benenne den Vulkantyp, den die Abbildung unten zeigt.
d) Notiere die fehlenden Begriffe 1–8.
e) Erläutere Gefahren, die von Vulkanen ausgehen.

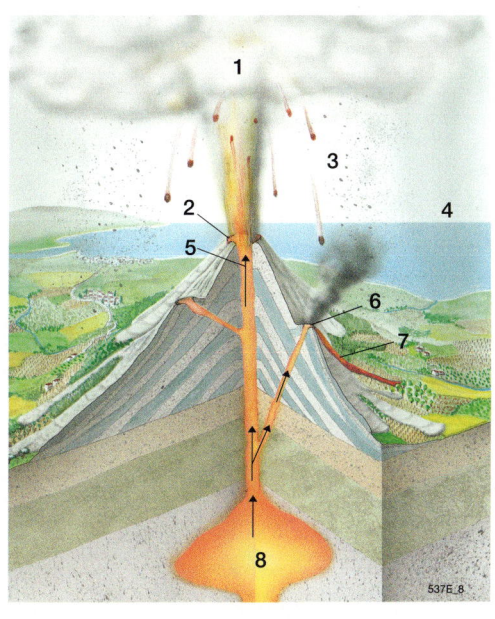

3 Tsunamis

a) Erkläre, wie Tsunamis entstehen.
b) Übersetze die Verhaltensregeln für den Fall eines Tsunamis.
c) Begründe, warum Tsunamis besonders großflächige Zerstörungen und hohe Opferzahlen zur Folge haben können.
d) Nenne Regionen der Welt, die besonders stark von Tsunamis betroffen sind.

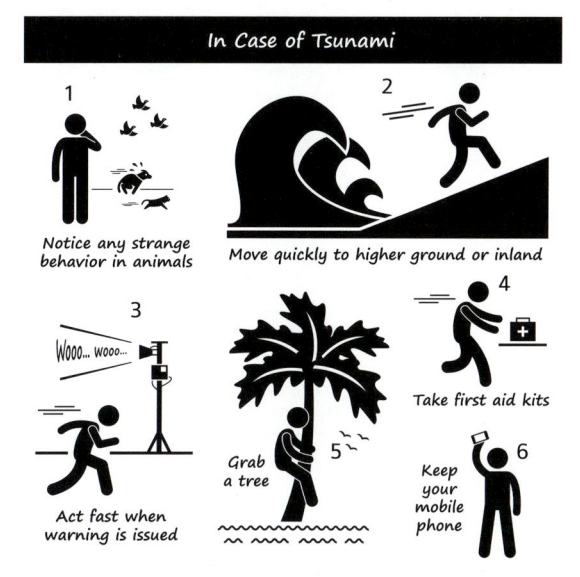

Exogene Kräfte verändern die Erde

M1 Große Temperaturunterschiede zwischen Tag und Nacht treten in den Wüsten auf. Die Temperaturunterschiede führen zu Spannungen im Gestein und lassen es zerspringen.

M2 Gebirgsgletscher fließen talwärts. Wie ein Hobel bearbeiten sie den umgebenden Fels.

M3 Der Grand Canyon liegt im US-Bundesstaat Arizona. Der Colorado River schneidet sich seit Millionen Jahren in die Gesteinsschichten des Colorado-Plateaus ein.

Flüsse bilden Täler

M1 Unterschiedliche Talformen

Das fließende Wasser – eine exogene Kraft

Im letzten Kapitel hast du die Wirkung von endogenen Kräften kennengelernt. In diesem Kapitel erfährst du mehr über die Kräfte, die von außen auf die Erdoberfläche einwirken. Im Besonderen wirst du dich der erodierenden Kraft des Wassers widmen.

Am Oberlauf
Aufgrund hoher Niederschläge in Gebirgsregionen entspringen dort zahlreiche Flüsse. Sobald ein Fluss einen Berghang mit starkem Gefälle herabfließt, hinterlässt er im Laufe der Zeit tiefe Einschnitte im Gestein. Besonders nach starken Regenfällen reißt das Wasser große Mengen von Gestein mit (Erosion). Selbst große Gesteinsbrocken können so abgetragen werden. Am häufigsten bilden sich am Oberlauf Kerbtäler. Schneidet sich ein Fluss in besonders hartes Gestein ein, entsteht eine Klamm.

Am Mittellauf
Lässt das Gefälle im Mittellauf am Rand des Gebirges nach, verlangsamt sich die Fließgeschwindigkeit. Es entstehen Sohlenkerbtäler mit Ablagerungen von kleiner werdenden Steinen, die sich durch das Aneinanderreiben beim Transport abgeschliffen haben. Die Talsohle verbreitert sich durch zunehmende Erosion an den Flussufern.

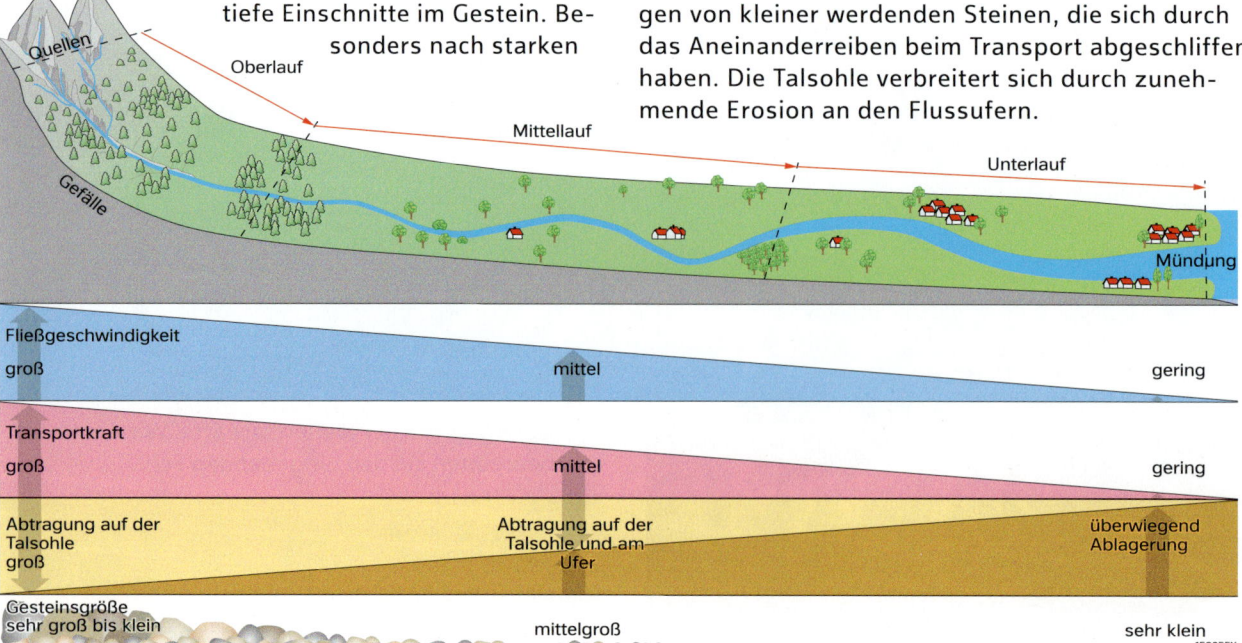

M2 Längsprofil eines Flusses mit seinen Flussabschnitten und Tätigkeiten

Exogene Kräfte verändern die Erde

Am Unterlauf

Am Unterlauf eines Flusses, nahe der Mündung, ist das Gefälle gering. Das Wasser fließt träge dahin und lagert mitgeführtes Material ab (Sedimentation). Selbst nach starken Regenfällen transportiert der Fluss hier nur fein zerriebenes Material, vor allem Sand. Bei niedrigem Wasserstand wird das Material abgelagert. Es bildet sich ein Muldental mit einer flachen, breiten Talsohle und niedrigen Talhängen.

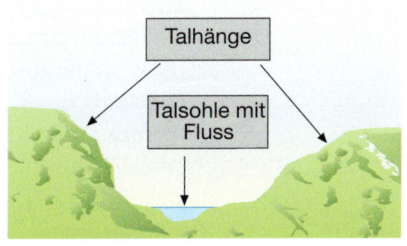

M4 Modell eines Tals

Kerbtal

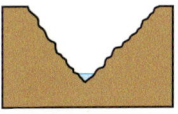

- im Oberlauf des Flusses (Fluss trägt ab)
- steile Talhänge
- sehr schmale Talsohle

Klamm

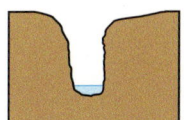

- im Oberlauf des Flusses (Fluss trägt ab)
- sehr steile Talhänge
- Fluss nimmt oft gesamte Talsohle ein

Sohlenkerbtal

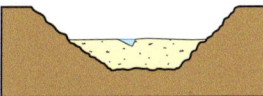

- im Mittellauf des Flusses (Wechsel der Ablagerung und Abtragung)
- mäßig geneigte Talhänge
- flache, breite Talsohle

Muldental

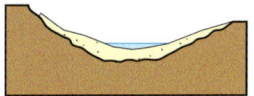

- im Unterlauf (Fluss lagert ab)
- abgerundete Talhänge
- flache, breite Talsohle

M3 Merkmale einzelner Talformen

Info

Täler

Täler entstehen dort, wo Flüsse das Gestein der Erdoberfläche abtragen. Abfließendes Wasser kerbt tiefe Einschnitte in die Berghänge. Im Oberlauf entstehen Kerb- oder Klammtäler, im Mittellauf vorwiegend Sohlenkerbtäler und im Unterlauf Muldentäler.

Aufgaben

1. a) Erkläre, was exogene Kräfte sind (siehe S.32/33).
   b) Begründe, warum Wasser eine exogene Kraft ist.
2. Ordne die Fotos aus M1 den Talformen in M3 zu.
3. Beschreibe, wie sich die Tätigkeit eines Flusses von der Quelle zur Mündung ändert (M2).
4. Wasser formt. Erkläre diese Aussage (M1 – M3).

Wasser schafft den Durchbruch

M1 Rheinterrassen

Entstehung und Nutzung des Mittelrheins

Bei der Stadt Bingen erreicht der Rhein das Rheinische Schiefergebirge. Der Fluss zwängt sich hier durch ein enges Tal, das erst nach 130 km bei Bonn endet. Der Rhein hat in mehreren Millionen Jahren dieses Tal selbst gestaltet. Er durchfloss zunächst eine ebene Landschaft. Während der Heraushebung des Rheinischen Schiefergebirges hat sich der Fluss immer tiefer in das Gestein eingeschnitten. Er durchbrach gewissermaßen das aufsteigende Gebirge. Wir sprechen deshalb auch von einem Durchbruchstal. Der Rhein hat mehrere Mäander (Flussschlingen, M2) ausgebildet. Die Kraft des fließenden Wassers formte steile Prallhänge und flache Gleithänge.

Auf der Talsohle befinden sich an beiden Ufern schmale Ebenen, die Flussauen. Sie werden bei Hochwasser überflutet. Etwas höher schließen sich die Niederterrassen des Rheintals an. Sie bilden den Siedlungsraum für Dörfer und kleine Städte. Straßen und Schienenwege begleiten hier den Fluss. Auf halber Talhöhe verlaufen die Mittelterrassen. Ihre sonnigen Hänge eignen sich vor allem für den Weinbau. Der Wein aus dieser Region ist weit über die Grenzen Deutschlands hinaus bekannt. Auf den Hochterrassen beiderseits des Rheins liegen viele Dörfer. Die Flächen werden landwirtschaftlich genutzt oder sind bewaldet.

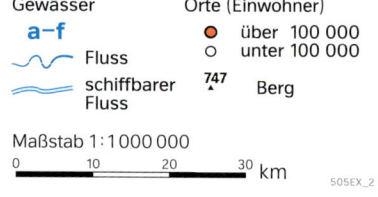

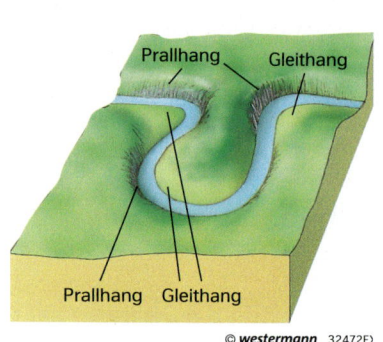

M2 Flussschlinge (Mäander)

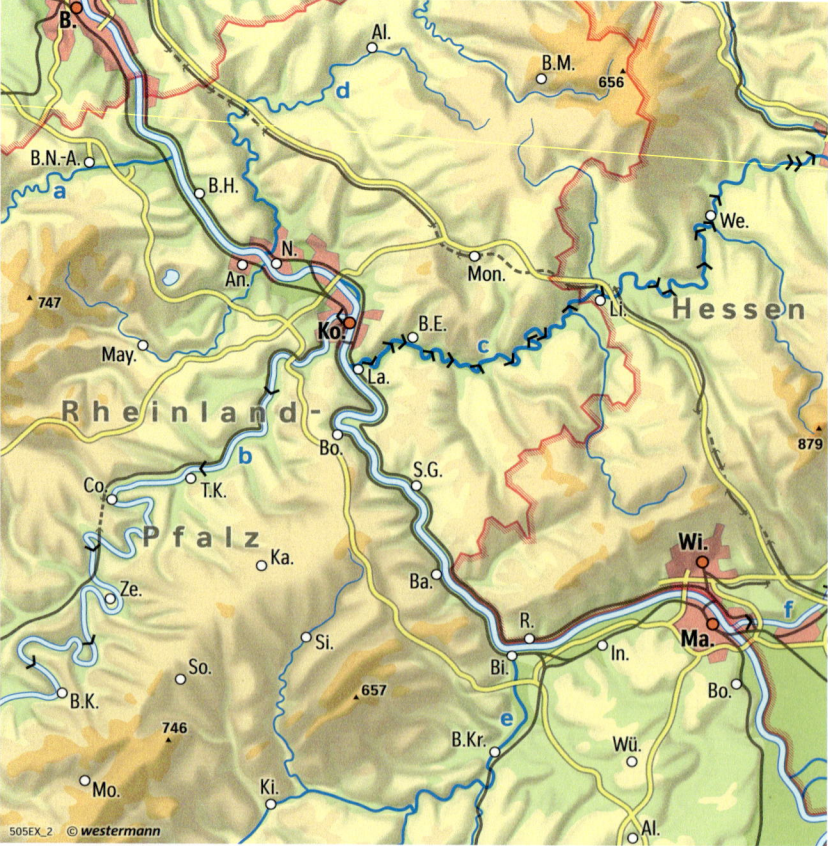

M3 Das Mittelrheintal – Übungskarte

Exogene Kräfte verändern die Erde

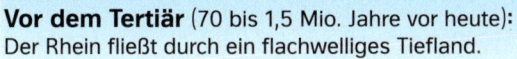

M4 Der Bopparder Hamm am Mittelrhein – Blick vom Prallhang

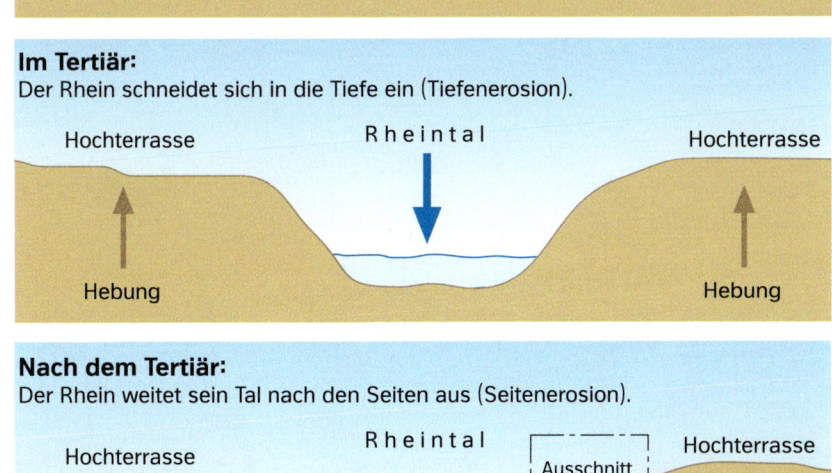

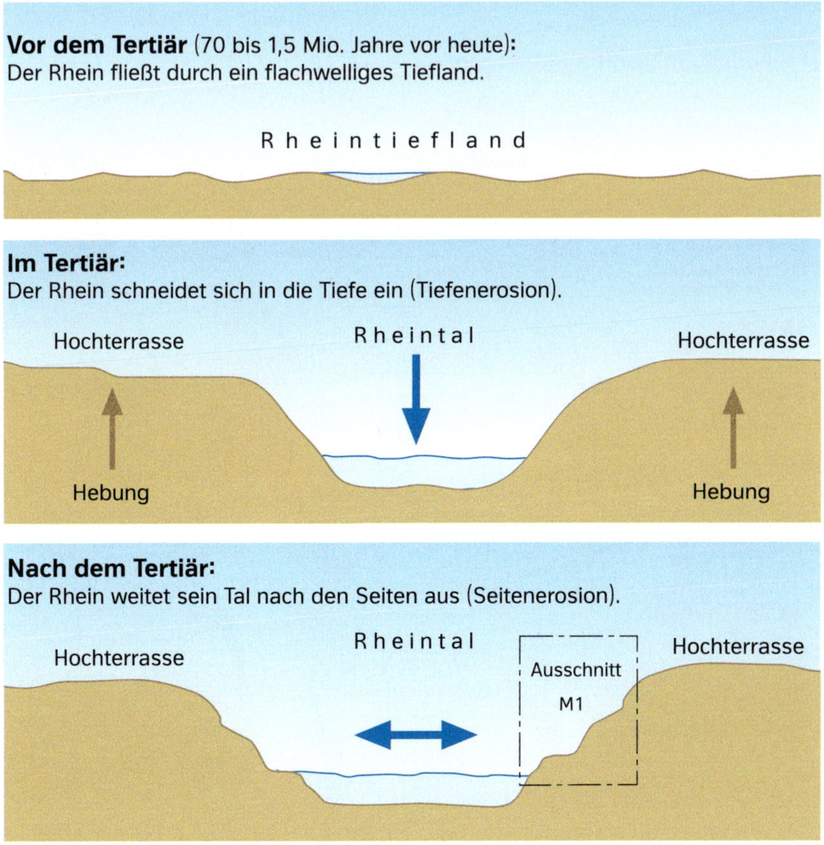

Vor dem Tertiär (70 bis 1,5 Mio. Jahre vor heute): Der Rhein fließt durch ein flachwelliges Tiefland.

Im Tertiär: Der Rhein schneidet sich in die Tiefe ein (Tiefenerosion).

Nach dem Tertiär: Der Rhein weitet sein Tal nach den Seiten aus (Seitenerosion).

M5 Die Entstehung des Durchbruchstals am Mittelrhein

Aufgaben

1 Finde die Namen der Städte und der Flüsse in M3 (Atlas).
2 Beschreibe die Lage des Mittelrheintals (Atlas).
3 a) Ordne folgende Nutzungen des Mittelrheintals den Ziffern in M4 zu (Doppelnennungen sind möglich):
a Verkehr, b Siedlung, c Tourismus/Erholung, d Landwirtschaft (Weinbau, Obst/Gemüse).
b) Fasse zusammen, wie das Mittelrheintal genutzt wird.
4 Beschreibe die Entstehung des Rheintals (M5).

Hochwasser am Rhein – Wer ist schuld?

M1 Land unter in Koblenz: Etwa 7500 Einwohner waren 1995 vom Wasser eingeschlossen.

Hochwasser – auch vom Menschen verursacht

Januar 1995 in Koblenz: Land unter in der Stadt am Zusammenfluss vom Rhein und Mosel (M1). Wie kam es dazu, dass man die Straßen mit Booten befahren musste?
In der Zeit vom 21. bis 30. Januar 1995 fiel an Mosel, Saar, Nahe und Main dreimal so viel Regen wie sonst im gesamten Monat. Gleichzeitig setzte die Schneeschmelze ein. Aber nur ein kleiner Teil der Niederschläge und des Schmelzwassers konnte im Boden versickern, denn dieser war gefroren. Der größte Teil des Wassers flutete über die Nebenflüsse in den Rhein. Diese natürlichen Ursachen waren nicht die einzigen Gründe für die Entstehung des Hochwassers. Auch der Mensch hat dazu beigetragen.

Für ein sogenanntes Extremhochwasser haben Experten für Koblenz einen Pegelstand von über zwölf Metern berechnet. Dieser Rekordpegel ist ein theoretischer Wert, der sich ergeben könnte, wenn mehrere Ereignisse gleichzeitig auftreten. „Die Hochwasser im Elbe-Oder-Gebiet in den Jahren 2002 und 2013 gingen in Richtung Extremhochwasser", betonte ein Experte [...].[1] Wegen des Klimawandels werden Hochwasser um 20 Prozent häufiger auftreten und auch die Intensitäten werden zunehmen. Durch die bereits gebauten Polder am Rhein würde der Wasserspiegel bei einem „Jahrhunderthochwasser" am Mittelrhein um 25 Zentimeter gesenkt. Weitere Polder könnten für zusätzliche Entlastung sorgen.

([1] Quelle: Scholz, W.: Hochwasser: Pegelstand von 12,34 Meter ist in Koblenz möglich. www.rhein-zeitung.de, 30.11.2014)

M3 Pegel von zwölf Metern möglich

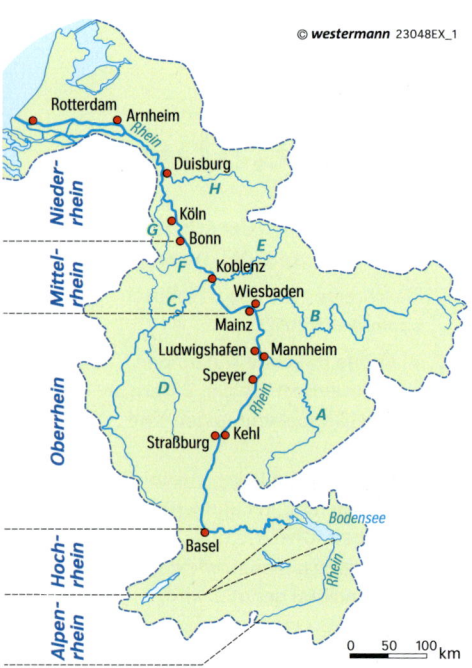

M2 Die Flussabschnitte des Rheins

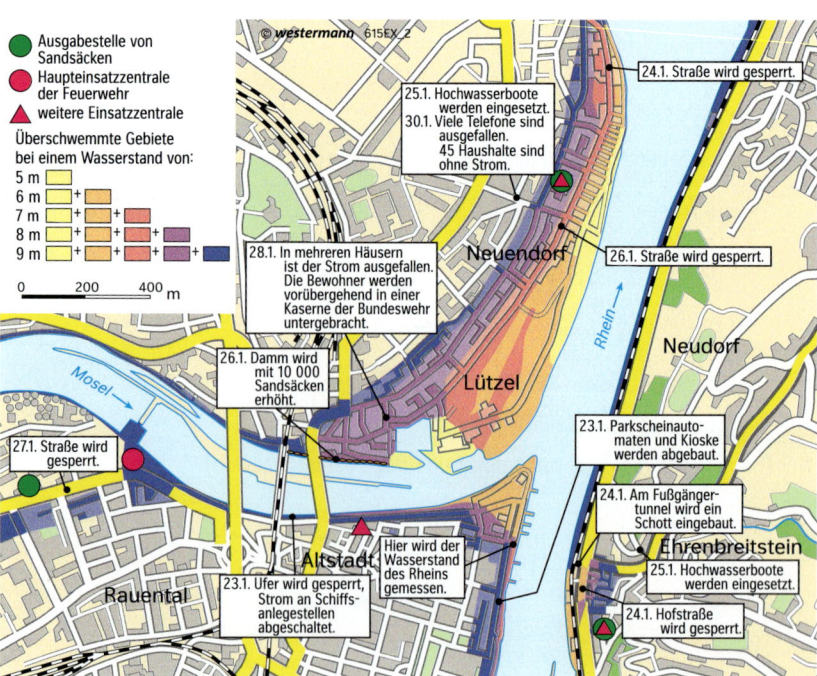

M4 Hochwassersituation in Koblenz im Januar 1995 (nach Feuerwehrberichten)

Exogene Kräfte verändern die Erde

Ursachenforschung

Der Rhein erreicht heute auf schnellem Wege die hochwassergefährdeten Städte am Mittelrhein, denn im 19. Jahrhundert hat man dem Oberrhein über lange Strecken ein neues Flussbett gebaut. Der Rhein wurde nach Plänen des Ingenieurs Gottfried von Tulla ab dem Jahr 1817 in diesem Abschnitt begradigt und gezähmt.

Mit vielen verschiedenen Maßnahmen wurde das Einzugsgebiet des Rheins und seiner Nebenflüsse seither stark verändert. Wald wurde gerodet, Verkehrswege und Häuser gebaut sowie Gewerbeflächen angelegt. Kleine Bäche, die früher in vielen Windungen frei durch die Landschaft flossen, wurden begradigt oder gar in Rohre verlegt. Trockene Uferflächen werden seither landwirtschaftlich genutzt.

Durch den Straßen- und Siedlungsbau hat der Boden seine Funktion als Wasserspeicher verloren. Immer weniger Regenwasser kann im Boden versickern. Durch die Versiegelung der Böden fließt das Wasser sofort in die Kanalisation ab und von dort in die Bäche und Flüsse.
Den versiegelten Flächen stehen zudem heute weniger Überlaufflächen zur Verfügung. Das hat bei Hochwasser höhere Pegelstände und einen schnelleren Abfluss zur Folge.
Durch Rückverlegung von Deichen erhält der Rhein wieder ein größeres Überschwemmungsgebiet, das gefahrlos viel Wasser aufnehmen und wieder abgeben kann. Zusätzliche Polder, das heißt eingedeichte Rückhalteräume, sollen extreme Hochwasser auffangen. Ein Beispiel ist der Polder Flotzgrün bei Speyer (M5).

Info

Renaturierung
Mit einer Renaturierung soll der Zustand von Bächen und Flüssen vor der Überbauung wiederhergestellt werden. Damit soll die Möglichkeit einer natürlichen Entwicklung geschaffen werden. Durch Renaturierung entstehen naturnahe Gewässer mit standortgerechtem Pflanzenwuchs und großer Lauflänge. Eine Renaturierung bremst die Fließgeschwindigkeit und bietet einen höheren Hochwasserrückhalt.

Aufgaben

1 Benenne Nebenflüsse des Rheins (M2).

2 Erstelle einen Bericht über das Hochwasser von 1995 (M4).

3 Miss und vergleiche mit einem Faden die Rheinstrecke von Punkt A bis Punkt B (M5) vor und nach der Flussbegradigung. Rechne die Verkürzung in km um.

4 Untersuche die Folgen von menschlichen Eingriffen am Rhein.
  a) Liste die Vorteile und Nachteile dieser Maßnahmen auf.
  b) Überwiegen die Vor- oder Nachteile? Begründe deine Meinung.

5 Recherchiert im Internet über ein Hochwasser in diesem Jahr. Stellt Ursachen der Überschwemmungen nach Presseberichten zusammen. Bewerte den Einfluss des Menschen.

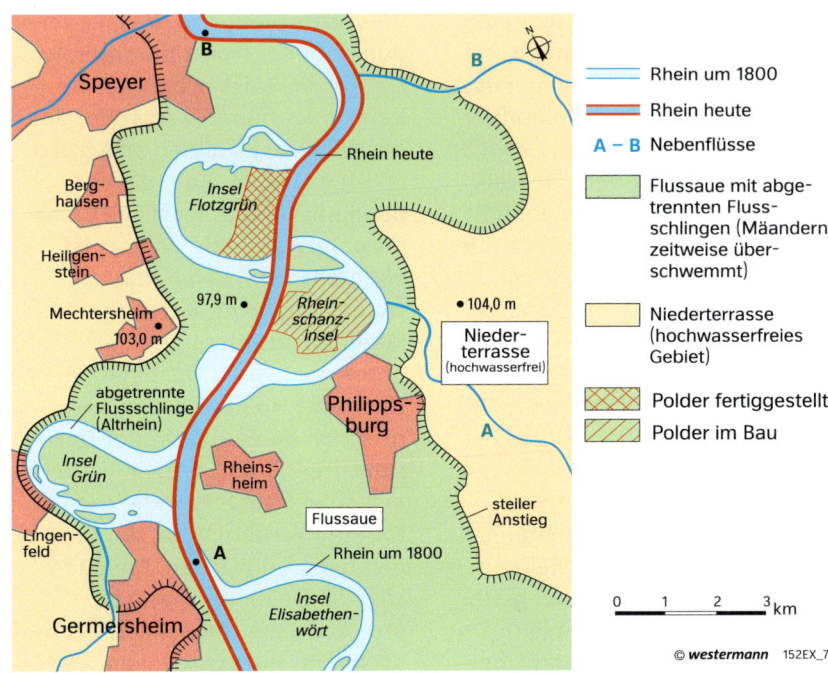

M5 Rheinverlauf früher und heute

Karstformen

M1 Karstlandschaft in China (Kegelkarst)

Wasser löst den Stein

Tropfsteinhöhlen, Dolinen und Trockentäler sind typische Landschaftsformen in Karstgebieten. Was zeichnet diese Formen aus und wie sind sie entstanden? Tropfsteinhöhlen findet man in vielen Regionen Deutschlands, Europas und der Welt. Sie können überall dort entstehen, wo Kalk unter der Erdoberfläche ansteht. Kalkstein löst sich eigentlich nur schwer in Wasser, tritt jedoch Kohlensäure hinzu, löst er sich auf. Kohlensäure bildet sich, wenn sich das Regenwasser mit dem in der Luft gelösten Kohlendioxid verbindet. Das kohlensäurehaltige Niederschlagswasser versickert im zerklüfteten Kalkstein und zersetzt ihn allmählich. Der Kalk wird mit dem fließenden Wasser ausgespült. Dabei bilden sich zunächst Rillen (Karren). Da ständig neues Sicker- und Oberflächenwasser herangeführt wird, erweitern sich die Klüfte im Laufe der Zeit zu ganzen Höhlensystemen. Die Höhlendecken sind immer feucht und es bilden sich Wassertropfen. Das Wasser verdunstet oder tropft herunter, wobei das im Wasser befindliche Kalziumkarbonat (Kalkstein) ausgefällt wird. Es bilden sich Stalaktiten (Tropfsteine, die von oben nach unten wachsen). Das heruntertropfende Wasser ist ebenfalls noch kalkhaltig. Dort, wo es aufkommt, entstehen Stalagmiten (Tropfsteine, die von unten nach oben wachsen; M2). Durch die Höhlenbildung verringert sich die Stabilität der Deckschichten. Bricht die Höhlendecke ein, so entstehen runde, trichterförmige Vertiefungen, die Dolinen genannt werden. Erweitern sich die Dolinen zu lang gestreckten, geschlossenen Becken, so spricht man von Poljen. Verkarstung ist ein weltweites Phänomen (M1).

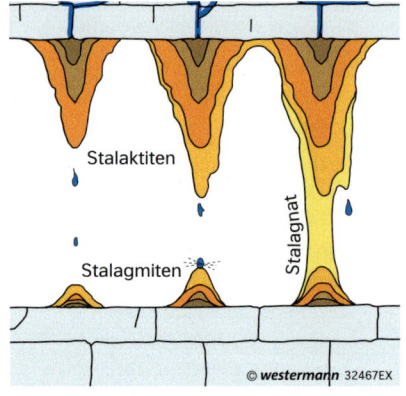

M2 Entstehung von Tropfsteinen

Exogene Kräfte verändern die Erde

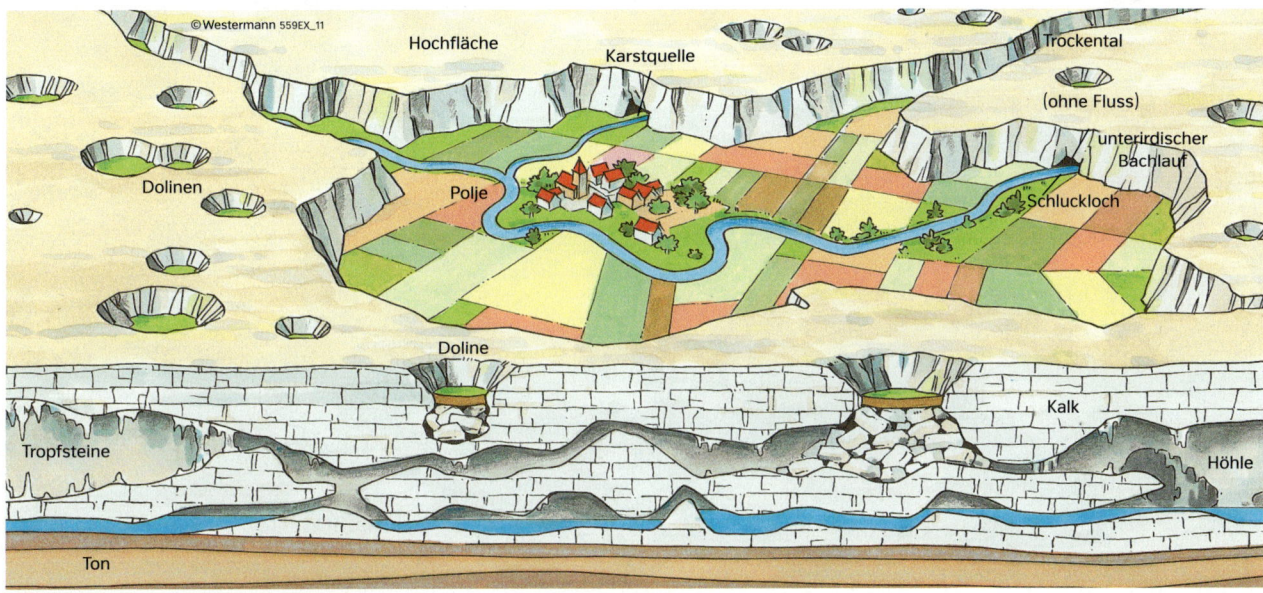

M3 Karstformen in Südosteuropa

Das Karstgebiet an der Dalmatischen Küste

Karl-May-Indianerfilme spielen bekanntlich im Wilden Westen der USA. Die meisten dieser Filme wurden jedoch in Südosteuropa gedreht. Vor allem der Karst in Dalmatien bot den Filmteams die gewünschte wilde Kulisse für die Aufnahmen. Hier findet man öde Felslandschaften, Schluchten, Wasserfälle, Grotten und Tropfsteinhöhlen.
Die Gebirgsflüsse Dalmatiens schlängeln sich durch enge, schluchtartige Täler, ehe sie plötzlich im Kalkgestein verschwinden. Sie fließen unterirdisch weiter und kommen zum Teil nach vielen Kilometern – als Karstquelle – wieder zum Vorschein.
In einer verkarsteten Landschaft zu wandern ist sehr mühsam, denn sie ist von unzähligen Rillen und Rinnen an der Oberfläche zerfurcht. Plötzlich steht man vor einer trichterförmigen Vertiefung, einer Doline. Im Karstgebiet Dalmatiens findet man zahlreiche Höhlen, einige sind touristisch erschlossen.
Großflächige Einsenkungen, Poljen genannt (deutsch: Felder), tragen fruchtbare Böden, die landwirtschaftlich genutzt werden. Ihr Durchmesser kann mehrere Kilometer betragen.

M4 Lage Dalmatiens

Aufgaben

1 Nenne die exogene Kraft, die Karstlandschaften im Wesentlichen prägt.

2 a) Erstelle eine Liste der ober- und unterirdischen Karstformen (M3) und erkläre diese mit einem Merksatz.

b) Erläutere die Maßnahmen zum Schutz der Ackerflächen.

3 Stalaktiten und Stalagmiten – nenne Gemeinsamkeiten und Unterschiede (M2).

Landschaftsgestalter Eis

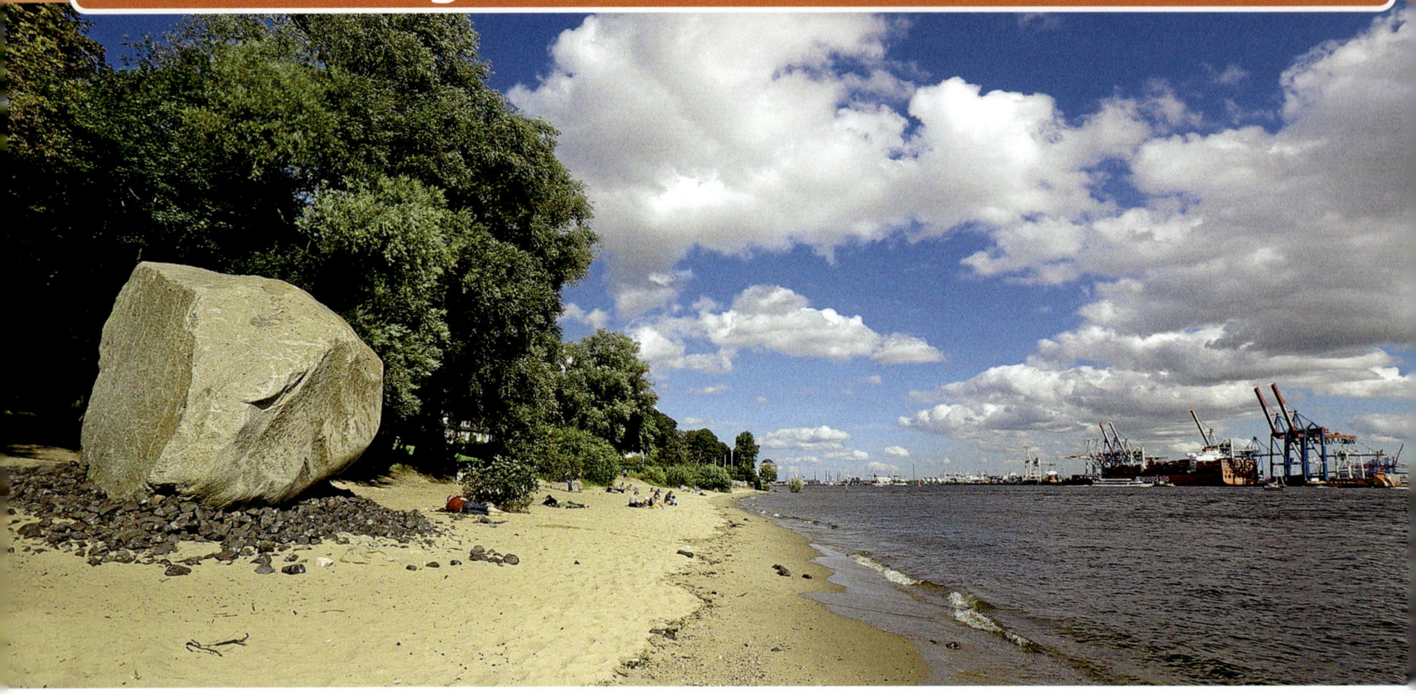

M1 Der Alte Schwede, ein Findling am Hamburger Elbstrand

Ein alter Schwede berichtet

„Hallo, ich bin der Alte Schwede. Man nennt mich so, weil ich schon sehr alt bin und aus Skandinavien komme. Ich bin ein Findling (M1). Während der letzten Eiszeit wurde es in meiner Heimat so kalt, dass sich ein Hunderte Meter dicker Eispanzer (Gletscher) bildete. Er umschloss mich und nahm mich mit auf seinem Weg nach Süden. Als das Eis nicht mehr weiter vorstieß, weil es wieder wärmer wurde, befand ich mich in einer völlig fremden Umgebung. Dann schmolz der Gletscher und ich blieb liegen. Später kam das Eis zurück und brachte noch mehr Findlinge, kleine Gesteine und Sand. Dann wurde es wieder wärmer. Das Eis schmolz und ich lag nun mitten in einem Fluss. Mit der Zeit wuchsen am Ufer Gräser, später ganze Wälder. Dann kamen die ersten Menschen. Heute ist hier ein Hafen."

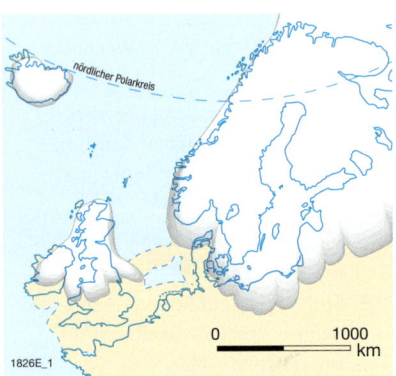

M2 Eisbedeckung in Nordeuropa

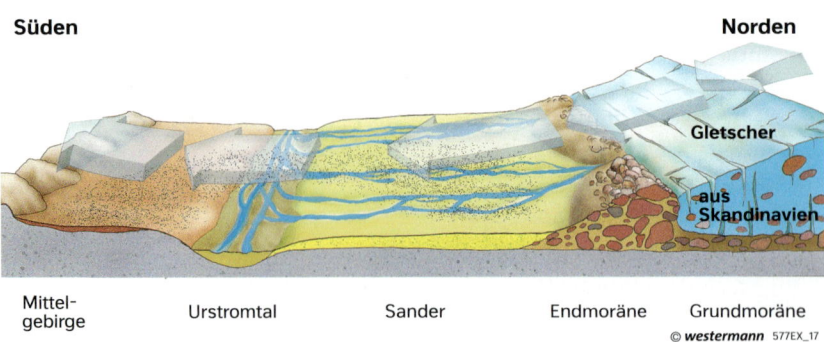

M3 Die glaziale Serie während der Eiszeit

Exogene Kräfte verändern die Erde

Gletscher: Eis- und Schneemasse, die langsam talwärts fließt.
Nährgebiet: Der Teil des Gletschers, der oberhalb der Schneegrenze liegt. Der Niederschlag fällt hier fast nur als Schnee. Hier entsteht aus Neuschnee langsam Eis, das sich talwärts bewegt.
Zehrgebiet: Der Teil des Gletschers, der unterhalb der Schneegrenze liegt. Der im Winter gefallene Schnee schmilzt hier ab dem Frühjahr. Auch das Eis, das aus dem Nährgebiet des Gletschers ins Tal fließt, wird hier geschmolzen.
Gletschertor: Eine Eishöhle, die am Ende des Gletschers liegt. Hier sammelt sich das Schmelzwasser und bildet einen Gletscherbach.

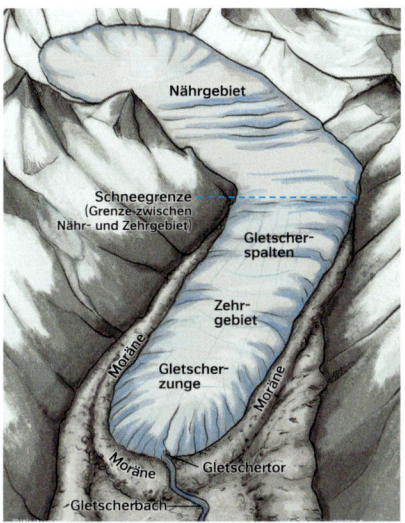
Schematische Darstellung eines Gebirgsgletschers

Moräne: Vom Gletscher mitgeführter Schutt aus den Bergen. Er wird am Rand (Seitenmoräne), am Ende (Endmoräne) oder auf dem Grund (Grundmoräne) des Gletschers abgelagert. Das Eis wirkt wie ein Hobel und löst Steine und Felsbrocken.
Gletscherspalte: Sie entsteht durch die Bewegung des Gletschereises. Manchmal bilden sich bis zu 20 Meter breite und über 100 Meter tiefe Spalten im Eis. Bei Neuschnee sind sie verdeckt und daher sehr gefährlich bei Gletscherwanderungen.
Gletscherzunge: So wird der untere Teil des Gletschers genannt.
Kar: Muldenartige Vertiefung, die durch Gletschereis entstand.

M4 Kleine Gletscherkunde

Gletschereis formte Landschaften

In Skandinavien bildeten sich in den Eiszeiten mächtige Gletscher (Inlandeis), die sich nach Süden bis ins heutige nördliche Deutschland (M2) schoben. In wärmeren Phasen zogen sich die Gletscher zurück. Bei der anschließenden Abkühlung schoben sie sich wieder vor. Dabei bildete sich im Norden Deutschlands eine typische Abfolge von Landschaftsformen, die man glaziale Serie nennt (M3, M5). Unter dem Gletscher lagerte sich Gesteinsmaterial ab und bildete die Grundmoräne. An seinem Ende schob der Gletscher Gesteinsschutt zur Endmoräne zusammen. Beim Abschmelzen des Eises wurde Sand ins Vorland gespült. Er bildet den Sander. Im Urstromtal liefen die Schmelzwässer des Gletschers zusammen und flossen ab. Auch in den Alpen bildeten sich Gletscher, die sich bis ins Alpenvorland ausdehnten. Die letzte Eiszeit endete vor 11 700 Jahren.

Aufgaben

1 Beschreibe den Weg des Alten Schweden von seiner Heimat bis zur Elbe (Atlas).

2 Findlinge sind Zeugen der Eiszeit. Erkläre.

3 Übertrage die Schemazeichnung eines Gletschers (M4) in dein Heft. Beschrifte die Gletscherteile mit Zahlen. Lege eine Legende an, in der du die Teile aufführst und kurz erläuterst, zum Beispiel „3 Schneegrenze: teilt Nähr- und Zehrgebiet".

4 a) Ordne den verschiedenen Bereichen und Begriffen der glazialen Serie in Norddeutschland die heutigen Landschaften zu (M3, M5). Erkläre die Veränderungen in der Landschaft.
b) Beschreibe die landwirtschaftliche Nutzung des Formenschatzes heute (M5, Atlas).

5 Überlege, ob M3 und M5 die glaziale Serie in Norddeutschland oder im deutschen Alpenvorland zeigen. Begründe.

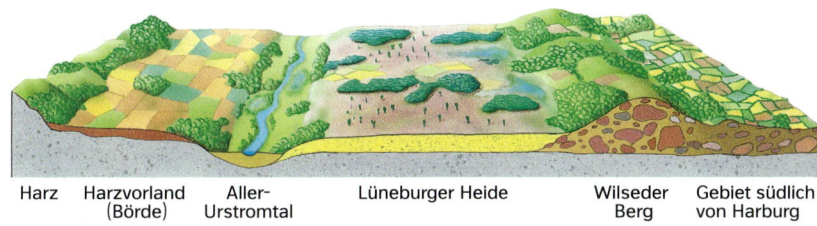

M5 Landschaft der glazialen Serie (Formenschatz) heute in Norddeutschland

Der Wind als formende Kraft

M1 Sandsturm in der Sahara

Die Gesichter der Wüste

Wind, Sonne, Eis und fließendes Wasser sind Kräfte, die von außen auf die Erdoberfläche wirken. Sie zerstören das Gestein, transportieren es weiter und lagern es an einem anderen Ort ab.

Wind kann besonders dort gut wirken, wo eine schützende Pflanzendecke fehlt, zum Beispiel in den Wüsten. Hier kann der Wind seine volle Kraft entfalten.

Die am weitesten verbreitete Wüstenart ist die Felswüste. Das arabische Wort „Hamada" bedeutet „tot" und bezeichnet Wüsten aus kantigem Felsschutt. Die Temperaturunterschiede zwischen Tag und Nacht sind hier extrem hoch. Dies führt zu Spannungen im Gestein, das dann zerspringt (vgl. S. 53 M1). Feines Material wird umgehend vom Wind abtransportiert.

Die Kieswüsten, auch Serir genannt, entstehen in Gebieten, in denen die Felsblöcke im Laufe der Zeit zu Kies zerkleinert wurden. Der Wind hat den Sand zwischen den Steinen ausgeblasen. Kieswüsten sind weniger verbreitet als andere Wüstenarten. Die Sandwüsten bedecken etwa ein Fünftel der Wüstenflächen. Sie bestehen vorwiegend aus Sand. Der Wind ist das Haupttransportmittel in der Wüste.

Materialien für das Experiment

- verschiedene Sandarten
- Fön
- Karton
- Backblech
- „Hindernis" für die Dünenbildung

Anleitung für ein Experiment

1. Baue den Versuch auf (siehe rechts).
2. Äußere eine Vermutung, wie sich der Sand ablagern wird.
3. Führe den Versuch durch und beobachte, was passiert.
4. Formuliere deine Beobachtungen.

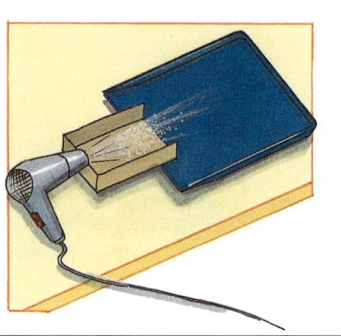

M2 Experiment

www.diercke.de
100857-178

Exogene Kräfte verändern die Erde

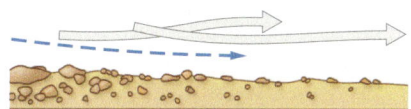
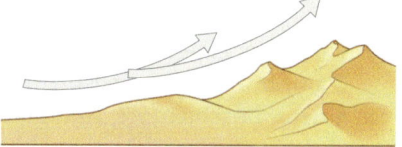

Fels- und Blockwüste (Hamada)
etwa 70 % aller Wüsten

Kieswüste (Serir)
etwa 10 %

Sandwüste (Erg)
etwa 20 %

M3 Wüstenarten nach der Beschaffenheit ihrer Oberfläche

M4 Felswüste, Kieswüste, Sandwüste

Felsformen in der Wüste

Der Wind hat eine formende Wirkung auf die Wüsten. Mit großer Kraft bläst er Sand gegen die Felsen und schleift das Gestein ab. Das funktioniert ähnlich wie ein Sandstrahlgebläse. Auf diese Weise entstehen bizarre Felsgebilde wie Pilzfelsen (M5).

Wind ist aber auch verantwortlich für die Bildung von Sanddünen, die Höhen mehrgeschossiger Wohnhäuser erreichen können. Sandkörner werden vom Wind erfasst und weggetragen. Sie schlagen wieder auf den Boden auf, bringen damit andere Sandkörner in Bewegung, die wiederum durch den Wind erfasst werden.

Trockene, heiße Winde aus dem Inneren der afrikanischen Sahara können bis zu zwei Monate ohne Unterbrechung über die Landschaft fegen. Sie können Sand bis nach Europa tragen.

Die hohen Windgeschwindigkeiten in der Wüste werden durch die Vegetationslosigkeit und die Trockenheit begünstigt. Weder Bäume noch Sträucher bremsen den Wind, der so seine volle Kraft entfalten kann. In Sandwüsten entsteht durch die Tätigkeit des Windes ein sogenanntes Rippelmuster, das sich durch die unterschiedliche Windgeschwindigkeit immer wieder verändert.

M5 Pilzfelsen

Aufgaben

1. Nenne die exogenen Kräfte, die nicht oder nur selten in der Wüste wirken.
2. Beschreibe das Aussehen der drei Wüstenarten (M1, M3, M4).
3. Erkläre die Entstehung der Wüstenarten (M3).
4. Führe das Experiment zur Dünenentstehung durch (M2).
5. Begründe, warum der Wind in der Wüste besonders stark auf die Erdoberfläche einwirkt.

Gewusst – gekonnt

1 Wasser sortiert Material

a) Führt das Experiment durch.
Dafür braucht ihr ein Holzbrett oder eine unbeschichtete Spanplatte, eine Unterlage (etwa 10 cm hoch), eine Gießkanne und ein Sand-Kies-Erde-Gemisch.
Baut die Materialien entsprechend des Bildes auf. Anschließend gießt ihr das Wasser langsam über den Sandhaufen. Notiert eure Beobachtungen. Ihr könnt den Vorgang auch filmen. Wertet das Ergebnis aus.

b) Wenn ihr nicht die Möglichkeit habt, das Experiment durchzuführen: Beschreibt, wie sich das Material (Sand, Kies) auf dem Brett anordnen wird (siehe S. 54 M2).

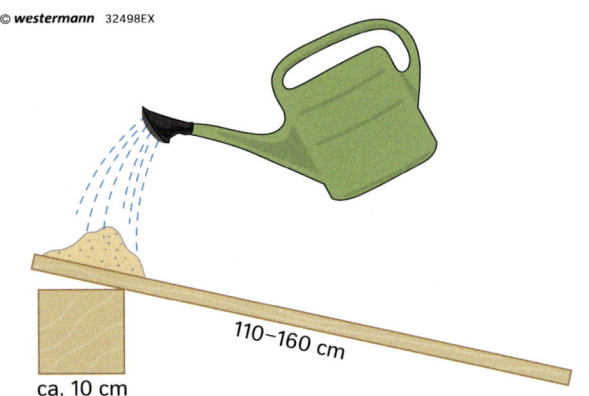

2 Die Kräfte der Erde in einer Mindmap

Ein Thema lässt sich gut strukturieren, wenn man eine Mindmap (Gedanken-Karte) aus Schlüsselbegriffen zeichnet.
Stelle übergeordnete Begriffe als dicke rote Äste dar, untergeordnete Nebenäste als grüne Äste, weiter untergeordnete als blaue Äste.
Zeichne die Mindmap ab und ergänze die Begriffe (Fragezeichen). Du kannst auch weiter untergeordnete Äste in einer neuen Farbe anfügen.

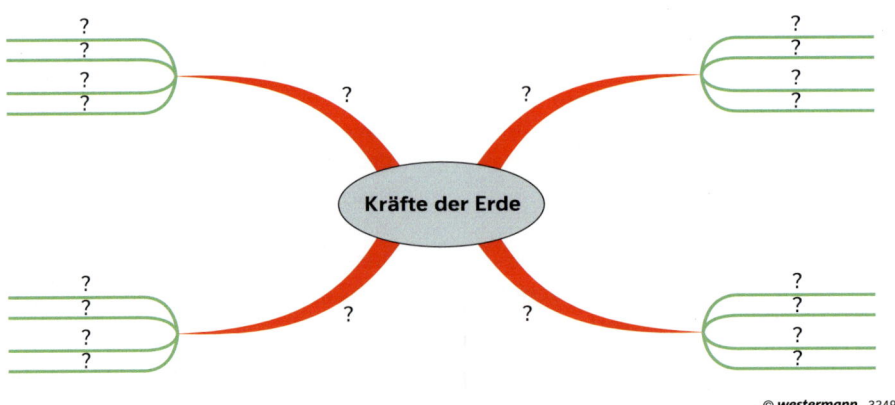

3 Wüsten – vom Wind geformt

a) Benenne die Wüstenarten. Stelle dar, wie der Wind in der Wüste als exogene Kraft die Erdoberfläche gestaltet.
b) Bringe die Fotos in die Reihenfolge, die die Entstehung der Wüstenarten zeigt. Orientiere dich an der angegebenen Windrichtung.

Wind →

4 Eis verändert die Landschaft

Während der letzten Eiszeit schoben sich vor rund 18 000 Jahren die Gletscher aus Skandinavien bis nach Norddeutschland vor. Die Abbildung zeigt, wie das Eis die Landschaft formte. Notiere die fehlenden Begriffe.

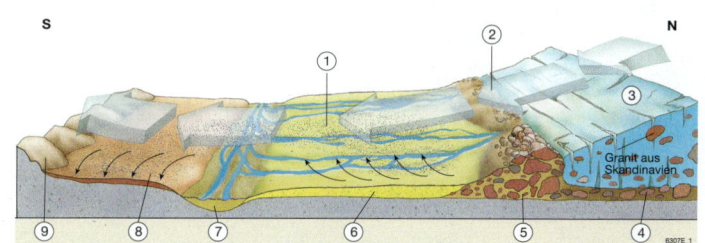

5 Wasser verändert die Landschaft

Schreibe den Text ab. Ergänze die fehlenden Begriffe.

Auf beiden Seiten des Rheins erstrecken sich Flussterrassen.

Die (1) bilden das oberste Stockwerk. Sie werden für … genutzt.

Die (2) eignen sich gut für den … . Auf den (3) liegen die … und

… . Hier verlaufen auch die … und … . Die (4) beiderseits des

Rheins werden bei Hochwasser überschwemmt.

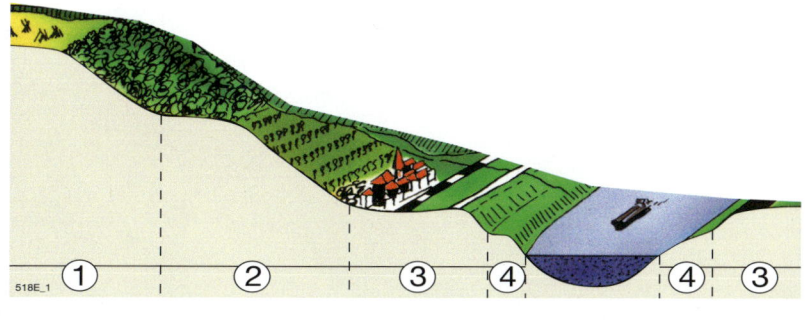

6 Wasser schafft Täler

a) Benenne die Talformen.
b) Ordne die Talformen den Flussabschnitten Ober-, Mittel- und Unterlauf zu.

1
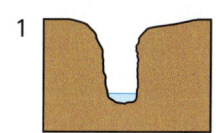

2
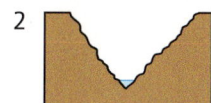

3

4
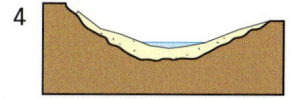

67

Grenzen der Raumnutzung

M1 Bewässerungs-Landwirtschaft in der Sonora-Wüste, Kalifornien (USA)

M2 Regenfeldbau in Bali (Indonesien)

M3 Wüstenbildung in der Sahel-Zone (Algerien)

Wo kann der Mensch leben und wirtschaften?

WARMEST WELCOME
FROM AUSTRALIAS
HOTTEST TOWN

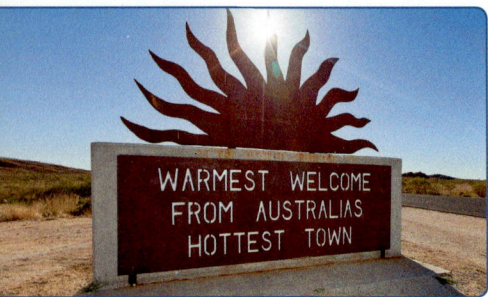

M1 Marble Bar in Westaustralien gilt als einer der heißesten Orte der Welt. Von 31.10.1923 bis 7.4.1924 stieg die Temperatur täglich auf über 37 °C.

Grenzraum der Ökumene

Etwa die Hälfte der Landfläche zählt zur bewohnbaren Erde (Ökumene). Zur nahezu unbewohnten Anökumene zählen die fast pflanzenlosen Wüsten, die dauervereisten Polarregionen und die Gipfelregionen der Hochgebirge. Die äußeren Bedingungen sind zu extrem, um dort dauerhaft leben zu können.
Jenseits der agronomischen Trocken- und Kältegrenzen (M2) siedeln vergleichsweise wenige Menschen. Zwar ist in diesen Extremräumen kein Ackerbau möglich, doch leben Menschen schon lange dort. Sie haben ihre Lebensweise den schwierigen Bedingungen angepasst, wie zum Beispiel die Inuit in der nördlichen Polarregion. Sie spezialisierten sich auf die Jagd. Durch den technischen Fortschritt ist das Leben in Extremräumen einfacher geworden.
Zudem gibt es Übergangsräume zwischen der Ökumene und der Anökumene. Zu den Übergangs- oder Grenzräumen zählt zum Beispiel der dünn besiedelte Sahel (siehe S. 71).

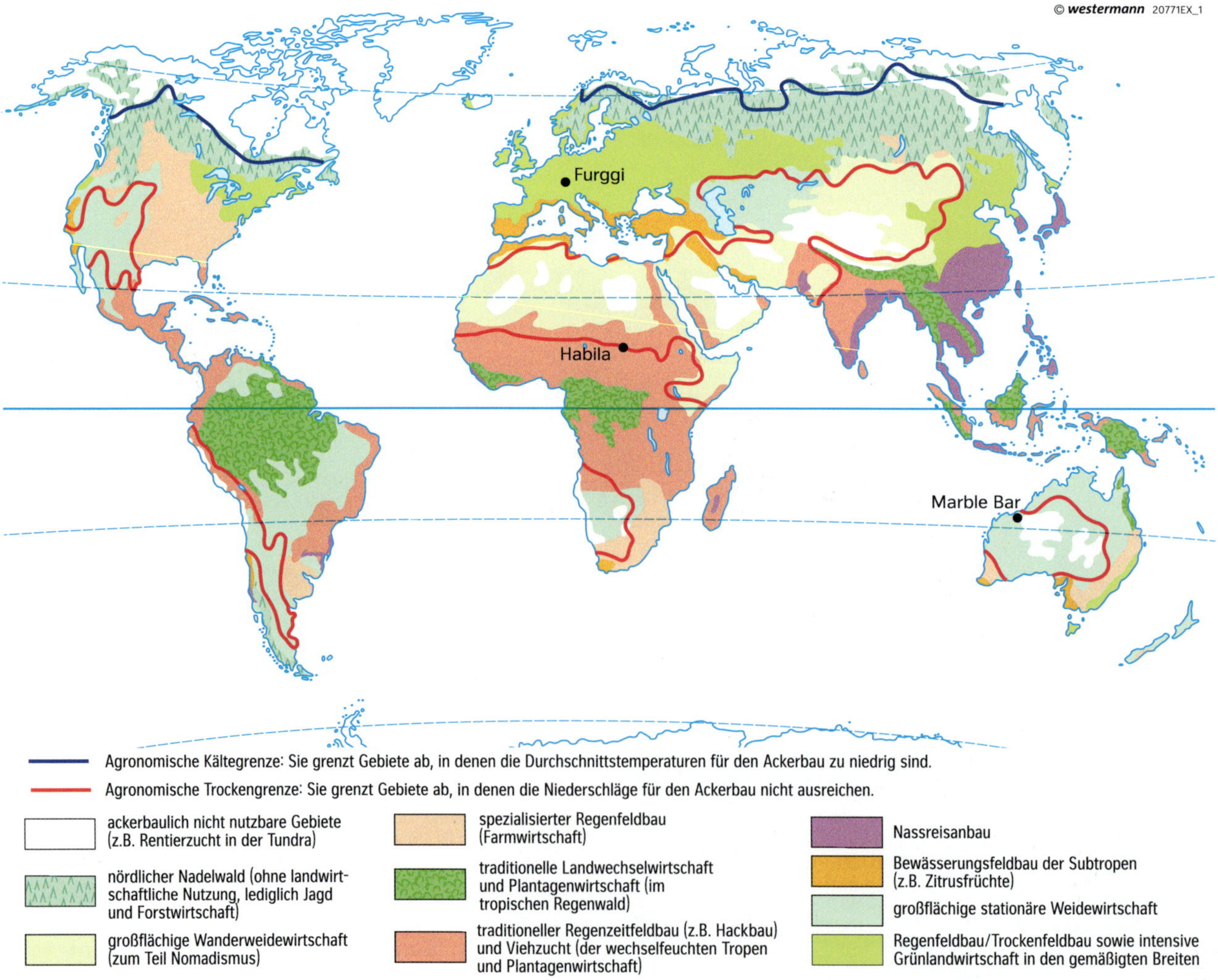
Furggi
Habila
Marble Bar
Agronomische Kältegrenze: Sie grenzt Gebiete ab, in denen die Durchschnittstemperaturen für den Ackerbau zu niedrig sind.
Agronomische Trockengrenze: Sie grenzt Gebiete ab, in denen die Niederschläge für den Ackerbau nicht ausreichen.
ackerbaulich nicht nutzbare Gebiete (z.B. Rentierzucht in der Tundra)
nördlicher Nadelwald (ohne landwirtschaftliche Nutzung, lediglich Jagd und Forstwirtschaft)
großflächige Wanderweidewirtschaft (zum Teil Nomadismus)
spezialisierter Regenfeldbau (Farmwirtschaft)
traditionelle Landwechselwirtschaft und Plantagenwirtschaft (im tropischen Regenwald)
traditioneller Regenzeitfeldbau (z.B. Hackbau) und Viehzucht (der wechselfeuchten Tropen und Plantagenwirtschaft)
Nassreisanbau
Bewässerungsfeldbau der Subtropen (z.B. Zitrusfrüchte)
großflächige stationäre Weidewirtschaft
Regenfeldbau/Trockenfeldbau sowie intensive Grünlandwirtschaft in den gemäßigten Breiten

M2 Landwirtschaftsregionen der Erde

www.diercke.de
100857-079, -099, -106, -178

Grenzen der Raumnutzung

Die höchstgelegene Alp der Schweizer Gemeinde Adelboden ist das Furggi. Die in Privatbesitz befindliche Alp liegt zwischen 1880 und 2250 m ü. M. und umfasst 38 Hektar Weideland sowie 27 Hektar Wildheu. Auf 2091 m befindet sich die 1863 erbaute Alphütte. Das Furggi kann nach einer mindestens eineinhalbstündigen Wanderzeit über einen steilen Saumweg von Süden oder über einen Bergweg von Westen erreicht werden. Der Viehauftrieb dauert ca. drei Stunden. Während des steilen Abtriebs muss eine Person jeweils zwei Tiere begleiten. Insgesamt gehören zurzeit 15 Kühe, 15 Rinder, 15 Kälber, ein Stier, fünf Ziegen und 220 Schafe zum Furggi. Seit 1938 erleichtert ein Warentransportlift die Versorgung der Alp. Ein Benzinmotor und Solarzellen erzeugen Energie für das Furggi. Die Wasserversorgung ist durch eine eigene Quelle gesichert.

M3 Auch die Höhe begrenzt

M5 Regenfeldbau – Hackbau in der Savanne

Leben an der Trockengrenze – Nomadismus und Regenfeldbau

Die Rezeigat leben als Nomaden im Sudan. Sie wissen aus Erfahrung, wann es in welchen Gebieten des Sahel regnet. Nach den ersten Regenfällen warten die Wanderhirten noch ab, bis die Gräser neue Samen gebildet haben. Erst danach treiben sie ihre Schafe, Ziegen und anderen Weidetiere auf die ergrünten Weiden. Anschließend ziehen die Rezeigat dem Regen nach Norden hinterher bis an den Rand der Wüste. Bis in die Trockenzeit hinein bleiben sie mit ihren Tieren dort – immer in der Nähe von Wasserstellen. Ab Februar treiben sie ihre Tiere auf anderen Wegen über die ausdörrende Savanne zurück in den Süden – dem Beginn der nächsten Regenzeit entgegen.

Im Süden in der Trockensavanne dauert die Regenzeit länger als in der Dornstrauchsavanne (siehe S. 72 f.). Die Trockengrenze verläuft also zwischen beiden Savannenarten. In der Dornstrauchsavanne kann Regenfeldbau betrieben werden. Die Feldarbeit wird meistens von den Frauen erledigt. Sie bearbeiten die Felder mit Hacken. Hackbau ist die in Afrika verbreitete Form des Regenfeldbaus. Da die Niederschläge in der Regenzeit kurz, aber heftig sind, lockern die Hackbauern den Boden zunächst auf. Sie formen aus der Erde kleine, wenige Zentimeter hohe Erdwälle, damit das Wasser langsam einsickern kann und nicht abläuft. Angebaut werden Hirse, Mais, Erdnüsse und Bohnen.

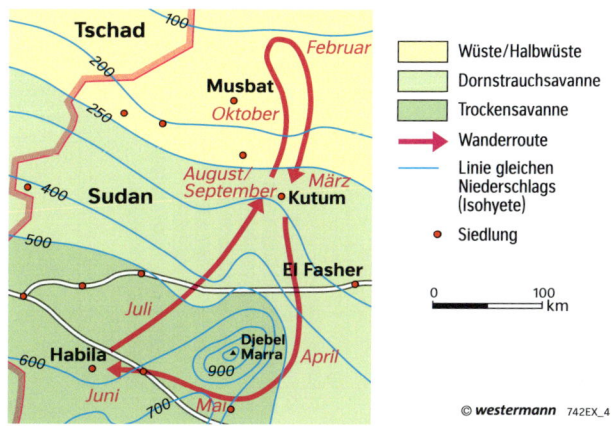

M4 Wanderung der Rezeigat im Sudan

Aufgaben

1 Kennzeichne den Unterschied zwischen Ökumene und Anökumene.

2 Erkläre anhand von zwei Beispielen, wie technische Errungenschaften helfen, die Grenzen der Anökumene zu überwinden (M3).

3 Liste auf, durch welche Länder die agronomische Trocken- oder Kältegrenze verläuft (M2, Atlas).

4 Begründe, warum der Nomadismus der Rezeigat eine geeignete Wirtschaftsweise an der Trockengrenze ist (M4).

Regenzeiten und Trockenzeiten im Wechsel

Savannen – Grasländer der äußeren Tropen

Südlich an die Sahara in Afrika schließen sich die Savannen, die Grasländer, an. Sie liegen in den äußeren Tropen mit einem Wechsel von Regen- und Trockenzeiten. Je näher ein Ort in dieser Klimazone am Äquator liegt, desto höher ist die Regenmenge und desto länger fällt die Regenzeit aus. In den Savannen ändert sich die Vegetation (die Pflanzendecke) mit der Höhe der Niederschläge. Man unterscheidet drei Savannenarten: Dornstrauchsavanne, Trockensavanne und Feuchtsavanne.

Die Tiere und Pflanzen haben sich an den Wechsel von Regen- und Trockenzeit angepasst. Sie bleiben nie lange an einem Ort, sondern ziehen dem Regen hinterher.

Savannen gibt es auch in Asien, Australien und Amerika.

tropische Zone

M1 Lage der Tropen

zum nördlichen Wendekreis ⟵   ⟶ Regenzeiten und Trockenzeiten

A Dornstrauchsavanne

Jahresmitteltemperatur: 21 – 29 °C
Jahresniederschlag: 200 – 500 mm
Regenzeit: 2 – 4 Monate

B Trockensavanne

Jahresmitteltemperatur: 21 – 29 °C
Jahresniederschlag: 500 – 1 000 mm
Regenzeit: 4 – 6 Monate

M2 Vegetationszonen der äußeren und inneren Tropen

Timbuktu / Mali
259 m ü. M.   17° N /03° W
T = 28,6 °C
N = 208 mm

Kano / Nigeria
469 m ü. M.   12° N /09° O
T = 26,2 °C
N = 841 mm

Bouaké / Côte d'Ivoire
369 m ü. M.   08° N /05° W
T = 26,7 °C
N = 1210 mm

M3 Klimadiagramme von drei Savannen-Stationen

Grenzen der Raumnutzung

Tageszeitenklima in den inneren Tropen

Der schmale Bereich der inneren Tropen erstreckt sich entlang des Äquators. Im warmen, feuchten Klima wächst der dichte tropische Regenwald. Dort herrscht ein Tageszeitenklima, bei dem die Temperaturunterschiede zwischen Tag und Nacht größer sind als die Temperaturschwankungen zwischen den einzelnen Monaten (Jahreszeitenklima). Die Monatsmitteltemperaturen der inneren Tropen bleiben das ganze Jahr über gleich hoch und täglich fällt Regen. Die Niederschläge sind an den Sonnenstand gebunden. Gegen Mittag erreicht die Sonne ihren Höchststand. Aufgrund der hohen Verdunstung bilden sich jetzt hohe Wolkentürme, die sich am Nachmittag zu dunklen Gewitterwolken verdichten, aus denen schließlich sintflutartig Regen fällt.

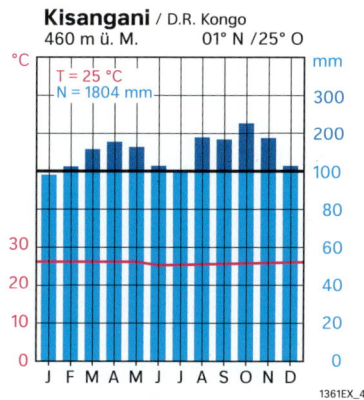

M5 Klimadiagramm aus den inneren Tropen

tägliche Niederschläge → **zum Äquator**

Feuchtsavanne

Jahresmitteltemperatur: 23 – 29 °C
Jahresniederschlag: 1 000 – 1 500 mm
Regenzeit: 6 – 10 Monate

Tropischer Regenwald

Monatsmittel: 26 – 28° C
Jahresniederschlag: über 1 800 mm
Regenzeit: tägliche Zenitalregen

M4 Täglicher Ablauf des Wetters im tropischen Regenwald

Aufgaben

1. a) Vergleiche die drei Savannenarten (M2 A – C, M3). Nenne Unterschiede.
   b) Liste alle afrikanischen Staaten auf, die Anteil an den Savannen haben (Atlas).
2. Erkläre die Niederschlagsbildung in den inneren Tropen (M4).

Entwicklung in semiariden Räumen?

M1 Typische Vegetation einer semiariden Region (Botswana)

Halbtrockene Regionen der Erde

Neben den ariden und humiden Klimaten gibt es auch halbtrockene Klimate. Diese Klimate werden semiarid genannt und haben folgende Merkmale: In sechs bis neun Monaten herrscht Trockenzeit. Während dieser Zeit ist die Verdunstung höher als der Niederschlag. Im weiteren Verlauf des Jahres gibt es dann drei bis fünf regenreiche Monate. In dieser Zeit ist der Niederschlag höher als die Verdunstung. Während der regenreichen Monate führen die Flüsse wieder Wasser und es kommt zum Pflanzenwachstum. Tiere und Pflanzen haben verschiedene Strategien entwickelt, um sich an den Wechsel zwischen Trocken- und Regenzeit anzupassen.

Semiaride Regionen gibt es in Pakistan, Mittelindien, im nördlichen Australien, im Südwesten der USA und in Mittel- und Südostafrika. Während der langen Trockenzeit herrscht Wasserknappheit. Die Böden, besonders in der Sahelzone, sind stark durch Wüstenbildung (Desertifikation) gefährdet. Im Kampf gegen die Trockenheit und Wüstenbildung sucht der Mensch ständig neue Möglichkeiten einer zukunftsfähigen Bewirtschaftung.

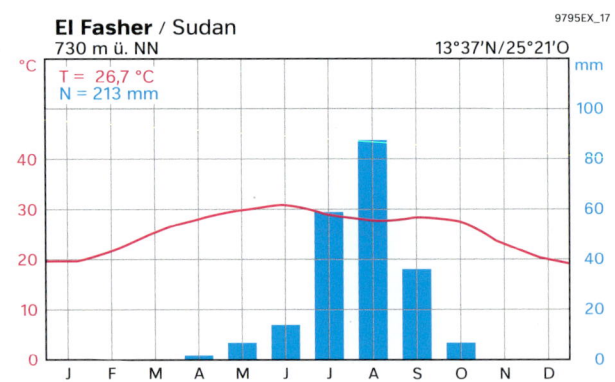

M2 Klimadiagramm El Fasher

Info

Sahelzone

Die Sahelzone (kurz „Sahel") ist eine semiaride Übergangszone in Afrika zwischen der Wüste (Sahara) im Norden und den wechselfeuchten Savannen im Süden. Die nördlichen Gebiete der Sahelzone sind stark von Wüstenbildung (Desertifikation) betroffen. In der Sahelzone kommt es immer wieder zu schweren Dürren, die zu Hungersnöten führen.

Grenzen der Raumnutzung

M3 Errichtung von Steinwällen in Burkina Faso

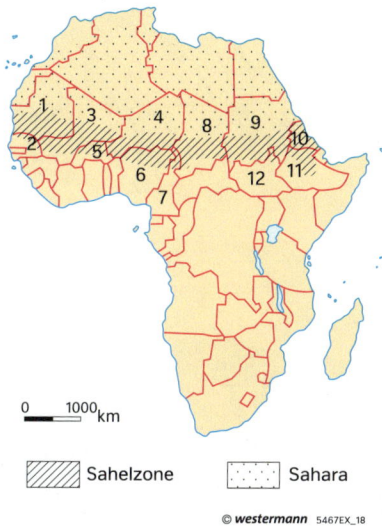

M4 Übungskarte Sahelzone

Der Wüstenbildung den Kampf angesagt

Das Regenwasser in der trockenen Sahelzone ist kostbar, da es nur wenige Monate regnet. Während der Regenzeit besteht die Gefahr, dass das Wasser ungenutzt abfließt und fruchtbaren Boden wegschwemmt. Eine zukunftsfähige Schutzmaßnahme gegen Erosion ist der Bau von Steinwällen.

Der 25-jährige Sana Mumuda aus Burkina Faso berichtet: „Vor fünf Jahren wuchs hier noch gar nichts. Mit dem Wissen um die Steinwälle kann ich meine Felder heute ausreichend schützen und genug ernten, um meine Familie ein ganzes Jahr lang zu ernähren."

Der Bau eines Steinwalls um die Felder ist ein enormer Kraftakt. Aus Steinbrüchen müssen zunächst mehrere Tausend Steine gesammelt und in die Dörfer der Sahelzone transportiert werden. Für einen Hektar Ackerfläche werden circa 50 Kubikmeter Steine benötigt. Dies ist nur mit externer technischer und finanzieller Hilfe möglich. Deshalb gibt es in der Sahelzone immer wieder Hilfsprojekte aus aller Welt. Ein Beispiel ist das Projekt der Gesellschaft für technische Zusammenarbeit (heute GIZ) „Patecore". Zwischen 1988 und 2006 wurden circa 20 000 Kleinbauern in Burkina Faso mit Steinwällen versorgt. Dafür transportierte man 50 000 Lkw-Ladungen Steine in mehr als 400 Dörfer. Dank dieses Projekts können sich heute bis zu 40 000 Menschen selbst mit Nahrungsmitteln versorgen (Hilfe zur Selbsthilfe).

Aufgaben

1 Erkläre den Begriff „semiarid". Verwende dafür das Klimadiagramm (M2).

2 a) Beschreibe die Lage der Sahelzone in Afrika (M4).
  b) Liste Länder und deren Hauptstädte auf, die Anteil an der Sahelzone haben (M4, Atlas).

3 a) Beschreibe die typische Vegetation einer semiariden Region (M1).
  b) Bewerte das naturräumliche Potenzial semiarider Regionen im Hinblick auf landwirtschaftliche Nutzung (M1, M2).

4 a) Erläutere die Problematik der Regenwassernutzung in der Sahelzone.
  b) Beschreibe das Projekt „Patecore" (M3).
  c) Bewerte die Zukunftsfähigkeit des Projekts.

Wer bekommt das Wasser?

heller Bereich = ehemaliger Wasserspiegel bis in die 1990er-Jahre

Lake Mead
Hoover-Staudamm
Colorado River

M1 Schrägluftbild des Hoover-Staudamms

Der ausgebeutete Fluss

Mit einer Länge von 2300 km und einem Einzugsgebiet von knapp 700 000 km² ist der Colorado die größte und wichtigste Lebensader im Südwesten der USA. Der Fluss versorgt mehr als 30 Mio. Menschen mit Wasser und Strom. Im 20. Jahrhundert griff der Mensch stark in den Flussverlauf ein: Es wurden mehrere Staudämme und aufwendige Kanalsysteme gebaut. Die Stauseen dienen als Trinkwasserspeicher für trockene Zeiten und für die Energieerzeugung. Die Nutzung des Colorado wird seit 1922 in einem speziellen Gesetz geregelt.

Der natürliche jährliche Zufluss durch Schmelz- und Regenwasser ist allerdings seit einigen Jahren wesentlich geringer als der Verbrauch durch den Menschen. Ursachen für den hohen Wasserverbrauch sind die Intensivierung der Landwirtschaft, starke Ausbreitung der Industrie in den Millionenstädten sowie ein starker Bevölkerungszuwachs.

Zur Problematik des enormen Wasserverbrauchs kommt seit 2000 eine lang anhaltende Dürreperiode. Diese gilt als die schwerwiegendste der letzten fünfhundert Jahre. Sie führt dazu, dass die Wasserstände an Stauseen wie dem Lake Mead oder dem Lake Powell rapide gesunken sind. Experten warnen vor einer ökologischen Katastrophe. Gerade in den heißen Sommermonaten herrscht in vielen Regionen Wassermangel. Hinzu kommt der Wasserkonflikt mit Mexiko. Trotz einer Regelung streiten beide Länder immer wieder um das überlebenswichtige Nass.

Aufgaben

1. Beschreibe die Wasserproblematik im Südwesten der USA mithilfe der Bilder (M1, M2, M5).
2. Bestimme Quelle und Mündung des Colorado River (Atlas).
3. Liste sämtliche Großstädte mit mehr als 1 Mio. Einwohner auf, die auf das Wasser des Colorado angewiesen sind (Atlas).
5. „Wer bekommt das Wasser?" Beschreibe die Wasserverteilung des Colorado River (M4).
5. Nenne Ursachen für den ansteigenden Wasserverbrauch im Südwesten der USA.
6. „Nimm es, oder du verlierst es." Erläutere die Aussage im Gesetz
7. „Wasser könnte bald schon mehr wert sein als Erdöl." Nimm Stellung zu dieser Aussage.

Grenzen der Raumnutzung

M2 Golfplatz mitten in der Wüste Nevadas

Das Gesetz zur Verteilung des Wassers („Law of the river") wurde 1922 zwischen sieben Bundesstaaten und der US-Regierung ausgehandelt. Es unterteilt das Gebiet in ein oberes und unteres Becken. Der Grundsatz des Gesetzes lautet „nimm es, oder du verlierst es". Nicht genutztes Wasser kann weder gespeichert noch an andere weitergegeben werden. Dies führt dazu, dass in vielen Regionen, insbesondere im Imperial Valley, enorme Mengen an Wasser für die Landwirtschaft genutzt werden.

M3 Gesetz zur Verteilung des Wassers

M5 Colorado – Fluss oder Kanal?

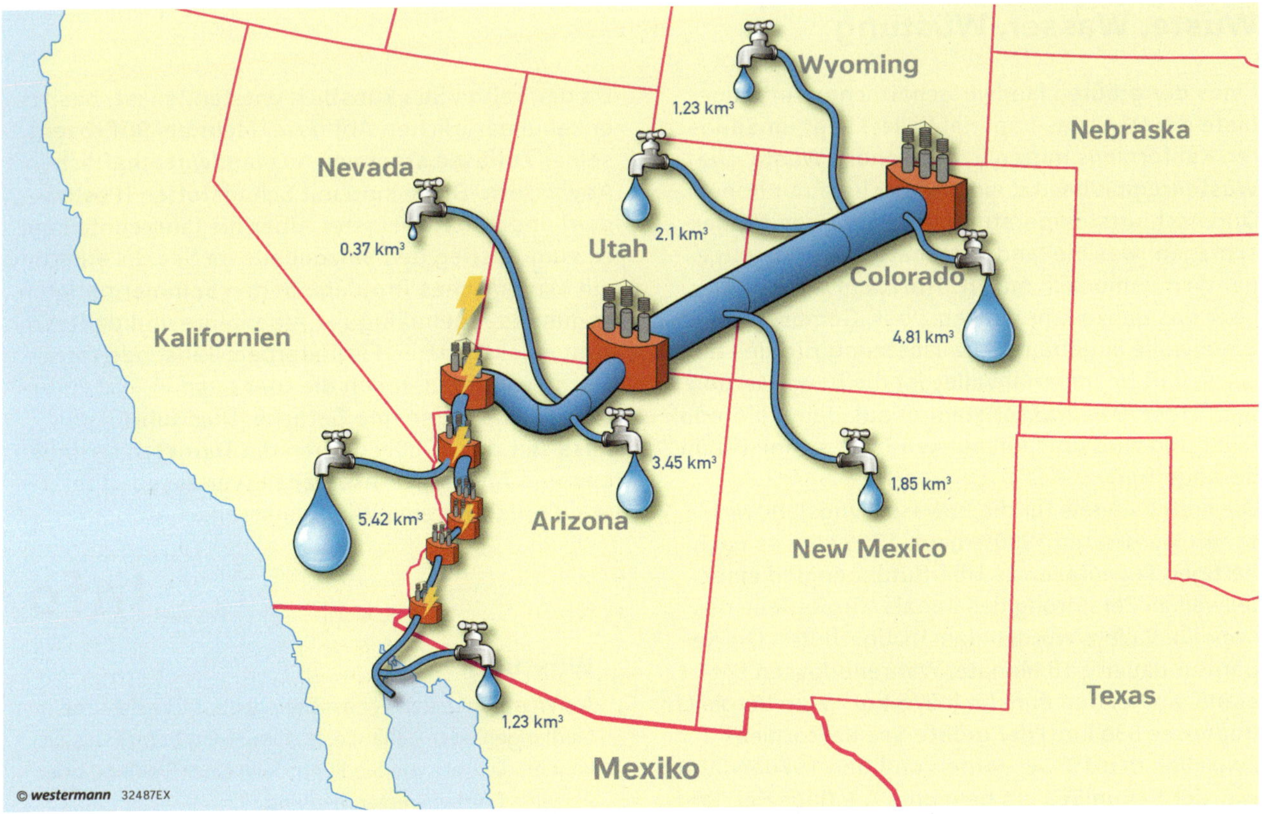

M4 Wasserverteilung des Colorado River

Ein Ursache-Wirkungs-Schema erstellen

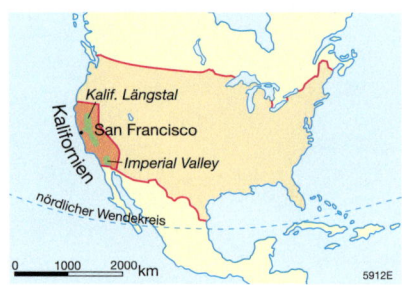

M1 Übersichtskarte USA, Südwesten

M2 Satellitenbild Imperial Valley / Salton Sea

Wüste, Wasser, Wüstung

Eines der größten landwirtschaftlichen Anbaugebiete der USA, das Imperial Valley, liegt im Südosten Kaliforniens mitten in der Sonora Wüste. Die Wüstenregion besitzt ein arides Klima mit hohen Durchschnittstemperaturen und geringen Niederschlägen, was die landwirtschaftliche Nutzung eigentlich unmöglich macht. Trotzdem werden hier über das ganze Jahr hinweg Obst, Gemüse und Baumwolle angebaut. Voraussetzung für die Landwirtschaft im Imperial Valley ist die Bewässerung der Felder. Das Wasser stammt aus dem Colorado River und wird über ein aufwendiges Kanalsystem herangeführt.

Die ersten Kanäle für die Bewässerungslandwirtschaft wurden um 1900 erbaut. 1905 kam es nach heftigen Regenfällen zu Überflutungen und einer teilweisen Zerstörung des Kanals. Große Teile des Imperial Valleys wurden damals überflutet. Die Reparatur dauerte 18 Monate. Währenddessen entstand am tiefsten Punkt mit 976 km² (zum Vergleich: Bodensee 536 km²) der größte See Kaliforniens. Zwischen den 1930er-Jahren und den 1970er-Jahren war der Salton Sea ein beliebtes Ausflugsziel. Jährlich kamen mehrere Hunderttausend Touristen.

Da der Salton Sea künstlich entstanden ist, besitzt er keine natürlichen Abflüsse. Mehr als 90 Prozent seiner Zuflüsse stammen aus landwirtschaftlichen Abwässern. Diese sind mit Schadstoffen (Pestiziden) und Salzen belastet. Über die Jahrzehnte kam es zum Anstieg des Salzgehalts im See. Es entstand ein ökologisches Problem: In den Sommermonaten kommt es regelmäßig zur Algenblüte und dadurch zum massenhaften Fischsterben. Tausende toter Fische werden dann an die Ufer gespült und verursachen unangenehme Gerüche. Dies führt dazu, dass seit den 1980er-Jahren die Touristen fernblieben und Anwohner ihre Häuser verlassen. Über die Jahre entstand eine Wüstungslandschaft.

Info

Wüstung

Als Wüstung gelten verlassene oder zurückgelassene Siedlungen oder Gebäude. Von Wüstung betroffen sein können die gesamte Siedlung, Teile einer Siedlung oder einzelne Gebäude einer Siedlung.

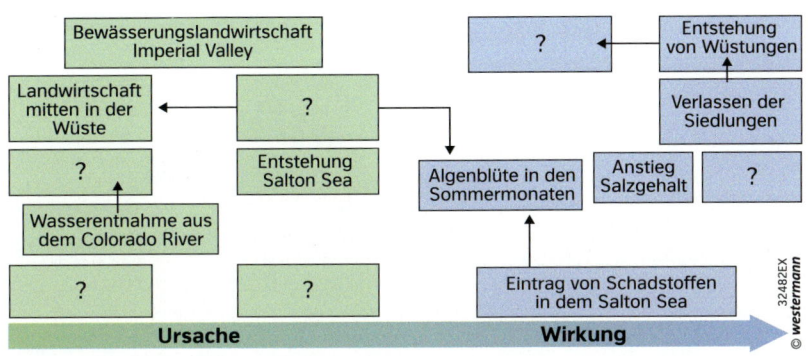

M3 Ursache-Wirkungs-Schema im Imperial Valley

M5 Wüstung in Salton Sea Beach

M4 Bewässerungslandwirtschaft im Imperial Valley

M6 Algenblüte am Ufer des Salton Sea

Ein Ursache-Wirkungs-Schema erstellen

1. **Schritt: Problem / Thema bestimmen / Informationen einholen**
   - Bestimme das Thema und ermittle die Problematik.
   - Hole möglichst umfassende Informationen über dein Thema ein (z. B. im Internet, aus Büchern, Zeitschriften, Zeitungen, in Expertenbefragungen)

2. **Schritt: Schlüsselwörter und Begriffe sammeln**
   - Nun müssen Schlüsselwörter und wichtige Begriffe gesammelt werden, mit denen die Problematik möglichst gut erklärt werden kann.

3. **Schritt: Ursachenfelder bestimmen und einordnen**
   - Bestimme jetzt die genauen Ursachenfelder der Problematik und ordne diese in die Spalte „Ursachen" ein.
   - Da es meist mehrere Ursachen gibt, musst du eine Reihenfolge festlegen (z. B. Abfolge der Geschehnisse).

4. **Schritt: Auswirkungsfelder erkennen und Zusammenhänge erschließen**
   - Lege sämtliche damaligen und heutigen Auswirkungen der Problematik fest und ordne diese in die Spalte „Wirkung" ein.
   - Überlege, welche Ursachenfelder in direkter Beziehung zu den Auswirkungen stehen. Verbinde diese mit Pfeilen. Beschrifte die Pfeile mit „führt zu", „verändert", „bedingt", „verschlimmert", „verbessert".

Aufgaben

1 Beschreibe die räumliche Lage des Imperial Valley und des Salton Sea (M1, M2).

2 Vervollständige M3 mithilfe des Textes. Verwende dazu die Anleitung „Ein Ursache-Wirkungs-Schema erstellen". Nutze ein Extrablatt.

3 Erkläre den Begriff „Wüstung" (Infobox, M5). Suche nach Wüstungen in deiner Umgebung. Berichte darüber.

4 Stelle mithilfe der Information zur „Eutrophierung" (S. 151, M5) sowie dem Internet den Zusammenhang zwischen Algenblüte und Fischsterben dar (M6).

Der Aralsee – vom See zur Wüste

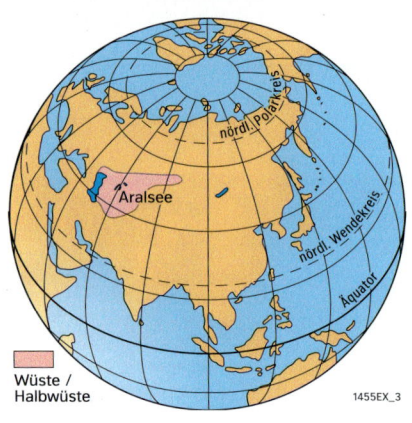

M1 Der Aralsee sowie die Wüsten und Halbwüsten Mittelasiens

M4 Auf dem ehemaligen Boden des Aralsees – etwa 60 km vom heutigen Ufer entfernt (2011)

M2 Klimadiagramm

Die natürlichen Bedingungen

Der Aralsee ist ein abflussloser Salzsee in Zentralasien. Der nördliche Teil des Sees gehört zu Kasachstan, der südliche Teil zu Usbekistan.

Das Klima der Region ist trocken und im Sommer sehr heiß. Deshalb kann sich hier die Vegetation nur spärlich entwickeln.

Der Aralsee besitzt zwei große Zuflüsse, den Amudarja und den Syrdarja. Sie entspringen in den südöstlich vom See gelegenen Hochgebirgen Pamir und Tian Shan.

Bevor die Flüsse den See erreichen, durchqueren sie als Fremdlingsflüsse die Wüsten Karakum und Kysylkum.

Nutzung und Veränderung

Vor wenigen Jahrzehnten war der Aralsee der viertgrößte Binnensee der Erde. Schon frühzeitig siedelten Menschen an den Flüssen zwischen dem Aralsee und den Hochgebirgen. Sie legten Felder an und bewässerten sie mit Flusswasser. Am Ufer des Aralsees standen dichte Wälder. Fischer lebten von dem Fischreichtum im See. Der Baumwollanbau und ein wenig Badetourismus sicherten den Bewohnern einen bescheidenen Wohlstand. Heute ist der See größtenteils ausgetrocknet. Im ehemals östlichen Teil ist eine neue Wüste entstanden. Der Salzgehalt hat stark zugenommen. Ehemalige Hafenstädte liegen mehrere Kilometer vom heutigen Ufer entfernt.

M3 Fischer am Aralsee um 1970

Grenzen der Raumnutzung

M5 Baumwollfeld in Usbekistan

Der Baumwollanbau

Zur Zeit der Sowjetunion wurde der Anbau von Baumwolle stark gefördert. Der Weltmarktpreis für Baumwolle war hoch. Der Staat wollte daher Importe vermeiden. Deshalb entstanden große neue Anbauflächen für Baumwolle. Für den Reisanbau wurden weitere Flächen erschlossen.
Da aber die Niederschläge fehlten, entnahm man das zum Anbau benötigte Wasser aus den Flüssen Amudarja und Syrdarja. Dafür wurde ein Tausende Kilometer langes Kanalsystem geschaffen. Die Kanäle waren aber zumeist offen und nicht ausbetoniert. Dadurch verdunstete oder versickerte ein großer Teil des Wassers ungenutzt. So gelangte schließlich weniger Wasser in den Aralsee, als dort verdunstete.

- mindestens 180 Tage Wachstumszeit
- Temperaturen immer über 15° C, optimale Temperatur: 24 – 28° C
- hoher Wasserbedarf während der Wachstumszeit (25 000 l pro Kilogramm Baumwolle)
- absolute Trockenheit während der Reife, da sonst die Fasern verkleben
- hohe Bodenfruchtbarkeit notwendig (Düngung)
- Einsatz von Pflanzenschutzmitteln, da die Pflanzen sehr schädlingsanfällig sind
- Die maschinelle Ernte erfordert den Einsatz von hochgiftigen Entlaubungsmitteln.
- Für eine Jeans benötigt man etwa zwei Kilogramm Rohbaumwolle.

M7 Anbaubedingungen der Baumwolle (Auswahl)

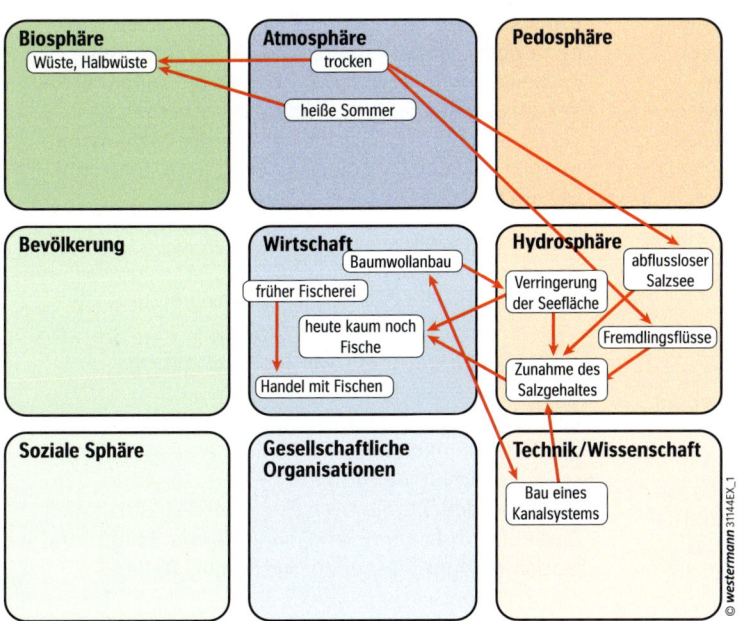

M6 Das Aralseesyndrom – Syndromschema (unvollständig)

Aufgaben

1. „Die Baumwolle braucht einen trockenen Kopf und nasse Füße." Erkläre die Aussage.

2. a) Charakterisiere die natürlichen Bedingungen in Mittelasien (M2, Atlas).
   b) Inwieweit sind diese Bedingungen für den Baumwollanbau geeignet (M7)?

3. Stelle Ursachen und Folgen der Schrumpfung des Sees dar.

4. In einem Syndromschema können Zusammenhänge zwischen Symptomen dargestellt werden. Ergänze das Schema in M6 mit den dort genannten Symptomen. Nutze dazu die S. 79.

Ist der Aralsee noch zu retten?

(1) Bewässerung — Bewässerungskanal

(2) Versalzung

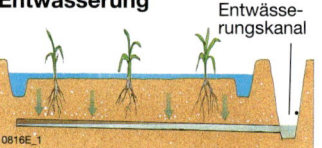

(3) Gegenmaßnahme: Entwässerung — Entwässerungskanal

M1 Ursachen der Bodenversalzung

Bodenversalzung

Durch hohe Verdunstung und aufsteigendes Bodenwasser sammelt sich Salz an der Erdoberfläche. Besonders verbreitet ist die Versalzung in Trockengebieten, wo Bewässerungsfeldbau betrieben wird.
Beim Baumwollanbau in Mittelasien tritt genau dieses Problem auf. Die meisten Böden besitzen hier naturgegeben einen hohen Salzgehalt. Durch intensive Bewässerung gelangt das Salz an die Oberfläche. Dabei bildet sich eine Salzkruste.

Hilfsprojekte

Pläne zur Rettung des Aralsees gab es viele. Der größte Teil von ihnen wurde aber bald wieder verworfen. Nach dem Zerfall der Sowjetunion haben die Regierungen Kasachstans und Usbekistans einige Projekte in Angriff genommen.

Wichtig sind heute vor allem Hilfsprojekte, die die Anwohner dabei unterstützen, mit den Folgen der Katastrophe zu leben. So schafft zum Beispiel die gezielte Förderung von neuen Wirtschaftsbereichen Lebensperspektiven für die Menschen vor Ort.

A Sanierung des Kanalsystems (z. B. Karakumkanal)

Bisher versickert ein Großteil des Wassers in nicht befestigten Kanälen. Deshalb ist es sinnvoll, die bestehenden Kanäle abzudichten, um Sickerverluste zu vermeiden. Dazu eignen sich zum Beispiel Betonschalen.
Die hohen Verdunstungsverluste an der Wasseroberfläche können durch gezielte Veränderungen an den Kanälen (Form und Tiefe der Kanäle) verringert werden. Auch die Verwendung geschlossener Röhren trägt zum Verdunstungsschutz bei. Der nachgewiesene hohe Nutzen rechtfertigt den großen finanziellen Aufwand der Maßnahmen.

B Optimierung der Landwirtschaft

Das Hauptanbauprodukt ist zurzeit Reis. Dieser kann durch anspruchslosere Getreidesorten ersetzt werden. Das Getreide wird, um die Bodenfruchtbarkeit zu erhalten, in Fruchtwechsel angebaut. Das erfordert vor allem ein Umdenken bei der Bevölkerung in Bezug auf andere Pflanzen. Dabei können Weiterbildungsmaßnahmen helfen.
Um Wasser zu sparen, müssen die Landwirte moderne Bewässerungssysteme wie die Tröpfchenbewässerung einführen. Dadurch kann auch die zunehmende Versalzung des Bodens eingedämmt werden.
Einige unrentable Ackerflächen würden nicht mehr genutzt. Dies könnte die Wüstenbildung (Desertifikation) verstärken.

C Anzapfen sibirischer Flüsse (z. B. Irtysch)

In Zeiten der Sowjetunion wurde darüber nachgedacht, den Aralsee mit Wasser aus anderen Flüssen zu speisen. Dazu müssten neue Kanalsysteme gebaut werden. Da verschiedene Landschaften mit unterschiedlichem Relief zu durchqueren sind, wäre es notwendig, Stauseen und Wasserrückhaltebecken zu errichten. Möglicherweise müssten ganze Ortschaften umgesiedelt werden. Die Kosten für diese Maßnahme wären sehr hoch.

D Abtauen der Gletscher im Pamirgebirge

Einer der zahlreichen Gletscher im Pamirgebirge ist der Fedtschenko-Gletscher. Er ist der längste Gletscher außerhalb der polaren Gebiete. Es wurde darüber nachgedacht, die Gletscher künstlich abzutauen. Dadurch würde kurzfristig mehr Wasser, langfristig jedoch weniger Wasser zur Verfügung stehen.

M2 Auswahl von Maßnahmen zur Rettung des Aralsees

Grenzen der Raumnutzung

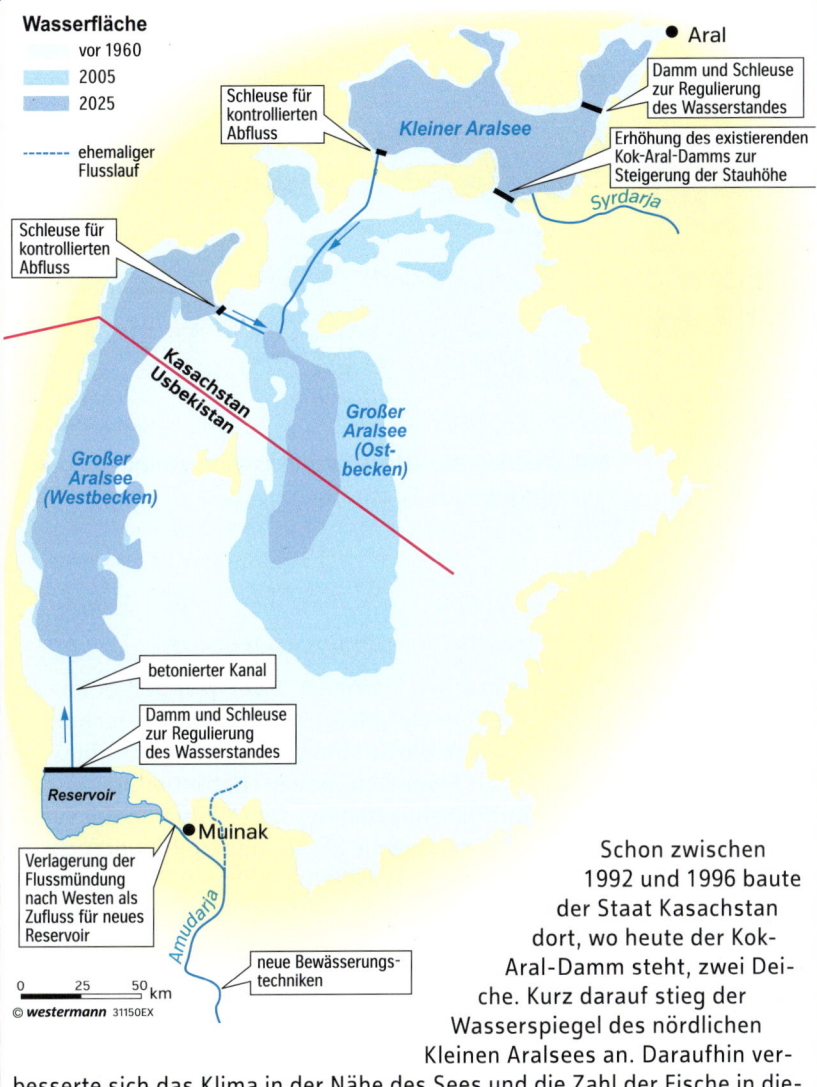

M4 Im Kleinen Aralsee werden wieder Fische gefangen

Schon zwischen 1992 und 1996 baute der Staat Kasachstan dort, wo heute der Kok-Aral-Damm steht, zwei Deiche. Kurz darauf stieg der Wasserspiegel des nördlichen Kleinen Aralsees an. Daraufhin verbesserte sich das Klima in der Nähe des Sees und die Zahl der Fische in diesem Teil des Aralsees nahm zu.
Beide Dämme waren jedoch nicht ausreichend den Gegebenheiten angepasst. Sie brachen schon nach wenigen Jahren.
Im Jahr 2003 begann Kasachstan mit dem Bau des Kok-Aral-Dammes. 65 Mio. US-Dollar kostete das 13 km lange Bauwerk aus Stahl und Beton. Die Technik hatte sich im Vergleich zu älteren Damm-Projekten weiterentwickelt. So setzten die Konstrukteure haltbareres Baumaterial ein. Auch kann heute mehr Wasser aus dem Syrdarja eingeleitet werden. Dazu wurden die Bewässerungssysteme verbessert und die ehemalige Überschwemmungsbewässerung durch Rinnen- oder Tröpfchenbewässerung ersetzt.
Nach etwa zehn Jahren gab es beachtliche Erfolge am Kleinen Aralsee: Der Seespiegel ist um mehrere Meter angestiegen. Die gesamte Wasserfläche ist auf 3300 km² angewachsen. Der Salzgehalt des Wassers ist von vier Prozent (1999) auf 1,5 Prozent gesunken. Da aber das Wasser im Nordteil aufgestaut wird, fehlt es im südlichen Teil, im Großen Aralsee. Dieser gehört weitgehend zu Usbekistan. Deshalb kam es in der Vergangenheit zu politischen Konflikten zwischen den Staaten Kasachstan und Usbekistan.

M3 Das Projekt des Kok-Aral-Dammes

Aufgaben

1 Es gibt Ideen, der Katastrophe am Aralsee entgegenzuwirken.
   a) Erstelle eine Mindmap der Rettungsmaßnahmen (M2).
   b) Beschreibe die Wirkung der Maßnahmen auf die Menschen am Aralsee.
   c) Bewerte die Maßnahmen A bis D zur Rettung des Aralsees (M2).
   d) Führt ein Rollenspiel zum Bau des Kok-Aral-Dammes durch (M3). Geht dabei in folgenden Schritten vor:
   • Legt die handelnden Personen fest und verteilt die Rollen.
   • Macht euch mit dem Thema vertraut.
   • Führt das Rollenspiel durch.
   • Wertet das Spiel aus und ergänzt Argumente.

2 Nimm Stellung zur Überschrift „Ist der Aralsee noch zu retten?" (M2, M3).

Lebendige Vergangenheit

M1 Rentierfell-Zelt der Tschuktschen

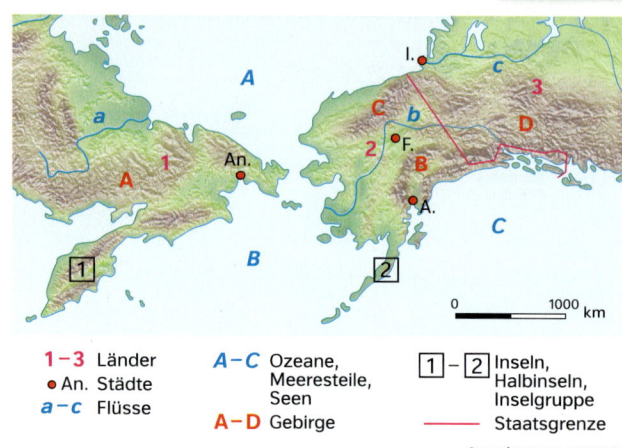

M4 Übersichtskarte – Tschuktschen-Halbinsel und umgebende Großräume

1–3 Länder	**A–C** Ozeane, Meeresteile, Seen
• An. Städte	
a–c Flüsse	**A–D** Gebirge
☐ 1 – ☐ 2 Inseln, Halbinseln, Inselgruppe	— Staatsgrenze

Die Tschuktschen

Die Tschuktschen sind ein indigenes Volk in Russland, das die Tschuktschen-Halbinsel, die Tschuktschen-See sowie die Beringsee-Region des Arktischen Ozeans bevölkert. Der Ursprung der Tschuktschen liegt bei jenen Völkern, die wiederum in der Region rund um das Ochotskische Meer beheimatet sind. Sie sprechen eine alte paläosibirische Sprache – die tschuktschische Sprache.
Die Mehrheit der Tschuktschen lebt im autonomen Kreis der Tschuktschen, wobei noch weitere Teile des Volkes in der benachbarten Republik Sacha (Jakutien) im Westen, in der Region Magadan im Südwesten sowie im autonomen Kreis der Korjaken im Süden leben.

Die Tschuktschen können in zwei Gruppen unterteilt werden: in die „Meeres- oder Küsten-Tschuktschen", welche die Küsten besiedeln und traditionell Jagd auf Meeressäugetiere betreiben, sowie in die „Rentier-Tschuktschen". Diese leben in der russischen Tundra, wo sie als Nomaden Rentierzucht betreiben. Warum die Tschuktschen Rentiere züchten, ist bis heute noch unklar. Es wird lediglich angenommen, dass sie es im Laufe der Zeit von den Ewenen übernommen haben. Rentiere stellen für die Tschuktschen nicht nur eine Nahrungsquelle dar. Ihre Felle werden auch zu Kleidung und Zelten verarbeitet, die von Rentierfellen bedeckt und auf Stützen gebaut sind.

(Quelle: Wladimir Stacheew: Die Tschuktschen: die Rentierzüchter der Tundra. de.rbth.com, 22.06.2013)

M2 Die Rentierzüchter der Tundra

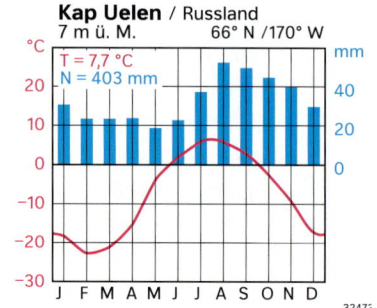

M3 Das Klima in Kap Uelen (Kap Deschnew)

Aufgaben

1. Bearbeite die Übungskarte M4 (Atlas).
2. Beurteile die klimatischen Lebensbedingungen der Tschuktschen und die Auswirkungen auf ihre Lebensweise (M1, M3).
3. Begründe die Aussage: Die Tschuktschen führen ein Leben „am Rande der Ökumene".
4. Recherchiert über die Rentier- und Küstentschuktschen im Internet. Erstellt eine Wandzeitung oder eine Bildschirmpräsentation mit Fotos, Texten, Klimadiagrammen zu dem Volk der Tschuktschen und ihren Lebensräumen.

Gewusst – gekonnt

1 In den Savannen

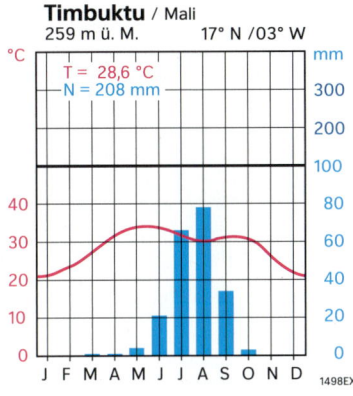
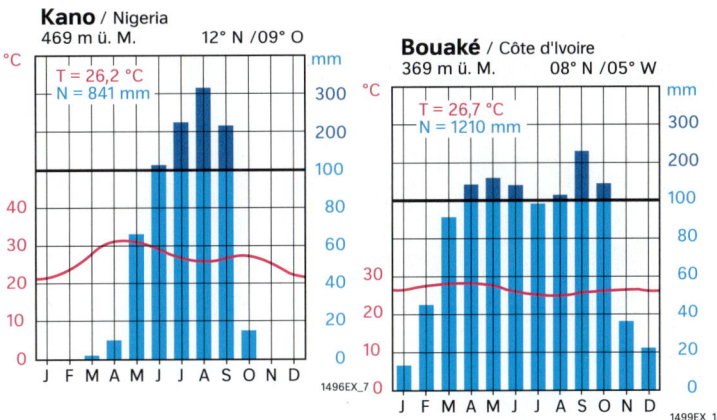

a) Begründe die Namen Dornstrauch-, Trocken- und Feuchtsavanne.
b) Ordne die Begriffe Dornstrauch-, Trocken- und Feuchtsavanne den Klimadiagrammen zu.

2 Grenzen der Nutzung

a) Wiederhole, was unter agronomischer Trocken- und Kältegrenze zu verstehen ist.
b) Erkläre die nomadische Wirtschaftsweise.
c) Nenne Regionen der Erde, in denen Nomadismus betrieben wird.
d) Begründe, warum der Nomadismus eine an die agronomische Trocken- und Kältegrenze angepasste Wirtschaftsweise ist.

3 Unangepasste Wirtschaftsweise

a) Welche Folge einer unangepassten Wirtschaftsweise verdeutlicht das Foto?
b) Erkläre, wie es zu dieser Katastrophe in der Aralsee-Region kommen konnte.

4 Wasserprobleme im Südwesten der USA

a) Erkläre, warum der Colorado als ausgebeuteter Fluss bezeichnet wird.
b) Du lebtst am Salton Sea. Verfasse einen Brief, in dem du erklärst, warum du den Ort verlassen hast.

85

Welternährung – Überfluss und Mangel

M1 Eine US-amerikanische Familie zeigt ihren Wocheneinkauf.

M2 Lebensmittelverschwendung in Europa – Entsorgung von Tomaten

M3 Ein Mann verkauft harte Brotreste (Afghanistan). Für viele die einzige bezahlbare Nahrung.

Nahrungsmittel – ausreichend vorhanden?

M1 Lage der USA

Welt der Hungernden – Welt der Satten

Auf der Erde leben mehr als sieben Milliarden Menschen. Fast jeder neunte davon leidet an Mangelernährung. Mangelernährung wird unterschieden in Unter- und Fehlernährung. Ein unterernährter Mensch hat weniger zu essen, als er täglich an Kalorien braucht, um sein Körpergewicht zu halten. Dafür bräuchte er etwa 10 000 kJ.
Fehlernährung tritt dann ein, wenn genügend Nahrung aufgenommen wird, diese aber ungenügend Vitamine und Mineralstoffe besitzt. Mangelernährte Kinder sind geschwächt, anfälliger für Krankheiten und können daran sterben.
Während die Menschen in den Ländern Afrikas hungern, ist ein Großteil in den USA und Europa übergewichtig. Sie essen zu viel, teilweise das Falsche und leiden deshalb an einer anderen Form von Fehlernährung. In Deutschland gilt jedes fünfte Kind als übergewichtig. Auch übergewichtige Menschen sind besonders anfällig für Krankheiten.

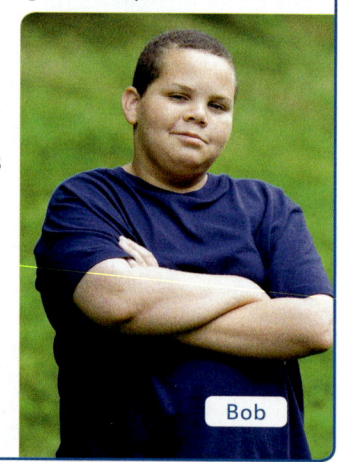

Bob ist 13 Jahre alt und lebt in der Stadt Charlotte im Bundesstaat North Carolina. Er besucht eine Junior High School. Er mag keinen Sport. Als Bob acht Monate alt war, bekam er seinen ersten Computer und mit vier Jahren eine PlayStation. In der Wohnung gibt es außerdem vier Fernseher.
Bob ist übergewichtig. Er hat die Jeansgröße 40/30. Allerdings hat er in diesem Jahr bereits drei Kilo abgenommen. Er geht jetzt nur noch zweimal im Monat in Fast-Food-Restaurants. Bobs Lieblingsgericht zu Hause ist Steak mit Kartoffeln und Kräuterbutter. Zum Nachtisch isst er häufig einen Eisbecher. Seine Mutter kocht dieses Menü am Wochenende für die Familie. Bob bekommt jetzt nur noch eine halbe Portion und muss auch den geliebten Nachtisch und die Cola weglassen.

M2 Bob aus Charlotte in den USA

Aufgaben

1. Erkläre den Begriff Mangelernährung.
2. Berechne deinen ungefähren Energieverbrauch an einem durchschnittlichen Tag (Info).
3. Berechne, welchen Anteil seines täglichen Energiebedarfs Bob mit seinem Lieblingsessen und Nachtisch bereits deckt (Info, M2 und M5).
4. a) Lege eine Folie auf M3 und trage die Gebiete ein, in der die Menschen überernährt, normal ernährt und unterernährt sind.
   b) Ordne Bob sowie Uzoma und Keshia einem der Gebiete zu.
5. Erstelle eine Präsentation zum Thema „Welt der Hungernden – Welt der Satten".

Info

Nahrungsbedarf

Der Nahrungsbedarf eines Menschen ist abhängig von seiner körperlichen Tätigkeit. Diese bestimmt seinen Energieverbrauch. Im Durchschnitt braucht ein Mensch ca. 10 000 kJ (Kilojoule) am Tag. Beim Schlafen sind es in einer Stunde etwa 84 kJ, beim Stehen 185 kJ, beim Gehen 790 kJ und beim Dauerlauf 2520 kJ. Auch die Zusammensetzung der Nahrung ist wichtig. Sie sollte etwa zu 60 Prozent aus Kohlenhydraten (z. B. Getreide, Kartoffeln) bestehen sowie zu mindestens 15 Prozent aus Eiweiß (z. B. Fleisch, Fisch, Milch, Soja) und Vitaminen (z. B. Obst).

Welternährung zwischen Überfluss und Mangel

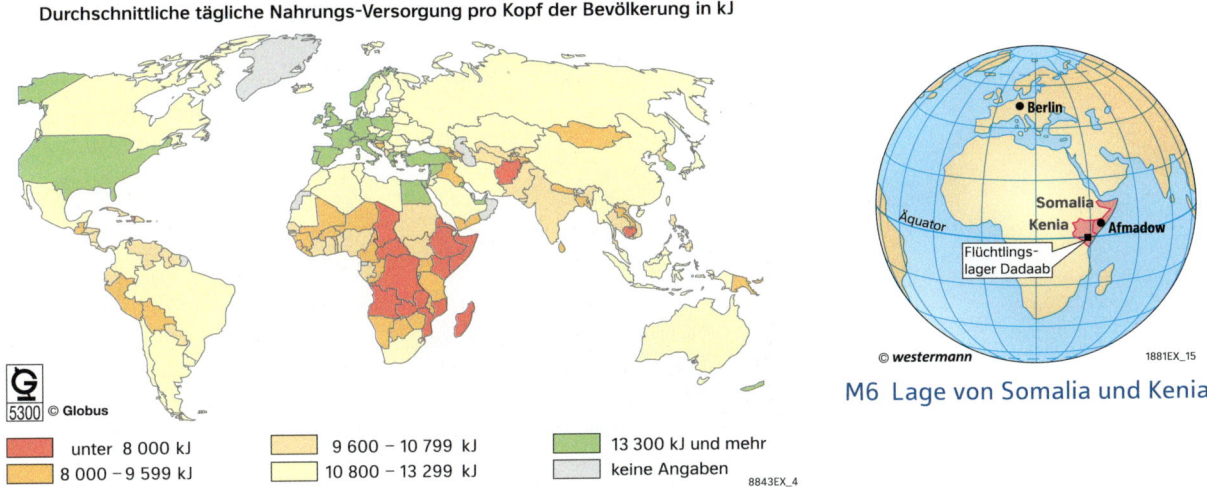

Durchschnittliche tägliche Nahrungs-Versorgung pro Kopf der Bevölkerung in kJ

- unter 8 000 kJ
- 8 000 – 9 599 kJ
- 9 600 – 10 799 kJ
- 10 800 – 13 299 kJ
- 13 300 kJ und mehr
- keine Angaben

M3 Welternährungssituation

M6 Lage von Somalia und Kenia

So etwas haben Uzoma und Keshia noch nie gegessen. Die Geschwister aus Somalia, acht und sieben Jahre alt, stehen am Eingang des größten Flüchtlingslagers der Welt in Dadaab in Kenia und essen ganz langsam einen krümeligen Keks. Es ist das erste Essen, das sie seit drei Tagen bekommen. Helfer haben ihnen den Keks gegeben. Er hat extra viele Nährstoffe, damit die beiden schnell davon satt werden. Uzoma und Keshia gehören zu den vielen Tausenden Kindern aus Somalia in Afrika, die mit ihrer Familie ihre Heimat verlassen mussten, weil sie wegen der großen Dürre nichts mehr zu essen finden konnten. Zusammen mit ihrer Mutter sind sie zehn Tage lang von Afmadow, einer kleinen Stadt im Süden von Somalia, 240 Kilometer durch die somalische Landschaft gelaufen. Ganz erschöpft kamen sie in Dadaab an.
(Quelle: Dialika Krahe: Flucht vor dem Hunger. In: Dein Spiegel, 10/2011, S. 10 – 13)

M4 Uzoma und Keshia aus Somalia berichten

Apfel	Obstkuchen mit Sahne	Eisbecher, Früchte, Sahne	Tafel Vollmilchschokolade	Pizza	Kartoffelsalat mit Würstchen	Steak, Kartoffeln, Gemüse, Kräuterbutter	Eisbein, Sauerkraut, Kart.-Püree 1 Glas Bier
270	1300	1850	2340	2600	2750	3250	3600

M5 Nahrungsmittel und Kaloriengehalte in Kilojoule (kJ)

Schauplatz Somalia

M1 Übersichtskarte Somalia / Golf von Aden

M3 Hauptstadt Mogadischu – Anschläge und Kämpfe stehen auf der Tagesordnung.

Somalia – ein Land mit vielen Problemen

Bürgerkrieg, Flüchtlingsströme, Hungersnöte und politische Instabilität sind Stichworte, die häufig im Zusammenhang mit Somalia stehen. Doch was sind die Gründe der vielen Probleme?

Somalia gehört zu den ärmsten Ländern der Welt. Die Bevölkerung lebt hauptsächlich von nomadischer Viehhaltung und vom Ackerbau. Dürreperioden oder Überschwemmungen in den Flusstälern schädigen immer wieder den landwirtschaftlichen Anbau und führen zu Hungersnöten. Etwa 70 Prozent der Bevölkerung lebt von der Subsistenzproduktion. Dabei dienen die Erzeugnisse aus der Landwirtschaft oder Fischerei ausschließlich der Selbstversorgung und werden als Food Crops bezeichnet. Überschüsse, die auf lokalen Märkten getauscht oder verkauft werden könnten, sind selten. Bis in die 1990er-Jahre war der Fischfang noch ertragreich. Die Fischerei wurde jedoch von illegalen Fischerei-Flotten anderer Länder verdrängt.

Seit Jahrzehnten herrscht in Somalia Bürgerkrieg (Info). Familienclans kämpfen, um Gebietsansprüche durchzusetzen. Das Land hat keine funktionierende politische Führung und staatliche Verwaltung.

Zwar besitzt Somalia Erdölvorkommen und andere Bodenschätze. Diese können wegen der instabilen politischen Situation jedoch nicht erschlossen werden. Aufgrund fehlender staatlicher Strukturen bilden Piraterie (M5), Waffenhandel und Geldfälschung wichtige Wirtschaftszweige in Somalia.

Die Bürgerkriege verhindern den Ausbau der Wirtschaft. Es gibt kaum Industrie. Die Sicherheitslage ist prekär. Der Staat hat keine Steuereinnahmen, mit denen er die Bereitstellung von Strom und Wasser sichern könnte. Verelendung und Perspektivlosigkeit führen zur massenhaften Flucht ins Ausland.

Das Ausmaß der jüngsten Hungerkatastrophe in Somalia ist weitaus größer als bislang vermutet. Bei der schweren Hungerkatastrophe in Somalia zwischen Oktober 2010 und April 2012 sind mehr als eine viertel Million Menschen ums Leben gekommen. [...] Laut dem nun vorgelegten Bericht kamen sogar mehr Menschen ums Leben als bei der schweren Hungersnot von 1992, als binnen zwölf Monaten 220 000 Menschen an Unterernährung starben. Dem Hunger und der schweren Ernährungsunsicherheit seien dem UN-Bericht zufolge 133 000 Kinder unter fünf Jahren zum Opfer gefallen. [...]
Die UN hatten im Juli 2011 die Krise in mehreren Regionen Somalias offiziell zur Hungersnot erklärt. Wie andere Staaten am Horn von Afrika litt das Land unter einer extremen Dürre, von der insgesamt mehr als 13 Millionen Menschen betroffen waren.
(Quelle: Mehr als 250 000 Tote durch Hungersnot in Somalia. www.sueddeutsche.de, 02.05.2013)

M2 Hunger in Somalia

Welternährung zwischen Überfluss und Mangel

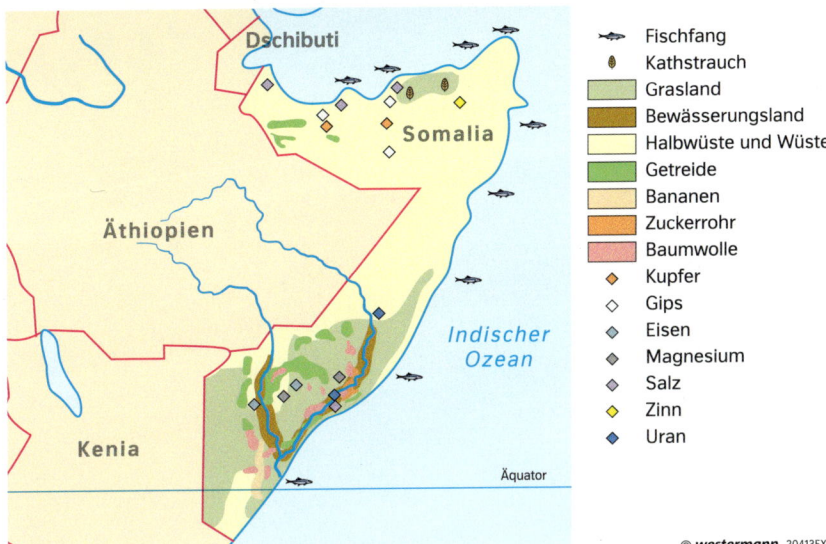

M4 Landnutzung und Rohstoffe in Somalia

Info

Bürgerkrieg

Bürgerkriege sind bewaffnete Konflikte in einem Land, bei denen sich mehrere inländische Gruppen bekämpfen. Grund der Kämpfe sind unter anderem Gebietsansprüche (Kampf um Territorien), religiöse oder politische Herrschaftsansprüche (Kampf um politische Macht).

M5 Somalische Piraten

M7 Somalis in einem Flüchtlingscamp (Kenia)

Nach 22 Jahren Arbeit in Somalia verlässt die Hilfsorganisation Ärzte ohne Grenzen (MSF) wegen dauernder Übergriffe auf Mitarbeiter und wegen der großen Unsicherheit das Krisenland. Die Organisation beende ihre Hilfsprojekte, „weil die Situation im Land zu einem unhaltbaren Ungleichgewicht geführt hat zwischen den Risiken, die unsere Mitarbeiter eingehen müssen, und unseren Möglichkeiten, der somalischen Bevölkerung zu helfen", sagte MSF-Präsident Unni Karunakara. Bewaffnete Gruppen attackierten, entführten und töteten Mitarbeiter von Hilfsorganisationen, klagte er.
Zuletzt beschäftigte MSF in Somalia etwa 1 500 Menschen, die Hunderttausende Kranke und Verletzte versorgten. Durch den Abzug der Mitarbeiter verlören Hunderttausende Menschen ihren Zugang zu humanitärer Hilfe, warnte die Organisation. [...]
In dem Land herrscht seit Jahrzehnten Bürgerkrieg. Seit Beginn des MSF-Einsatzes in Somalia im Jahr 1991 seien 16 Mitarbeiter ums Leben gekommen, hieß es weiter.

(Quelle: Ärzte ohne Grenzen gibt Somalia auf. www.zeit.de, 11.08.2013)

M6 Hilfsorganisationen können nicht in Somalia arbeiten

Aufgaben

1. Benenne mithilfe des Atlas die Städte in M1.
2. Erkläre den Begriff „Subsistenzproduktion".
3. Nenne Gründe für Hunger in Somalia (Text, M2). Unterscheide in natürliche und politische/gesellschaftliche Ursachen.
4. Du bist der Sohn eines somalischen Fischers: Begründe deinem Vater (Mitschüler), warum du lieber in den Bürgerkrieg ziehen möchtest, anstatt als Fischer die Familientradition fortzuführen.
5. Beschreibe mithilfe von M4 die Landnutzung und Rohstoffsituation in Somalia.
6. Erläutere die Ursache für den Rückzug der Hilfsorganisation „Ärzte ohne Grenzen" und die Auswirkungen (M6).

Hunger – ein weltweites Problem

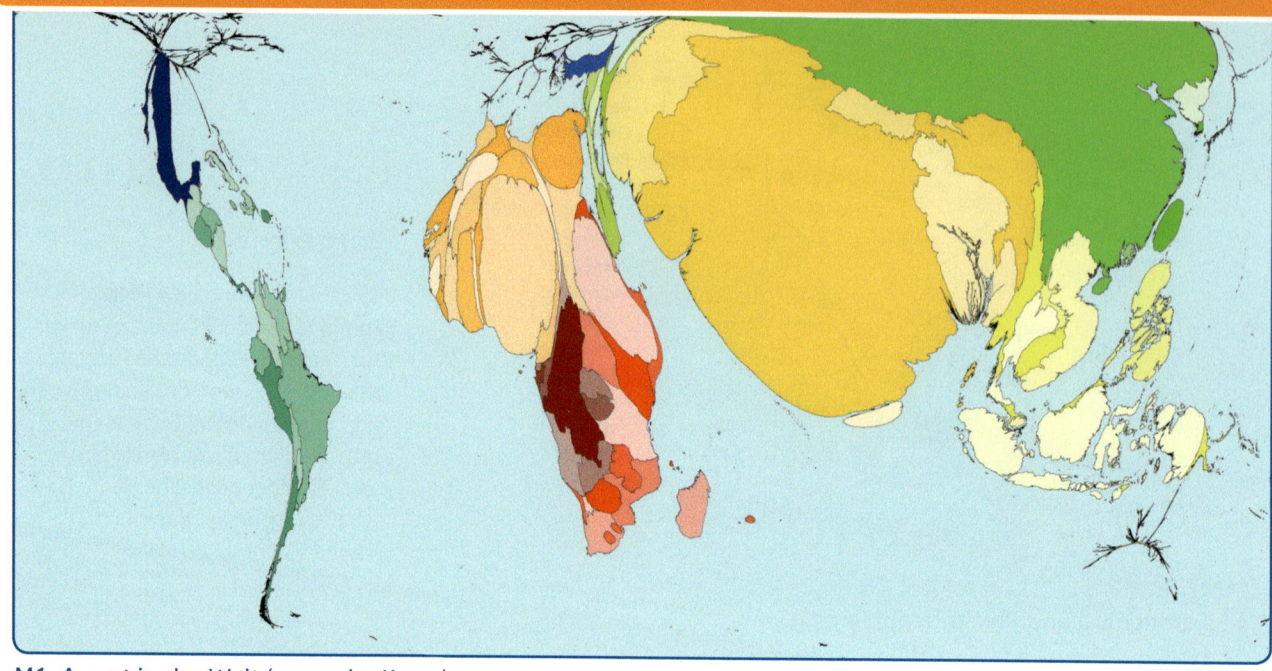

M1 Armut in der Welt (amorphe Karte)

Info

Amorphe Karten

Amorphe Karten sind verzerrte Karten, bei denen der geographische Maßstab aufgehoben wurde. Die Größe der Länder orientiert sich nicht an ihrer Fläche in km², sondern an Statistiken (hier der Anteil armer Bevölkerung).

Ursachen und Auswirkungen des Hungers

Die weltweit erzeugten Nahrungsmittel könnten für die Welternährung ausreichen. Trotzdem hungern knapp 800 Millionen Menschen.
Hauptursache für den Hunger ist der vergleichsweise niedrige Entwicklungsstand eines Landes und damit einhergehend die Armut in der Bevölkerung. Der Teufelskreis aus Armut, Hunger und Unterernährung ist schwer zu durchbrechen und hat vielfältige Auswirkungen. Der Anbau von Cash Crops kann helfen, Hunger und Armut zu überwinden. Cash Crops sind landwirtschaftliche Erzeugnisse, die auf nationalen Märkten oder dem Weltagrarmarkt gehandelt werden. Dazu gehören Gemüse, Obst, Kaffee oder Kakao. In Tansania, Uganda und Malawi konnten Bauern ihre Armut damit reduzieren. Voraussetzung ist die ausreichende Eigenversorgung mit Nahrungsmitteln.

M2 Ursachen der Hunger- und Armutsproblematik

1.	Monaco	88 Jahre
28.	Deutschland	80 Jahre
42.	USA	80 Jahre
101.	China	75 Jahre
127.	Brasilien	73 Jahre
164.	Indien	68 Jahre
198.	Ruanda	59 Jahre
218.	Somalia	52 Jahre
224.	Tschad	50 Jahre

M3 Lebenserwartung 2014

www.diercke.de
100857-190

Welternährung zwischen Überfluss und Mangel

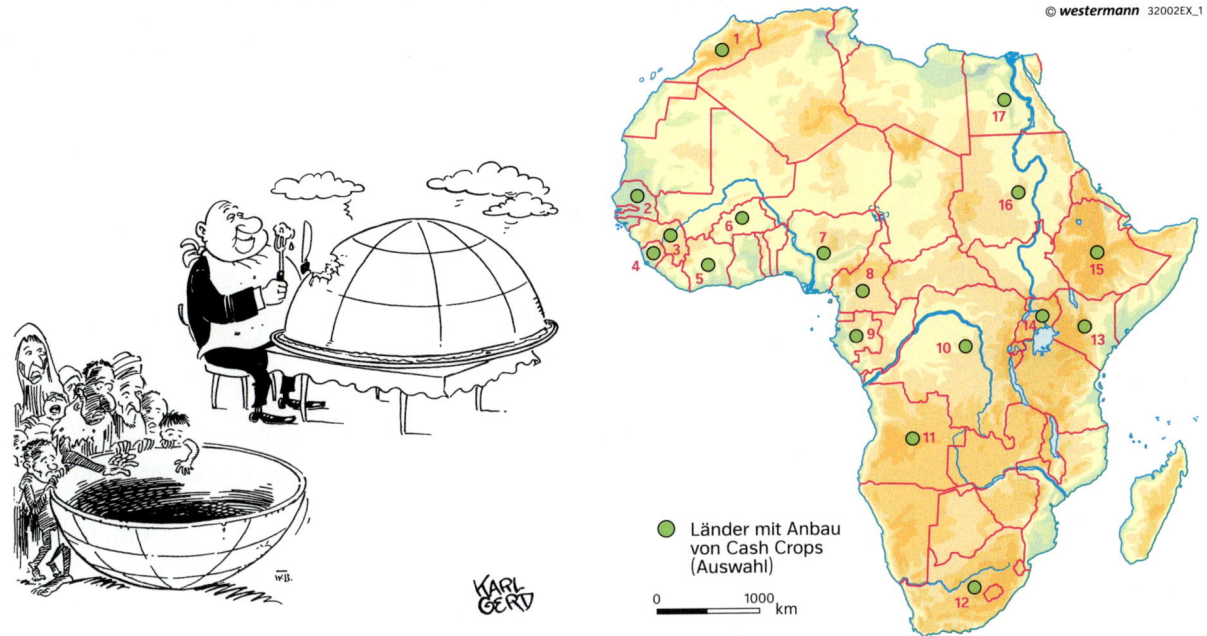

M4 Karikatur

M6 Cash-Crop-Anbau in Afrika

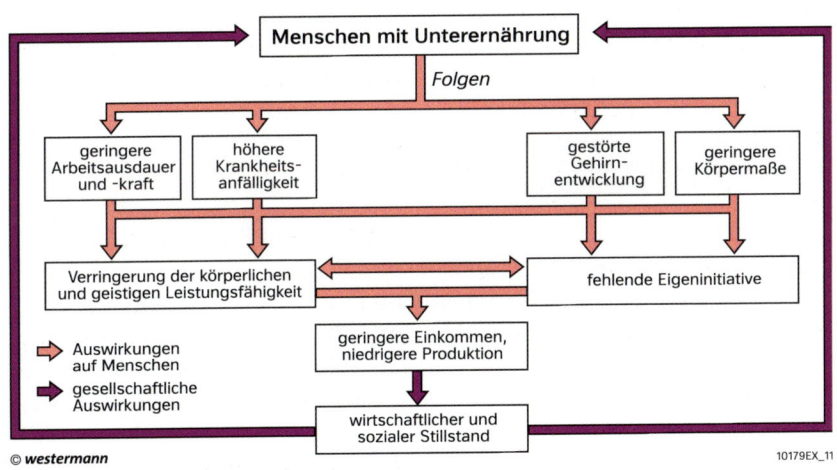

M5 Auswirkungen von Unterernährung

Info

Weltagrarmarkt

Auf dem Weltagrarmarkt werden die Preise landwirtschaftlicher Produkte aus allen Ländern gehandelt. Oftmals können Entwicklungsländer ihre Nahrungsmittelversorgung nicht selbstständig decken. Sie müssen deshalb beispielsweise Weizen, Mais, Reis oder Soja importieren, d.h. aus anderen Ländern einkaufen. Durch den *Import* sind sie abhängig vom Weltagrarmarkt und von möglichen Preisschwankungen.

Aufgaben

1. a) Beschreibe die amorphe Weltkarte der Armut. Unterscheide dabei nach Großräumen der Erde.
   b) Bestimme mithilfe des Atlas drei Großräume/Länder mit der größten Armut.
2. Löse die Übungskarte M6.
3. Werte die Karikatur aus (M4).
4. Erstelle ein Ursache-Wirkungs-Schema zu „Hunger und Unterernährung" (Methode siehe S. 79).
5. Beurteile das Konzept des Cash-Crop-Anbaus als möglichen Ausweg aus der Armut (M4).
6. Bewerte die Funktion des Weltagrarmarktes für die Entwicklungsländer.
7. Erläutere den Zusammenhang zwischen M1 und M3.

Auswirkungen des weltweiten Fleischkonsums

Wer stillt den Fleischhunger in der Welt?

Fleisch ist ein Grundbestandteil der menschlichen Ernährung. Es enthält Proteine, Vitamine, Mineralien und Spurenelemente, die wichtig für die Entwicklung eines Menschen sind. Zu hoher Fleischkonsum hat jedoch Nachteile.
In den letzten 50 Jahren hat sich die weltweite Produktion von Fleisch vervierfacht. Ursachen sind die wachsende Weltbevölkerung und die steigende Nachfrage in Schwellen- und Entwicklungsländern. Im Durchschnitt verbraucht heute jeder Mensch etwa 42 kg Fleisch pro Jahr.
Bei der Mast werden große Mengen Getreide, Soja oder Fischmehl an Tiere verfüttert. So verschwindet beispielsweise knapp die Hälfte des weltweit angebauten Getreides in den Mägen von Schweinen, Hühnern oder Rindern. Hierbei werden pflanzliche Kalorien in tierische Kalorien umgewandelt. So ergeben zum Beispiel drei Energieeinheiten Getreide etwa eine Energieeinheit Schweinefleisch (M1).
Fleischkonsum hat noch weitere Nachteile:
– Die weltweite Fleischherstellung verbraucht große Mengen an Trinkwasser.
– Um neues Land für Weideflächen und Futtermittel zu gewinnen, werden jährlich große Anteile Regenwald gerodet.
Experten schätzen bis 2050 eine Verdopplung des globalen Fleischkonsums.

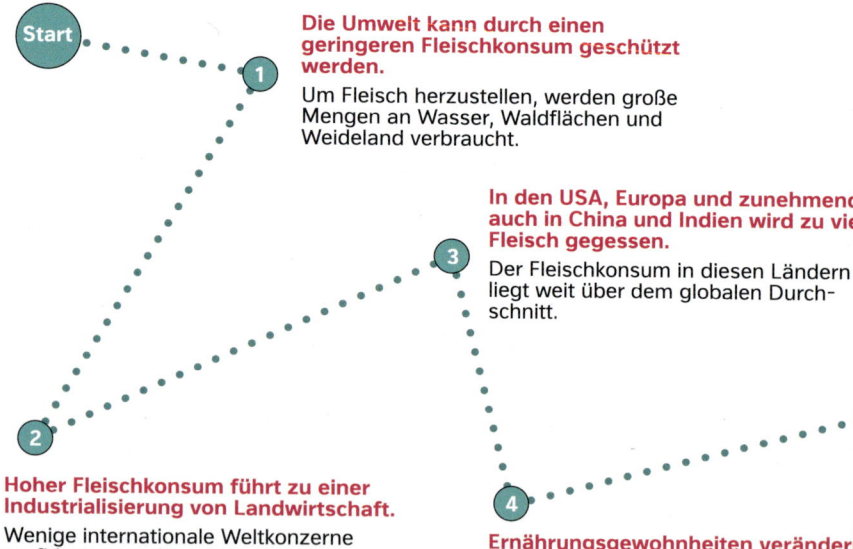

M1 Energieaufwand pro Fleischeinheit

M2 Argumentationskette zur Problematik des weltweiten Fleischkonsums

Welternährung zwischen Überfluss und Mangel

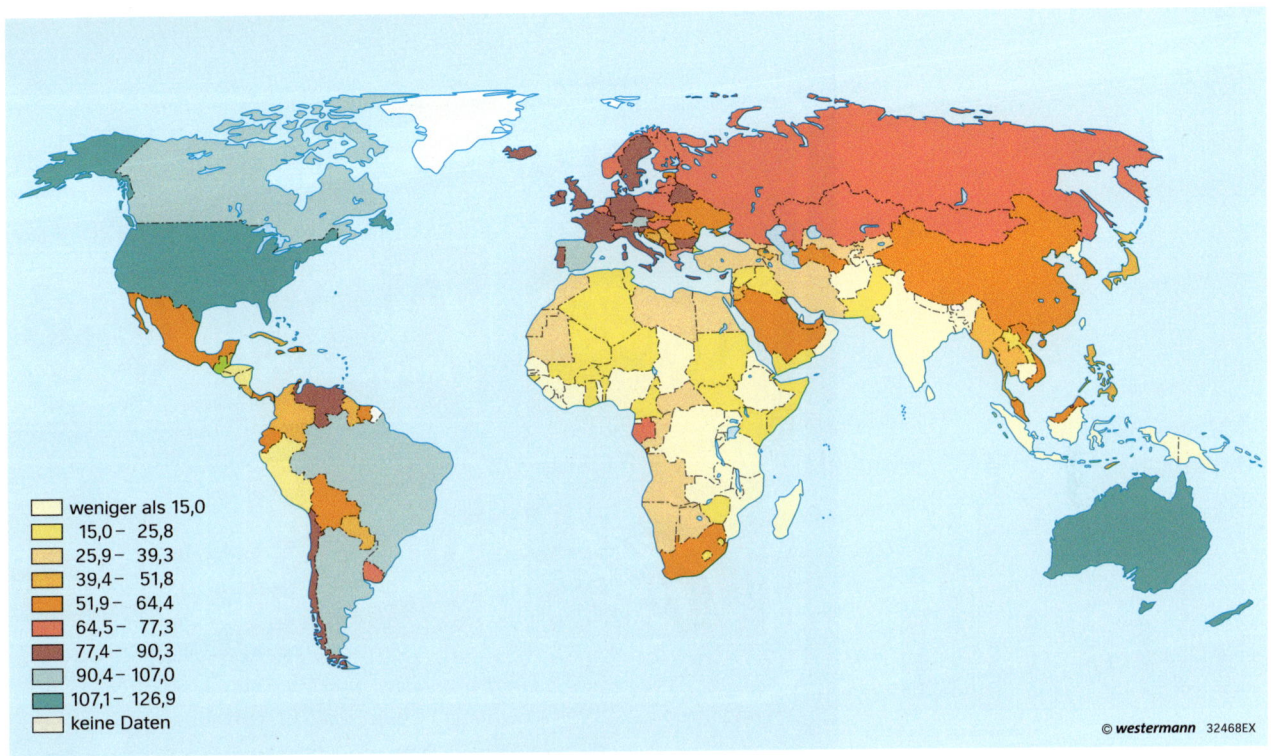

M3 Jährlicher Fleischkonsum weltweit in kg pro Kopf

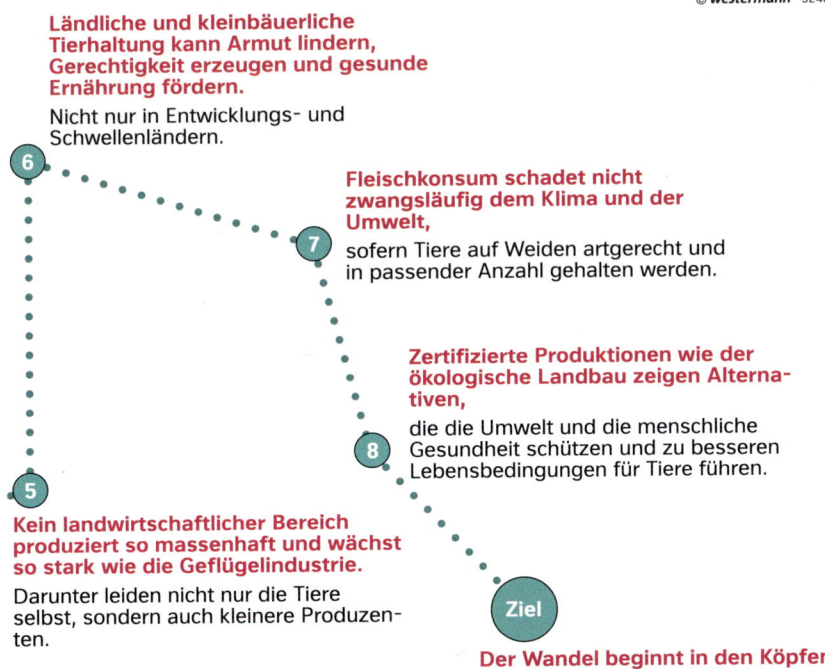

5 Kein landwirtschaftlicher Bereich produziert so massenhaft und wächst so stark wie die Geflügelindustrie.
Darunter leiden nicht nur die Tiere selbst, sondern auch kleinere Produzenten.

6 Ländliche und kleinbäuerliche Tierhaltung kann Armut lindern, Gerechtigkeit erzeugen und gesunde Ernährung fördern.
Nicht nur in Entwicklungs- und Schwellenländern.

7 Fleischkonsum schadet nicht zwangsläufig dem Klima und der Umwelt,
sofern Tiere auf Weiden artgerecht und in passender Anzahl gehalten werden.

8 Zertifizierte Produktionen wie der ökologische Landbau zeigen Alternativen,
die die Umwelt und die menschliche Gesundheit schützen und zu besseren Lebensbedingungen für Tiere führen.

Ziel: Der Wandel beginnt in den Köpfen.
Die Gesellschaft für Ernährung empfiehlt Erwachsenen 300 bis 600 g Fleisch pro Woche.

Aufgaben

1. Nenne Ursachen des wachsenden Fleischhungers in der Welt.
2. Ermittle drei Länder mit dem höchsten sowie niedrigsten Fleischkonsum (Atlas).
3. Erstelle eine eigene Argumentationskette zum Problem des weltweiten Fleischkonsums. Benutze Argumente aus M2.
4. Ermittle den wöchentlichen Fleischkonsum in deiner Familie und vergleiche ihn mit den Empfehlungen der Deutschen Gesellschaft für Ernährung (M2).
5. Entwickle Vorschläge, um den Fleischkonsum zu senken.

Auf dem Weg in die Fast-Food-Gesellschaft?

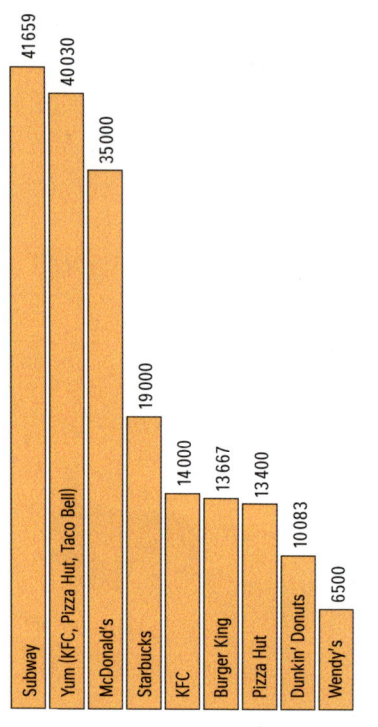

M1 Die größten Fast-Food-Konzerne der Welt (nach Anzahl der Restaurants, Anfang 2014)

M2 Beliebte Fast-Food-Ketten in den USA

Der Nächste, bitte!

Täglich entscheiden wir über unser Essen. Fehlt aber die Zeit für Einkauf oder Kochen, greifen wir gern zu Fast Food. Döner, Pizza, Currywurst, Burger und Pommes sind beliebter denn je. Doch wie wirkt sich Fast Food auf unsere Gesundheit aus? Und welche Auswirkungen hat es auf unsere Gesellschaft?

Der Begriff Fast Food bedeutet „schnelle Nahrung". Fast Food wird überwiegend aus Fertig- oder Halbfertigprodukten zubereitet. Diese bestehen größtenteils aus Fleisch, Weizenmehl, Zucker und gehärteten Pflanzenfetten. Der regelmäßige Verzehr kann sogar zur Fehlernährung führen. Der Einfluss von Fast Food auf unser Leben ist enorm. Merkmale sind schnelle Bedienung, kurze Wartezeiten und Verweildauer im Restaurant, schnelle Nahrungsaufnahme und ein stark vereinheitlichtes Speise- und Getränkeangebot.

McDonald's ist eine weltweit beliebte Fast-Food-Kette. Das erste McDonald's-Restaurant wurde von den Brüder Mac und Dick McDonald 1940 in Kalifornien eröffnet. In den 1950er-Jahren wurde die Idee des Fast Food in den USA stark verbreitet und der Begriff etablierte sich.

Ab den 1970er-Jahren erreicht das Fast Food schließlich auch Deutschland. Mittlerweile hat es sich in der ganzen Welt verbreitet. In einigen Ländern stehen Burger und Pommes sogar auf der Wochenkarte in Schulen. Experten bezeichnen dies als „McDonaldisierung" der Gesellschaft.

Info

Systemgastronomie

Systemgastronomie ist eine spezielle Form der Gastronomie. Hierbei werden sämtliche Abläufe und das Angebot eines Restaurants vereinheitlicht. Fast Food ist die größte Branche in der Systemgastronomie. Demgegenüber steht die traditionelle Gastronomie mit inhabergeführten Restaurants. Diese entscheiden selbst über Angebote und Abläufe.

Welternährung zwischen Überfluss und Mangel

Slow-Food-Bewegung: Essen und Trinken ist ein Kulturgut

Slow Food ist eine Gegenbewegung zu globalisiertem Fast Food und steht für genussvolles, bewusstes und regionales Essen. Der Gründer Carlo Petrini aus Italien berichtet in einem Interview:
„*ZEITmagazin*: Carlo, ich möchte mit dir darüber reden, was gutes Essen eigentlich ist. Und mich interessiert auch, wo die Idee für Slow Food herkam.
Petrini: Wenn man aus dem Piemont ist, hat man das im Blut. Man weiß, was gutes Essen ist, und schätzt guten Wein.
ZEITmagazin: Du hast Slow Food in Italien 1986 gegründet, drei Jahre später dann die internationale Organisation. Wie wurde die Bewegung so schnell so groß?
Petrini: Am Anfang ging es uns vor allem darum, das Monopol des Fast Foods zu brechen, das Anliegen verbreitete sich dann von selbst. Wir hatten kein Geld, nur die Idee. Wir bekamen sofort Anrufe aus Deutschland, Spanien und Argentinien. Heute sind wir in 170 Ländern aktiv und haben über 100 000 Mitglieder.
ZEITmagazin: Wichtiger als gutes Essen scheint Ihnen heute zu sein, dass Sie in Entwicklungsländern helfen.
Petrini: Wir kämpfen jetzt auch in Afrika und in Südamerika für gute, fair gehandelte Produkte, also dort, wo Menschen noch hungern. Für mich war dieses Engagement eine Befreiung. Wir haben 2004 dafür ein eigenes Netzwerk gegründet, Terra Madre. In Afrika haben wir innerhalb eines Jahres 1 000 Gärten für Kleinbauern geschaffen.
ZEITmagazin: Aber gutes, gesundes Essen ist doch auch bei uns eher etwas für Leute, die sich das leisten können. Bio ist teurer.
Petrini: Bio darf keine Ausrede für höhere Preise sein! Ich möchte von einer Erfahrung erzählen, die ich gemacht habe. Ich war in Brandenburg auf einer Ökofarm. Der Bauer sagte mir, dass er ein Drittel seiner Produkte wegwerfen müsse, weil sie nicht schön genug seien und Supermärkte und Kunden sie nicht wollten: Der Kohl ist ein bisschen zu groß, die Karotte zu schief. Obwohl es perfekte, nahrhafte Produkte sind. Im Supermarkt muss alles gleich aussehen. Würde man Essen nicht so behandeln, würde es auch günstiger werden."
(Quelle: Burger, Jörg: „Was kochte deine Oma?" – Interview mit Carlo Petrini. www.zeit.de, 20.02.2014)

M3 Alternative zum Fast Food

Mögliche Auswirkungen auf die Gesundheit
- Übergewicht und Fettleibigkeit (in Fast Food stecken oft übermäßig viel Fett, Zucker und Kalorien, die zur Gewichtszunahme führen)
- Herzerkrankungen und Herz-Kreislauferkrankungen (in Fast Food stecken viele schwer abbaubare ungesättigte Fettsäuren, die sich im Blut anreichern können)
- Typ-2-Diabetes (Fast Food kann zur Entwicklung einer Insulinresistenz beitragen)

Mögliche Auswirkungen auf die Gesellschaft
- Mangel an gemeinsamem Essen in der Familie
- fehlender sozialer Austausch während des Essens
- unregelmäßige und schnelle Nahrungsaufnahme
- weltweit einheitliche Ernährung

M4 Mögliche Folgen von Fast Food bei übermäßigem Verzehr

Doppel-Hamburger Menü	empfohlene Tagesmenge einer durchschnittlichen Frau, mäßige Bewegung (19 – 25 Jahre)
1422 Kalorien	1900 Kalorien
69,1 g Fett	max. 80 g Fett
63,5 g Zucker	max. 60 g Zucker
8,6 g Ballaststoffe	min. 30 g Ballaststoffe

M5 Fast-Food-Menü und Tagesmengen im Vergleich

Aufgaben

1. Vergleiche die Merkmale von Systemgastronomie und traditioneller Gastronomie (Info).
2. Beschreibe Geschichte und Auswirkungen des Fast Foods.
3. Stelle den Energiegehalt eines Hamburger-Menüs dem Tagesbedarf eines Erwachsenen gegenüber (M5). Was fällt dir auf?
4. a) Berichte über die Slow-Food-Bewegung (M3).
   b) Überlege dir eine Mahlzeit, die dem Gedanken des Slow Foods entspricht.
   c) „Slow Food" oder „Fast Food"? Begründe, für welche Variante du dich entscheidest.
5. Bewerte die Bezeichnung „McDonaldisierung" sowie die Aussage: „Essen und Trinken ist ein Bestandteil von Kultur".

Biokraftstoffe – Tank oder Teller?

M1 Karikatur zum Thema Biosprit

Biokraftstoff

Pkw, Lkw, Schiffe und Flugzeuge verbrauchen bis zu 40 Prozent des Mineralöls. Diesen hohen Anteil versucht man durch effizientere Antriebstechniken (Hybrid-Fahrzeuge), Einsparmaßnahmen und neue Treibstoffe (Biokraftstoffe) zu reduzieren. Dazu wurde in Deutschland das Biokraftstoffquotengesetz eingeführt: Ab 2015 müssen jährlich 3,5 Prozent (bis 2020 sechs Prozent) der durch Kraftstoffe verursachten Treibhausgase eingespart werden. Dies kann zum Beispiel durch den Einsatz von Biokraftstoffen geschehen. Damit möchte die Regierung den CO_2-Ausstoß verringern und unabhängig von den knapper werdenden Erdölvorkommen werden. Biosprit gilt als klimaneutral. Allerdings ist diese Form der Energieverwendung umstritten, denn auf den Anbauflächen für Biomasse können keine Lebensmittel mehr produziert werden. Um 50 l Bioethanol zu gewinnen, werden ca. 350 kg Mais benötigt. Davon könnte ein Kind in einem Entwicklungsland ein Jahr lang leben.

Info

Klimaneutral

Als klimaneutral oder CO_2-neutral gilt ein Energieträger dann, wenn er bei der Verbrennung genauso viel Kohlendioxid freisetzt, wie die Pflanze beim Wachstum zuvor aufgenommen hat. Beispiele hierfür sind Holz und Biobrennstoffe wie Biodiesel, Bioethanol und Biogas. Auch Handlungen des Menschen können klimaneutral sein, zum Beispiel Fahrradfahren.

M2 Wortwolke „Biokraftstoffe"

Welternährung zwischen Überfluss und Mangel

„Bei einer besseren und gerechteren Verteilung von Ressourcen können die Ansprüche an die Lebensmittelversorgung wie auch an die Bereitstellung von Bioenergie gedeckt werden. Erschließen Entwicklungsländer ihre Bioenergie-Potenziale, verbessern sie ihre heimische Energieversorgung, die Grundlage jeder wirtschaftlichen Entwicklung ist. Weiterhin liegen weltweit Flächen brach. [...] Tank und Teller können gefüllt werden. Mit etwa 153 Mio. Tonnen fließen laut einer Prognose des Weltgetreiderates 2014/15 nur rund sechs Prozent des Weltgetreideverbrauchs (2,5 Mrd. Tonnen) in die Produktion von Biokraftstoffen. Angesichts ausreichender Flächen- und Biomassepotenziale muss es keine Konkurrenz zwischen Nahrungsmittelproduktion und energetischer Nutzung von Biomasse geben. Wir müssen uns nicht zwischen „Tank oder Teller" entscheiden. Wir können beides haben – wenn vorhandene Potenziale gezielt erschlossen und nachhaltig genutzt werden."
(Quelle: Agentur für erneuerbare Energie: Wird mit der Bioenergie das Brot teurer? www.unendlich-viel-energie.de, Zugriff: 18.06.2015)

M3 Tank und Teller! – Expertenmeinung zum Thema Biosprit

Info

Biokraftstoffe

Biokraftstoffe sind flüssige oder gasförmige Kraftstoffe, die aus Biomasse, also pflanzlichen Rohstoffen, wie z.B. Ölpflanzen, Getreide und Zuckerrüben, gewonnen werden. In Deutschland ist Rapsöl der am meisten verwendete Grundstoff für Biosprit. In Deutschland gibt es seit 2011 den E10-Kraftstoff. Er enthält zwischen fünf und zehn Prozent Bioethanol.

„Der aktuelle Biotreibstoff-Boom verringert die Menge der Nahrungsmittel und steigert ihre Preise auf dem Weltmarkt, so der [...] UN-Berichterstatter Jean Ziegler. Der Experte kritisiert, dass jährlich Hunderte Tonnen Mais und anderes Getreide in Fahrzeugmotoren verbrannt werden. Dadurch können sich die Preise für Nahrungsmittel auf dem Weltmarkt durchaus erhöhen. ‚Ein zweites Problem ist die Entfremdung der Ackerflächen, auf denen zuvor Nahrungsmittel angebaut wurden. Das geht zum Teil damit einher, dass Kleinbauern enteignet werden und [...] der Regenwald abgeholzt wird.' Ziegler verdeutlicht, dass ein Liter Bioethanol bei der Herstellung ca. 4000 Liter sauberes Wasser benötigt [...]. Seine Vorschläge zum Schutz des Klimas liegen in der Förderung des öffentlichen Nahverkehrs, Energieeinsparungen und dem Ausbau erneuerbarer Energien. ‚Trotzdem ist die Bekämpfung des Hungers in der Welt eine noch dringendere Aufgabe [...]'."
(Quelle: Wiederschein, Harald: Biosprit ist „Verbrechen gegen die Menschlichkeit". www.focus.de, 11.11.2012)

M4 Ein Verbrechen – Expertenmeinung zum Thema Biosprit

Aufgaben

1 Verfasse mithilfe der Wortwolke einen Zeitungsartikel zum Thema „Biokraftstoffe" (M2).
2 Werte die Karikatur M1 aus und beurteile ihre Aussage.
3 Erkläre den Begriff „Biokraftstoff".
4 Wäge die Expertenmeinungen gegeneinander ab und bewerte die Aussage „Biosprit ist ein Verbrechen gegen die Menschlichkeit".
5 Nenne Lösungsmöglichkeiten zum Schutz des Klimas, die Jean Ziegler vorschlägt.
6 a) Erkläre den Begriff „klimaneutral".
b) Liste Tätigkeiten auf, die klimaneutral sind.

M5 Biosprit – auch an deutschen Tankstellen

Nahrung aus dem Meer

M1 Fischzucht in einer Aquakultur

M3 Fischfang aus dem Meer

Meer ohne Fische?

Der blaue Planet Erde besteht zu 71 Prozent aus Wasser. Die Weltmeere sind sehr wichtig für die Welternährung. Dem Fischfang kommt im Kampf gegen Hunger und Mangelernährung eine hohe Bedeutung zu. Fisch enthält wie Fleisch lebenswichtige Nährstoffe. In einigen wenigen Ländern deckt Fisch mittlerweile mehr als 50 Prozent des Bedarfs an tierischen Proteinen. Die Meere dienen aber nicht nur als Nahrungsquelle für mehr als eine Milliarde Menschen. 14 Prozent der weltweiten Fänge werden zu Fischmehl oder Fischöl verarbeitet, das als Tierfutter genutzt wird.

Seit den 1950er-Jahren können die Fischfänge mithilfe großer Hochseefischerei-Schiffe direkt auf dem Meer industriell verarbeitet werden. Die Massenverarbeitung von Fisch führt dazu, dass fast überall auf der Welt mehr Fische gefangen werden, als natürlich nachwachsen können. Diese Problematik wird als Überfischung bezeichnet. Laut dem Weltfischereibericht der Vereinten Nationen (2014) gilt rund ein Drittel aller Fischarten als überfischt. Die Gründe sind neben der weltweit wachsenden Nachfrage fehlende Gesetze in vielen Ländern, mangelnde Überwachung der Fanggebiete und Beifang.

Grundsätzlich wird zwischen konventionellem Fischfang und Aquakulturen unterschieden. Eine Aquakultur ist eine kontrollierte Zucht von Fischen und soll der Überfischung entgegenwirken. Aber auch Aquakulturen stehen in der Kritik. Durch Futterreste, Fischkot und Medikamente können das Wasser, der Meeresboden und andere Meeresbewohner in der Nähe der Fischfarmen geschädigt werden.

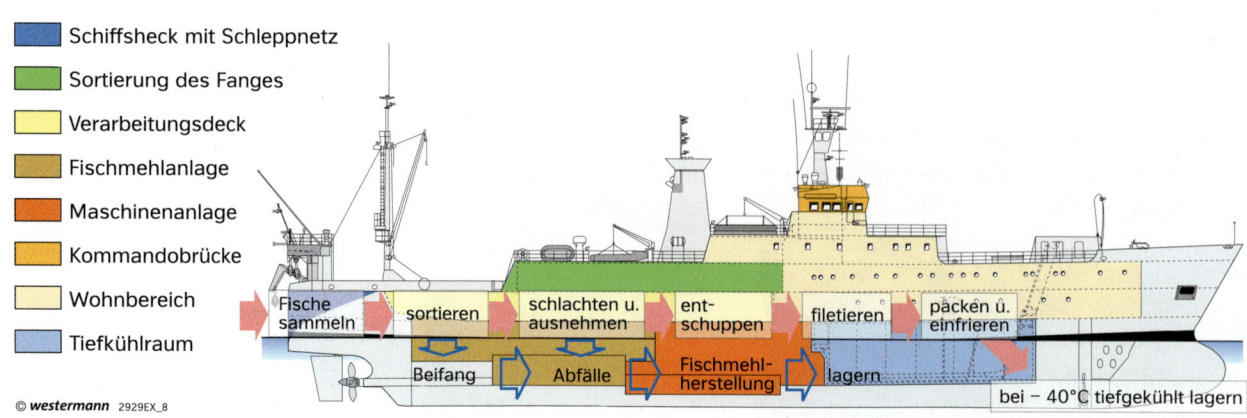

M2 Schwimmende Fischfabriken – Schema eines Hochseefischerei-Schiffs

Welternährung zwischen Überfluss und Mangel

M4 Fischfang auf dem Meer

M6 Für 1 kg Zuchtlachs werden 2,5 bis 5 kg Wildfische verfüttert.

MSC – **M**arine **S**tewardship **C**ouncil ist eine gemeinnützige und unabhängige Organisation zur Zertifizierung von Fischprodukten. Das Siegel garantiert, dass der Fisch aus geprüfter umwelt- und bestandsschonender Fischerei stammt.

ASC – **A**quaculture **S**tewardship **C**ouncil ist eine durch den WWF gegründete Organisation zur Zertifizierung von Fischprodukten aus umweltschonenden Aquakulturen.

Bioland – Dieser Bioanbauverband vergibt das Nachhaltigkeits-Siegel für Fische, die sich von Pflanzen und ohne Fischfutter ernähren. Bioland hat strengere Richtlinien als die Öko-Vorgaben der EU.

Naturland – Dieser Bioanbauverband vergibt das Nachhaltigkeits-Siegel für Fische aus ökologischen Aquakulturen. Die Fische wachsen in artgerechten, naturnahen Anlagen auf. Ein zusätzliches Siegel zeichnet den schonenden Fang von Wildfisch aus. Naturland hat strengere Richtlinien als die Öko-Vorgaben der EU.

M5 Umweltsiegel für schonenden Fischfang

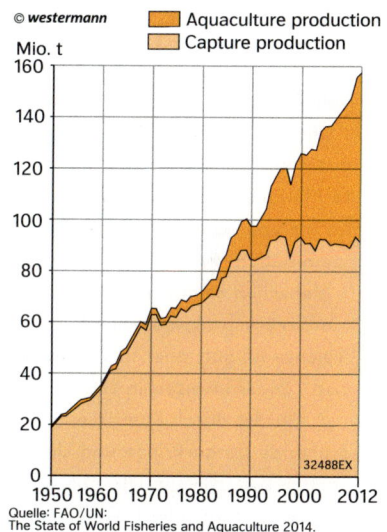

M7 Entwicklung der Fischerei- und Aquakulturproduktion

Aufgaben

1. Beschreibe die Entwicklung des weltweiten Fischfangs (M7).
2. a) Beschreibe den Aufbau eines Hochseefischerei-Schiffs (M2).
   b) Erkläre den Verarbeitungsweg des Fischs auf dem Schiff (M2).
3. Erstelle ein Lernplakat zum Problem der weltweiten Überfischung. Besorge dir Materialien zu den Themen „Artenrückgang", „Beifang" und „Ökosystem Meer". Benutze auch den Atlas.
4. a) Stelle das Ampelsystem vor (M4).
   b) „Fischkauf mit gutem Gewissen". Erläutere deine Einkaufsmöglichkeiten.
5. Stelle deinem Mitschüler die Umweltsiegel für schonenden Fischfang vor (M5). Begründe, für welches Siegel du dich entscheiden würdest.

Nachhaltige Entwicklungsziele

M1 Projektion der Flaggen der teilnehmenden Länder sowie der Entwicklungsziele am UNO-Gebäude

Hunger und Armut bekämpfen

Industrie- und Entwicklungsländer bemühen sich gemeinsam, die Grundbedürfnisse der Menschen überall auf der Erde zu sichern. Dabei sollen die Unterschiede im Entwicklungsstand der Länder abgebaut werden. Für die Umsetzung dieser Zielsetzung wird der Begriff „Entwicklungszusammenarbeit" verwendet.
In Deutschland ist dafür das „Bundesministerium für wirtschaftliche Zusammenarbeit und Entwicklung" (BMZ) zuständig.

Die Millenniumsziele der Vereinten Nationen bildeten bis 2015 einen übergeordneten Rahmen für die Entwicklungszusammenarbeit der Länder. 2015 wurde geprüft, inwieweit diese Ziele erreicht wurden.
Die im Herbst 2015 beschlossenen nachhaltigen Entwicklungsziele (engl.: „sustainable development goals") bilden die Fortsetzung der Millenniums-Entwicklungsziele, wobei nun Aspekte der Nachhaltigkeit stärker im Vordergrund stehen.

Auch wenn zwei oder drei Millenniumsziele erreicht worden sind, bleibt bei mir der Jubel aus. Noch immer leben Hunderte Millionen Menschen von 1,25 Dollar und weniger am Tag. Zudem haben Hunderte Millionen Menschen keinen Zugang zu sauberem Trinkwasser. Das Erreichte ist gut, aber in den armen Ländern weiterhin stark gefährdet durch Konflikte, drohende Bürgerkriege und Umweltrisiken. Fortschritte gab es vor allem in Ländern, die einen wirtschaftlichen Aufschwung erlebten. Dort, wo der wirtschaftliche Aufschwung ausblieb, verbesserte sich die Situation der Menschen kaum.

M2 Eine Journalistin berichtet

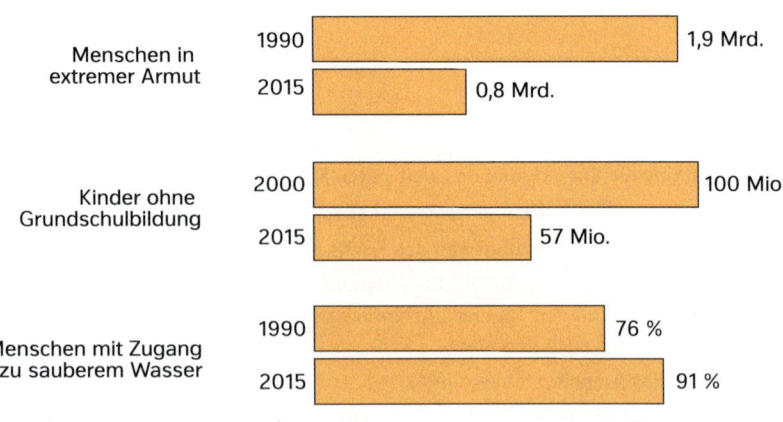

M3 Was bis 2015 erreicht wurde

Welternährung zwischen Überfluss und Mangel

M4 Bedürfnisse des Menschen (Auswahl)

Im September 2015 trafen sich die Mitgliedstaaten der UNO in New York und verabschiedeten die nachhaltigen Entwicklungsziele. Bis 2030 sollen folgende Ziele erreicht werden:

1. Armut in all ihren Formen überall auf der Welt beenden,
2. Hunger beenden, Förderung von Nahrungsmittelsicherheit, Ernährung und nachhaltiger Landwirtschaft,
3. gesundes Leben für alle Menschen jeden Alters und ihr Wohlergehen fördern,
4. Zugang zu inklusiver, gerechter und hochwertiger Bildung für alle und Förderung lebenslangen Lernens,
5. Geschlechtergerechtigkeit und Selbstbestimmung für alle Frauen und Mädchen schaffen,
6. Verfügbarkeit und nachhaltige Bewirtschaftung von Wasser und Gewährleistung von Sanitärversorgung,
7. Zugang und Sicherung zu bezahlbarer, verlässlicher, nachhaltiger und zeitgemäßer Energie,
8. dauerhaftes, inklusives und nachhaltiges Wirtschaftswachstum, Förderung produktiver Vollbeschäftigung und menschenwürdiger Arbeit,
9. Aufbau belastbarer Infrastruktur, Förderung nachhaltiger Industrialisierung, Unterstützung von Innovationen,
10. Ungleichheit innerhalb und zwischen Staaten verringern,
11. Städte und Siedlungen inklusiv, sicher, widerstandsfähig und nachhaltig gestalten,
12. nachhaltige Konsum- und Produktionsmuster sicherstellen,
13. Klimawandel und seine Auswirkungen bekämpfen,
14. Ozeane, Meere und Meeresressourcen im Sinne einer nachhaltigen Entwicklung erhalten und nutzen,
15. Landökosysteme schützen, wiederherstellen und ihre nachhaltige Nutzung fördern, Wälder nachhaltig bewirtschaften, Wüstenbildung bekämpfen, Bodenverschlechterung stoppen und umkehren, den Biodiversitätsverlust stoppen,
16. friedliche und inklusive Gesellschaften fördern, Zugang zur Justiz ermöglichen und effektive, rechenschaftspflichtige und inklusive Institutionen auf allen Ebenen aufbauen,
17. Umsetzungsmittel stärken und globale Partnerschaft für nachhaltige Entwicklung wiederbeleben.

M5 Nachhaltige Entwicklungsziele (Sustainable Development Goals)

Aufgaben

1. a) Nenne die Grundbedürfnisse des Menschen mithilfe von M4.
   b) Prüfe, inwieweit die Grundbedürfnisse für dich erfüllt sind.
2. a) Erkläre Sinn und Zweck der Entwicklungszusammenarbeit.
   b) Recherchiere im Internet ein Projekt des BMZ. Präsentiere.
3. a) Nenne Ziele in M5, die Armut und Hunger betreffen.
   b) Wähle aus M5 Ziele aus, die du für besonders wichtig hältst. Begründe deine Auswahl.
4. Bewerte, inwiefern die Milleniumsziele bis 2015 erreicht wurden (M2, M3).

Gewusst – gekonnt

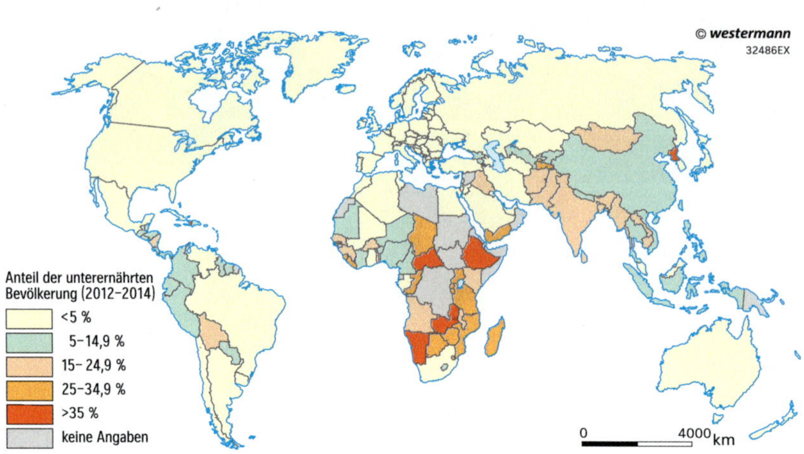

© westermann
32486EX
Anteil der unterernährten Bevölkerung (2012–2014)
<5 %
5–14,9 %
15–24,9 %
25–34,9 %
>35 %
keine Angaben
0
4000 km

1 Hunger weltweit

a) Liste die Ursachen des Hungers in Entwicklungsländern auf.
b) Nahrung ist ein Grundbedürfnis des Menschen. Notiere weitere Grundbedürfnisse.
c) Erkläre die Begriffe „Mangelernährung“ und „Fehlernährung“.
d) Vervollständige das Schema in deinem Heft und erläutere den Kreislauf.

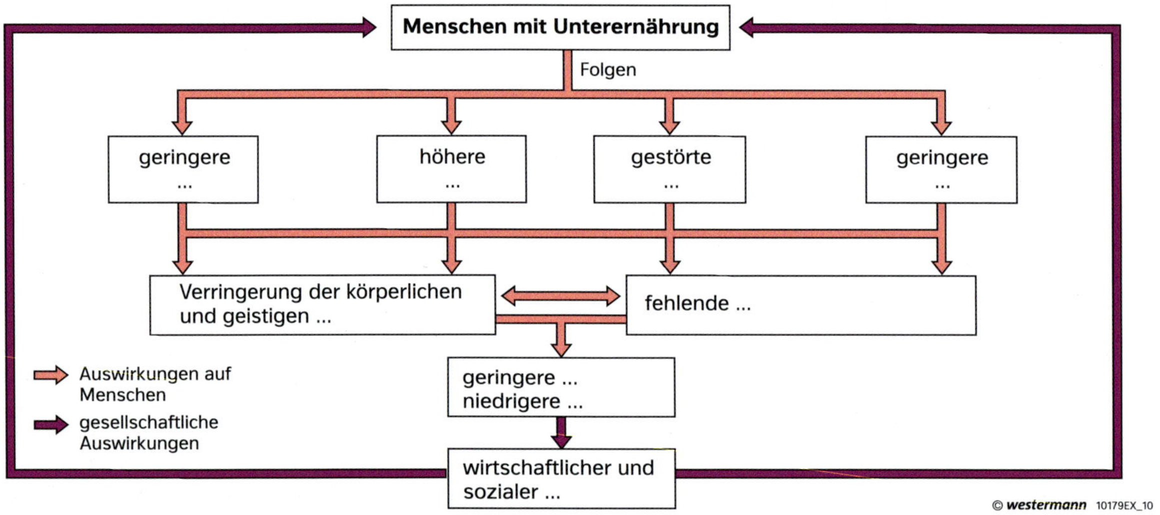

Menschen mit Unterernährung
Folgen
geringere ...
höhere ...
gestörte ...
geringere ...
Verringerung der körperlichen und geistigen ...
fehlende ...
geringere ... niedrigere ...
wirtschaftlicher und sozialer ...
Auswirkungen auf Menschen
gesellschaftliche Auswirkungen
© westermann 10179EX_10

2 Biokraftstoffe – Tank oder Teller

a) Tank oder Teller? Werte die Karikatur aus und nimm Stellung zur thematisierten Problematik.
b) Nenne klimaneutrale Fortbewegungsmöglichkeiten, die nicht auf Biokraftstoffen basieren.
c) Biokraftstoffe oder Elektroautos? Entscheide dich für eine Variante und begründe deine Entscheidung.

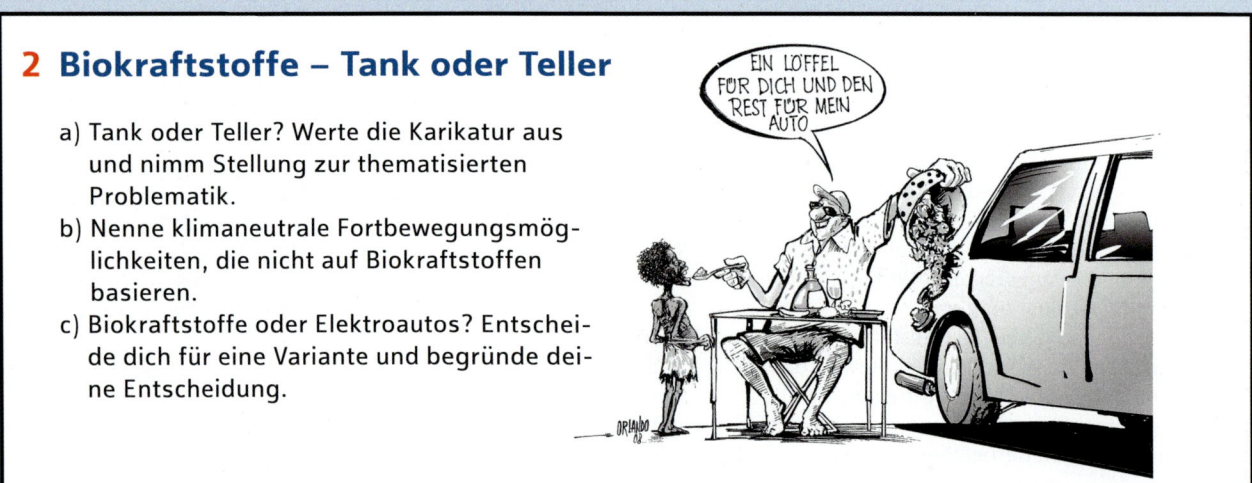

EIN LÖFFEL FÜR DICH UND DEN REST FÜR MEIN AUTO

3 Fast Food

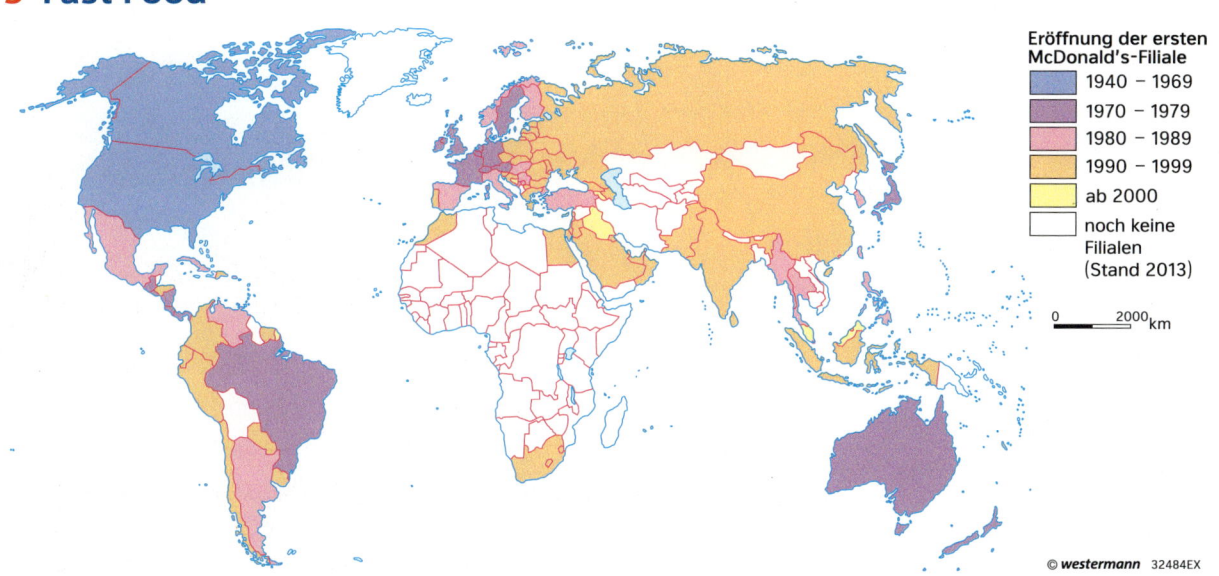

Eröffnung der ersten McDonald's-Filiale
- 1940 – 1969
- 1970 – 1979
- 1980 – 1989
- 1990 – 1999
- ab 2000
- noch keine Filialen (Stand 2013)

a) Ermittle mithilfe des Atlas die Länder in der Karte (maximal fünf pro Farbe).
b) – Beschreibe mögliche gesundheitliche Auswirkungen von zu häufigem Konsum von Fast-Food-Produkten.
   – „Leben in der Fast-Food-Gesellschaft". Diskutiert Nachteile.
c) – Berichte von der Slow-Food-Bewegung.
   – Überlege dir ein saisonales und regionales Fast-Food-Gericht ohne Fleisch.
d) Erläutere die Auswirkungen des globalen Fleischhungers.

4 Nahrung aus dem Meer – Chancen und Risiken

a) Du bist Kapitän eines Hochseefischerei-Schiffes und sollst ein Tagebuch auf See erstellen. Berichte darin über die Erlebnisse des Fischfangs auf deinem Schiff.
b) Erkläre die Vor- und Nachteile einer Aquakultur.
c) Überlege dir ein nachhaltiges Fischgericht.
d) Werte die Karikatur aus.

Nachhaltigkeit konkret

M1 Energiedetektive, ausgestattet mit Messgeräten, an einer Schule

M2 Benzinfreies Elektroauto an einer Ladestation

M3 Umweltschonend auf dem Weg zur Arbeit

Nachhaltigkeit – eine globale Herausforderung

Was bedeutet Nachhaltigkeit?

In unserer Zeit wird häufig über die Notwendigkeit einer nachhaltigen Nutzung diskutiert. Ein Grund dafür ist der ständig wachsende Konsum. Die Menschen verbrauchen vor allem in den Industrieländern zu viel Energie, Nahrungsmittel, Kleidung und andere Konsumartikel. Das geht auf Kosten der Umwelt, anderer Menschen und nachfolgender Generationen.

Weltweit populär wurde der Begriff Nachhaltigkeit im 20. Jahrhundert. Eine Weltkommission für Umwelt und Entwicklung veröffentlichte 1987 den Brundtland-Bericht („Unsere gemeinsame Zukunft"). Dort befand sich eine Aussage von weltweiter Bedeutung: „Nachhaltig ist eine Entwicklung, die den Bedürfnissen der heutigen Generationen entspricht, ohne die Möglichkeiten künftiger Generationen zu gefährden, ihre eigenen Bedürfnisse zu befriedigen und ihren Lebensstil zu wählen."
Seitdem ist Nachhaltigkeit das Leitbild globaler Umweltkonferenzen. Beispiele sind die „Konferenz der Vereinten Nationen für Umwelt und Entwicklung (UNCED)" in Rio de Janeiro 1992, der „Weltgipfel für nachhaltige Entwicklung" in Johannesburg 2002 und die „Konferenz der Vereinten Nationen über nachhaltige Entwicklung" in Rio de Janeiro 2012.

Wichtige Ergebnisse dieser Konferenzen sind die Agenda 21, die UN-Dekade „Bildung für eine nachhaltige Entwicklung" sowie weltweite Aktionsbündnisse für den Klimaschutz und den Erhalt der biologischen Vielfalt. Mittlerweile geht man davon aus, dass nachhaltige Entwicklung nur dann erreicht werden kann, wenn zugleich ökologische, ökonomische und soziale Aspekte berücksichtigt werden.

Info

Nachhaltigkeit

Der Begriff gewinnt seit den 1980er-Jahren an Bedeutung, da die Welt vor vielen globalen Herausforderungen steht. Hierzu zählen folgende Themen:
- globaler Klimawandel
- Entwaldung und Verlust der biologischen Vielfalt (Biodiversität)
- Versauerung der Meere
- Ausbreitung von Wüsten
- Umwandlung von Wäldern/Steppen in Agrarflächen
- Auswirkungen von Globalisierung
- demographische Veränderungen (Bevölkerungswachstum, Alterung, Migration)

M1 Schema der Nachhaltigkeit und des globalen Wandels

Nachhaltigkeit konkret

Nachhaltigkeit im 18. Jahrhundert

Hans Carl von Carlowitz, Oberberghauptmann von Kursachsen, verfasste 1713 das Werk „Sylvicultura oeconomica" und gilt als Mitbegründer des forstlichen Nachhaltigkeitsbegriffs. Carlowitz sah den Wald als Naturkapital für den Menschen und wollte diesen schützen. So befahl er seinen Waldarbeitern, lediglich so viel Holz zu schlagen, wie in demselben Zeitraum als Rohstoff wieder nachwachsen konnte: „Wird derhalben eine gröste Kunst, Wissenschaft, Fleiß und Einrichtung hiesiger Lande arinnen beruhen, wie eine sothane Conservation und Anbau des Holzes anzustellen [sei], daß es eine continuirliche, beständige und nachhaltende Nutzung gebe weiln es eine unentbehrliche Sache ist, ohne welche das Land in seinem Esse [= im Sinne von Wesen oder Dasein] nicht bleiben mag"
(von Carlowitz, H. C.: Sylvicultura oeconomica, Reprint von 1713, S. 150).

M5 Weltdekade der UN zur Umsetzung von Nachhaltigkeit

M2 Nachhaltigkeit in der Forstwirtschaft

global denken

- **Agenda 21** z.B. globaler Klimaschutz (Weltklimakonferenzen)
- **Nationale Agenda 21** Bundesrepublik Deutschland z.B. nationale Klimaschutzpolitik
- **Landesagenda 21** z.B. Rheinland-Pfalz
- **Lokale Agenda 21** z.B. Mainz, Kaiserslautern, Klimabündnis der Städte
- **Arbeitskreise** z.B. Arbeitskreis Energie, Verkehr

lokal handeln

© westermann 32476EX

M3 Agenda 21

„Der Staat schützt auch in Verantwortung für die künftigen Generationen die natürlichen Lebensgrundlagen und die Tiere im Rahmen der verfassungsmäßigen Ordnung [...]." (Grundgesetz, Art. 20a)

M4 Auszug aus dem Grundgesetz

Aufgaben

1. Beschreibe die Bedeutung von Nachhaltigkeit ...
   a) ... für die damalige Forstwirtschaft (M2).
   b) ... für unsere heutige Gesellschaft.
2. a) Erkläre, was du unter Nachhaltigkeit verstehst.
   b) Erläutere das Schema der Nachhaltigkeit (M1).
   c) Beschreibe die Themen der globalen Herausforderungen (Infobox).
3. Recherchiere im Internet eine aktuelle globale Umweltkonferenz, die sich mit den Themen der globalen Herausforderungen befasst. Erstelle dazu einen Steckbrief.
4. Notiere aus der Zeitung Schlagzeilen, die sich mit dem Thema Nachhaltigkeit auseinandersetzen.
5. Global denken – lokal handeln. Erläutere das Konzept der Agenda 21 anhand eines eigenen Beispiels (M3, Atlas).

Fairer Handel

M1 Auf einer Kakao-Anbauplantage in Côte d'Ivoire (Elfenbeinküste)

M2 Fair-Trade-Gütesiegel

Die Antwort lautet fairer Handel. Fair-Trade-Organisationen setzen sich für kontrollierten und gerechten Handel ein. Sie vergeben ihr Siegel nur dann, wenn das Produkt nicht mittels Kinderarbeit hergestellt wird und die Bauern angemessen bezahlt werden, um ihre Familien zu ernähren und ihre Kinder zur Schule schicken zu können. Fairer Handel garantiert einen Mindestpreis für das Produkt und sichert menschenwürdige Arbeitsbedingungen vor Ort.

M4 Wie kann das geändert werden?

Hilfsorganisationen verdächtigen die Schokoladenindustrie, von der Kinderarbeit zu profitieren. Der Filmemacher Miki Mistrati ist nach Afrika geflogen, um Beweise zu finden. Seine Reportage „Schmutzige Schokolade" zeigt, wie das Geschäft funktioniert. „Es war erschreckend einfach, Kinderarbeiter zu finden. Ich war auf 17 verschiedenen Plantagen und überall arbeiteten Kinder."

(Quelle: Christian Teevs: Kinderarbeit in Afrika: Bittere Ernte. www.spiegel.de, 06.10.2010)

M3 Film „Schmutzige Schokolade"

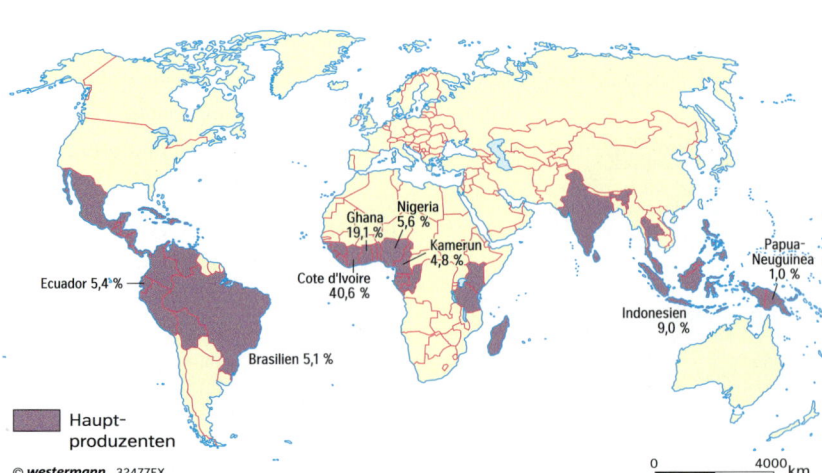

M5 Führende Kakaoanbauländer (Anteil an Weltproduktion, 2014)

Nachhaltigkeit konkret

Schmutzige Schokolade?

Jeder Deutsche isst im Durchschnitt rund zehn Kilogramm Schokoladenprodukte im Jahr. Ein Großteil davon ist „schmutzig". Aber wie kann Schokolade schmutzig sein und was hat mein Konsum damit zu tun?

Die größten Kakaoplantagen liegen in Afrika und Südamerika. Besonders in Afrika ist die Kinderarbeit ein großes Problem. Durch Recherchen von Journalisten konnte immer wieder aufgezeigt werden, dass auf den Plantagen der Kakaoproduzenten hauptsächlich Kinder für die Ernte eingesetzt werden. Eine Menschenrechtsorganisation schätzt, dass alleine in der Elfenbeinküste mehr als 200 000 Kinder auf Kakaoplantagen arbeiten. Teilweise arbeiten die Kinder unter sklavereiähnlichen Bedingungen.

Die Kinderarbeit auf den Kakaoplantagen ist körperlich anstrengend. Teilweise arbeiten die Kinder bis zu 14 Stunden täglich. Die Arbeit mit der Machete ist zudem sehr gefährlich. Die Kakaoplantage raubt den Kindern nicht nur ihre Kindheit, sondern führt auch in einen Teufelskreis: Dadurch, dass sie keine Schulbildung erhalten, werden sie vermutlich einen Großteil ihres Lebens unter ähnlich fragwürdigen Arbeitsbedingungen arbeiten müssen.

M8 Kakaofrucht im Querschnitt

Projektideen:

Erstellt eine Wandzeitung zum Thema „Von der Plantage zur Schokolade".

Besucht einen Weltladen in eurer Region.

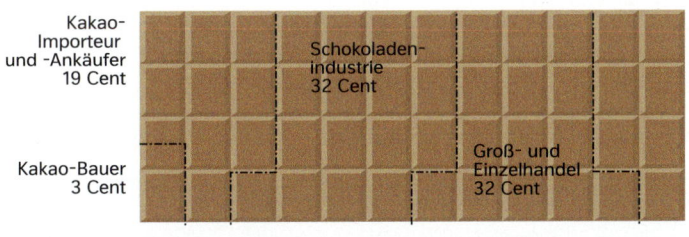

M6 Wer verdient wie viel?

M7 Export nach Europa und in die USA: Verladung am Hafen von Abidjan

Aufgaben

1. Recherchiere die zehn größten Schokoladenhersteller (Internet).
2. a) Erläutere die klimatischen Anbaubedingungen für Kakao (Atlas).
   b) Bestimme die führenden Kakao-Anbauländer (Atlas).
3. Schmutzige oder faire Schokolade?
   a) Erläutere das Konzept des fairen Handels (Minilexikon).
   b) Begründe, ob du bereit bist, mehr Geld für faire Schokolade auszugeben.
4. Schaue dir auf YouTube den Film „Schmutzige Schokolade" an.
   a) Beschreibe das Problem der Kinderarbeit.
   b) Überlege dir politische Maßnahmen der EU, die die Situation verbessern könnten.

Wohin mit unserem Müll?

Aufgaben

1. Ordne die in M2 genannten Gegenstände den Begriffen in M1 zu (Beispiel: Plastiktüte – Kunststoffe).
2. Was werft ihr in der Schule in die Mülltonne? Erstellt eine Liste nach den Oberbegriffen in M1.
3. a) Erkundige dich bei der Stadt- oder Kreisverwaltung, wie viel Hausmüll in deiner Stadt oder deinem Kreis pro Jahr anfällt.
   b) Beschreibe, wie der Müll entsorgt wird.
4. Erkläre den Aufbau einer Mülldeponie (M4).

Das Problem mit dem Müll

Jeder Deutsche produziert pro Tag im Durchschnitt 1,6 kg Müll. Das sind mehr als 600 Kilogramm pro Jahr. Um diesen Müllberg zu verpacken, bräuchte man mehr als 30 Umzugskartons.
Heute produziert jeder Bundesbürger etwa 400 Kilogramm mehr Müll als noch 1950. Das hat verschiedene Gründe. In den Geschäften werden mehr, aber auch andere Waren angeboten als damals. Viele Waren sind besonders aufwendig verpackt, damit sie nicht kaputtgehen. Beispiele sind Elektronikgeräte in dicken Kartons und Styropor oder in Kunststofffolien verschweißte Lebensmittel. Lebensmittel wie Milch, Zucker und Mehl werden heute kaum noch lose verkauft. Vor 50 Jahren ließ man sich Milch aus einem großen Behälter in die eigene Milchkanne abfüllen und wickelte Eier in ein Baumwolltuch ein. Eingelegte Gurken und Heringe wurden stückweise direkt aus einem Fass verkauft. Zum Einpacken von Gemüse wurden alte Zeitungen verwendet.

verwelkte Blumen	Kekse
Bodenfliesen	Konservendose
Eierschalen	Kopfschmerztabletten
Eimer aus Kunststoff ohne Griff	Laub von Gartensträuchern
Getränkedose	Plastiktüte
Glühbirne einer Taschenlampe	leeres Senfglas
zerbrochene Holzlatten	Socken
Joghurtbecher	Tapetenreste
Käseverpackung aus Folie	kaputter Taschenrechner
verfaulte Kartoffeln	alte Zeitung

M2 Das wurde in einer Mülltonne gefunden.

M1 Zusammensetzung des Hausmülls

M3 In kaum einem anderen Land der EU wird so viel Müll produziert wie in Deutschland.

Nachhaltigkeit konkret

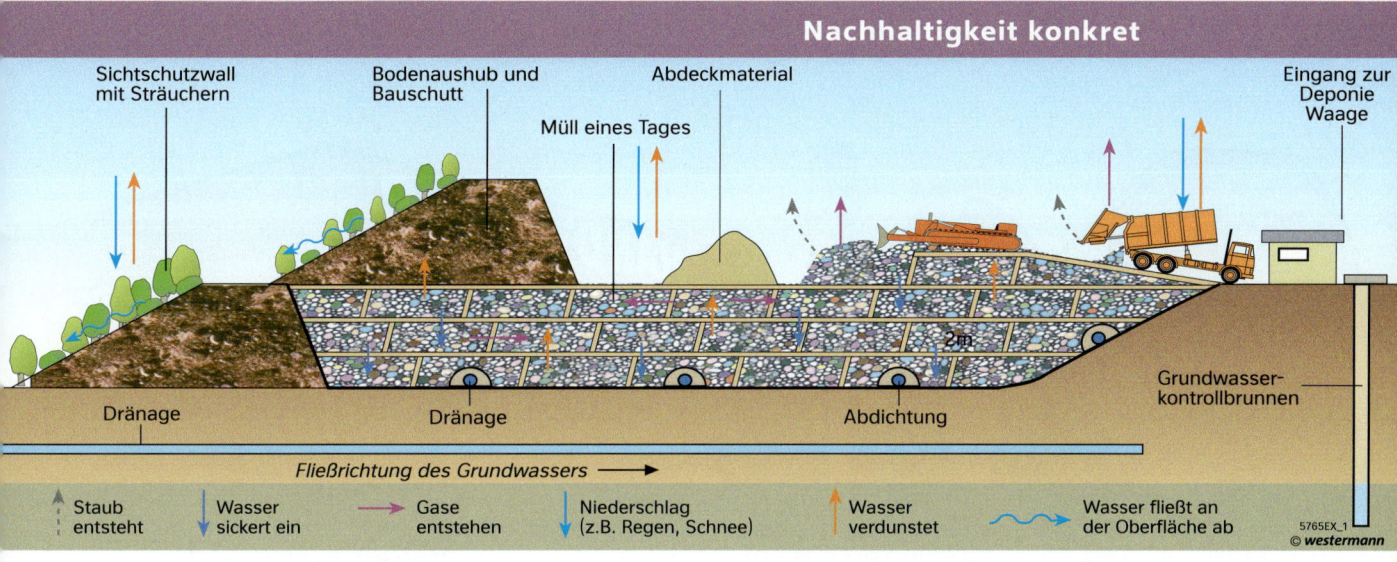

M4 Querschnitt durch eine Mülldeponie (Dränage: Rohrsystem zur Entwässerung)

Aus den Augen – aus dem Sinn?

Wenn bei euch zu Hause Müll anfällt, dann landet er in der Mülltonne, die regelmäßig von der Müllabfuhr abgeholt wird. Doch damit ist der Hausmüll noch lange nicht aus der Welt geschafft. Bis Mitte 2005 wurde der Müll größtenteils zu einer Mülldeponie transportiert. Heute darf in Deponien aber nur noch erdähnlicher Müll gelagert werden. Hausmüll, aber auch die Abfälle von Geschäften, Betrieben und Fabriken und ein Teil des Sperrmülls werden heutzutage in Müllverbrennungsanlagen entsorgt. Die bei der Müllverbrennung frei werdende Energie wird häufig in Strom umgewandelt und gelangt so zurück in die Haushalte.

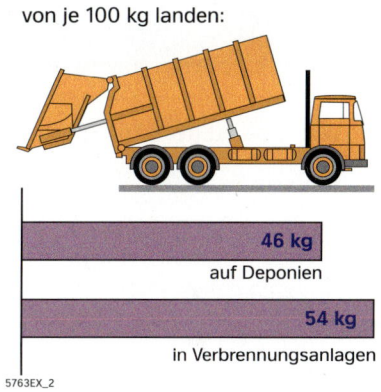

M6 Entsorgung von Hausmüll

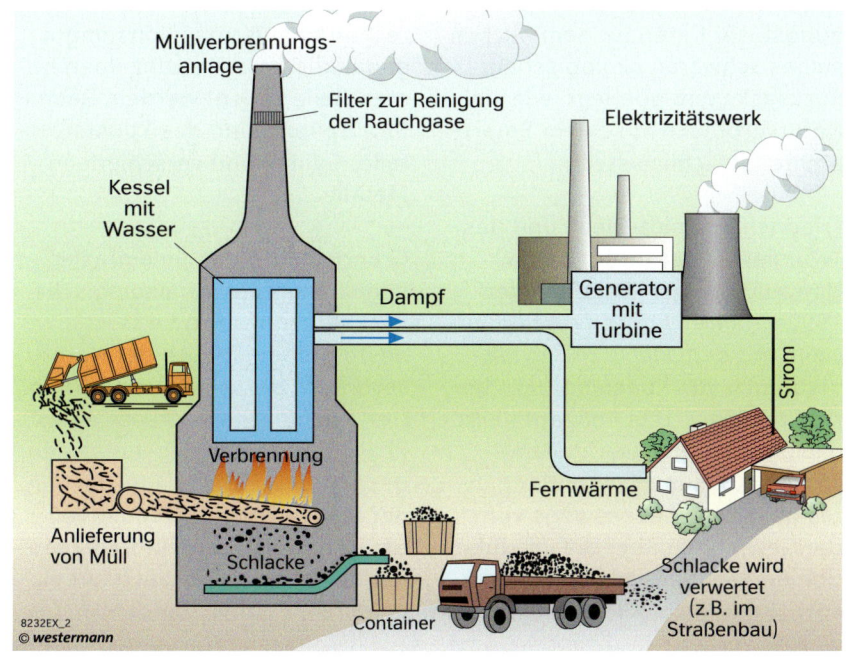

M5 Querschnitt durch eine Müllverbrennungsanlage

Aufgaben

1 Erkläre, wie mögliche Verunreinigungen der Luft, des Bodens und des Wassers bei der Müllentsorgung vermieden werden (M4, M5).

2 Stell dir vor, du könntest bestimmen, ob der Hausmüll deines Wohnortes zu einer Mülldeponie oder zu einer Müllverbrennungsanlage gebracht wird. Triff eine Entscheidung und begründe diese.

3 Stelle dar, inwiefern Müll ein Wertstoff ist.

Der ökologische Rucksack

M1 Wie groß ist der ökologische Rucksack eines Smartphones?

Den eigenen Naturverbrauch messen

Der Handyman hat sich ein neues Smartphone gekauft und der Verkäufer packt ihm das Gewicht des ökologischen Rucksacks gleich mit ein. Nun liegt er wie ein regungsloser Käfer auf dem Rücken seines schweren ökologischen Rucksacks und überlegt, wie viel Naturverbrauch in seinem Smartphone tatsächlich steckt.

Friedrich Schmidt-Bleek und das „Wuppertal Institut für Klima, Umwelt, Energie" haben in den 1990er-Jahren ein Konzept entwickelt, mit dem sich der Umweltverbrauch von Konsumgütern berechnen lässt. Das Konzept heißt ökologischer Rucksack: Damit können Konsumgüter entlang ihres gesamten Lebenswegs von der Gewinnung über die Produktion und Nutzung bis hin zur Entsorgung und zum Recycling bewertet werden.

Wie ein Kuchenrezept setzt sich der ökologische Rucksack aus den Zutaten Rohstoffverbrauch, Wasserverbrauch und Luftverbrauch zusammen. Für die Berechnung muss das Konsumgut gedanklich in seine einzelnen Bestandteile zerlegt werden. Beim Smartphone sind das Kunststoffteile, Gummi und verschiedene Metalle.

Grundsätzlich gilt die einfache Regel: Je größer der ökologische Rucksack eines Produkts ist, desto größer ist auch der Naturverbrauch bei seiner Herstellung. Der ökologische Rucksack eines Produkts bezieht sich auf seinen gesamten Lebenszyklus. Bei einer langen Nutzungsdauer von beispielsweise zehn Jahren kann der hohe Naturverbrauch auf viele Jahre aufgeteilt werden.

Info

Wuppertal Institut für Klima, Umwelt, Energie
Das Wuppertal Institut ist ein international bekanntes Forschungsinstitut. Hier werden Leitbilder, Strategien und Instrumente für eine nachhaltige Entwicklung erforscht. Jedes Jahr entstehen zahlreiche Studien über die Themen „zukünftige Energie- und Verkehrsstrukturen", „Energie- und Klimapolitik" und „Ressourcenschonung".

Nachhaltigkeit konkret

Materialanteil	Rohstoffe	Wasser	Luft	Materialinput
1g Kupfer	180	236	1	**417 g**
1g Kunststoff (Polypropylen)	4	206	3	**213 g**
1g Gummi	6	146	2	**154 g**
1g Aluminium	19	539	6	**564 g**
1g Nickel	141	233	41	**415 g**
1g Blei	15	105	9	**129 g**

M2 Materialanteile und Materialinput

Die Tabelle (M2) liefert die Materialinputs für die einzelnen Bestandteile eines Smartphones. Beispiel: Um 1 g Kupfer zu gewinnen, braucht man in Wirklichkeit 180 g Rohstoffe, 236 g Wasser und 1 g Luft. Damit hat 1 g Kupfer einen Materialinput von 417 g Naturverbrauch.

Formel zur Berechnung des ökologischen Rucksacks

Materialanteil (Gramm) x Materialinput (Gramm)

z. B. Kupfer im Smartphone: 5 Gramm Materialanteile Kupfer x 417 Gramm Materialinput = 2085 Gramm (2,085 Kilogramm). Das Smartphone hat somit alleine 2,085 Kilogramm Naturverbrauch für das darin enthaltene Kupfer.

M3 Formel des ökologischen Rucksacks

Ein Smartphone (100 Gramm) besteht aus folgenden Materialanteilen:
- Kupfer (5 Gramm)
- Kunststoff (65 Gramm)
- Gummi (2 Gramm)
- Aluminium (4 Gramm)
- Blei (20 Gramm)

M5 Materialanteile Smartphone (Auswahl)

Holztisch (14 kg) = ökologischer Rucksack (209 kg)

Aluminiumtisch (12 kg) = ökologischen Rucksack (6800 kg).

Kunststofftisch (10 kg) = ökologischer Rucksack (2100 kg).

M4 Ökologische Rucksäcke verschiedener Gartentische

Aufgaben

1. Erkläre das Konzept des ökologischen Rucksacks.

2. a) Berechne den ökologischen Rucksack für jeden Materialanteil mithilfe der Tabelle (M2) und der Formel (M3).

   b) Addiere die errechneten Werte aller Materialanteile und berechne damit den ökologischen Gesamtrucksack des Smartphones.

3. a) Bewerte den ökologischen Rucksack der verschiedenen Gartentische. Berücksichtige dabei auch die durchschnittliche Nutzungsdauer bzw. Haltbarkeit.

   b) Begründe, welchen Gartentisch du dir kaufen würdest.

Virtuelles Wasser

M1 Virtuelles Wasser verschiedener Produkte (in Litern pro Kilogramm, gerundet)

Unsichtbares Wasser?

Beim Zähneputzen den Wasserhahn zuzudrehen, nicht unter laufendem Wasser das Geschirr abspülen und duschen anstatt zu baden ist für viele Menschen selbstverständlich. Die Deutschen sind führend im Wassersparen. In keinem anderen Industrieland wird so streng auf das Wasser geachtet. Der Durchschnittsverbrauch pro Kopf und Tag beträgt 121 Liter.
Trotz dieser Sparsamkeit sind die Deutschen zugleich aber auch große Wasserverschwender. Wir verbrauchen Unmengen „unsichtbares" Wasser. Dieses Wasser wird virtuelles Wasser genannt und steckt in der Herstellung von Konsumgütern. In jedem Produktionsprozess wird eine bestimmte Menge Wasser verbraucht, zum Beispiel für die Reinigung von Baumwollfasern oder zum Waschen von Obst und Gemüse. Das virtuelle Wasser bekommen wir dann in einer Mahlzeit oder einem Kleidungsstück automatisch mitgeliefert. Die Mengen des virtuellen Wassers sind bei jedem Produkt anders.

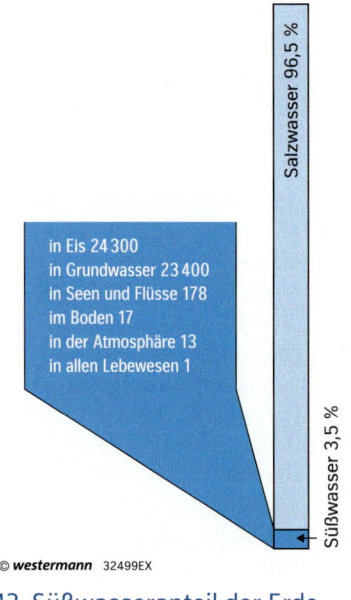

M2 Süßwasseranteil der Erde weltweit (in Mrd. km^3)

Tipps zur Einsparung von virtuellem Wasser

- Ernährungsgewohnheiten umstellen (weniger Fleisch pro Woche)
- Wasser trinken anstatt Kaffee, Tee, Saft oder Limonade
- saisonales Obst und Gemüse kaufen (Wintergemüse)
- regionales Obst und Gemüse kaufen
- bei Kleidung auf die Qualität achten und diese länger tragen („Klasse anstatt Masse")
- Konsumgüter gebraucht verkaufen oder mit Freunden teilen
- gebrauchte Konsumgüter kaufen (z. B. in Second-Hand-Läden, auf Flohmärkten)

Tipps zur Einsparung von Wasser

- Wasser abstellen während des Waschens / Zähneputzens
- Sparköpfe in Dusche und Wasserhähne montieren
- Blumen mit Regenwasser gießen
- schmutziges Spülmaschinengeschirr nicht vorspülen
- beim Kauf von Haushaltsgeräten auf Wasserverbrauch achten

M3 Den Wasserverbrauch senken!

Nachhaltigkeit konkret

1. Herstellung von Gras als Futtermittel: Etwa 10 200 Liter Wasser pro Kilogramm Rindfleisch

Weidefutter 💧💧
Heu 💧💧💧💧💧💧💧💧💧💧💧💧💧💧💧💧💧💧💧💧💧💧💧💧💧💧💧💧💧💧💧💧💧💧💧💧
Silofutter 💧💧💧💧💧💧💧💧💧💧💧💧
sonstiges Grasfutter 💧💧💧💧💧💧

2. Herstellung von Getreide als Futtermittel: Etwa 5800 Liter Wasser pro Kilogramm Rindfleisch

Hafer 💧💧💧💧💧💧💧💧💧💧💧💧💧💧💧💧💧💧💧💧💧💧💧💧
Gerste 💧💧💧💧💧💧💧💧💧💧💧💧💧💧💧
Mais 💧💧
sonstiges Getreidefutter 💧💧💧💧💧💧💧💧

3. Haltung der Tiere: Für die Haltung der Tiere im Stall werden 155 Liter virtuelles Wasser verbraucht:

Trinkwasser 💧
Reinigung/Pflege 💧

💧 = 100 Liter

M4 Virtuelles Wasser in 1 kg Rindfleisch (nach Angeli, T. in: Beobachter Natur 3/2009, gerundet)

Info

Wasserfußabdruck („Water Footprint")
Der Wasserfußabdruck gibt die Wassermenge an, die ein Mensch innerhalb eines Jahres durchschnittlich beansprucht. In Deutschland liegt der Wert bei 1 545 m³ pro Kopf und Jahr. Das sind umgerechnet 4 230 l pro Tag.

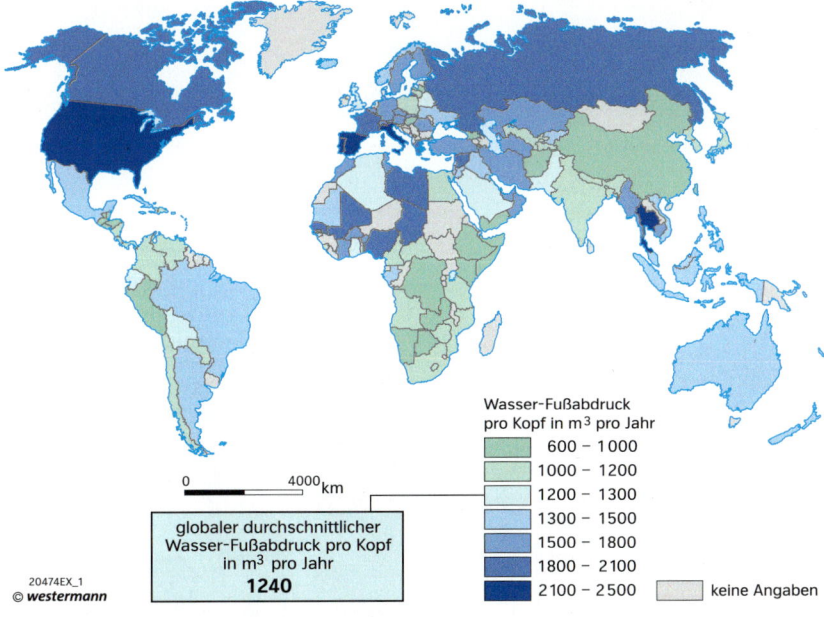

M5 Wasser-Fußabdruck der Welt

Aufgaben

1. a) Erkläre den Begriff „virtuelles Wasser" anhand der Beispiele in M1.
2. Bewerte die weltweite Verfügbarkeit an Süßwasser.
3. a) Erläutere das Konzept des Wasserfußabdrucks.
   b) Ermittle fünf Länder mit dem höchsten und fünf Länder mit dem niedrigsten Wasserfußabdruck (M5, Atlas).
4. Beschreibe Maßnahmen zur Einsparung von Wasser. Formuliere eigene Ideen zur nachhaltigen Wassernutzung (M3).

Energieverbrauch weltweit

Menschen (ver)brauchen Energie

Für alle seine Aktivitäten ist der Mensch auf Energie angewiesen. Die grundlegendste Energiemenge ist diejenige, die notwendig ist, um die eigenen Körperfunktionen bei völliger Ruhe aufrechtzuerhalten. Dieser Grundumsatz des Menschen beträgt ungefähr 4 500 bis 8 000 kJ pro Tag (entspricht etwa 0,0045 – 0,008 GJ). Dieser wird durch Zuführung von Nahrung gedeckt. Sobald ein Mensch jedoch Tätigkeiten ausführt, erhöht sich sein Energiebedarf z. B. durch Heizen, Nutzung von Verkehrsmitteln oder durch Produktion von Waren und Dienstleistungen. Die Summe der umgesetzen Energie wird Primärenergieverbrauch genannt.

Im Laufe der Menschheitsgeschichte ist der Primärenergieverbrauch dramatisch angestiegen. Der Energiebedarf der ersten Urmenschen (Sammler und Aasfresser) lag nur wenige Kilojoule über dem Grundumsatz. Demgegenüber liegt der heutige durchschnittliche Energieverbrauch pro Kopf beim 35-Fachen eines menschlichen Grundumsatzes (M1 – M3).

Der heutige Pro-Kopf-Energieverbrauch unterscheidet sich deutlich von Land zu Land. In den hoch industrialisierten Staaten wird bis zum 230-Fachen des Grundumsatzes verbraucht. Demgegenüber liegt der Energieverbrauch in den ärmsten Ländern unter dem Sechsfachen des Grundumsatzes und somit teilweise auf dem Niveau früher Jäger- und Sammlergesellschaften.

Aufgaben

1. a) Übertrage M3 in dein Heft. Vervollständige die Entwicklung des Primärenergieverbrauchs und der Bevölkerung (M1).
   b) Berechne den Primärenergieverbrauch/Kopf für die angegebenen Jahre (M1).
2. Beschreibe die Entwicklung des Energieverbrauchs seit zwei Millionen Jahren mithilfe des Zeitstrahls.
3. Erkläre den Zusammenhang zwischen dem Primärenergieverbrauch (M2) und den Lebensbedingungen weltweit (Siehe S. 190/191, Atlas).
4. Nenne jeweils fünf Länder mit dem höchsten und dem geringsten Primärenergieverbrauch pro Kopf (M2).

Welt	1900	1950	1975	2000	2011
Primärenergieverbrauch (Mio. Gigajoule/Tag)	130	283	755	1184	1459
Bevölkerung (Mio.)	1 650	2 530	4 070	6 130	7 013
Primärenergieverbrauch/Kopf (Gigajoule/Tag)					

M1 Energie und Bevölkerung (weltweit)

Die frühen Urmenschen lebten vor zwei Millionen Jahren noch als Sammler und Aasfresser. Ihr Energieverbrauch war etwas größer als der Grundumsatz.

Jäger und Sammler (z. B. Neandertaler vor 200 000 Jahren) erhöhten ihren Energieverbrauch durch körperliche Aktivität und Feuernutzung auf das Sechsfache des Grundumsatzes.

Nachhaltigkeit konkret

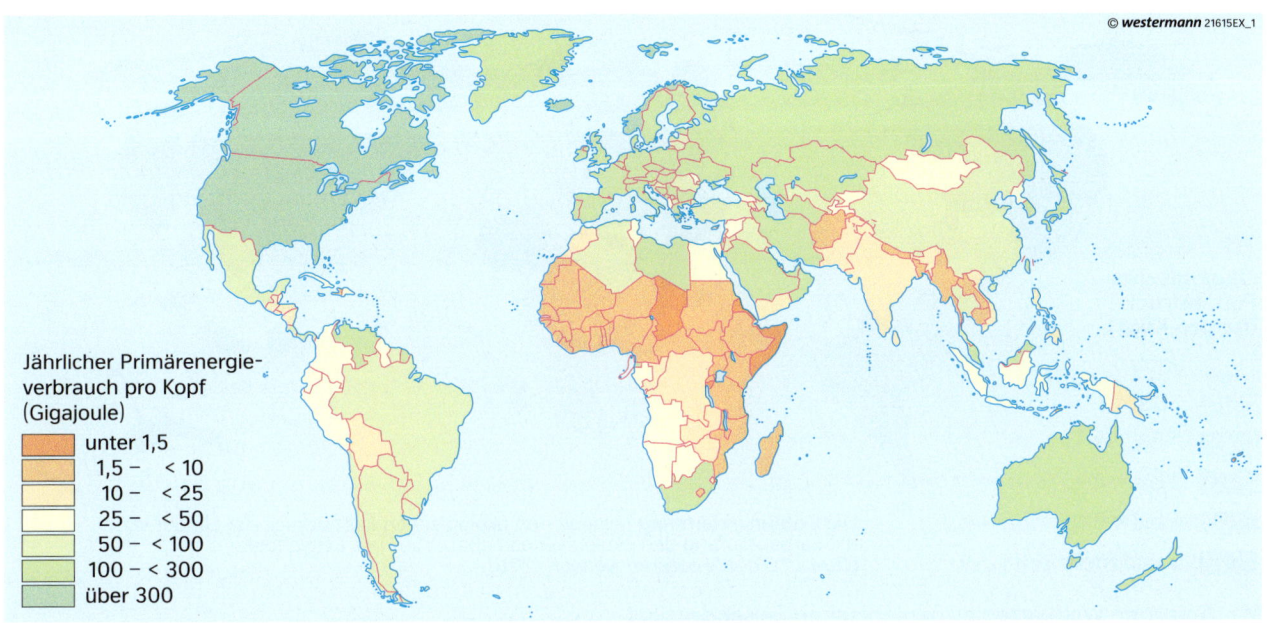

M2 Jährlicher Primärenergieverbrauch pro Kopf im Jahr 2010 (Gigajoule)

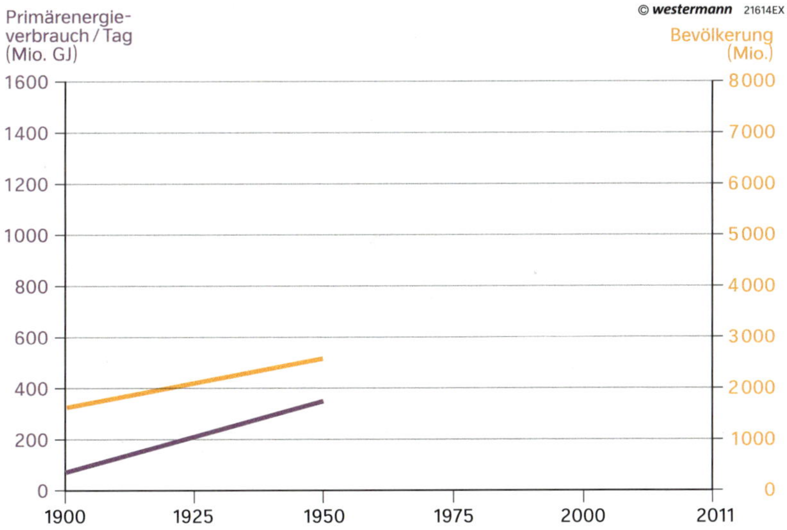

M3 Energieverbrauch und Bevölkerung weltweit

In heutigen Industrie- und Dienstleistungsgesellschaften kann der durchschnittliche Energieverbrauch eines Menschen bis zum 230-Fachen seines Grundumsatzes betragen.

In der mittelalterlichen Agrargesellschaft wurden Haustiere gehalten und Landwirtschaftserzeugnisse verarbeitet. Energiebedarf: 20-facher Grundumsatz

Mit der industriellen Revolution ab der Mitte des 18. Jahrhunderts stieg der Energieverbrauch vor allem durch die starke Nutzung fossiler Brennstoffe deutlich an.

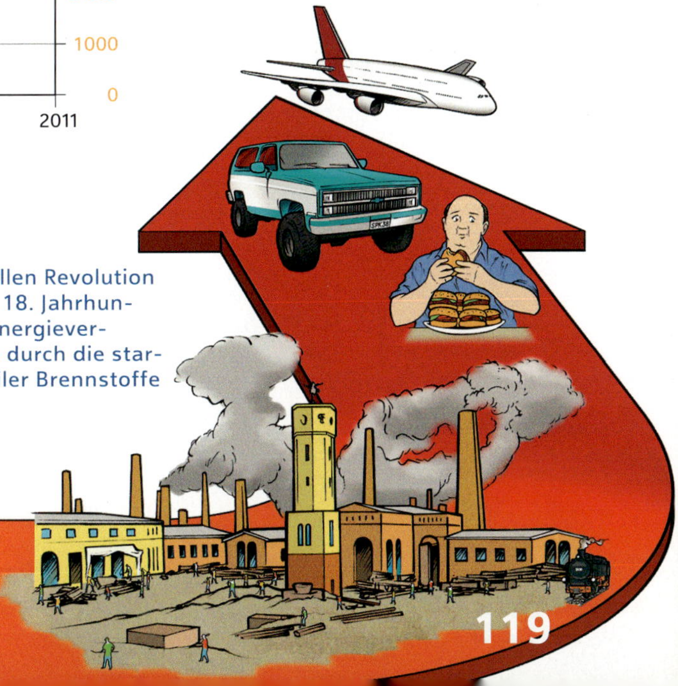

Wie viel Landoberfläche verbrauchst du?

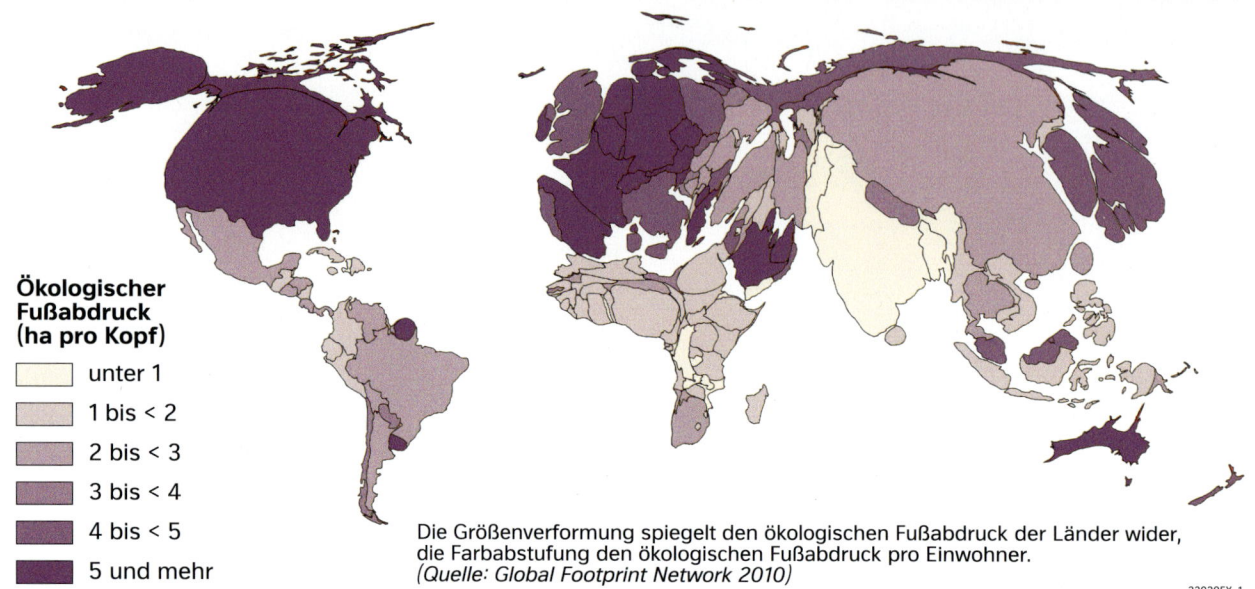

Ökologischer Fußabdruck (ha pro Kopf)
- unter 1
- 1 bis < 2
- 2 bis < 3
- 3 bis < 4
- 4 bis < 5
- 5 und mehr

Die Größenverformung spiegelt den ökologischen Fußabdruck der Länder wider, die Farbabstufung den ökologischen Fußabdruck pro Einwohner.
(Quelle: Global Footprint Network 2010)

M1 Amorphe Weltkarte des ökologischen Fußabdruckes

Messen mit dem ökologischen Fußabdruck

Fast alle deine Handlungen verbrauchen unterschiedlich viel Landoberfläche: Die Fahrt mit dem Bus, die Benutzung des Smartphones oder der Verzehr einer Mahlzeit.
Mit dem ökologischen Fußabdruck kann berechnet werden, wie viel produktive Landfläche ein Mensch durchschnittlich verbraucht. Der ökologische Fußabdruck zeigt die Fläche, die durch eine bestimmte Lebens- und Wirtschaftsweise verbraucht wird. Hierfür werden die Bereiche Wohnen/Energie, Konsum, Ernährung und Mobilität erfasst und bewertet.

M2 Schaubild zum ökologischen Fußabdruck

M3 Karikatur Umweltverbrauch

M4 Entwicklung des ökologischen Fußabdrucks

Nachhaltigkeit konkret

M5 Ökologischer Fußabdruck der Stadt Berlin

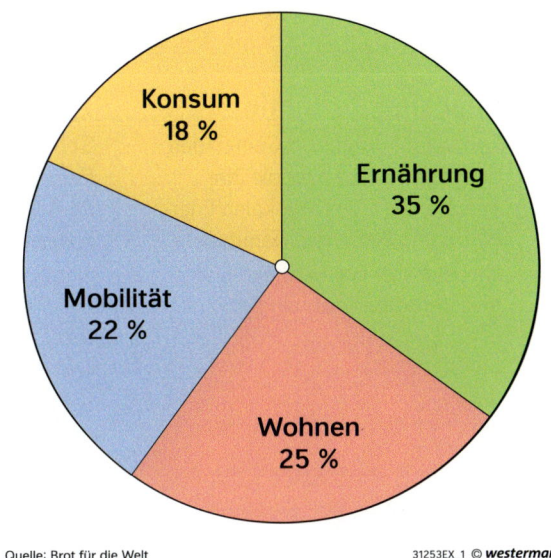

Quelle: Brot für die Welt

M7 Anteile der Bereiche am ökologischen Fußabdruck

Unterschiedlicher Flächenverbrauch weltweit

Im Jahr 2011 standen jedem Menschen auf der Erde durchschnittlich 1,7 Hektar Erdoberfläche zur Versorgung mit Energie und Rohstoffen zur Verfügung. Würde die Menschheit diesen Wert einhalten, wäre das nachhaltig. Durch das Konsumverhalten der Menschheit werden aber deutlich mehr, nämlich 2,6 Hektar pro Erdbewohner benötigt. Es gibt weltweit jedoch große Unterschiede in der Lebensweise der Menschen. Dadurch ergeben sich auch Unterschiede beim ökologischen Fußabdruck der jeweiligen Einwohner. Es gibt auch innerhalb der Länder Unterschiede (z. B. zwischen Stadt- oder Landbewohner). 2010 benötigte die gesamte Menschheit etwa 1,3 Erden. Würden alle Menschen wie wir in Deutschland leben, wären es etwa 2,6 Erden. Würden alle Menschen wie Inder leben, wären es lediglich 0,53 Erden.

Bei www.footprint-deutschland.de und ähnlichen Adressen kannst du deinen eigenen ökologischen Fußabdruck berechnen.

1. Jeder berechnet zunächst seinen ökologischen Fußabdruck. Vergleicht eure Ergebnisse in der Gruppe und untersucht, woher die Unterschiede kommen.

2. a) Seht euch die Fragen im Internet noch einmal genau an und überlegt, was ihr tun könnt, um euren ökologischen Fußabdruck zu reduzieren. Formuliert entsprechende Regeln und erstellt dafür ein Plakat.

   b) Diskutiert in der Gruppe darüber, was davon in nächster Zeit umgesetzt werden könnte und welche Folgen eure Pläne hätten – für euch und für die Umwelt.

M6 Den eigenen ökologischen Fußabdruck ermitteln

Aufgaben

1 Bearbeitet M6.

2 Erkläre den ökologischen Fußabdruck der Stadt Berlin (M5).

3 Beschreibe die Entwicklung des weltweiten ökologischen Fußabdrucks seit 1960 (M4).

4 a) Bestimme drei Länder, die den höchsten ökologischen Fußabdruck aufweisen (M1).

   b) Bestimme drei Länder, die den niedrigsten ökologischen Fußabdruck aufweisen (M1).

5 a) Wiederhole, was unter Nachhaltigkeit zu verstehen ist.

   b) Wir verbrauchen mehr Landoberfläche, als uns bei einer nachhaltigen Lebensweise zustehen würde. Liste Folgen dieses Verbrauchs auf.

6 Werte die Karikatur aus (M3).

7 Nenne Bereiche, in denen du deinen ökologischen Fußabdruck verkleinern könntest (M7).

Energien der Zukunft – Zukunftsenergien

Info

Energieautonomie

Energieautonom sind Gemeinden oder Privathaushalte, die ihre Energie aus eigenen lokalen Energieträgern beziehen. Damit machen sie sich von externen Energielieferanten unabhängig.

Die energieunabhängige Gemeinde

Energie bestimmt unser Leben. Kaum vergeht ein Tag ohne Schlagzeilen zum Thema Energie. Diskutiert werden die steigenden Preise für Strom, Gas und Benzin, der Atomausstieg und die Finanzierung des Klimawandels. Der Traum von der selbst erzeugten Energie könnte schon bald wahr werden. Im Zuge der **Energiewende** wird der Anteil erneuerbarer Energieträger wie Windkraft, Solar- und Bioenergie derzeit stark ausgebaut. Die Gewinnung von Energie aus diesen Energieträgern verteilt sich im Gegensatz zu den Großkraftwerken (z. B. Braunkohlekraftwerk) dezentral im Raum. So können direkt vor Ort Strom und Wärme erzeugt werden.

Die Menschen in einer energieunabhängigen Gemeinde möchten sich vollständig mit selbst erzeugter Energie versorgen. Sie beziehen ihren Strom und ihre Wärme direkt aus erneuerbaren Energieträgern und produzieren teilweise eigene Energie, die anderen zur Verfügung gestellt werden kann. Vorteil davon ist, dass die Energie nicht über lange Leitungen (Überlandleitungen) transportiert werden muss und direkt am Verbrauchsort genutzt wird. In Rheinland-Pfalz soll Morbach (Hunsrück) bis zum Jahr 2020 Beispiel für eine energieunabhängige Gemeinde sein.

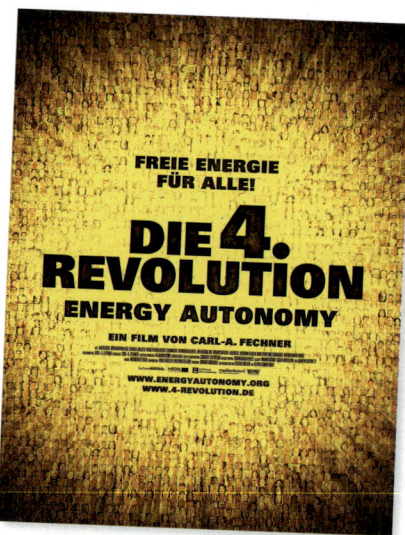

M2 Filmtipp „Die 4. Revolution".

Aufgaben

1. a) Erkläre den Begriff „Energieautonomie" anhand der energieunabhängigen Gemeinde (M3, Info).
   b) Nenne Vor- und Nachteile einer energieunabhängigen Gemeinde.
   c) Würdest du gerne in einer energieunabhängigen Gemeinde leben? Begründe deine Antwort.

2. a) Beschreibe die Rolle des Elektro-Segways in der energieunabhängigen Gemeinde (M1).
   b) Nenne weitere umweltfreundliche Fortbewegungsmöglichkeiten, die in das Konzept der energieunabhängigen Gemeinde passen.

3. a) Recherchiere den Filminhalt zur Dokumentation „Die 4. Revolution".
   b) Gib die zentrale Botschaft des Films mit deinen eigenen Worten wieder.

M1 Fahrt mit dem Elektro-Segway

Nachhaltigkeit konkret

Strom vom Feld (Biogas-Anlage)
An den Ortsrändern befinden sich Biogasanlagen. Biogas entsteht bei der Vergärung von Gülle und Biomasse (Grünabfall, Grasschnitt). Durch die Verbrennung des Gases werden Turbinen angetrieben, die Strom erzeugen. Die Abwärme der Anlagen wird als Fernwärme in die Gemeinde transportiert. Die Biomasse stammt von der Landwirtschaft aus der Umgebung.

Strom vom Propeller (Windenergie)
An den Ortsrändern verrichten mehrere Windkraftanlagen ihre Arbeit und wandeln den Wind in Strom um. Der erzeugte Strom wird über Leitungen direkt in die Gemeinde geleitet.

Strom vom Dach (Fotovoltaik)
Auf den Dächern sind Fotovoltaikanlagen installiert. Diese wandeln die Energie der Sonne in Strom um. In den Häusern befinden sich Wandler (Wechselrichter), die den Solarstrom in das Hausstromnetz einspeisen. Einige Häuser verfügen über Akkus, um ihren nicht genutzten Strom zu speichern.

M3 Zukunftsvision der energieunabhängigen Gemeinde

Wohnen im Null- oder Plusenergiehaus
Null- oder Plusenergiehäuser sind Häuser, die genauso viel (oder mehr) Energie erzeugen, wie sie durchschnittlich pro Jahr verbrauchen. Technisch beziehen diese Häuser ihre Energie von der Sonne sowie aus zurückgewonnener Wärme aus der Luft. Beim Nullenergiehaus wird zusätzlich noch Energie durch Warmwasser- und Stromgewinnung erzeugt. Wenn ein Haus mehr Energie erzeugt, als es verbraucht, handelt es sich um ein Plusenergiehaus. Null- und Plusenergiehäuser haben eine gute Isolierung gegen die kalten Wintermonate und viele große Fenster auf der Südseite, um Sonnenwärme einzufangen.

Strom und Wärme aus dem Keller (Blockheizkraftwerk)
Im Keller arbeiten Blockheizkraftwerke. Dies sind kleine Anlagen zur Erzeugung von Strom und Wärme. Betrieben werden sie zum Beispiel mit biogenen Brennstoffen wie Holz, Pflanzenöl oder Biogas. Bei der Stromerzeugung entsteht Abwärme durch die Maschinen, die direkt in die Häuser oder Firmen weitergeleitet und genutzt wird. Ein Blockheizkraftwerk kann Energie und Wärme für mehrere Häuser oder größere Firmengebäude erzeugen.

Hoffnungsträger Elektromobilität

Hoffnungsträger des neuen Energiezeitalters?

Das Elektroauto ist keine Neuerfindung des 21. Jahrhunderts, es hat seine Wurzeln im 19. Jahrhundert. Besonders in Großstädten wie London und Paris wurden Ende des 19. Jahrhunderts Elektroautos eingesetzt, um die Pferdekutsche abzulösen.

Im Jahr 1899 baute der Belgier Camille Jenatzy das seinerzeit schnellste Auto der Welt – ein 100 km/h schnelles Elektromobil. Die maximale Reichweite der frühen Elektrofahrzeuge lag bei 135 km. Ferdinand Porsche entwickelte zwei Jahre später gemeinsam mit Ludwig Lohner das erste Fahrzeug mit Hybridantrieb. Der sogenannte Lohner-Porsche war mit Verbrennungs- und Elektromotor ausgestattet.

Die frühen Fortschritte in der Entwicklungsgeschichte des Elektroautomobils wurden jedoch ab 1908 durch die Entdeckung der Massenproduktion von Autos mit Verbrennungsmotor (Otto-Motor) zurückgedrängt. Der US-Amerikaner Henry Ford leitete mit der Konstruktion des Modells T den Umschwung zum benzin- oder dieselbetriebenen Fahrzeug ein.

Heute werden jährlich etwa 83 Mio. Pkw auf der Welt hergestellt, pro Sekunde sind das 2,6. Demgegenüber steht die Geburt von vier Kindern pro Sekunde. Damit wartet auf jeden zweiten neuen Erdbürger bereits ein Auto. Bis zum Jahr 2050 sind weltweit circa 2,7 Mrd. Autos im Umlauf. Ob es bis dahin überhaupt noch genügend Erdöl für alle Pkw geben wird, ist fraglich. Das Elektroauto gilt deshalb als ein Hoffnungsträger für den Übergang in das postindustrielle Energiezeitalter.

(Quelle: Klein, R. 2013: Elektromobilität in Deutschland. In: Geogr. Rundschau 65, H. 1, S. 20 – 27; www.worldwide-datas.com/autos, Zugriff am 22.11.2013)

M1 Der Lohner-Porsche 1900. Das erste Hybridauto der Welt fuhr mit Elektro- und Verbrennungsmotor.

	VW e-up (Elektro)	VW up (Benzin)
Sitze	4	5
Pferdestärken	82 PS	60 PS
Höchstgeschwindigkeit	130 km/h	160 km/h
Reichweite	max. 160 km	max. 890 km
Kosten pro 100 km	3,28 € (28 Cent/kWh)	7,20 € (1,60 EUR/Liter)
Lade-/Tankzeit	7 – 9 Stunden	5 Minuten
Neupreis	ab 26 900 €	ab 9 975 €
Effizienzklasse	A+	C
CO_2-Emissionen	66 g/km (Strommix) 4,5 g/km (Windenergie)	105 g/km

M2 Benziner oder Elektroauto? Der VW up im Vergleich (2015)

Nachhaltigkeit konkret

M4 Das Elektroauto tankt auf. In Deutschland gab es 2014 knapp 26 000 zugelassene Elektrofahrzeuge. Diese können in 839 Städten und Gemeinden an 5500 öffentlichen Ladestationen aufgeladen werden. Das neueste Konzept in Städten nennt sich „park & charge": Hier kann das Auto während des Parkvorgangs aufgeladen werden.

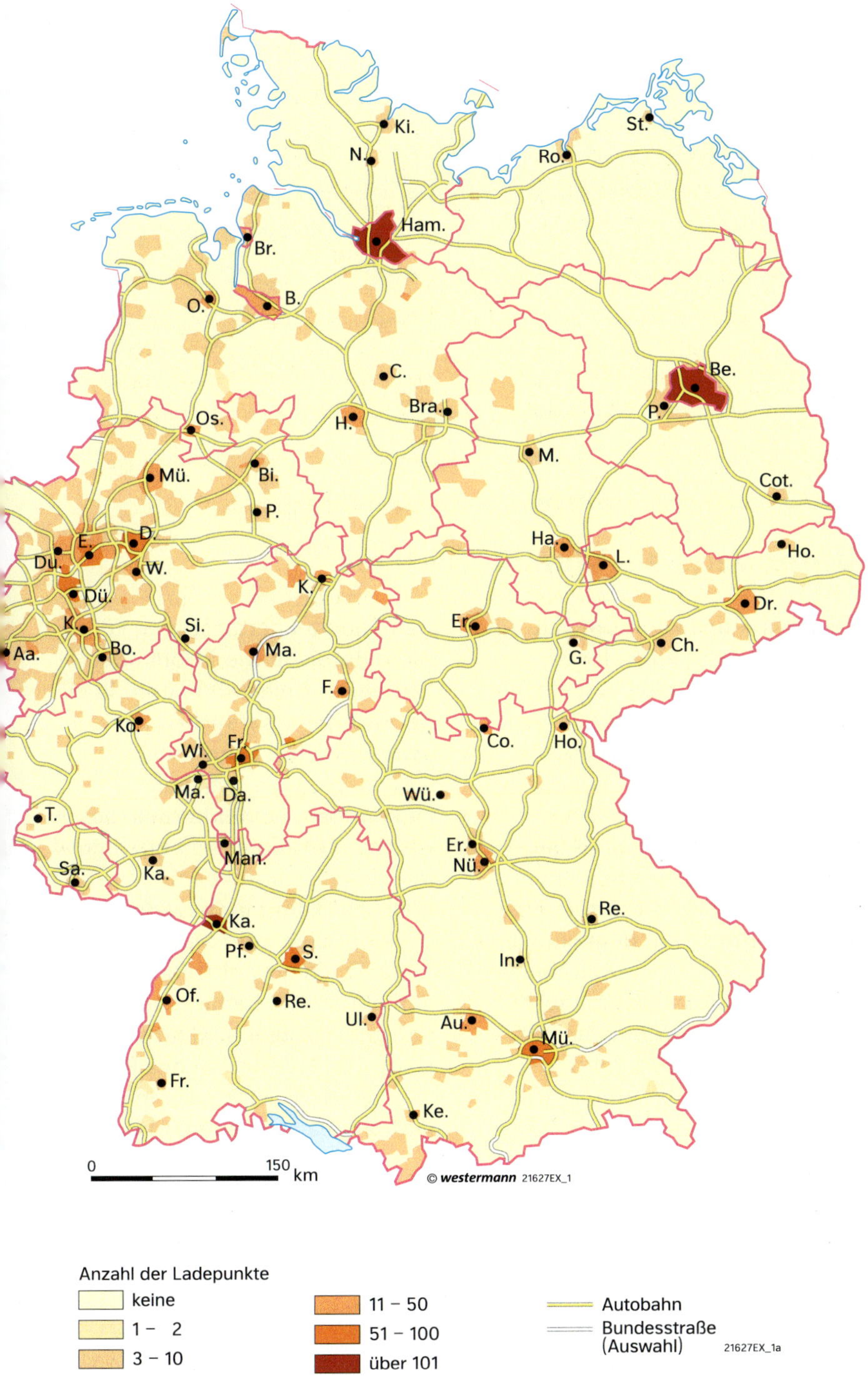

Anzahl der Ladepunkte
- keine
- 1 – 2
- 3 – 10
- 11 – 50
- 51 – 100
- über 101

— Autobahn
— Bundesstraße (Auswahl)

M3 Übersicht von Elektrotankstellen und Ladepunkten für Elektroautos in Deutschland (2012)

Aufgaben

1. a) Du planst eine Fahrt von Frankfurt am Main nach Leipzig mit einem Elektroauto. Berücksichtige dabei die Reichweite (M2) sowie Ladestationen (M3, Atlas) und beschreibe deine Route.
   b) Entscheide dich für ein Modell des VW up. Begründe deine Wahl (M2, M4).

2. Beschreibe die Anfänge des Elektroautos (M1).

3. Liste mithilfe von M3 …
   a) … drei Städte mit mehr als 50 Ladepunkten für Elektroautos auf.
   b) … drei Städte mit 11 bis 50 Ladepunkten für Elektroautos auf.
   c) … drei Städte mit weniger als elf Ladepunkten für Elektroautos auf.

Die Energiesparschule

5 Ich dusche lieber als zu baden.

3 Ich kaufe möglichst Produkte, die aus meiner Nähe stammen, sodass die Transportwege kurz sind.

6 Wenn ich koche, lege ich immer den Deckel auf den Topf.

2 Ich mache das Licht aus in Räumen, in denen sich keiner aufhält.

4 Ich nehme Pfandflaschen statt Dosen und Einwegflaschen.

1 Ich benutze meist das Fahrrad, öffentliche Verkehrsmittel oder gehe zu Fuß.

8 Ich kaufe keine übermäßig verpackten Sachen.

7 Ich verzichte möglichst auf Flugreisen.

M2 Aussagen von Schülerinnen und Schülern

Unterwegs als Klimadetektive

Keiner von uns kann Umwelt- und Klimaprobleme allein lösen, aber jeder von uns kann dazu einen Beitrag leisten. Wir wissen, dass das Treibhausgas Kohlenstoffdioxid (CO_2) durch die Verbrennung von Energierohstoffen in die Atmosphäre gelangt: wenn wir zum Beispiel mit dem Auto zum Einkaufen fahren, mit dem Flugzeug in Urlaub fliegen oder zu Hause die Öl- oder Gasheizung aufdrehen. Verbrauchen wir weniger Energie, sorgen wir dafür, dass weniger CO_2 in die Atmosphäre gelangt.

Das Thema Energiesparen könnt ihr in Bereiche wie Strom oder Verkehr aufteilen. Ihr könnt in einer Gruppe untersuchen, welche Verkehrsmittel Lehrer und Schüler nutzen, um zur Schule zu kommen. Findet heraus, aus welchem Grund sie ein bestimmtes Verkehrsmittel benutzen. Vielleicht könnt ihr bewirken, dass der eine oder andere in Zukunft ein umweltfreundlicheres Verkehrsmittel benutzt und so zum Schutz des Klimas beiträgt. Die Ergebnisse des Projektes solltet ihr auf einem Informationsblatt zusammenfassen.

Was?	Wie?	Wo?	Wer?	Wann?
Benutzte Verkehrsmittel für den Weg zur Schule ■ Fahrrad ■ öffentliches Verkehrsmittel (z. B. Bus, Bahn) ■ Auto ■ Sonstiges (z. B. zu Fuß)	Fragebogen erstellen und kopieren Fotoapparat, Videokamera	Haupteingang der Schule Schulhof	Aliya, Kathrin, Max … befragen Schülerinnen und Schüler der Klasse 5b Jonas, Kerem und Lilly fotografieren	Befragung am 4. Juni Auswertung der Befragung am 10. und 17. Juni Präsentation am 24. Juni in der dritten Unterrichtsstunde

M1 Arbeitsplan der Gruppe „Verkehr" (Auszug)

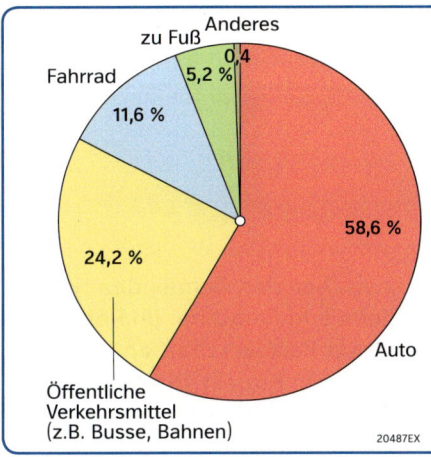

Fast 100 % der Autonutzer meinen, dass das Auto eine bequeme Art der Fortbewegung ist und man mit dem Auto schneller ans Ziel kommt.
80 % der Autofahrer haben bisher noch nicht daran gedacht, auf das Fahrrad oder öffentliche Verkehrsmittel umzusteigen. Vor allem Familien halten das Auto für unverzichtbar.
80 % der befragten Personen nutzen öffentliche Verkehrsmittel aus Gründen des Umweltschutzes und rund 70 % deswegen, weil sie preisgünstig sind.

Mit jeder Kilowattstunde elektrischer Energie, die in deutschen Kraftwerken erzeugt wird, gelangen etwa 682 g Kohlenstoffdioxid (CO_2) in die Atmosphäre. Beim Autofahren wird diese Menge nach rund 3,7 Kilometern Fahrt erreicht.

M3 Umweltbewusstsein in Deutschland 2012 – Ergebnisse einer Umfrage des Bundesministeriums für Umwelt, Naturschutz und Reaktorsicherheit

M5 Energiesparen tut dem Klima gut!

Tatbestand / Täter	Wo entdeckt?	Besondere Vorkommnisse (Beispiele)
Sinnlos brennendes Licht	...	Raum ist leer, Tageslicht wäre hell genug.
Verhinderte Lichtausbreitung	...	Lampen sind verschmutzt, Abdeckungen halten Licht zurück, Reflektoren fehlen.
Lichtschaltung ist nicht sinnvoll	...	Lampen können nicht einzeln (z. B. Fensterseite – Wandseite – Tafel) geschaltet werden.
Beleuchtung zu hell / zu dunkel	...	Genau notieren! Defekte Lampen notieren!
Elektroboiler zu heiß eingestellt	...	Spurensicherung: Temperaturen messen!
Elektroboiler sinnlos in Betrieb	...	Wer nutzt wann die Boiler?
Elektrische Heizgeräte	...	Prüfen: Wann sind Radiatoren, Heißlüfter usw. in Betrieb?
Geräte im Stand-by-Betrieb	...	Welche Geräte (z. B. TV, Video)? Spurensicherung: Leistung messen! Wann und wie lange werden die Geräte genutzt?
Geräte sinnlos in Betrieb	...	Welche Geräte (z. B. Kopierer, Computer, Drucker) sind angeschaltet, ohne dass sie genutzt werden? Leistung messen!
Herde, Warmhaltegeräte	...	Sind die Geräte länger eingeschaltet als notwendig?
Kühl-/Gefrierschrank	...	Was steht in dem Gerät? Sinnlos in Betrieb?
Spülmaschine	...	Läuft sie bei halber Auslastung?

M4 Arbeitsbogen: dem Stromverbrauch auf der Spur

Aufgaben

1 Erläutere, wie die Schülerinnen und Schüler zum Klimaschutz beitragen (M2).

2 a) Führt einen Energie-Check bei euch zu Hause durch. Listet auf, wodurch Energie eingespart werden könnte.
   b) Sucht auch nach Einsparmöglichkeiten in der Schule.

3 a) Berichte über weitere Möglichkeiten, wie die CO_2-Emissionen verringert werden könnten (www.klima-sucht-schutz.de).
   b) Präsentiere davon eine Maßnahme zum Energiesparen in deiner Klasse.

127

Ruanda – Partnerschaftshilfe

M1 Beim Einsetzen von Jungpflanzen zur Stabilisierung der Hänge

Aufgaben

1. Beschreibe die Partnerschaftshilfe zwischen Rheinland-Pfalz und Ruanda.
2. a) Erläutere die Ziele des Projekts in Rambura (M2).
   b) Beurteile das Projekt auf seine nachhaltige Entwicklung.
3. „Hilfe zur Selbsthilfe". Erkläre das Konzept anhand eines ausgewählten Projektziels.
4. Entwickelt in der Klasse eine eigene nachhaltige Projektidee für eine Gemeinde in Ruanda.

Hilfe zur Selbsthilfe?

In Rheinland-Pfalz gibt es über 100 Partnerschaften mit Ruanda. Zwischen der Universität Koblenz-Landau und der University of Rwanda (Butare) besteht seit 1999 eine Hochschulpartnerschaft. Im Rahmen dieser Partnerschaft arbeiten ruandische und deutsche Forscher auf dem Gebiet der nachhaltigen Land- und Forstwirtschaft zusammen. Weitere Beispiele internationaler Zusammenarbeit sind die Gemeindepartnerschaften in Rheinland-Pfalz. So besteht zum Beispiel seit 1988 eine Partnerschaft zwischen den Gemeinden Holzheim und Rambura. Im Rahmen dieser Partnerschaft entstand 2014 das Projekt „Nachhaltige land- und forstwirtschaftliche Entwicklung in Rambura", das mittlerweile vom Ruanda-Zentrum der Universität Koblenz-Landau fortgeführt wird.

In Rambura leben circa 28 000 Menschen, die sich größtenteils mit selbst angebauten Erzeugnissen aus der Landwirtschaft versorgen. Die intensive Nutzung der Ackerflächen, auch an Steilhängen, führte über die Jahre zur Bodenerosion. Viele fruchtbare Standorte sind betroffen. Nun besteht die Gefahr, dass die Menschen in Rambura ihre Existenzgrundlage verlieren. Das Projekt hat sich der Problematik angenommen.

Ziele des Projekts in Rambura

- Reduzierung der Bodenerosion durch Pflanzung von Hecken und Bäumen
- Schulung der einheimischen Bevölkerung durch erfahrene ruandische Agrarberater vor Ort
- Errichtung einer eigenen Baumschule zur Produktion der Jungpflanzen (Setzlinge)
- Bepflanzung der Bachläufe mit Bambus, der nach 5–7 Jahren geerntet wird (Bambus dient als Bauholz oder für die Herstellung von Korbmöbeln)
- Pflanzung von Obstbäumen (z. B. Avocado und Baum-Tomate), die als zusätzliche Einkommensquellen der Bauern dienen

(Quelle: Ruanda-Zentrum, Universität Koblenz: Projekt in Rambura. www.uni-koblenz-landau.de, 2015)

M2 Nachhaltige Partnerschaftshilfe in Rambura

M3 Lage von Rambura in Ruanda

Gewusst – gekonnt

1 Herausforderung Nachhaltigkeit

Eine Absichtserklärung zur Nachhaltigkeit formulieren
a) Nenne die Aspekte von Nachhaltigkeit, die die drei Fotos und die Karikatur zeigen.
b) Formuliere eine eigene Absichtserklärung zur Nachhaltigkeit (siehe die drei Schritte unten).

1. Schritt: Denke darüber nach, was und warum etwas geändert werden soll.
- Bestimme die genauen Ursachenfelder der Problematik.
- Zeige die weiteren Auswirkungen der Problematik auf.

2. Schritt: Formuliere Zielsetzungen, die du erreichen möchtest.
- Teile mit, was du innerhalb eines Zeitraums konkret verändern und erreichen möchtest.
- Überlege, auf welche Lebensbereiche sich diese Ziele beziehen sollen.

3. Schritt: Begründe die Zukunftsfähigkeit deines Handelns.
- Begründe die Vorteile deines Handelns für künftige Generationen.

Europa – Einheit und Vielfalt

M1 Die geographische Mitte Europas bei Vilnius (Litauen)

M2 Eröffnungsfeier der Fußball-EM 2012 in Warschau (Polen)

M3 Satellitenaufnahme von Europa. Die Umrisse von Deutschland sind eingezeichnet.

Europa – vielfältiger Erdteil

Info

Herkunft des Namens

Der Name Europa kommt vermutlich vom asiatischen Wort „ereb" (deutsch: dunkel), denn von Asien aus gesehen geht die Sonne in Richtung Europa unter. Eine andere Deutung des Namens Europa geht auf eine alte griechische Sage zurück.

Danach verliebte sich Zeus in eine schöne Königstochter. Sie hieß Europa und lebte in Phönizien, einem Teil Asiens (heute die Staaten Libanon und Syrien). Als Europa mit ihren Freundinnen am Strand des Mittelmeers spielte, verwandelte sich Zeus in einen Stier und entführte das schöne Mädchen auf die Insel Kreta. Seither trägt der Erdteil den Namen Europa.

M2 Sage von Europa (entstanden um 500 v. Chr.)

Europa – Erdteil vieler Kulturen

Europa ist der kleinere Teil der Landmasse Eurasien, zu der auch Asien gehört. Die Oberflächengestalt Europas, insbesondere seine gebirgigen Hindernisse, bestimmten den Verlauf der großen europäischen Fernwege, die als Handelsstraßen benutzt wurden und auf denen mehrfach Völker vordrangen.

So kamen im zweiten vorchristlichen Jahrtausend die indogermanischen Kelten; ihre Sprachreste tauchen noch heute in vielen europäischen Sprachen auf. Bereits in der Antike besaß Europa mit den Griechen und Römern Hochkulturen, die bis in unsere Zeit wirken. Das verstärkte Eindringen germanischer Völker ins Römische Reich seit dem 3. Jahrhundert n. Chr. erwies sich als besonders folgenreich. Sie kamen über den Rhein, zogen durch das heutige Frankreich und gelangten bis nach Spanien und Nordafrika. Diese großen Wanderungen und das daraus begründete Völkergemisch ist wichtig für die kulturelle Vielfalt Europas. Viele Sprachen, Staaten und Kulturen entwickelten sich und prägen die Vielfalt Europas bis heute.

Ein wichtiger Abschnitt Europas in den letzten etwa 70 Jahren ist der Werdegang der Europäischen Union. An der EU lässt sich nachvollziehen, wie sich Europa nach dem Ende der politischen Spaltung Europas Ende der 1980er-Jahre in West und Ost seinen Platz als eigenständiger Raum in der globalisierten Welt behauptet.

M1 Die Europäische Union – Stufen der Entwicklung

Europa – Einheit und Vielfalt

Aufgaben

1. a) Ermittle die Namen der EU-Staaten in der Übungskarte (M1, Atlas).
   b) Ergänze die Namen der Hauptstädte (Atlas).
2. Notiere zu den Beitrittsjahren die Staaten, die der EU beitraten (M1).

Die Farben in der Karte entsprechen denen der Sterne.

1–28 EU-Länder

€ Länder, in denen der Euro 2015 Zahlungsmittel war

Einheit in Vielfalt

In Vielfalt vereint

... lautet der Wahlspruch der Europäischen Union (EU). Die EU ist ein Zusammenschluss von Staaten. Mehr als die Hälfte der Staaten Europas gehört dazu. Schon 1951 schlossen sich Frankreich, Italien, Deutschland, Belgien, Luxemburg und die Niederlande zur Europäischen Gemeinschaft für Kohle und Stahl zusammen.

Was als EGKS, als Wirtschaftsbündnis von sechs Staaten im kleinen europäischen Rahmen begann, entwickelte sich über 65 Jahre zu einem machtvollen politischen Bündnis von 28 Staaten Europas. So umspannt die Europäische Union heute von Lissabon bis Helsinki und von La Valetta bis Glasgow den europäischen Kontinent. Weitere Staaten sind Aufnahmekandidaten. Die Staaten und Völker der EU haben sich verpflichtet, für den Frieden in der Welt einzutreten.

Darüber hinaus vertritt die EU mit einer gemeinsamen Stimme ihre Interessen im Kreis anderer Weltmächte, zum Beispiel gegenüber den USA und China.

M1 Lage der EU auf der Erde

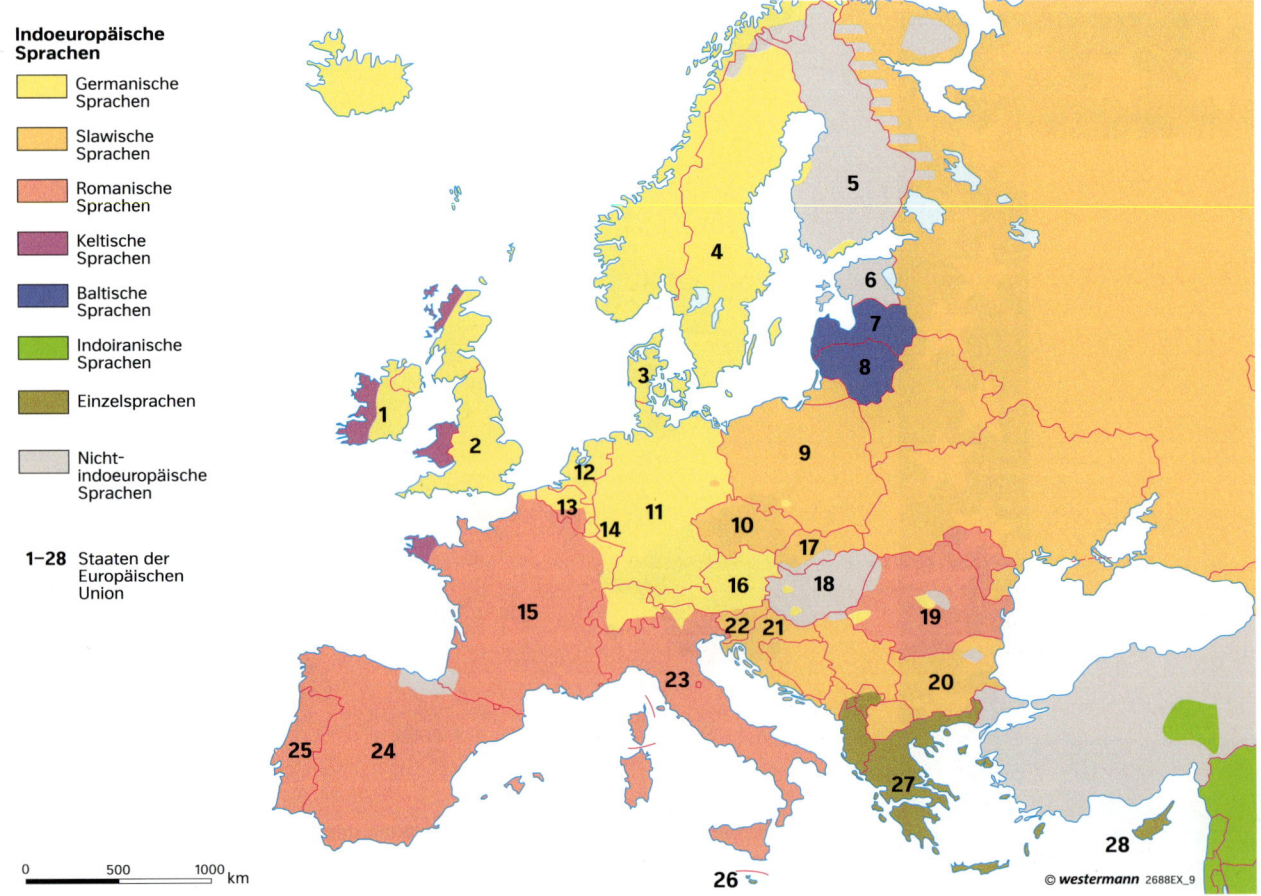

M2 Die EU als Kulturraum – Sprachräume und Sprachen in der Europäischen Union (2015)

Europa – Einheit und Vielfalt

M3 Feier zum EU-Beitritt Litauens 2004

Info

Die Europaflagge
Sie ist das Symbol der Europäischen Union und der Einheit Europas. Der Kreis der zwölf goldenen Sterne steht für die Verbundenheit der Völker Europas. Die Zahl Zwölf wurde gewählt, weil sie seit jeher für Vollkommenheit und Einheit steht.

Schlüsseljahre für Europa

2004 und 2007 waren wichtige Jahre in der Geschichte des Erfolgs der europäischen Einigung. 2004 traten zehn Staaten des ehemaligen Ostblocks der Europäischen Union bei. Diese fünfte Erweiterung seit den Römischen Verträgen 1957 war in Bezug auf die Zahl der Beitrittsländer und ihre kulturelle Vielfalt bisher die umfangreichste in der EU. 2007 und 2013 erweiterte sich die EU mit den Beitritten Rumäniens, Bulgariens und Kroatiens weiter nach Südosteuropa. Jeder europäische Staat kann grundsätzlich den Antrag zur Aufnahme in die EU stellen. Die Kandidaten müssen jedoch bestimmte Beitrittsbedingungen erfüllen. Dazu zählen zum Beispiel das Bekenntnis zu den Grundsätzen der Demokratie, der Freiheit, die Achtung der Menschenrechte und Prinzipien der Rechtsstaatlichkeit.

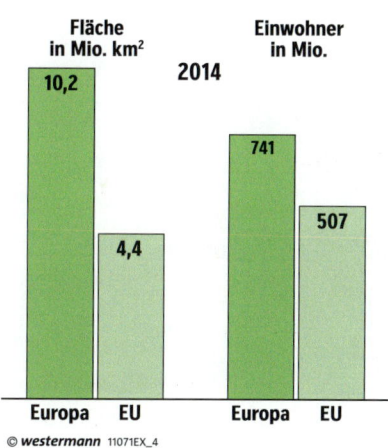

M5 Vergleich – Europa und die EU

1951:	Gründung der Europäischen Gemeinschaft für Kohle und Stahl (EGKS)
1957:	Gründung der Europäischen Wirtschaftsgemeinschaft (EWG) sowie der Europäischen Atomgemeinschaft (EURATOM)
1967:	Zusammenlegung von EGKS, EWG und EURATOM zur Europäischen Gemeinschaft (EG)
1979:	Erste direkte Wahl des Europaparlaments mit Sitz in Straßburg
1993:	Gründung der EU mit dem Vertrag von Maastricht
1995:	Inkrafttreten des Schengener Abkommens zur Regelung des freien Grenzverkehrs im EU-Raum
1998:	Gründung der Europäischen Zentralbank (EZB)
2002:	Einführung des Euro in zwölf EU-Ländern
2009:	Inkrafttreten des EU-Reformvertrags von Lissabon

M4 Chronik der Europäischen Union (EU)

Aufgaben

1. a) Erstelle eine Tabelle: Ordne den Sprachen (z.B. Germanische Sprachen) Länder zu (M2).
b) Nenne Länder Europas, in denen eine nicht-indogermanische Sprache gesprochen wird
2. Rechne die Fläche und die Bevölkerungszahl der EU im Vergleich zu Gesamteuropa in Prozentwerte um (M5).

Der EU-Binnenmarkt

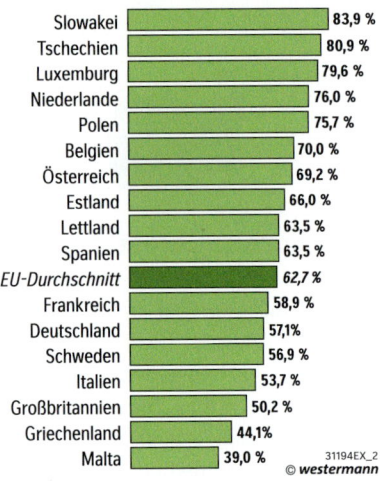

M1 Anteil des Exportes in andere EU-Länder am Gesamtexport (2012)

M2 Der neue EZB-Tower in Frankfurt am Main; seit 2015 Sitz der Europäischen Zentralbank

Der EU-Binnenmarkt

Das Herzstück der Europäischen Union ist der EU-Binnenmarkt. Seine Gründung gilt als eine der größten Leistungen in der Geschichte der EU. Um einen gemeinsamen Binnenmarkt zu schaffen, mussten Hunderte von Rechtsvorschriften erlassen werden. Tausende unterschiedlicher Gesetze und Normen wurden geändert oder aufgehoben, bevor der EU-Binnenmarkt am 1. Januar 1993 verwirklicht wurde. Seit es den Binnenmarkt gibt, werden nur gegenüber Drittländern Zölle erhoben; das sind Staaten, die nicht der EU angehören. Als Ergebnis des EU-Reformvertrages von Lissabon bemühen sich heute Expertengruppen, unsinnige und übertriebene Vorschriften für den EU-Markt zu überarbeiten oder abzuschaffen.

Der Euro – Währung für Europa

Der Euro ist seit seiner Einführung 1999 zu einem Symbol der EU, zur Gemeinschaftswährung der Europäischen Wirtschafts- und Währungsunion geworden. Er wird von der Europäischen Zentralbank (EZB) mit Sitz in Frankfurt am Main ausgegeben und dient als gemeinsame offizielle Währung in 19 EU-Mitgliedstaaten, die zusammen die Eurozone bilden, sowie in sechs weiteren europäischen Staaten. Nach dem US-Dollar ist der Euro die wichtigste Währung im Welthandel. Am 1. Januar 2002 wurde die Gemeinschaftswährung Euro als Bargeld eingeführt.

Freiheiten für uns alle

Dank des EU-Binnenmarktes hat der Handel innerhalb der EU erheblich zugenommen. Die im Binnenmarkt ansässigen Unternehmen haben unbeschränkten Zugang zu fast 500 Millionen Verbrauchern in der EU. Es treten alle europäischen Unternehmen miteinander in einen Wettbewerb. Für die Unternehmen bedeutet dies mehr Konkurrenz. Für die Verbraucher bedeutet dies eine größere Auswahl und niedrigere Preise.

Im europäischen Binnenmarkt bewegen sich Menschen, Waren, Dienstleistungen und Geld so frei wie im einzelnen Staat. EU-Bürger können quer durch die Europäische Union reisen und auch arbeiten.

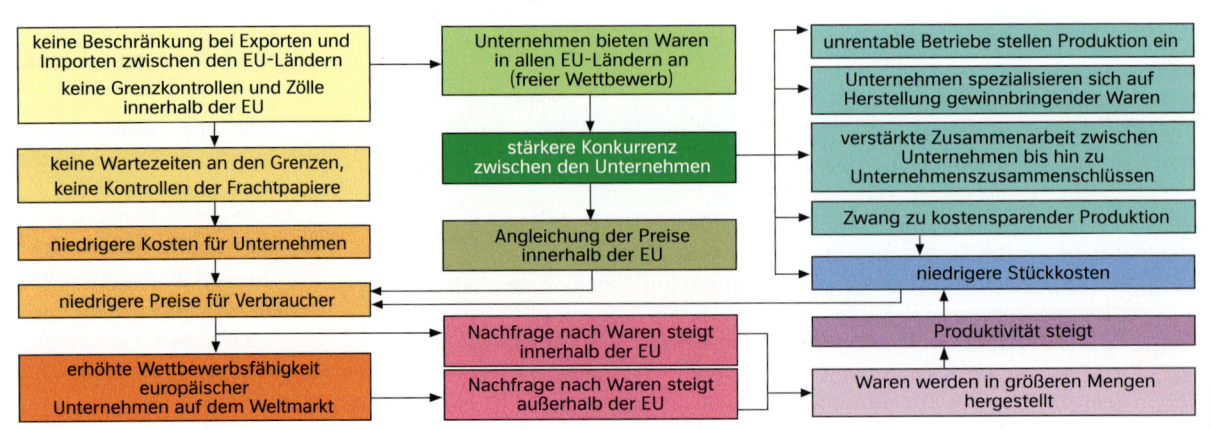

M3 Abläufe und Auswirkungen des EU-Binnenmarktes

Europa – Einheit und Vielfalt

Durch den EU-Binnenmarkt werden alle Grenzhindernisse für Menschen, Waren, Dienstleistungen und Kapital beseitigt.

Keine Grenzen für Menschen
EU-Bürger können sich ohne Kontrollen innerhalb der Binnengrenzen bewegen. Überall in der EU genießen Arbeitnehmer gleiche Rechte.

Keine Grenzen für Waren
Waren zirkulieren frei in der ganzen Gemeinschaft, so als hätte es Grenzen nie gegeben. Zeitvergeudungen, Steuerhürden, unterschiedliche Vorschriften, die Papierflut – alles gehört der Vergangenheit an.

Keine Grenzen für Kapital
Jeder darf in der Gemeinschaft sparen und investieren, wo es ihm am vorteilhaftesten erscheint. Von einem Mitgliedsland ins andere können Geldbeträge ohne Beschränkung mitgeführt werden.

Keine Grenzen für Dienstleistungen
Dienstleistungsunternehmen, wie zum Beispiel Versicherungen und Banken, können in der ganzen Gemeinschaft vertreten sein, und die Verbraucher können das jeweils beste Angebot wählen.

M4 Die vier Freiheiten des EU-Binnenmarktes

Land	Arbeitskosten* je Stunde in Euro
Dänemark	42,00
Frankreich	35,20
Niederlande	33,50
Deutschland	31,80
Spanien	21,00
Griechenland	14,40
Tschechische Republik	9,60
Polen	8,20
Bulgarien	3,80

* Arbeitskosten pro Jahr insgesamt dividiert durch die Zahl der während eines Jahres geleisteten Arbeitsstunden
(Quelle: Destatis 2014)

M6 Arbeitskosten

„Ich besitze zu Hause in Straßburg eine Bäckerei und habe in Freiburg eine Filiale eröffnet. Nun brauchen die Freiburger nicht mehr über die Grenze zu fahren, um unsere Brot-Spezialitäten zu kaufen."

„Ich stamme aus Kopenhagen und habe vor Kurzem eine Praxis in Kiel eröffnet. In Deutschland habe ich zwar mehr Patienten, verdiene aber deutlich weniger."

„Als Chef eines tschechischen Kfz-Zulieferbetriebes weiß ich: Wir können nun unsere Produkte überall in der EU verkaufen, aber die Konkurrenz aus Polen und Bulgarien ist größer geworden."

„Ich komme aus Spanien und habe dort meine Ausbildung als Bürokauffrau beendet. Jetzt mache ich ein Praktikum in den Niederlanden. Das wird zum Teil von der EU bezahlt."

M5 Zum EU-Binnenmarkt

Aufgaben

1. a) Beschreibe die Abläufe und Auswirkungen des EU-Binnenmarkts (M1, M3, M4).
   b) Nenne die Vor- und Nachteile offener Grenzen im EU-Raum.
2. a) Erstelle eine Kurzpräsentation über die Lebens- und Arbeitswelten in den verschiedenen europäischen Regionen (M5, Internet).
   b) Vergleiche die unterschiedlichen Arbeitskosten in der EU. Nimm Stellung dazu.

Europa der Regionen

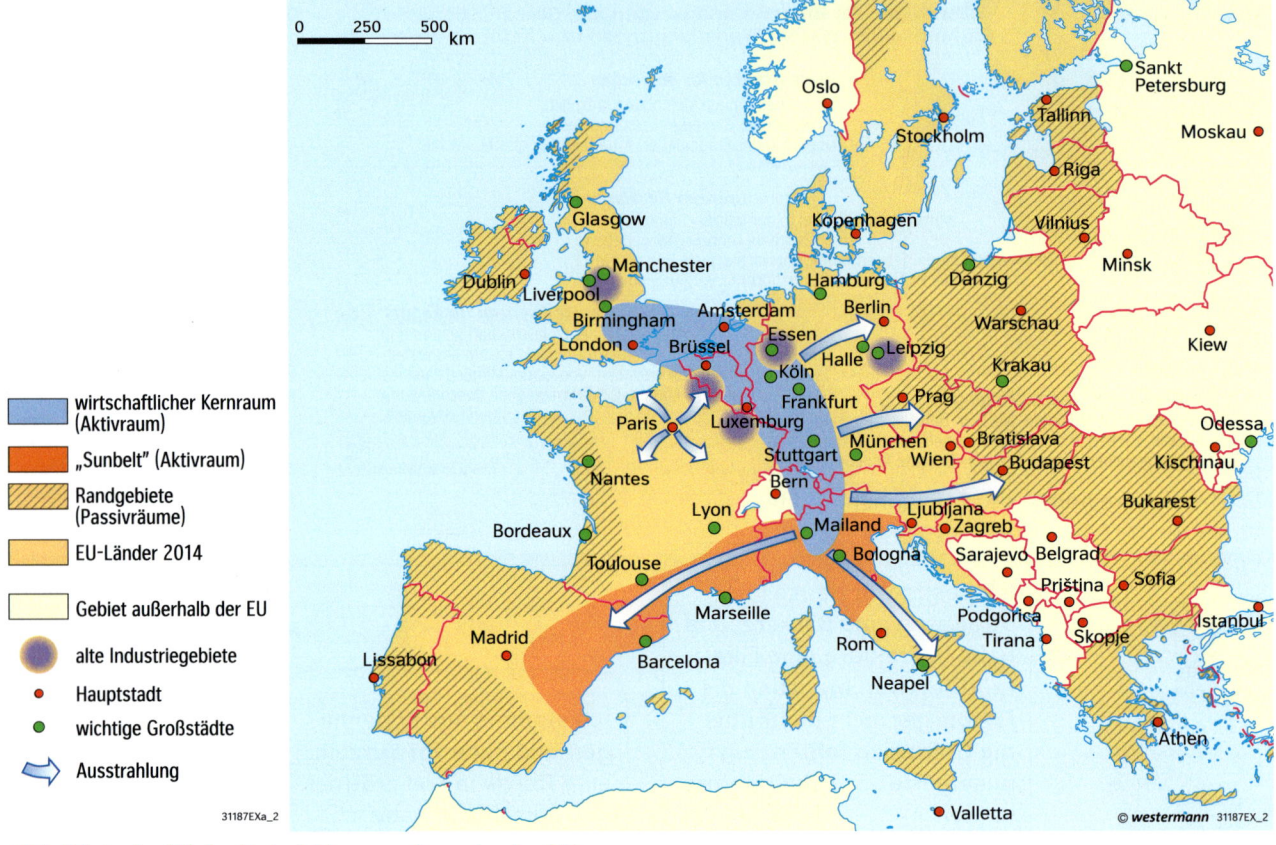

M1 Wirtschaftliche Entwicklungsachsen in der EU

Der europäische Wirtschaftsraum

Von außen gesehen ist die EU heute ein relativ einheitlicher Wirtschaftsraum. Der wirtschaftliche Entwicklungsstand innerhalb der EU ist jedoch sehr unterschiedlich. Gering entwickelte Randgebiete (Passivräume) stehen wirtschaftlichen Kernräumen (Aktivräume) gegenüber. Diese Entwicklungsunterschiede nennt man räumliche Disparitäten. Diese gibt es sowohl auf internationaler Ebene als auch zwischen den Regionen innerhalb der Länder.

Aktivräume
Zwei Entwicklungsachsen bilden das wirtschaftliche Rückgrat der EU (M1). Auf der Achse Mittelengland – Norditalien liegen Gebiete mit industrieller Tradition. London ist auf dieser Achse das wichtigste europäische Finanzzentrum.
Die zweite dynamische Entwicklungsachse ist der europäische Sunbelt. Seine Standortvorteile sind die Häfen, die wirtschaftlichen Beziehungen zu den Anrainerstaaten des Mittelmeeres, junge und dynamische Arbeitskräfte, das angenehme Klima sowie der Erholungswert.

Passivräume
Die Passivräume liegen meistens an den Rändern der EU. Ihnen fehlte früher die Erschließung der Rohstoffe für eine industrielle und infrastrukturelle Entwicklung. Abwanderung und Überalterung stellen diese Regionen heute vor große Probleme.

Info

EU-Regionen
Die Europäische Union hat eine regionale Gliederung des EU-Gebietes festgelegt. Es gibt eine grobe, mittlere und feine Einteilung in Regionen.
Die Einteilung der EU in Regionen erleichtert die Erhebung statistischer Daten (z. B. Einwohnerzahl, Bruttoinlandsprodukt pro Einwohner). Diese Daten nutzen die EU-Institutionen, um politische Entscheidungen zu treffen, zum Beispiel, wenn es um die finanzielle Unterstützung sogenannter „armer" Regionen geht.

Europa – Einheit und Vielfalt

Förderung von Passivräumen

Zwischen den EU-Ländern sind die wirtschaftlichen und sozialen Entwicklungsunterschiede sehr groß.

Räumliche Disparitäten erkennt man unter anderem am Bruttoinlandsprodukt (BIP) pro Kopf (siehe S. 140/141) im Vergleich zum EU-Durchschnittswert oder der Arbeitslosenquote in der EU. Auch innerhalb der EU-Länder gibt es erhebliche Entwicklungsunterschiede (M1, M2).

Die EU-Regionalpolitik versucht, bestehende Unterschiede abzubauen. Deshalb werden vor allem in den Passivräumen der EU viele Entwicklungsprojekte gefördert. Spezielle Förderinstrumente und die grenzüberschreitende Zusammenarbeit haben das Ziel, die wirtschaftliche und soziale Situation dieser Regionen zu verbessern. Dadurch soll deren Attraktivität gesteigert werden.

Auch innerhalb Deutschlands gibt es strukturschwache Regionen. Zur Steigerung der Wirtschaftskraft und Attraktivität der Regionen werden auch Mittel aus dem EU-Haushalt bereitgestellt.

	2007	2010	2013
BIP (Mrd. Euro)	2086	1731	1900
BIP/Einw. (Euro)	34200	27800	29600

M3 Wirtschaftskraft Großbritanniens

	2007	2010	2013
BIP (Mrd. Euro)	124	124	142
BIP/Einw. (Euro)	6000	6100	7100

M4 Wirtschaftskraft Rumäniens

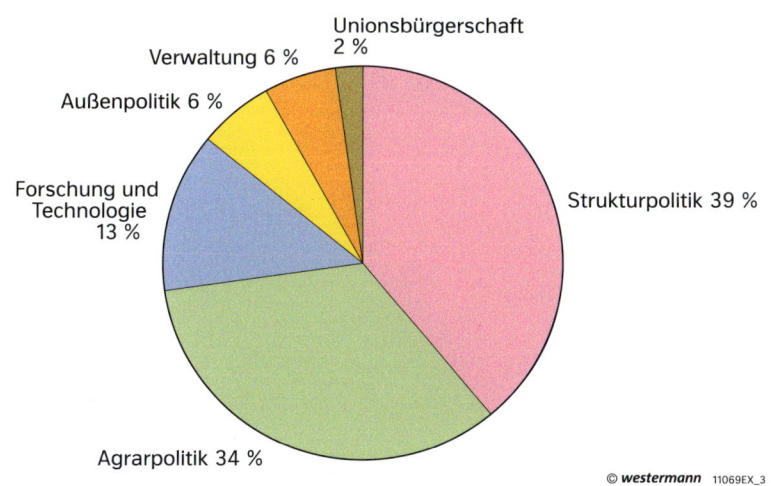

- Unionsbürgerschaft 2 %
- Verwaltung 6 %
- Außenpolitik 6 %
- Forschung und Technologie 13 %
- Agrarpolitik 34 %
- Strukturpolitik 39 %

M2 Haushalt der EU 2015

Aufgaben

1. a) Nenne fünf Städte aus den Aktivräumen (M1).
   b) Nenne fünf Städte aus den Passivräumen (M1).
2. Erläutere Standortvorteile des Sunbelts (Atlas).
3. Erkläre anhand von M2–M4 die Begriffe „Aktiv- und Passivraum".

Eine thematische Karte entwerfen

Die EU – Wirtschaftskraft der Mitgliedstaaten

BIP pro Einwohner (in €)	
Belgien	34 500
Bulgarien	5 500
Dänemark	44 400
Deutschland	33 300
Estland	13 900
Finnland	35 600
Frankreich	31 300
Griechenland	17 400
Großbritannien	29 600
Irland	35 600
Italien	25 600
Kroatien	10 100
Lettland	11 600
Litauen	11 700
Luxemburg	83 400
Malta	17 200
Niederlande	35 900
Österreich	37 000
Polen	10 100
Portugal	15 800
Rumänien	7 100
Schweden	43 800
Slowakei	13 300
Slowenien	17 100
Spanien	22 300
Tschechien	14 200
Ungarn	9 900
Zypern	19 000

M1 BIP pro Einwohner in den EU-Ländern (2013, zu Marktpreisen, Quelle: Eurostat)

Die Tabelle M1 zeigt das Bruttoinlandsprodukt (BIP) pro Einwohner (Info). Mit diesem Wert wird die Wirtschaftskraft der EU-Länder vergleichbar. Es gibt aber auch andere Werte, die die Wirtschaftskraft eines Landes zeigen (z. B. Arbeitslosigkeit, Außenhandelsbilanz).
Anhand der Tabelle M1 kannst du eine thematische Karte zeichnen. Sie verschafft dir einen räumlichen Überblick darüber, welche EU-Mitglieder ein hohes BIP pro Einwohner aufweisen.
In der Tabelle M1 sind die EU-Staaten in alphabetischer Reihenfolge aufgeführt und nicht entsprechend ihrer Wirtschaftskraft geordnet.
Man kann die Tabelle M1 in Reihenfolge der Werte neu ordnen und dabei zum Beispiel mit dem höchsten Wert beginnen. Das ist hilfreich, um Wertstufen zu bilden (M3).

Info

BIP

Das Bruttoinlandsprodukt gibt den Gesamtwert aller Waren und Dienstleistungen an, die in einem Land innerhalb einer Periode (meist ein Jahr) hergestellt wurden abzüglich der Vorleistungen. Vorleistungen sind hierbei die Werte der bei der Produktion verbrauchten, verarbeiteten oder umgewandelten Waren und Dienstleistungen.

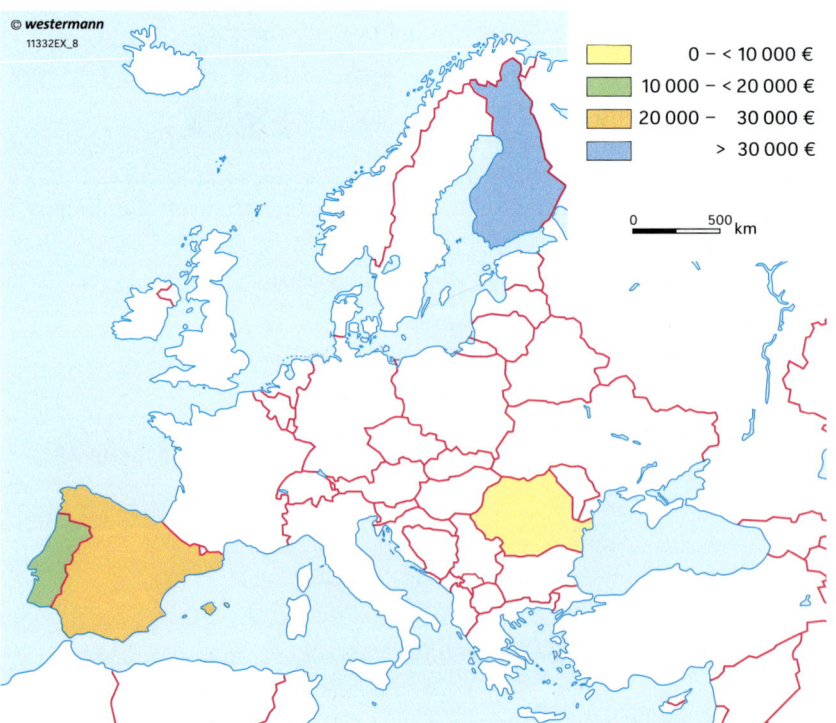

M2 Vorlage für eine thematische Karte: BIP pro Einwohner in den Ländern der EU

0 – < 10 000 €		10 000 – < 20 000 €		20 000 – 30 000 €		> 30 000 €	
Bulgarien	5 500 €	Kroatien	10 100 €	Spanien	22 300 €	Frankreich	31 300 €
Rumänien	7 100 €	Polen	10 100 €	Italien	25 600 €	Deutschland	33 300 €
Ungarn	9 900 €	Lettland	11 600 €	Großbrit.	29 600 €	Belgien	34 500 €
		Litauen	11 700 €			Irland	35 600 €
		Slowakei	13 300 €			Finnland	35 600 €
		Estland	13 900 €			Niederlande	35 900 €
		Tschechien	14 200 €			Österreich	37 000 €
		Portugal	15 800 €			Schweden	43 800 €
		Slowenien	17 100 €			Dänemark	44 400 €
		Malta	17 200 €			Luxemburg	83 400 €
		Griechenland	17 400 €				
		Zypern	19 000 €				

M3 Zahlengruppen der EU-Staaten (BIP pro Einwohner zu Marktpreisen, 2013, Quelle: Eurostat)

Belgien	8,5	Griechenland	25,4	Malta	5,8	Slowakei	12,6
Bulgarien	11,1	Großbrit.	5,9	Niederlande	6,5	Slowenien	9,6
Dänemark	6,4	Irland	10,7	Österreich	4,9	Spanien	23,9
Deutschland	5,0	Italien	13,4	Polen	8,2	Tschechien	5,8
Estland	6,9	Lettland	10,7	Portugal	13,9	Ungarn	7,4
Finnland	8,9	Litauen	9,4	Rumänien	6,5	Zypern	16,8
Frankreich	10,3	Luxemburg	5,9	Schweden	7,9		

M4 Arbeitslosigkeit in der EU 2014 (in %)

So gestaltest du deine thematische Karte

1. Zeichne die Umrisse der EU-Mitgliedstaaten auf Transparentpapier und ergänze die Hauptstädte.
2. Erstelle nach den Zahlenangaben in M1 geeignete Zahlengruppen, um die Wirtschaftskraft der einzelnen Staaten unterscheiden zu können. Gehe dazu folgendermaßen vor: Schau dir den höchsten und den niedrigsten Zahlenwert sowie die Verteilung der dazwischen liegenden Zahlenwerte an. Bilde dann Zahlengruppen.
3. Lege eine Tabelle an: Die einzelnen Spalten erhalten als Überschrift die von dir unter 2. festgelegten Zahlenwerte. Färbe dann die Zahlengruppen unterschiedlich ein. Im vorliegenden Beispiel sind die Länder der EU in vier Zahlengruppen aufgeteilt.
4. Je nach der Gruppenzugehörigkeit in der Tabelle kannst du nun die EU-Staaten nach und nach in deiner Kartenskizze farbig ausmalen und der Karte einen Titel geben, zum Beispiel: „Wirtschaftskraft der EU-Mitgliedstaaten".
5. Du kannst jetzt aus der thematischen Karte wichtige Informationen herauslesen, zum Beispiel, wo die wirtschaftsschwächeren EU-Länder liegen oder dass ein einziger Staat wie eine Wohlstandsinsel eine herausgehobene Stellung in der Karte einnimmt.

Aufgaben

1 Zeichne mithilfe von M2 und der Texterklärung die vollständige Karte: „Wirtschaftskraft der EU-Mitgliedstaaten".

2 a) Errechne den Durchschnitt des BIP pro Einwohner der Länder der EU (M1).
  b) Bewerte die Wirtschaftskraft der seit 2004 eingetretenen neuen EU-Mitglieder (M1 und Karte S. 133) im Vergleich zum Durchschnitt der EU.

3 Gestalte nach den Angaben in M4 eine thematische Karte. Berücksichtige die Hinweise auf dieser Seite und ordne die Arbeitslosenquoten der EU-Länder nach den Zahlengruppen:
 0 % – < 5 %, 5 % – < 10 %, 10 % – < 15 %, > 15 %.

Frankreich – Zentralismus und Dezentralisierung

M1 Dienstleistungszentrum La Défense: Größtes Geschäfts-, Verwaltungs- und Wohnviertel in Europa mit über 1 500 Firmen, 150 000 Beschäftigten, 25 000 Einwohnern und ebenso vielen unterirdischen Parkplätzen.

M2 Anteil der alten Regionen (bis 2015) am Bruttoinlandsprodukt Frankreichs

Paris – das Zentrum Frankreichs

Über viele Jahrhunderte war Paris der Sitz der französischen Könige. Mit der Französischen Revolution teilte man 1790 die französischen Provinzen in kleinere Flächen, die Departements, auf. Alle Entscheidungen vor Ort waren von der Zustimmung der Pariser Zentralbehörden abhängig. Zusätzlich richtete sich die gesamte Infrastruktur Frankreichs auf das Zentrum Paris aus. Als Folge des Zentralismus konzentrierten sich in Paris stets die besten Kräfte des Landes. Auch heute werden am Regierungssitz Paris alle wichtigen Entscheidungen Frankreichs getroffen. Paris ist der Mittelpunkt der Isle de France, eine der reichsten Regionen Europas. Die übermächtige Stellung des Großraums Paris kann jedoch nicht darüber hinwegtäuschen, dass sich unser westliches Nachbarland strukturell wandelt und andere Regionen aus dem Sog der Hauptstadt hervortreten.

M3 Abwanderung aus dem ländlichen Raum

Europa – Einheit und Vielfalt

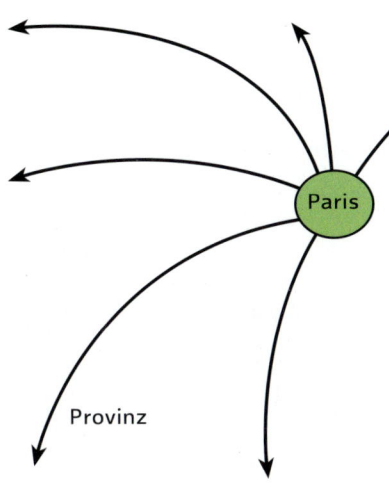

M4 Maßnahmen zur Dezentralisierung

Frankreich auf dem Weg zur Dezentralisierung?

Die Abwanderung aus dem ländlichen Raum in die Hauptstadt Paris ist groß.
Um das planlose Wachstum der Stadt zu stoppen, hat die französische Regierung Maßnahmen zur Dezentralisierung des Großraumes Paris ergriffen. So erhalten Unternehmen, die ihre Produktion aus dem Großraum Paris in die Provinz verlagern und dort Arbeitsplätze schaffen, Fördergelder. Betriebe, die sich im Ballungsraum ansiedeln, müssen Ausgleichszahlungen leisten. Außerdem fördert der französische Staat die Schaffung neuer Arbeitsplätze in den wirtschaftlich schwachen Provinzen. Darüber hinaus ist im Jahr 2003 in die französische Verfassung der Zusatz eingebracht worden, dass Frankreich eine dezentrale Organisationsform haben soll.

Ein weiterer wichtiger Schritt ist das Gesetz zur Neuordnung der Territorialverwaltung und zur Stärkung der Metropolen (2014). Die Regionen erhalten mit der Reform erweiterte Zuständigkeiten und Mittel, um wachstumsfördernde Wirtschaftsstrategien umzusetzen.
Seit 2016 gibt es in Frankreich eine neue politische Landkarte. Es gibt nur noch 13 statt 22 Regionen.

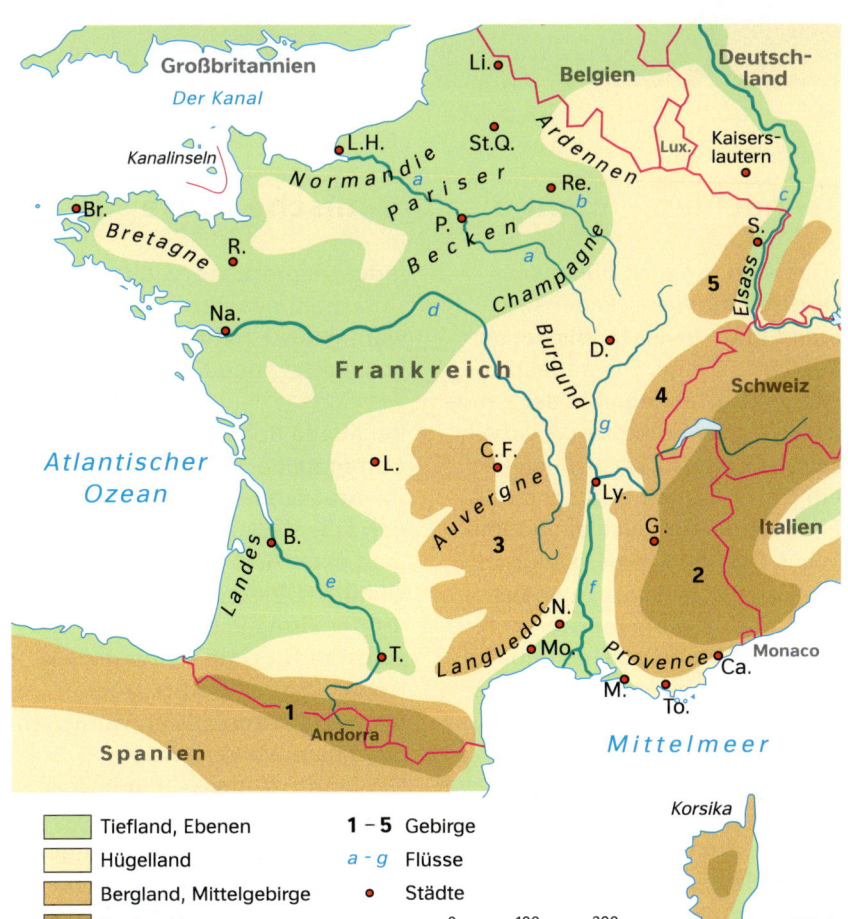

M5 Übungskarte Frankreich

Aufgaben

1 Erkläre den Ablauf der Abwanderung aus dem ländlichen Raum (M3).
2 Bestimme die Namen in der Übungskarte (M5, Atlas).
3 Paris wird häufig als der Kopf Frankreichs bezeichnet. Erkläre.
4 Bestimme den Anteil an Frankreichs BIP in den Regionen: Limousin, Alsace, Bretagne, Rhône-Alpes, Champagne und Paris (M2).
5 Erläutere die Maßnahmen zum räumlich-wirtschaftlichen Strukturwandel und zur Dezentralisierung in Frankreich.

143

Die Tschechische Republik – Nachbar im Osten

M1 Prag – Blick auf die Altstadt

M2 Tschechische Produkte

Tschechien – mehr als „böhmische Dörfer"

„Das sind für mich böhmische Dörfer." Mit dieser Redensart meint man unverständliche, unbekannte Dinge. Die angesprochenen Dörfer liegen in der Landschaft Böhmen im Westen der Tschechischen Republik. Tschechien ist ein Nachbarstaat Deutschlands. Ein Beispiel für solch ein böhmisches Dorf ist Kroměříž (sprich: Kró-mjer-schiesch). So unaussprechlich wie die meisten böhmischen Ortsnamen, so unbekannt ist für viele Deutsche unser Nachbarland Tschechien.

Dabei kennt und schätzt man auch in Deutschland tschechische Produkte und Kinderfilme schon viele Jahre.
Tschechien war bereits vor dem Zweiten Weltkrieg ein bedeutendes Industrieland. Zahlreiche Industrieprodukte, wie Autos, Unterhaltungselektronik, Glaswaren sowie Nahrungs- und Genussmittel, sind Exportschlager.

Bei Mladá Boleslav produziert der Automobilhersteller VW jährlich Zehntausende Škodas, von denen eine Vielzahl nach Deutschland exportiert wird.
Olmütz (Olomouc) ist der Standort der Firma Project, einem Spezialisten für Unterhaltungselektronik. Project-Geräte, zum Beispiel Plattenspieler, werden in die ganze Welt exportiert.
Die Städte Budweis und Pilsen sind wegen des dort hergestellten Bieres weltweit bekannt geworden. Aus dem internationalen Kurort Karlsbad kennen wir die Oblaten, eine runde waffelartige Gebäckart.

www.diercke.de
100857-073, -070

Europa – Einheit und Vielfalt

Ein Land unter der Lupe

In Europa gibt es mehr als 45 Staaten. Alle Staaten haben verschiedene Landschaften, Naturräume, Traditionen und Eigenheiten, eine eigene Sprache und Kultur. Sie sind unterschiedlich groß und haben eine unterschiedlich hohe Einwohnerzahl. Auf dieser Seite lernst du, wie man ein Land unter die Lupe nimmt und es auf einem Plakat vorstellt.

Die seit 1918 bestehende Tschechoslowakei löste sich am 1. Januar 1993 in zwei selbstständige Staaten auf. Die beiden Nachfolgestaaten sind die Tschechische Republik und die Slowakei. Beide Staaten sind heute Mitglieder der Europäischen Union (EU).

M3 Januar 1993 – die Tschechoslowakei löst sich auf

Topographie
Lage eines Landes auf der Erde; Umriss, Gebirge, Städte und Flüsse

Naturraum
Oberflächenformen, Vulkane, Erdbeben, Rohstoffe, Klima, Vegetation

Wirtschaft
Landwirtschaft, Industrie, Handel, Verkehr, Tourismus

Besiedlung und Bevölkerung
Ländliche Räume, Verdichtungsräume

Politik und Kultur
Staatsform, Sprachen, Lebensweisen

M4 Viele Merkmale prägen ein Land

Vier Schritte zur Untersuchung eines Landes

1. Wir bilden Arbeitsgruppen
   - Wenn wir ein Land untersuchen wollen, dann halten wir uns an das Schema in M4. Jede Gruppe übernimmt einen Aspekt der dort angegebenen fünf Bereiche.
2. Wir beschaffen uns Informationen
   - Wir überlegen, woher wir Informationen bekommen.
   - Wir legen fest, wer welche Materialien besorgen soll.
3. Wir werten die Materialien aus
   - Wir suchen uns aus den Materialien die passenden aus.
   - Wir zeichnen einen Länderumriss und tragen dort wichtige Landschaften, Städte und Flüsse ein.
   - Wir lesen Texte und fassen sie schriftlich zusammen.
   - Wir ergänzen die Informationen mit passenden Bildern, Grafiken und Tabellen.
4. Wir stellen die Ergebnisse dar
   - Wir beschaffen uns ein Plakat, auf dem die Ergebnisse präsentiert werden.
   - Wir ordnen die Materialien sinnvoll an und kleben sie auf.

Aufgaben

1 Beschreibe die Lage der Tschechischen Republik (Atlas).
2 Untersuche ein weiteres europäisches Land nach der Schrittfolge und M4.
3 Bestimme einen weiteren östlichen Nachbarstaat Deutschlands (Atlas).
4 Entwirf eine Kartenskizze der Tschechischen Republik. Berücksichtige: Gebirge, Flüsse, Städte, wichtige Industriestandorte.

Euregios

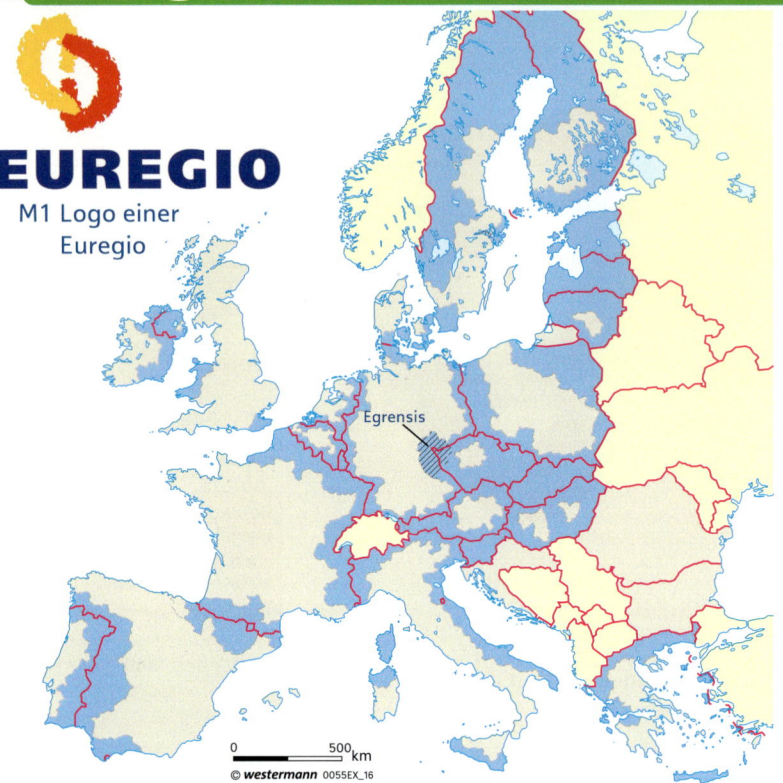

M1 Logo einer Euregio

M2 Fördergebiete in Grenzregionen der EU

Zusammenarbeit an Grenzen

Grenzgebiete zwischen Staaten zeigen immer zwei Probleme auf: Erstens stellt jede Grenze einen Einschnitt, eine Zerschneidung des Wirtschafts- und Kulturraums dar. Zweitens wurden Grenzgebiete in der Vergangenheit von der nationalen Politik aufgrund der Lage am Rand des Staatsgebiets häufig vernachlässigt.

Mit jeder Erweiterung der EU auf 28 Staaten (2015) wurden ehemalige Außengrenzen der Staaten zu Binnengrenzen. Entlang dieser EU-Binnengrenzen entwickelten sich zahlreiche Euregios, die grenzüberschreitend zusammenarbeiten. Dabei werden sie von der EU finanziell gefördert. Die erste Zusammenarbeit gab es 1958 im Raum Gronau (D)/Enschede (NL). Diese Region nannte sich EUREGIO. Die Bezeichnung wurde auf andere grenzüberschreitende Regionen übertragen.

1. Raum

Räumliche Strukturen werden an Grenzen zerschnitten. Jedes EU-Mitglied hat seine eigene Raumplanung und Planungen von Verkehr, Transport und anderen Infrastrukturmaßnahmen. In einem Grenzgebiet müssen daher unterschiedliche Systeme zwischen Staaten aufeinander abgestimmt werden. Die EU-Bürger der Grenzgebiete sollen über Pläne ihrer Lebensumgebung in der Region diesseits und jenseits der Grenze mitbestimmen können.

2. Arbeit

Eine Erweiterung des Arbeitsmarktes ist eine Chance für die Bewohner des Grenzgebietes. Durch Stellensuche im Nachbarland oder eine Ausbildung jenseits der Grenze verbessern sich die beruflichen Perspektiven der EU-Bürgerinnen und -Bürger in Grenzräumen. Zur Schaffung eines grenzüberschreitenden Arbeitsmarktes gehört auch, dass Ausbildungspläne und Zeugnisse gegenseitig anerkannt werden.

3. Wirtschaft

Die Zusammenarbeit von Unternehmen und Organisationen zur besseren Nutzung wirtschaftlicher und technischer Entwicklungen wird angeregt. Auch soll es eine grenzüberschreitende Kooperation von klein- und mittelständischen Unternehmen geben. Weiterhin soll der grenzüberschreitende Tourismus als wachsender Wirtschaftszweig überregional ausgebaut werden.

4. Umwelt und Landwirtschaft

Umwelt und Landwirtschaft sind die natürlichen Bindeglieder in einem Grenzgebiet. Aber nationale Gesetze und Vorschriften verhindern oft einen grenzüberschreitenden Umgang mit den natürlichen Ressourcen. Dies soll abgeschafft werden. So suchen Landwirtschaftsorganisationen nach neuen gemeinsamen Wegen für landwirtschaftliche Betriebe in den Grenzregionen.

5. Mensch

Kontakte zwischen Bürgern aller Gruppen sollen in den Euregios gefördert werden. Auch die grenzüberschreitende Zusammenarbeit von Behörden, wie Feuerwehr und Polizei, speziell im Katastrophenschutz, wird unterstützt. Im Bereich der Sprachförderung sollen gemeinsame Kulturprojekte und Veranstaltungen das gegenseitige Verständnis stärken.

M3 Fünf Bereiche der Zusammenarbeit an den Grenzen

Europa – Einheit und Vielfalt

M4 Blick auf Karlsbad in der EUREGIO EGRENSIS

Die Euregio Egrensis wurde 1993 gegründet. Zu ihr gehören die grenznahen Regionen Thüringens, Sachsens, Bayerns sowie Böhmens in der Tschechischen Republik. Diese Regionen werden von drei Arbeitsgemeinschaften vertreten.
Die EUREGIO stellt sich die Aufgabe, grenzübergreifende Strukturen in den Bereichen Arbeiten, Wohnen, Freizeit, Kultur und Umwelt zu entwickeln. Damit wird sich die Lebensqualität der Bevölkerung im grenznahen Raum verbessern.

Für die Mobilität ist vor allem der Ausbau der grenzüberschreitenden Verkehrswege wichtig. So wurde zum Beispiel die E 49 im Anschluss an die A 72 nach Eger und Karlsbad vierspurig ausgebaut.

M5 EUREGIO EGRENSIS

Mit dem Karlsroute-Radwanderweg wird eine grenzüberschreitende Radroute zwischen Sachsen und Böhmen geschaffen. Die Karlsroute wird über den Erzgebirgskamm hinweg überregionale Radrouten verbinden. Entlang der Hauptroute entstehen mehrere Zubringer- und Nebenrouten, die mit der Hauptroute verknüpft werden. Dadurch wird eine zusätzliche radtouristische Erschließung dieses Teils des Erzgebirges ermöglicht.[1]
Das Projekt kostete etwa 2,2 Mio. Euro. 81 Prozent der Kosten finanzierte die EU über Mittel aus dem EFRE-Fonds. Der Radwanderweg wurde im Mai 2015 eröffnet. ([1]Quelle: Radfernwege – Touren durch die EUREGIO EGRENSIS. www.euregioegrensis.de, 14.11.2014)

M6 Radwanderweg „Karlsroute"

Aufgaben

1. Erläutere den Begriff „Euregio".
2. Beschreibe die Lage der EUREGIO EGRENSIS innerhalb der EU. Nenne Staaten und deutsche Bundesländer, die in dieser Euregio grenzübergreifend zusammenarbeiten.
3. Untersuche, inwiefern das Beispiel M6 die Idee der Euregio unterstützt.
4. Löse die Übungskarte in M6 (Atlas, Internet).

Einen EU-Schulprojekttag durchführen

M1 Robert Schuman, französischer Politiker 1886–1963

Schritte zur Durchführung eines EU-Projekttags

1. Schritt
Sammelt Ideen zu Europa sowie zur Europäischen Union und fasst sie zu Themenfeldern zusammen. Verteilt diese Themenfelder auf Arbeitsgruppen von vier bis sechs Schülerinnen und Schülern.

2. Schritt
Die Arbeitsgruppen suchen anschließend geeignete Materialien zu den Themenfeldern aus, recherchieren, sichten und diskutieren.

3. Schritt
Die Arbeitsgruppen entscheiden sich für eine Präsentationsform zu ihrem Themenfeld.

Europa – Tag, Woche, Projekt

Am 9. Mai feiert die Europäische Union jährlich den Europatag. Hintergrund ist Robert Schumans Vision eines „Vereinten Europas", die er am 9. Mai 1950 vorgestellt hat. Diese „Schuman-Erklärung" gilt als einer von mehreren Grundsteinen zur Bildung der heutigen EU.

1985 wurde der 9. Mai zum offiziellen Tag der Europäischen Union bestimmt. Die Bundeskanzlerin und die Ministerpräsidentinnen und Ministerpräsidenten der deutschen Länder beschlossen 2010, einen EU-Schulprojekttag an deutschen Schulen ins Leben zu rufen.

Ziel dieses Projekttages ist es, mit Veranstaltungen und Aktionen das Interesse und die Begeisterung für Europa zu stärken sowie sich weitere Kenntnisse über die EU anzueignen. Die Schulen werden zur Durchführung von Projekten zu den Themen Europa und Europäische Union aufgerufen.

Aktiv und kreativ – Europa mit Wirkung!

Viele Schulen in Rheinland-Pfalz beteiligten sich bisher am EU-Schulprojekttag. Unter dem Motto „Aktiv und kreativ – Europa mit Wirkung" setzten sich Schülerinnen und Schüler von der fünften bis zur zehnten Klasse mit Europa auseinander. Mit der Umsetzung zahlreicher guter Ideen gingen die Schülerinnen und Schüler an die Arbeit.

Der Schulprojekttag setzt sich das Ziel, sich mit Fragen zu Europa in unserer Zeit zu beschäftigen, Europa-Ideen zu entwickeln, gemeinsam aufzubereiten und gestalterisch umzusetzen.

M2 Plakat zum Europatag

Anregungen für Arbeiten
- Texte/Literatur: Gedicht, Story-Board, Zeitung, Buch
- Bilder: Grafik, Malerei/Zeichnung, Fotografie, Collage, Comic
- Skulptur, Plastik, Installation
- Digitale Techniken: Website, Blog, Video-Blog, Animation
- Musik: Song, Musical, Rap, Hip-Hop, Eigenkomposition
- Radio: Europa-Nachrichten
- Video
- Textiles Gestalten: Flaggen, Europa-Wandteppich

M3 Ideen für ein Europa-Projekt

M6 Informationen zur Planung von Bildung und Ausbildung

M4 Offizielles Logo zur Europawoche

Am EU-Schulprojekttag sprachen Politiker mit Schülerinnen und Schülern über die Europa-Politik und warben für ein gemeinsames Europa. Das Bild zeigt die damalige Bundesministerin für Familie, Senioren, Frauen und Jugend Ursula von der Leyen am EU-Projekttag. Sie stellte sich den kritischen Fragen der Schülerinnen und Schüler zur aktuellen europäischen Politik.

M5 Eine Politikerin wurde in die Schule eingeladen.

Aufgaben

1. Gestaltet ein Logo für die Europawoche oder den Europatag.
2. Erstellt einen Steckbrief über Robert Schuman (Internet).
3. „Aktiv, kreativ – Europa mit Wirkung!" Dieses Thema könnt ihr in einem EU-Schulprojekt umsetzen. Wählt aus M3 geeignete Gestaltungsmöglichkeiten aus und entwickelt eigene Ideen.
4. Schreibt die EU-Politiker in eurem Wahlkreis an und bittet sie, zu einer Europa-Diskussion in eure Schule zu kommen. Bereitet euch mit einem Fragenkatalog vor.
5. Sammelt die derzeit wichtigen Themen und Fragen zur Europa-Politik (Zeitungen, Internet).
6. „Europa sind wir". Nimm Stellung zu dieser Aussage.

Europa – gemeinsam die Umwelt schützen

M1 Das Foto zeigt den Müll, der in einem Jahr auf einem nur ein Kilometer langen Uferabschnitt eingesammelt wurde. Jährlich landen etwa 20 000 Tonnen Müll in der Nordsee.

Schutz der Meeresumwelt

Die aus zwei älteren Meeresschutzabkommen hervorgegangene Oslo-Paris-Konvention (OSPAR 1992) hat die Erhaltung der Meeresökosysteme des Nordost-Atlantiks und dessen Randmeeren, wie zum Beispiel der Nordsee, zum Ziel. Hierzu gehört auch der Schutz vor nachteiligen Auswirkungen menschlicher Tätigkeiten. So weit wie möglich sollen auch beeinträchtigte Meereszonen wiederhergestellt werden. Im Rahmen des Übereinkommens können neben unverbindlichen Empfehlungen von Instituten und Experten auch Beschlüsse mit rechtsverbindlichem Charakter für die Mitgliedstaaten des OSPAR-Abkommens verabschiedet werden. Die Umsetzung der Konvention ist in sechs Arbeitsfelder aufgeteilt:

- Schutz und Erhaltung der biologischen Meeresvielfalt
- Schutz der Ökosysteme des Meeresgebiets
- Eutrophierung (Überdüngung)
- Schadstoffe
- Offshore Öl- und Gasindustrie
- Radioaktive Substanzen, deren Überwachung und Bewertung.

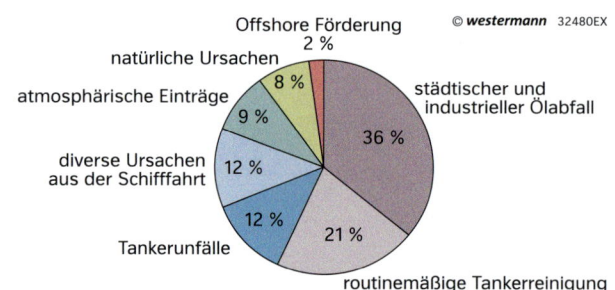

M3 Quellen der Meeresverschmutzung

M4 Einzugsgebiet der Nordsee

M2 Logo der Oslo-Paris-Konvention

Europa – Einheit und Vielfalt

Hohe Phosphor- und Stickstoffgehalte im Wasser steigern das Wachstum von Algen. Es kommt zu einer Überproduktion an pflanzlicher Substanz, die zu einem überhöhten Sauerstoffverbrauch führt.
Abgestorbene Algen sinken auf den Meeresboden, wo sie von Bakterien abgebaut werden und eine Faulschlammschicht bilden. Dabei entstehen giftige Kohlenwasserstoffe, die zu einer weiteren Beeinträchtigung des Lebens führen. Im Extremfall droht der biologische Tod des Gewässers; das Umkippen.

M5 Problem Eutrophierung

Seit den 1960er-Jahren wird in der Nordsee Erdöl gefördert und über Pipelines in die Erdölhäfen gepumpt. Tanker transportieren Erdöl aus Übersee in die großen Hafenstädte rund um die Nordsee. Begleitet werden Förderung und Transport von Umweltkatastrophen. So flossen z. B. 1996 bei der Havarie des Tankers „Sea Empress" vor Wales 100 000 t Rohöl in die Nordsee. 1995 löste die geplante Versenkung der Ölplattform Brent Spar heftige Proteste aus. Heute müssen ausgediente Bohrinseln an Land entsorgt werden.

M7 Problem Ölverschmutzung

Lange Zeit nutzten die Anrainerstaaten die Nordsee als Müllkippe für Industrieabfälle, Bagger- und Klärschlämme. Sie wurden von Schiffen einfach ins Wasser gekippt (verklappt) – eine Form billiger Entsorgung. Seit 1989 sind jedoch durch ein Umweltabkommen der Anrainerstaaten die Einleitung von Industrieabfällen in die Nordsee verboten und eine Verringerung der Schadstoffabgabe in die Flüsse festgeschrieben. Doch die Umsetzung und Überwachung solcher Maßnahmen ist sehr schwierig.

M8 Problem Müll

Das Einzugsgebiet der Nordsee

Acht Staaten Europas sind die Anrainer des Randmeeres Nordsee. Das Wassereinzugsgebiet, das heißt der Raum, von dem aus alle Flüsse in die Nordsee entwässern, umfasst eine Fläche von rund 840 000 km². Der Raum ist hoch industrialisiert und intensiv landwirtschaftlich genutzt; in ihm leben 185 Millionen Menschen.

Die Nordsee dient dem Menschen:
- als Fischgrund für die Fischereiwirtschaft.
- zur Gewinnung von Meersalz durch Verdunstung des Wassers.
- als Verkehrsweg für den weltweiten Schiffsverkehr.
- als Erdöl- und Erdgaslieferant (Bodenschätze, die unter dem Meeresboden lagern).
- als alternative Energiequelle zur Gewinnung von Strom, zum Beispiel in Gezeitenkraftwerken oder durch Windräder.
- als Arzneimittellieferant der Zukunft durch die Nutzung von Millionen von Algen und Meerestieren.
- als Urlaubs- und Erholungsgebiet für Millionen Ferien- und Kurgäste.
- als Offshore-Gebiet zur Installation großer Windenergieparks.

M6 Die Nutzung der Nordsee

Aufgaben

1. Bestimme in M4 die Anrainerstaaten der Nordsee und die Flüsse im Einzugsgebiet der Nordsee (Atlas).
2. a) Untersuche, welche Verursacher es für die Gewässerverschmutzung in der Nordsee gibt.
   b) Stelle dar, auf welche Weise Schadstoffe in die Nordsee gelangen.
3. Lokalisiere im Atlas (Karte: Nordsee – Küstenschutz und Umwelt) Gebiete, aus denen besonders viele Schadstoffe in die Nordsee gelangen, und Regionen, die besonders stark verschmutzt sind.
4. a) Beschreibe die Folgen der Nordsee-Verschmutzung.
   b) Liste auf, was die Nordsee-Anrainerstaaten unternehmen sollten, um dieses Meer Europas zu schützen.
5. Erstelle eine Liste der Vertragsländer des OSPAR-Abkommens (M2).

Türkei – Brücke von Europa nach Asien

M1 Istanbul – Symbol der Verbindung von Asien und Europa

Anteil an Gesamtbeschäftigtenzahl	8,2 %
Wachstum der Beschäftigtenzahl im Tourismus (2015)	3,7 %
Anteil am BIP	12 %
Einnahmen	29,6 Mrd. US-$
Wichtigste Herkunftsländer	Deutschland, Russland, Großbritannien
durchschnittliche Anzahl der Übernachtungen	9

M2 Tourismus in der Türkei (2014)

Ein Land – zwei Kontinente

Die Türkei wird oft als Brücke zwischen Europa und Asien bezeichnet. Dies ist symbolisch gemeint und bedeutet, dass in enger Nachbarschaft zweier unterschiedlicher Kulturen die Türkei eine Vermittlerrolle für ein besseres gegenseitiges Verständnis übernehmen kann.

Allein schon die Lage der Türkei stattet das Land für diese besondere Rolle aus. Die Türkei hat Anteil an zwei Kontinenten und verbindet Europa mit Asien jenseits der schmalen Meerengen des Bosporus und der Dardanellen. Istanbul, am Bosporus gelegen, ist dabei die einzige Stadt weltweit, die auf zwei Kontinenten erbaut wurde. Die 620 Meter lange Bosporus-Brücke verbindet den europäischen und den asiatischen Teil der Stadt und gehört zu den längsten Hängebrücken der Welt.

Die Türkei ist die größte Wirtschaftsmacht der Region. In Istanbul, aber zunehmend auch im Osten des Landes, haben sich zahlreiche Industriestandorte herausgebildet. Von hier aus werden Waren aller Art exportiert.

Aufgaben

1. Nenne die Nachbarländer der Türkei und ordne sie nach ihrer Zugehörigkeit zu Europa und Asien (Atlas).
2. Erkläre, warum die Türkei häufig als Brücke zwischen Europa und Asien bezeichnet wird.
3. Bewerte die Bedeutung des Tourismus für die Türkei.

Info

Reiseland Türkei

Wie kaum ein anderes Land im östlichen Mittelmeerraum hat sich die Türkei zu einem der beliebtesten Reiseländer entwickelt. Die Deutschen belegen in der Reisestatistik mit Abstand den ersten Platz.
Angelockt durch die Exotik orientalischer Märkte in quirligen Städten, die Zeugnisse einer reichen antiken Kultur oder die traumhaft schönen Strände an der Ägäis und am Mittelmeer verbringen jährlich Millionen Touristen ihre Ferien im Land. An der türkischen Riviera drängen sich Hotelanlagen und Feriendörfer.

Gewusst – gekonnt

1 Europa im Überblick

a) Benenne die Hauptstädte und Länder (Atlas). Kennzeichne die Mitgliedsländer der EU.
b) Ermittle die Entfernungen zwischen folgenden Hauptstädten: Stockholm – Rom, Reykjavik – Athen, Lissabon – Moskau.

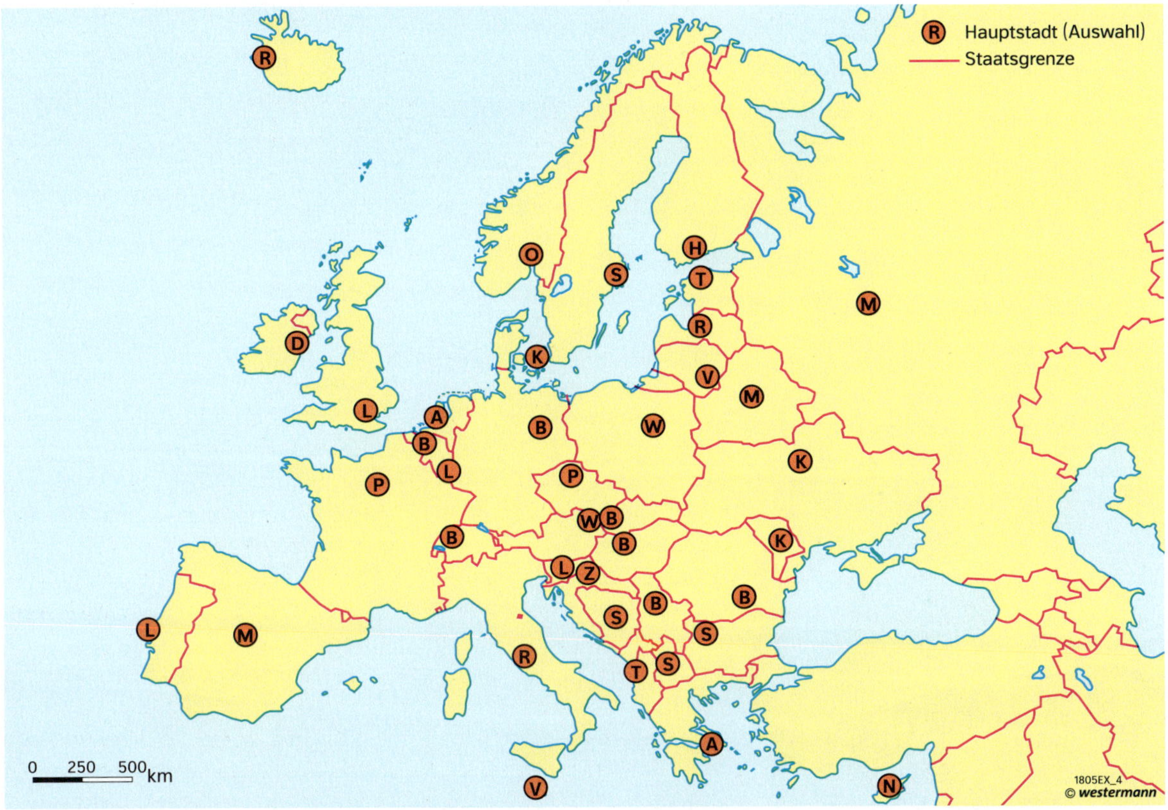

2 Begrüßung in verschiedenen Sprachen

Ordne jedem Willkommensgruß die jeweilige europäische Sprache zu.

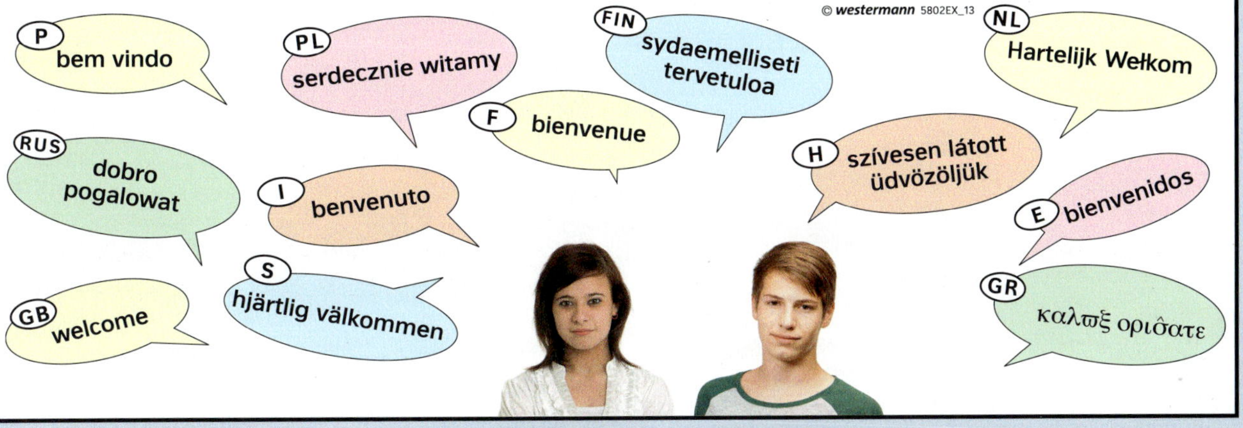

- (P) bem vindo
- (PL) serdecznie witamy
- (FIN) sydaemelliseti tervetuloa
- (NL) Hartelijk Welkom
- (F) bienvenue
- (RUS) dobro pogalowat
- (I) benvenuto
- (H) szívesen látott üdvözöljük
- (E) bienvenidos
- (GB) welcome
- (S) hjärtlig välkommen
- (GR) καλω̃ξ οριϑ̃ατε

153

Möglichkeiten der Raumplanung

M1 Verbesserung der städtischen Infrastruktur durch Landesgartenschau – Skatepark am neu gestalteten Rheinufer

M2 Stadtentwicklung – Wohnen auf dem Petrisberg in Trier, ein Modellvorhaben im Landesprogramm Wohnungs- und Städtebau

M3 Struktur-Entwicklung durch Brückenbau – Hochmoselbrücke bei Zeltingen-Rachtig

Raumplanung – Grundlage der Entwicklung

M1 Entwicklungsschwerpunkte: A Ausbau der Windenergie (hier: Hunsrück), B Umwandlung ehemaliger Militärflächen (Konversion; hier: PRE-Park Kaiserslautern), C Stärkung der Regionen (hier: Lava-Dome Mendig, Vulkanpark Eifel)

Räume planen, ordnen und entwickeln

Nichts bleibt, wie es ist. Das gilt auch für die Veränderung und Entwicklung großer und kleinerer Räume. Bund, Länder und Gemeinden haben dafür ein genaues Regelwerk eingeführt, das über allen raumverändernden Maßnahmen steht, die Raumplanung. Nach welchen Bedingungen Räume verändert werden können, entscheidet letztlich die Politik. Diese schafft über die Raumordnung einen klaren Orientierungsrahmen, nach dem Räume entwickelt, Pläne erstellt und raumverändernde Maßnahmen durchgeführt werden können. Diesem Ziel dient in Rheinland-Pfalz das sogenannte Landesentwicklungsprogramm (LEP).

Zielvorgabe – Nachhaltige Raumentwicklung

Wie alle Bundesländer Deutschlands steht auch Rheinland-Pfalz schon in naher Zukunft vor großen Veränderungen. Die Bevölkerungszahl von derzeit rund vier Millionen wird wahrscheinlich zukünftig zurückgehen. Gleichzeitig wird sich die Bevölkerungsstruktur stark verändern: Der Anteil der Kinder und Jugendlichen an der Gesamtbevölkerung wird sinken, die Zahl der über 60-Jährigen dagegen steigen. Auch durch die Auswirkungen der Globalisierung in der Wirtschaft sind gesellschaftliche und wirtschaftliche Veränderungen bereits im Gange. Von Stadt zu Stadt und von Region zu Region werden sich diese zukünftig sehr unterschiedlich entwickeln. Während in ländlichen Gemeinden viele Wohnungen leer stehen und die junge Bevölkerung abwandert, werden an anderen Orten neue Bauplätze, neuer Wohnraum benötigt.

M2 System der Raumplanung in Deutschland

Möglichkeiten der Raumplanung

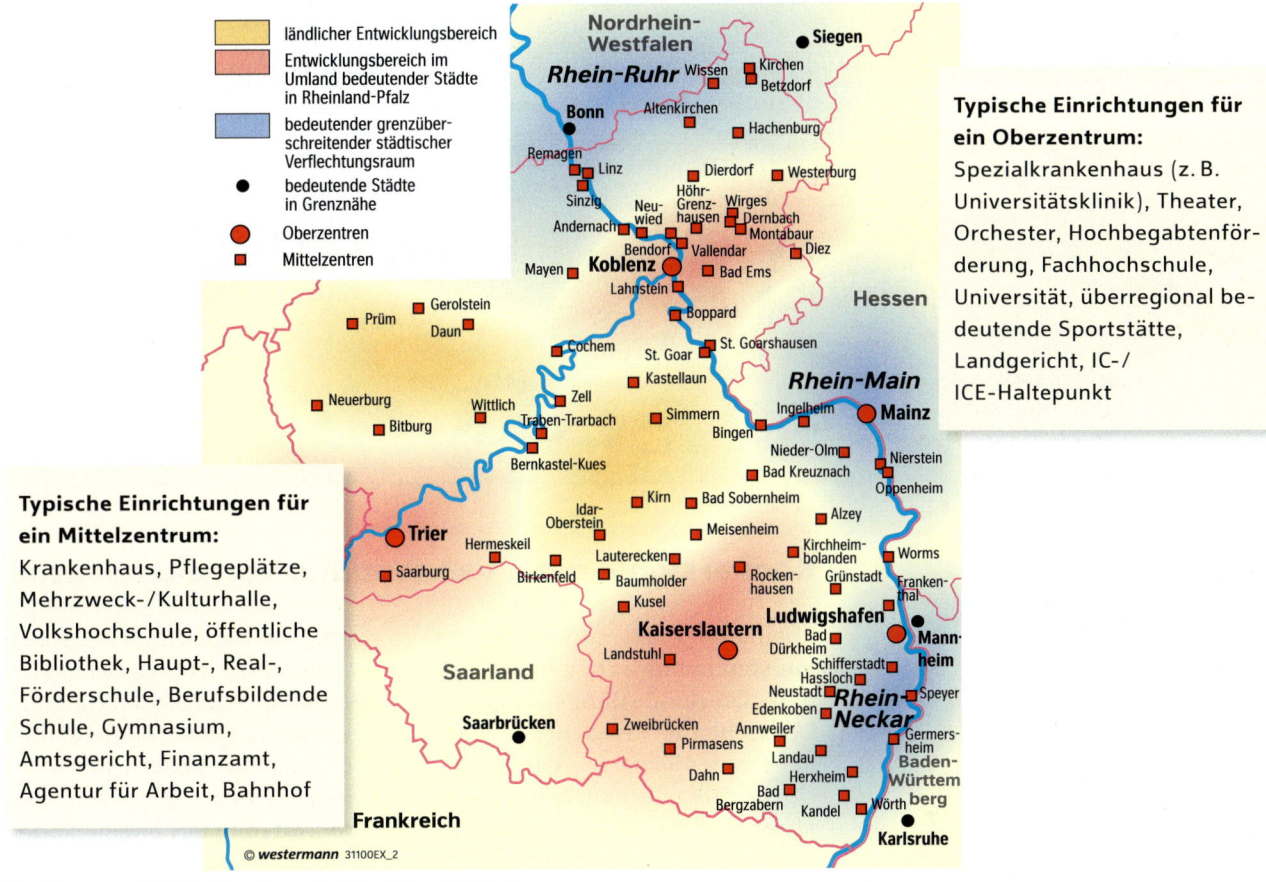

M3 Ober- und Mittelzentren in Rheinland-Pfalz

Planziel – Gleiche Lebensverhältnisse

Land, Städte und Gemeinden versuchen im Rahmen der Raumordnung künftige Entwicklungen sinnvoll zu lenken, z. B. den Abbau von regionalen Disparitäten oder die Verwirklichung gleichwertiger Lebensbedingungen. Alle Teilräume des Landes sollen möglichst optimal genutzt werden. Dabei soll eine „Gleichwertigkeit der Lebensverhältnisse in allen Landesteilen" geschaffen werden. Die Lage in den einzelnen Kommunen ist jedoch sehr unterschiedlich. So sollen die Menschen auch aus ländlichen Gebieten in vertretbarer Zeit wichtige zentrale Einrichtungen erreichen können und einen Zugang zum schnellen Internet haben.

Im Landesentwicklungsprogramm werden daher zentrale Orte (Ober- und Mittelzentren) ausgewiesen, an denen der Ausbau infrastruktureller Einrichtungen gefördert wird. Man verbessert beispielsweise die Infrastruktur (z. B. Autobahnen, Flughäfen, Brücken, Wohnungsbauprojekte, Landesgartenschauen) und damit die Standortbedingungen und fördert die Ansiedlung neuer Wirtschaftsbetriebe. Nicht zuletzt verändert der Umstieg hin zu alternativen Energien die Räume in unserem Bundesland. Alle Maßnahmen der Raumplanung müssen dem Grundprinzip der Nachhaltigkeit entsprechen.

Aufgaben

1. a) Ermittle sechs Regionen ländlicher Entwicklungsbereiche oder im Umland bedeutender Städte in Rheinland-Pfalz.
   b) Nenne drei grenzüberschreitende Verflechtungsräume (M3).
2. Benenne in M3 die Oberzentren der Metropolregionen (Atlas).
3. a) Erkläre die drei Ebenen der Raumordnung im System der Raumplanung in Deutschland (M2).
   b) Begründe, warum Raumordnungsmaßnahmen letztlich immer politisch bedingt sind.

Landesentwicklung durch Konversion

M1 Frankfurt Hahn Airport

2007	4,02 Mio.
2008	3,94 Mio.
2009	3,79 Mio.
2010	3,49 Mio.
2011	2,89 Mio.
2012	2,79 Mio.
2013	2,67 Mio.
2014	2,45 Mio.
2015	2,66 Mio.

M2 Entwicklung der Passagierzahlen des Flughafens

Konversion – neue Verwendung von alten Flächen

Rheinland-Pfalz hatte früher die meisten militärischen Einrichtungen aller Bundesländer in Deutschland. Fast acht Prozent der Landesfläche wurden von US-amerikanischen, französischen und deutschen Streitkräften genutzt, besonders in den wirtschaftlich benachteiligten Gebieten im Westen von Rheinland-Pfalz.

Nach 1990 haben sich die Streitkräfte weitgehend zurückgezogen und große Flächen freigegeben. Flächen und Gebäude lagen nun brach und sollten sinnvoll genutzt werden. Den Wandel von einer Nutzungsart in eine andere nennt man Konversion (lateinisch convertere: wenden).

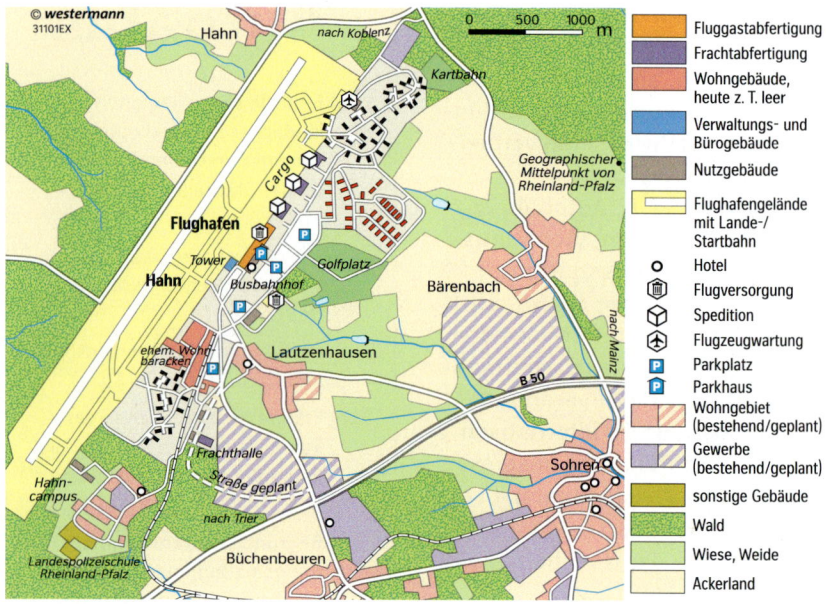

M3 Frankfurt Hahn Airport und Umgebung

Frankfurt Hahn Airport war bis 1993 ein Militärflughafen. 1993 wurde er aufgegeben. Der leer geräumte Flugplatz konnte nach Vorstellungen der Landesregierung am leichtesten zivil genutzt werden. Im Rahmen dieses Konversions-Projekts wurde ein Flughafen geplant, der den Groß-Flughafen Frankfurt am Main entlasten sollte. Anders als der Groß-Flughafen besitzt Hahn eine Nachtfluggenehmigung. Durch stark rückläufige Zahlen, vor allem bei der Luftfracht, geriet der Flughafen in finanzielle Schwierigkeiten. Das Land Rheinland-Pfalz beabsichtigt seine Anteile zu verkaufen.

M4 Beispiel Frankfurt Hahn Airport

Möglichkeiten der Raumplanung

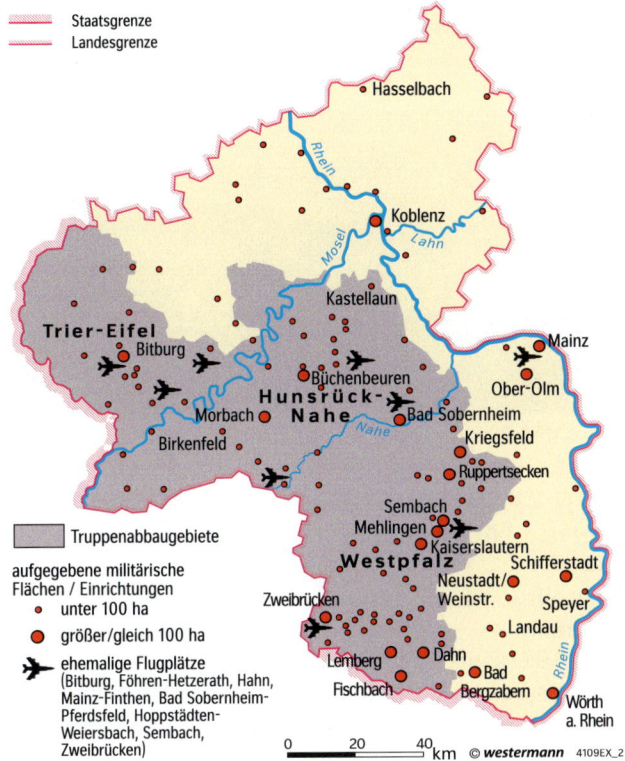

M5 Konversionsflächen in Rheinland-Pfalz

Im Jahr 1990 wurde der Flughafen Zweibrücken von den Amerikanern aufgegeben. Private Investoren entwickelten mithilfe des Landes ein Vier-Säulen-Konzept.
Die erste Säule ist die zivile Nutzung des Flughafens, die zweite ist die Errichtung eines „Multimedia-Internet-Parks". Als dritte Säule ist ein attraktives Freizeitangebot (Eissporthalle, Kletterzentrum) entstanden. Die bedeutendste Säule ist schließlich die Ansiedlung des „Zweibrücken The Style Outlets". Deutschlands größtes Outlet-Center bietet 130 angesagte Marken, in 120 Boutiquen und ist wegen seiner ganzjährig reduzierten Preise (gegenüber UVP des Herstellers) sehr beliebt.

Auf dem 42 ha großen Gelände eines ehemaligen US-Militärlazaretts wurde der „Umwelt-Campus Birkenfeld" errichtet. Hier werden umwelttechnische und -ökonomische Studiengänge angeboten. Neben der Fachhochschule wurde 2002 ein Innovations- und Gründerpark eingerichtet.

M6 Beispiel Umwelt-Campus Birkenfeld

M8 Beispiel Outletcenter Zweibrücken

Die seit 1995 aufgegebene Raketenbasis „Pydna" (37 ha, 50 Gebäude) besteht vor allem aus einem ehemaligen Hochsicherheitsbereich mit atomwaffengeschützten Bunkeranlagen. Hier findet seit Beginn der Konversion das Techno-Festival „Nature One" statt, das jährlich rund 50 000 Besucher anlockt. Als endgültige Nutzung wird die Errichtung eines Dokumentationszentrums zum Kalten Krieg diskutiert.

M7 Beispiel Techno-Festival in Hasselbach bei Kastellaun

Aufgaben

1 Erstelle einen Steckbrief zum Airport Hahn. Berücksichtige: Lage, Fläche, Verkehrsanbindung, Basisdaten (Betreiber, aktuelle Passagierzahl und Frachtaufkommen, Beschäftigte, Betriebe im Flughafenumfeld, Touristik und Airlines, Aktuelles). Nutze das Internet, M3 und M4.

2 Bewerte die Nutzung von ehemaligen Militärflächen (M1 – M8).

Der „Ring" – Rennstrecke auf dem Prüfstand

M1 Der Nürburgring – alter Ring und die neue Grand-Prix-Rennstrecke

Der Nürburgring zwischen Realität, Wahrnehmung und eigener Meinung

Der „Ring", wie der Nürburgring umgangssprachlich genannt wird, wurde von 1925 – 1927 zwischen Adenau und Mayen gebaut. Er sollte die Lage der Menschen im ärmsten Landkreis des damaligen Deutschen Reiches verbessern. Die 22,8 km lange Rennstrecke, die sogenannte Nordschleife, gilt bis heute als die schwierigste Rennstrecke der Welt. Um den neuen Anforderungen des Rennsports zu genügen, wurde in den 1980er-Jahren eine ca. 5 km lange neue Rennstrecke zusätzlich gebaut. Die Motorsportsaison dauert hier aus Witterungsgründen nur von Anfang März bis Ende Oktober. Daher wurde 2009 ein Geschäfts- und Freizeitzentrum zur Verbesserung der wirtschaftlichen und touristischen Struktur in dieser Region errichtet. Wie keine zweite jemals beschlossene raumordnungspolitische Strukturmaßnahme führte die Finanzierung der „Erlebniswelt Nürburgring" zu politischem Streit und öffentlichen Diskussionen. Realität, persönliche Wahrnehmung und die Darstellung in den Medien zu diesen Strukturmaßnahmen gehen weit auseinander.

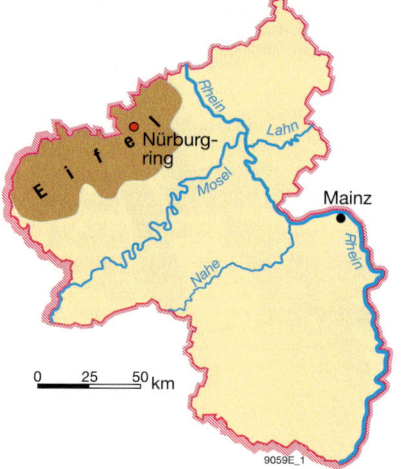

M2 Lage in Rheinland-Pfalz

I Der reale Raum

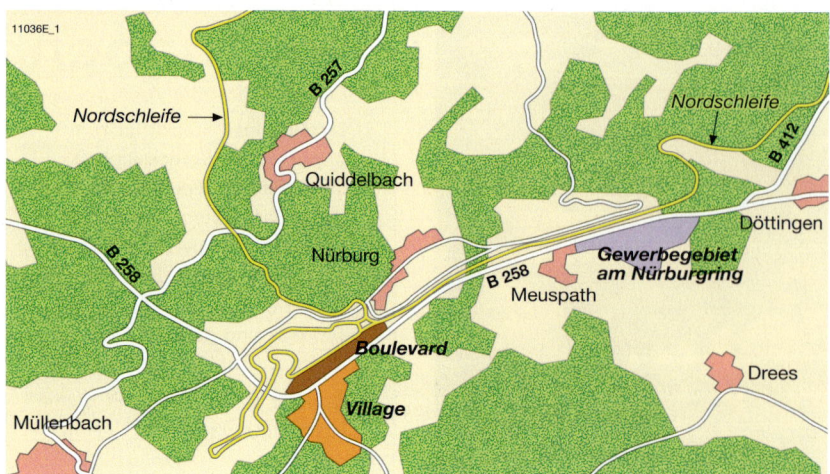

M3 Räumliche, infrastrukturelle Ausstattung an der Rennstrecke

Der Ort Nürburg (2015)
Einwohnerzahl:	188
Gewerbebetriebe:	18
Zahl der Betten*:	360

* im Einzugsbereich des Nürburgrings vor 2009 6700 Betten, nach 2009 zusätzlich 1500 Betten.

Wetterstation Nürburg
Jahresniederschlag:	ø ca. 800 mm
Jahrestemperatur:	ø ca. 7 °C
Regentage im Jahr:	ø 206
Sonnentage im Jahr:	ø 10
Nebeltage im Jahr:	ø 147
Frosttage im Jahr:	ø 109
Schneetage im Jahr:	ø 52
Eistage im Jahr:	ø 41

M4 Klima- und Bevölkerungsdaten

Möglichkeiten der Raumplanung

II Der Beziehungsraum

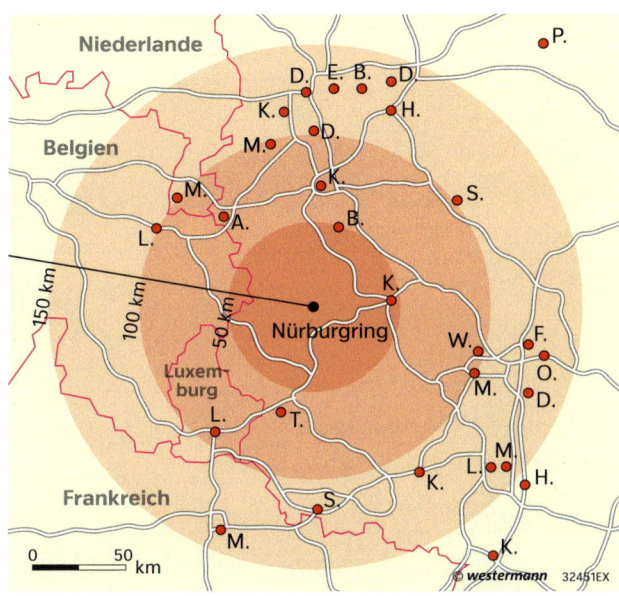

M5 Der Nürburgring – Räumliche Lagebeziehungen

III Der „Ring" aus Sicht der Beteiligten

- **Musikfan:** Rock am Ring war immer das Highlight der Open-Air-Saison, der „Ring" die beste Location.
- **Älterer Bewohner:** Man hat uns Arbeitsplätze versprochen. Schauen Sie sich mal um. Die neuen Hotels im Village stehen leer. Und die Achterbahn wird nun auch verschrottet.
- **Hotelier:** Wir haben einen Kredit aufgenommen und unsere 12-Zimmer-Ferienpension kernsaniert. Jetzt sitzen wir auf 300 000 Euro Schulden und die versprochenen Touristen bleiben aus.
- **Politiker:** Sicher wurden Fehler gemacht und die Erwartungen zu hoch gehängt, aber mit den neuen Investoren sind wir nun auf einem guten Weg.
- **Politiker:** Statt hier 500 Mio. in den Sand zu setzen, hätte man besser zehn kleinere Projekte von jeweils 50 Mio. Euro über die Eifel verteilen sollen.
- **Motorsport-Fan:** Der „Ring" ist und bleibt die tollste Rennstrecke der Welt.

M7 Raumwahrnehmung der Besucher

IV Der mediale Raum: Der Nürburgring in den Medien

Die Formel-1-Zukunft auf dem Nürburgring nach dem Deutschland-Grand-Prix an diesem Wochenende bleibt vorerst offen.

Nürburgring: Es droht eine Klage: Der umstrittene Verkauf der vor gut zwei Jahren in die Insolvenz gerutschten Betreiberfirma des Nürburgrings könnte bald die Gerichte beschäftigen.

Millionengrab, Desaster, Fiasko – das einstige Prestigeobjekt Nürburgring sorgt seit Jahren für Schlagzeilen.

Ich bin sicher, dass der Nürburgring eine gute Zukunft haben wird.

M6 Der Nürburgring macht Schlagzeilen

Aufgaben

1. Analysiere den Nürburgring nach den vier räumlichen Betrachtungsweisen. Präsentiere deine Ergebnisse.
   - Stelle charakteristische Merkmale für den Raum heraus (realer Raum Nürburgring und Eifel, M1 – M4).
   - Stelle Lagebeziehungen her (Distanzen, Verkehrsnetz, Metropolen, Flughäfen, M5).
   - Untersuche die Wahrnehmung verschiedener Personen zum Nürburgring. Arbeite Widersprüche und Gemeinsamkeiten heraus (M7).
   - Nimm Stellung zur Darstellung des Nürburgrings in den Medien.
2. a) Erläutere, warum am Nürburgring ein Geschäfts- und Freizeitzentrum errichtet wurde.
   b) Nenne Angebote am Nürburgring, die dich interessieren würden (Internet).
   c) Beurteile die Bedeutung des Nürburgrings für die Eifel-Region.
3. Beurteile das Klima in der Nürburgring-Region im Hinblick auf die touristische Attraktivität (M4, Atlas).

161

Brückenbau – Räume werden verbunden

M1 So könnte die Mittelrheinbrücke bei St. Goar aussehen (Computersimulation)

Keine Rheinbrücke zwischen Mainz und Koblenz in unserer Zeit. Das kann doch nicht sein.

Es ist für mich nicht erkennbar, wo der verkehrstechnische Fortschritt eines Brückenbaus liegt. Es gibt doch genügend Fährverbindungen.

Der Schutz des Weltkulturerbes muss Vorrang vor einem Brückenbau haben.

Brücken sind wichtig. Bereits die Römer haben Brücken gebaut.

M2 Meinungen zum Brückenbau

(K)Eine Brücke für den Mittelrhein?

Kaum ein anderes Einzelbauwerk zur Verbesserung der räumlichen Infrastruktur erhitzt die Gemüter der Anwohner und Beteiligten mehr als der seit Jahren geplante Bau einer Rheinbrücke bei St. Goar im Mittelrheintal.
Die Notwendigkeit des Brückenbaus ist von den räumlichen Gegebenheiten abhängig. Entlang einer Strecke von 100 Flusskilometern gibt es keine Brücke über den Rhein. Von Mainz bis Koblenz ist es nur mit Rheinfähren möglich, von Rheinhessen in den Rheingau oder vom Hunsrück auf die Rhein-Lahnhöhen und in den Taunus zu gelangen.

Der Eingriff eines Brückenbaus in die als Welterbe der Kultur ausgezeichnete Mittelrheinlandschaft setzt ein hohes Maß von raumplanerischem Geschick und nachhaltiger Projektplanung voraus. Deshalb müssen die verantwortlichen Behörden und Flussanrainer, Politik, Verbände und Bürger darüber nachdenken, was sie der Mittelrheinlandschaft zumuten wollen. Die Entscheidung, ob die Brücke gebaut werden soll, ist letztlich durch die Landesregierung zu treffen.

Das sogenannte Öko-Konto spielt bei der nachhaltigen Raumnutzung eine immer wichtigere Rolle. Eingriffe in Natur und Landschaft müssen kompensiert werden. Die Gemeinden mit Baubedarf sollen Öko-Konten anlegen. So können zum Beispiel Bepflanzungen am Bach, die einen günstigeren Lebensraum für mehr Pflanzen- und Tierarten ermöglichen, das Öko-Konto aufwerten und Eingriffe andernorts damit ausgleichen.

Möglichkeiten der Raumplanung

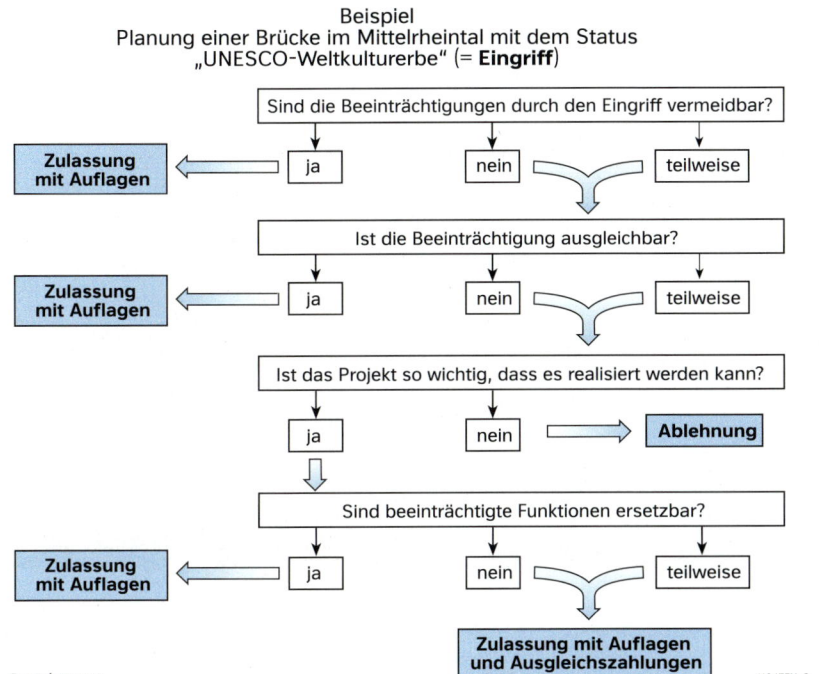

M3 Grundsätzliche Entscheidungsabläufe bei einer Planung

M4 Eine Rheinfähre pendelt zwischen St. Goar und St. Goarshausen.

Nachhaltige Raumplanung

Wenn wir in den Naturhaushalt eingreifen wollen, dann muss am Anfang eine angemessene Planung stehen. Diese darf nicht nur den Menschen im Blick haben, sondern sie muss auch alle anderen Lebewesen berücksichtigen. In Rheinland-Pfalz gelten nach dem Landesnaturschutzgesetz zwei wichtige Grundsätze: „Vermeiden von Eingriffen ist besser als heilen", das sogenannte Vorsorgeprinzip, und „wer einen Schaden verursacht, ist auch für die Reparatur verantwortlich", das sogenannte Verursacherprinzip. Beides entspricht der Leitidee der Nachhaltigkeit. Planungen haben meist Auswirkungen, die weit in die Zukunft reichen. Aus diesem Grund wird vor jedem größeren Eingriff in die Landschaft (z. B. geplanter Bau einer Brücke, einer Hochspannungsleitung, einer Straße, einer ICE-Trasse oder eines Einkaufszentrums) im Rahmen eines Raumordnungsverfahrens überprüft, ob das Vorhaben mit dem Grundprinzip der Nachhaltigkeit vereinbar ist. An dieser Prüfung werden auch betroffene Bürger, Bürgerinitiativen und Umweltverbände beteiligt. Stellt sich heraus, dass der Eingriff in den Landschaftshaushalt zu groß ist, kann ein Projekt abgelehnt werden. Sprechen trotzdem wichtige Gründe für die Verwirklichung des Vorhabens, muss eine Ausgleichsmaßnahme vorgenommen werden. Wenn zum Beispiel für eine neue Straße oder einen Parkplatz Flächen asphaltiert werden, muss man an anderer Stelle bestehende Versiegelungen beseitigen; wenn Wald gerodet wird, muss man woanders neue Bäume pflanzen.

Aufgaben

1 Nenne Kennzeichen der nachhaltigen Raumplanung.

2 Beschreibe die Landschaft in M1, lokalisiere das Vorhaben (Atlas) und nimm Stellung zum Planungsentwurf der Mittelrheinbrücke.

3 Erkläre am Beispiel der Planung einer Brücke im Mittelrheintal die Prinzipien, nach denen eine nachhaltige Raumordnung funktionieren soll (M3, Text).

4 Bewerte die Funktion von Öko-Konten.

5 Wäge die Vor- und Nachteile des Brückenbaus am Mittelrhein ab. Formuliere deine Meinung ähnlich den Sprechblasentexten (M2).

Bad Ems – neue Wege der Stadtentwicklung

M1 Internetpräsentation von Bad Ems

Das Land Rheinland-Pfalz und seine Städte und Gemeinden sehen in der städtebaulichen Erneuerung eine langfristige Schwerpunktaufgabe. Die Städte und Gemeinden nehmen diese Aufgabe selbstständig und eigenverantwortlich [...] wahr.
Die städtebauliche Erneuerung hat [...] zum Ziel, die gewachsene bauliche Struktur der Städte und Gemeinden zu erhalten [...]. Sie [...] unterstützt die Städte und Gemeinden bei der Bewältigung des wirtschaftsstrukturellen und demographischen Wandels. [...] Das Land Rheinland-Pfalz berät die Städte und Gemeinden, auch über geeignete beauftragte Institutionen, und unterstützt sie durch Zuwendungen aus dem kommunalen Finanzausgleich und aus Bundesmitteln, durch eigene Investitionen oder auf andere geeignete Weise.
(Quelle: Rheinland-Pfalz – Ministerium des Innern, für Sport und Infrastruktur: Städtebauliche Erneuerung / Städtebauförderung. isim.rlp.de, Zugriff: 15.11.2015)

M2 Stadtentwicklung – ein Ziel im Landesentwicklungsplan

Bad Ems wird verschönert
Bad Ems litt unter Leerstand vieler Geschäftshäuser. Ein Großteil der Kundschaft zog es vor, woanders einzukaufen. Die Innenstadt verlor immer mehr an Glanz, die einstige Prachtstraße wurde gesichtslos. Deshalb lautete das städtische Entwicklungsziel, das historische Stadtbild so zu verschönern, dass wieder möglichst viele Menschen von Bad Ems angezogen werden.

M3 Innerstädtische Umgestaltung – neue Flaniermeile im Bau 2007 und nach der Fertigstellung

Möglichkeiten der Raumplanung

M4 Planungsentwurf der Innenstadt von Bad Ems (Kurviertel)

Belebung und Sicherung der Innenstadt

Um das städtische Entwicklungsziel zu erreichen, wurde eine Vielzahl an städtebaulichen Maßnahmen ergriffen.
Im historischen Kurviertel entstand eine neue Flaniermeile. Zwischen Kurhaus, Spielbank und Kurpark wurde die Straße aufwendig umgestaltet. Heute laden Cafés und Restaurants, Boutiquen und Grünflächen sowie viele historische Gebäude und Brunnen zum Bummeln ein.

Auch der Bahnhofsbereich wurde verändert. Dazu wurden der Bahnhofsvorplatz, die breiten Gehwege und die Fahrbahn auf ein einheitliches Höhenniveau gebracht, bepflastert und als verkehrsberuhigte Zone für die Besucher attraktiver gestaltet. Schöne, restaurierte Fassaden werten diesen Bereich auf.
Es folgte unter anderem der Neubau der Emser Therme (M5).

M5 Fluss-Sauna der Emser Therme in der Lahn

Aufgaben

1. Beschreibe, wie das Land Rheinland-Pfalz die Städte in ihrer Entwicklung unterstützt.
2. Stelle dar, wie auf den Verlust der Attraktivität der Innenstadt reagiert wurde.
3. Erstelle einen Steckbrief zur Stadt Bad Ems (Internet, Atlas).

Bauleitplanung – Sie geht uns alle an!

W	Wohnbaufläche
M	gemischte Baufläche (Wohnen und Gewerbe)
SO	Sondergebiet mit angegebener Zweckbestimmung
	Grünfläche
	Friedhof
	Sportplatz
	Bolzplatz
	Spielplatz
	Festplatz
	Kirchen und kirchlichen Zwecken dienende Gebäude und Einrichtungen
DGH	Dorfgemeinschaftshaus
P	öffentlicher Parkplatz
§	Biotoppauschalschutz (nach § 24 LPflG)
	Ausgleichsfläche zum Landschaftsschutz bzw. Fläche, die einer zukünftigen eingriffsbedingten Nutzungsänderung zugeordnet werden kann
V	potenzielle Ausgleichsfläche, die einer zukünftigen eingriffsbedingten Nutzungsänderung zugeordnet werden kann
ND	Naturdenkmal
20 kV	Mittelspannungsfreileitung
	Fläche für die Ver- oder Entsorgung
	Elektrizität
	Wasser
	Wald- bzw. Forstfläche
A	Aufforstung Wald
	landwirtschaftliche Vorrangfläche ohne Maßnahmen
	landwirtschaftliche Vorrangfläche mit ergänzenden landschaftspflegerischen Maßnahmen
	landwirtschaftliche Fläche mit Zielrichtung Dauergrünland
	Bebauungsplan siehe M2

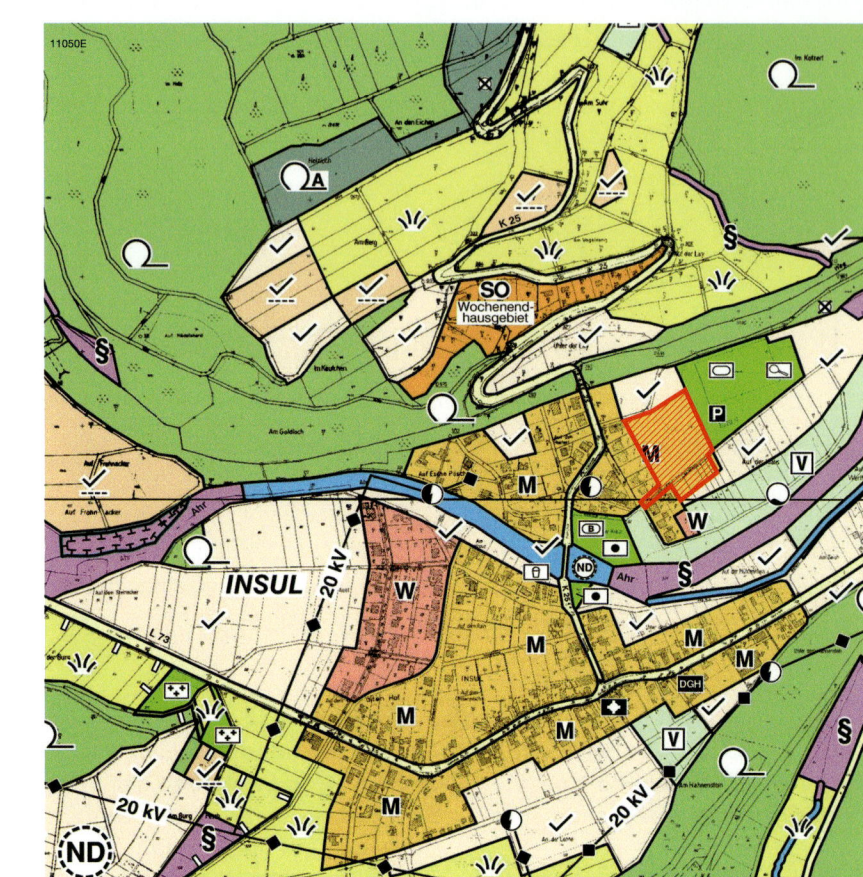

M1 Flächennutzungsplan (Gemeinde Insul, nördlich des Nürburgringes; Ausschnitt)

Planung nach den Bedürfnissen der Bürger

Gemeinderäte und Verwaltungen überlegen, wie Arbeits- und Bildungsmöglichkeiten, Ver- und Entsorgung sowie Wohn- und Freizeitnutzung, die Grunddaseinsfunktionen, für die Bedürfnisse der Bevölkerung gestaltet sein sollen. Anschließend setzen sie Planungen in konkrete Einrichtungen um, die dann in ihrer Gesamtheit als Infrastruktur eines Raumes bezeichnet werden. Ziel ist es, die Grunddaseinsfunktionen gleichwertig und umweltgerecht zu erfüllen. Deren Ansprüche an den Raum sind aber unterschiedlich. Daher können Konflikte auftreten, die in der konkreten Planung vor Ort, in der Bauleitplanung, ausgetragen werden müssen. Dazu haben die Gemeinden zwei wichtige Instrumente: einerseits den Flächennutzungsplan und andererseits den Bebauungsplan. In beiden Plänen müssen zum Beispiel die Flächen eingetragen sein, die zum Schutz des Naturhaushaltes besonders zu berücksichtigen sind. Das kann bedeuten, dass bestimmte Flächen von der Nutzung oder Bebauung freizuhalten oder nach Vorgaben zu behandeln sind.

Aufgabe

1 Erläutere, inwiefern der Flächennutzungsplan der Gemeinde Insul der Verpflichtung zur Sicherung einer menschenwürdigen Umwelt nachkommt (M1).

Möglichkeiten der Raumplanung

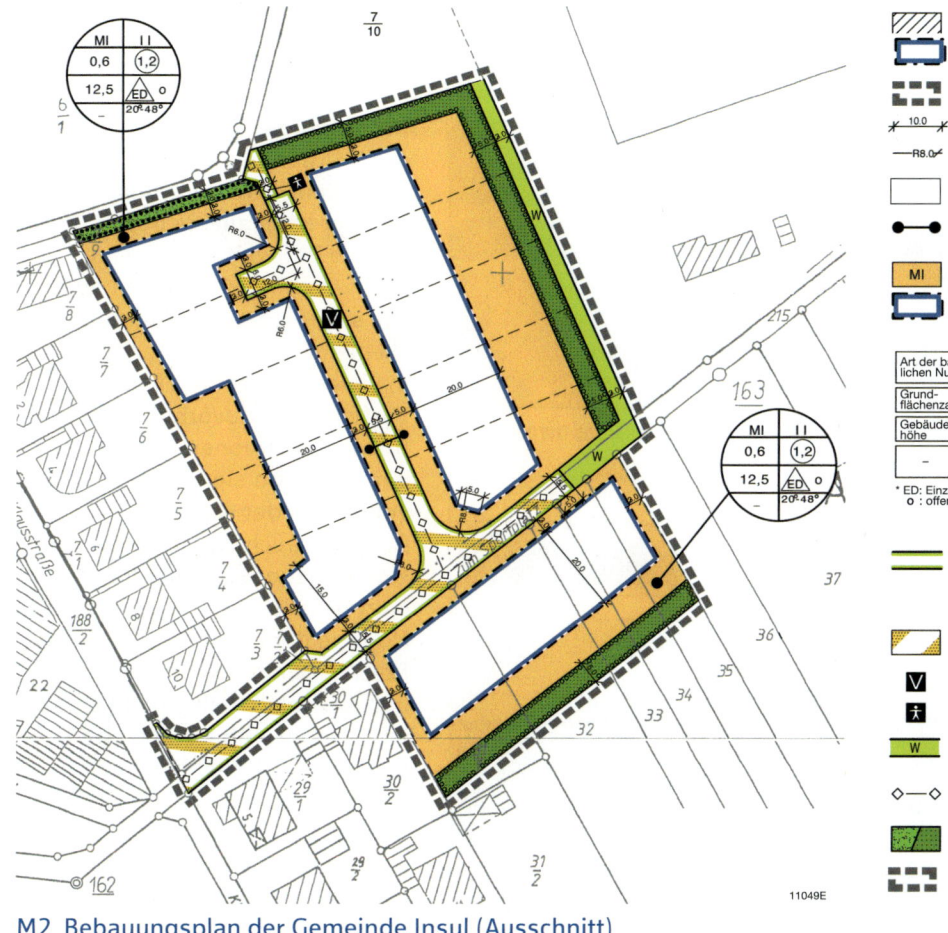

M2 Bebauungsplan der Gemeinde Insul (Ausschnitt)

Flächennutzung und Bebauung

Im Flächennutzungsplan wird von einem Planungsbüro die zu entwickelnde grobe Nutzung (z. B. Wohnbauflächen, gewerbliche Bauflächen, Verkehrsflächen, Flächen für den Bedarf der Gemeinde wie Schulen und Postämter) dargestellt, über die der Rat dann abstimmen muss.
Der anschließend erstellte Bebauungsplan legt – mit Rechtsverbindlichkeit – fest, wie die einzelnen Grundstücke zu bebauen sind (z. B. Gebäudehöhe, Abstand zur Straße, Bepflanzung als Ausgleich oder Ersatz für den Eingriff in Natur und Landschaft). Darüber wird auch vom Rat der Gemeinde mit Mehrheitsbeschluss entschieden. Flächennutzungs- und Bebauungsplan sollen nicht nur eine nachhaltige städtebauliche Entwicklung gewährleisten und eine dem Wohl der Allgemeinheit entsprechende sozial gerechte Bodennutzung ermöglichen. Sie sollen auch ihren Beitrag zur Sicherung einer menschenwürdigen Umwelt und zum Schutz der natürlichen Lebensgrundlagen liefern, also der Idee der Nachhaltigkeit verpflichtet sein. Eine Möglichkeit dazu ist die Einrichtung eines Öko-Kontos im Vorfeld der Planungen in einer Gemeinde (siehe Seite 162).

Aufgaben

2 Du willst dir ein Traumhaus bauen. Überlege dir Merkmale (z. B. Grundfläche, Zahl der Stockwerke, Dachneigung) und überprüfe, ob du das Haus so in der Gemeinde Insul bauen könntest (M2).

3 Besorge dir von deiner Gemeinde den Flächennutzungsplan und einen Bebauungsplan.
Wie sehen die Bedingungen im Umfeld deines Hauses aus, wie an deiner Schule?

„... aber nicht in meiner Nachbarschaft"

Dafür oder dagegen? Der Bürger plant mit!

M1 Neubau Jugend- und Bürgerzentrum im Koblenzer Stadtteil Karthause

Auch unsere Städte und Gemeinden werden demokratisch regiert. Kein gewählter Bürgermeister kann alleine bestimmen, welche Bauvorhaben in einer Stadt verwirklicht werden oder wie sich die Stadt weiterentwickeln soll.

In vielen Gemeinden kommt es im Vorfeld von Bauvorhaben zu heftigen Diskussionen in der Bürgerschaft, ob ein Gebäude sinnvoll ist, ob der vorgesehene Standort auch der am besten geeignete ist oder ob der Bauentwurf gefällt. Auch die finanzielle Notlage der meisten Gemeinden führt in der Bevölkerung zu Debatten. Umso mehr, wenn es um ein Jugend- und Bürgerzentrum geht, das mitten in einem stark besuchten Einkaufszentrum mit angrenzender Wohnbevölkerung liegt. Hier stoßen die Meinungen der Bürger aufeinander.

Grund genug, in der Klasse ein Projekt zum Bau eines Jugend- und Bürgerzentrums durchzuführen.

1. Ein Brainstorming zum Projektthema durchführen.
2. Eine Mindmap zum Projektthema anfertigen.
3. Einen Arbeitsplan erstellen und Einzelschritte aufschreiben.
4. Das Projektziel klar umreißen und formulieren.
5. Mögliche Quellen (Zeitungen, Internet, Texte) zum Thema suchen und auswerten.
6. Beteiligte Personen zum Thema befragen.
7. Aufgaben gerecht verteilen und in Gruppen durchführen.
8. Mögliche Probleme gemeinsam besprechen.
9. Präsentationsformen (Wandzeitung, PowerPoint-Vortrag, Elternabend mit Diskussion) auswählen.

M2 Projektablauf

Projektthema: Standortfrage – Wo soll das JuBüZ gebaut werden?

Standort A
Lage im Zentrum des Stadtteils. Zentral von allen Seiten gut und zu Fuß erreichbar, zwischen einem Einkaufszentrum und der Bundesbehörde. Kurze Wege vom Schulzentrum zum JuBüZ.

Standort B
Lage am östlichen Rand des Stadtteils. Parkähnliche, ruhige, bürgerliche Umgebung. Gute städtische Busverbindung, jedoch dezentrale Lage. Für Jugendliche der westlichen Wohngebiete weiter Fußweg.

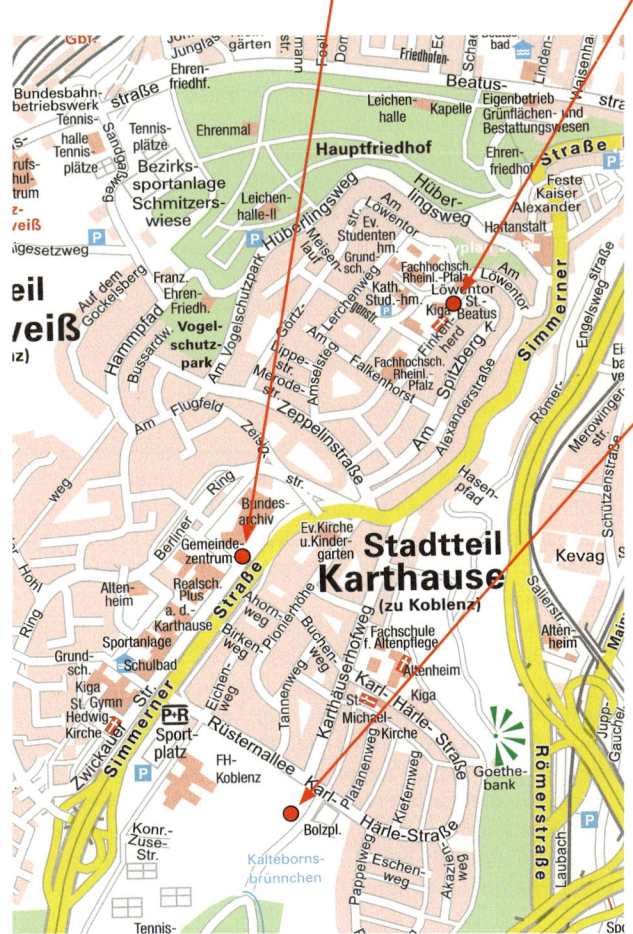

Standort C
Lage am südlichen, noch wenig bebauten Rand des Stadtteils. Gute städtische Busverbindung, jedoch dezentrale Lage. Für Jugendliche der nördlich liegenden Wohngebiete weiter Fußweg. Grüne Lage in der Nähe des Stadtwaldes.

M3 Mögliche Standorte

Aufgaben

1. Erkundige dich nach einem ähnlichen Projekt (Jugend-, Bürger- oder Gemeindezentrum) in der Nähe deines Wohn- oder Schulortes. Berichte darüber und diskutiert über das Vorhaben in der Klasse.

2. Erstelle eine Tabelle mit Vor- und Nachteilen zu jedem Standort. Begründe, welcher Standort deiner Meinung nach der beste ist.

„... aber nicht in meiner Nachbarschaft"

Projektthema: Der Bebauungsplan – Grundlage der Bebauung

Neben der politischen Diskussion um den Standort des JuBüZ möchte die 9a auch möglichst viele Informationen zum Neubau selbst erhalten. Wer könnte da besser Auskunft geben als der Architekt des Gebäudes! Die Arbeitsgruppe vereinbart ein Gespräch mit ihm.

Schüler: „Herr Ternes, haben Sie den Neubau des JuBüZ gerne geplant?"

Herr Ternes: „Nun, vor vielen Jahren war ich selbst einmal Schüler des Schulzentrums in eurem Stadtteil. Das ist jetzt schon fast zwanzig Jahre her. Das JuBüZ ist für mich daher nicht nur ein neuer Bauauftrag gewesen, sondern auch ein Herzensanliegen."

Schüler: „Wie beurteilen Sie als Architekt den jetzigen Standort des Jugend- und Bürgerzentrums?"

Herr Ternes: „Ich finde den Standort optimal. Schaut, ein Zentrum muss für alle da sein, erreichbar sein, sichtbar sein. Es ist in diesem riesigen Stadtteil wichtig, dass das JuBüZ von überall her gut zugänglich ist und als Gemeinschaftsbau auch in der Mitte der Gemeinschaft steht."

Schüler: „Können Sie uns Informationen zu dem Neubau selbst geben?"

Herr Ternes: „Ich habe versucht, ein Haus zu planen, das allen Bewohnern des Stadtteils gefallen soll. Der Bau wird rund 1,9 Millionen Euro kosten. Er ist quadratisch und hat eine Seitenfläche von rund 20 Metern. Dabei entstehen 800 m² Nutzfläche auf zwei Ebenen. Aber schauen wir doch einfach mal auf den Bebauungsplan."

Schüler: „Was ist denn eigentlich der Bebauungsplan?"

Herr Ternes: „Im Bebauungsplan ist genau festgelegt, wie ein Haus gebaut werden darf. Meine Planung für den JuBüZ-Neubau berücksichtigt die Auflagen, die der Bebauungsplan für dieses Wohngebiet vorgibt."

Schüler: „Konnten Sie also nicht so bauen, wie Sie gern wollten?"

Herr Ternes: „Das kann ein Architekt praktisch nie. Nach den Vorgaben im Bebauungsplan habe ich diesen Bauentwurf gezeichnet, einen zweigeschossigen Multifunktionsbau mit flachem Dach."

M1 Der Architekt des JuBüZ gibt Auskunft.

Aufgaben

1 Erläutere die Arten der Flächennutzung in einer Gemeinde und die Nutzungsarten eines Bebauungsplans.

2 Beschreibe das Verfahren der Aufstellung eines Bebauungsplans (M5).

3 Erläutere: Warum wird der Entwurf eines Bebauungsplans den Bürgerinnen und Bürgern offengelegt?

Der Bebauungsplan zeigt, welche Art der Bebauung in einer Gemeinde zulässig ist. Er wird aus dem Flächennutzungsplan abgeleitet. Dieser unterscheidet je nach Nutzung Wohnbauflächen, gemischte Bauflächen, gewerbliche Bauflächen und Sonderbauflächen. Die Wohnbauflächen werden nach der Art der baulichen Nutzung in allgemeine Wohngebiete und reine Wohngebiete unterschieden. In den allgemeinen Wohngebieten sind Läden, Gaststätten und nicht störende Handwerksbetriebe zulässig.
Der Bebauungsplan enthält unter anderem Angaben über Grenzabstände und die zulässige Bauweise, das heißt zum Beispiel die Größe der Gebäude und die Dachform. Bei der Aufstellung des Bebauungsplans müssen die Bürgerinnen und Bürger der Gemeinde beteiligt werden. Dazu beschließt die Gemeinde, den Bebauungsplanentwurf öffentlich auszulegen (Offenlagebeschluss). In öffentlichen Anhörungen wird der Entwurf vorgestellt und diskutiert. Anregungen und Einsprüche der Bürgerinnen und Bürger gegen den Bebauungsplanentwurf können vorgebracht werden.

M2 Der Bebauungsplan – Grundlage bei Bauvorhaben

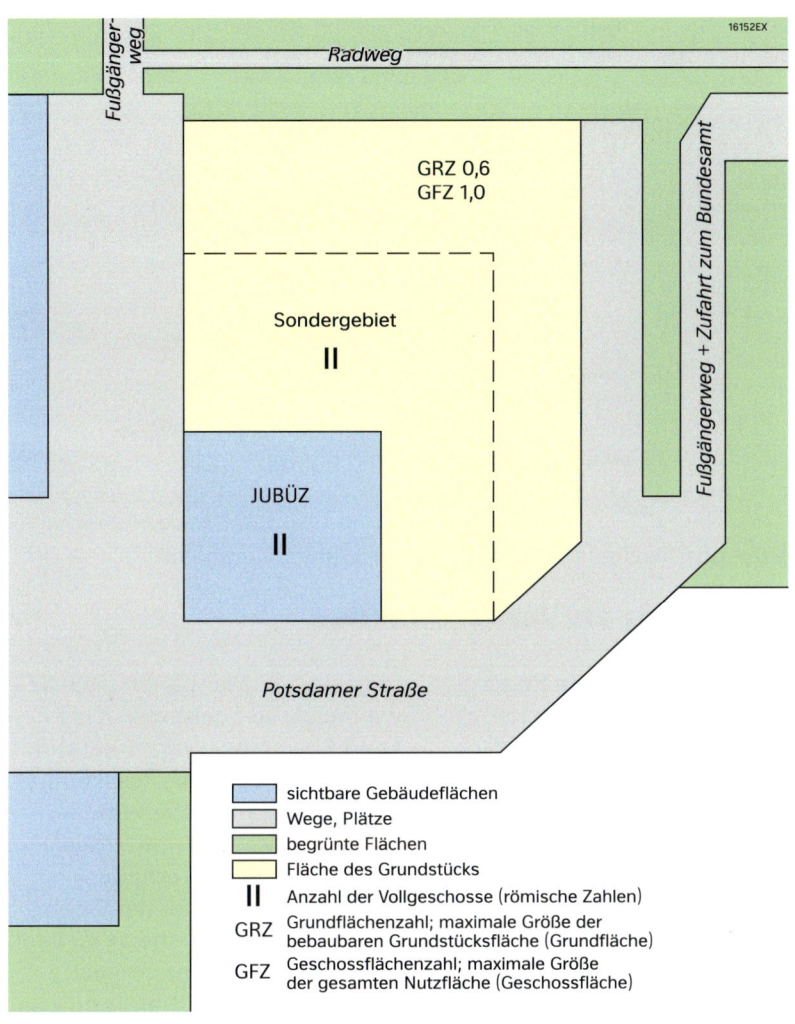

M3 Bebauungsplan des Jugend- und Bürgerzentrums

M5 Ein Bebauungsplan wird erstellt.

Grundstücksfläche: 2 300 m²

Die Grundflächenzahl (GRZ) beträgt 0,6:
2 300 m² x 0,6 = 1 380 m² Das heißt, 1 380 m² dürfen bebaut werden.

Die Geschossflächenzahl (GFZ) 1,0 ergibt bei einer Grundstücksgröße von 2 300 m² eine maximale Geschossfläche von 2 300 m² x 1,0 = 2 300 m². Bei einer vorgegebenen Geschosszahl II (2 Vollgeschosse) ergibt dies eine maximale Nutzfläche von 2 300 m² : 2 , also 1 150 m² pro Vollgeschoss.

Tatsächliche Planung des Architekten:
GRZ: Grundfläche 860 m²   = 0,37 (zulässig 0,6)
GFZ: Geschossfläche 800 m²   = 0,34 (zulässig 1,0)

M4 Berechnungsbeispiel für das „JuBüZ"

Aufgaben

1. Nenne die Unterschiede zwischen den möglichen sowie den tatsächlichen GRZ-Werten und GFZ-Werten bei dem Bauvorhaben des JUBÜZ (M3, M4).

2. Beurteile, inwieweit der Architekt sich den Planungsgrenzen der GRZ und GFZ genähert hat.

Eine thematische Karte lesen

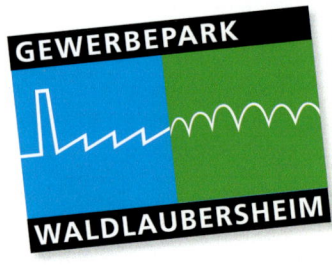

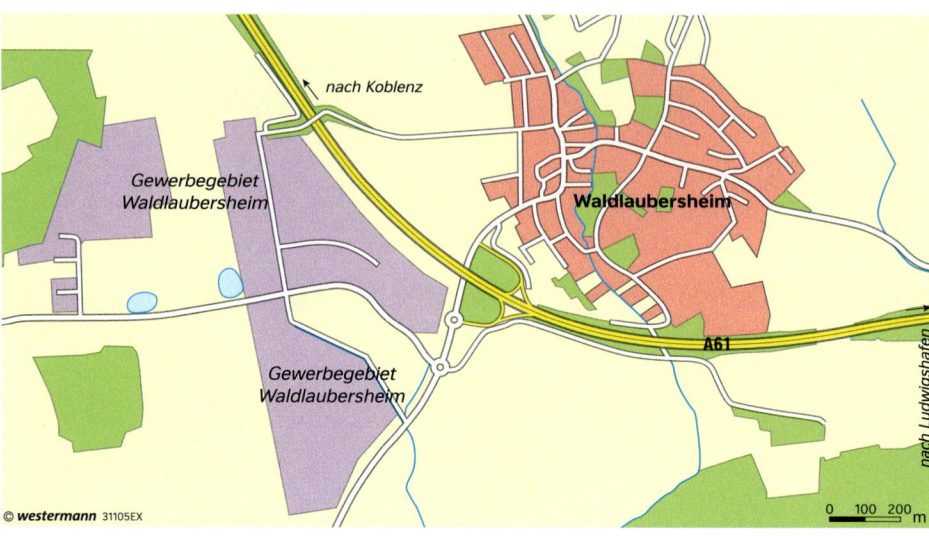

M2 Lage und Flächen des Gewerbeparks Waldlaubersheim

1 Software Technologiezentrum
2 Data2 Net EDV
3 Ferienwohnungen Alte Gärtnerei
4 Anschau Technik GmbH Metallbau
5 Euro Rastpark – Autohof
6 Jump Paradise Trampolincenter
7 McDonald's
8 HSW Herzog Systemgastronomie
9 Kuvertier Service
10 KS Modelleisenbahnen
11 Plascore Materialverarbeitung
12 Schenker Deutschland AG Logistik
13 Soonwaldbäckerei Grünewald
14 PROjektbüro – Portz-Schmitt
15 Staples Deutschland Distributionscenter
16 Schreinerei Süß
17 Straußwirtschaft Weingut John Paulus

M1 Vielfalt im Gewerbepark (Auswahl)

Entwicklung an Verkehrsachse

Im Vergleich zu anderen Regionen in Rheinland-Pfalz ist der Hunsrück eine wirtschaftlich schwache Region. Größere Industriebetriebe sind kaum vorhanden. Ein Großteil der Hunsrücker arbeitet im Rhein-Main-Gebiet, in Koblenz, Trier und Luxemburg. In den letzten Jahren haben sich entlang der A61, der Hunsrückhöhenstraße und der B50 zahlreiche Industrie- und Handwerksbetriebe sowie Gewerbeparks angesiedelt. Hier haben viele Bewohner Arbeit gefunden. Das Land Rheinland-Pfalz unterstützt mit seinem Landesentwicklungsprogramm zahlreiche Wirtschaftsprojekte, um Arbeitsplätze im Hunsrück zu erhalten. Ein Beispiel dafür ist der Gewerbepark Waldlaubersheim. Er liegt verkehrsgünstig unmittelbar an der A61 und in der Nähe von zwei weiteren Autobahnen. Er hat eine Fläche von rund 870 ha.

Verkehrswege verbinden

Kaum eine Entwicklungsmaßnahme war für das Zusammenwachsen des nördlichen und südlichen Teils von Rheinland-Pfalz so bedeutend wie der Bau der Bundesautobahn 61. Die A61 führt über eine Gesamtlänge von 320 km von der niederländischen Grenze bis zum Autobahndreieck Hockenheim. Dabei verläuft sie allein 200 km in Rheinland-Pfalz und verbindet die Eifel, den Hunsrück, Rheinhessen und die Vorderpfalz.

Die A61 wurde seit den 1950er-Jahren geplant und zwischen 1971 und 1975 für den Verkehr freigegeben. Erst seit 1987 ist die Autobahn durchgängig.

M3 Am Gewerbepark Waldlaubersheim, Gewerbestandort außerhalb bestehender Ballungszentren mit Autobahnanbindung

Eine thematische Karte lesen und auswerten

1. Suche den Gewerbepark Waldlaubersheim und den Raumausschnitt M4 zum Vergleichen in einer physischen Karte Deutschlands im Atlas.
2. Orientiere dich mithilfe der in M4 vorgegebenen Namen über die Größe des Raumausschnitts und die im Kartenausschnitt am weitesten zum Gewerbepark Waldlaubersheim entfernt liegenden Städte.
3. Betrachte die Gestaltung der thematischen Karte und formuliere dann mithilfe der Kartenlegende M4 den Inhalt und das Hauptthema der thematischen Karte.
4. Werte die thematische Karte systematisch aus. Erstelle dazu eine dreispaltige Tabelle zur Erreichbarkeit von Orten nach den drei angegebenen Signaturen.
5. Trage in die jeweilige Spalte der Tabelle die Orte ein, die innerhalb von 60, 120 und 180 Minuten vom Gewerbepark aus erreichbar sind.
6. Bewerte/Beurteile abschließend mit zusammenfassenden Aussagen die Lage und Erreichbarkeit des Gewerbeparks.

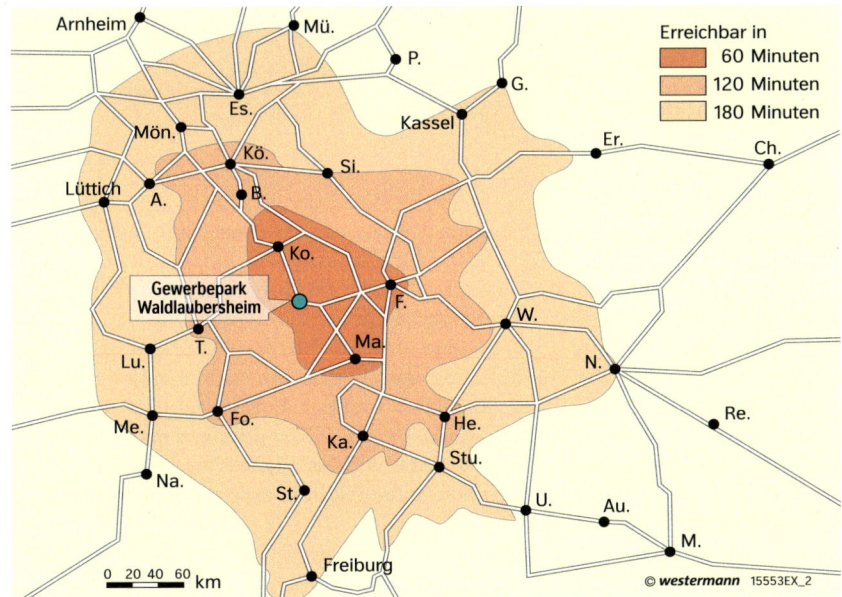

M4 Verkehrsanbindungen des Gewerbeparks Waldlaubersheim

Aufgaben

1. Nenne Regionen in Rheinland-Pfalz, die durch die A61 angebunden sind.
2. Bestimme die Bedeutung des Baus der A61 für das Zusammenwachsen der Regionen in Rheinland-Pfalz.
3. Ermittle je drei Orte, die in 60 min, 120 min und 180 min vom Gewerbepark Waldlaubersheim aus erreichbar sind (M4, Atlas).
4. Begründe, warum Verkehrsachsen zur wirtschaftlichen Entwicklung eines Raumes beitragen können.

Unsere Region hat Zukunft

Entwicklung in der Region Hunsrück

Für Wanderfreunde und Radfahrer wurde der Saar-Hunsrück-Steig in den letzten Jahren zur touristischen Attraktion im ländlichen Raum. Das bisherige rund 220 Kilometer lange Wegenetz wurde im April 2015 um 190 Kilometer erweitert.
Seit September 2015 hat nun auch der östliche Hunsrück eine neue Attraktion zu bieten. Eine 360 Meter lange Hängeseilbrücke überspannt ein Bachtal in einer Höhe von rund 80 Metern, verbindet zwei Hunsrück-Gemeinden und wird in das Rad- und Wanderwegnetz der Region eingebunden.

M1 Hängeseilbrücke Geierlay bei Mörsdorf / Hunsrück

Dass die „Hängeseilbrücke Geierlay" nicht nur die Attraktivität der Region steigert, sondern damit auch mehr Touristen anlockt, hoffen die Initiatoren des Projektes, denn nach Angaben des Statistischen Landesamtes sind die Übernachtungszahlen in der Region rückläufig. Laut einer Machbarkeitsstudie könnte die neue Hängeseilbrücke dem Hunsrück 180 000 Besucher jährlich und 50 000 zusätzliche Übernachtungen bescheren. Das soll jährlich rund zwei Millionen Euro an Umsatz bringen. Rund 1,14 Millionen Euro soll das Bauwerk kosten.
(Quelle: Längste Hängebrücke hängt im Hunsrück. www.rp-online.de, 10.06.2015)

M2 Stärkung des regionalen Tourismus

Die Idee zum Bau einer Hängeseilbrücke wurde erstmals 2006 im Rahmen eines bürgeröffentlichen Workshops der Dorferneuerung zur Entwicklung der Ortsgemeinde Mörsdorf, nahe Kastellaun im Hunsrück formuliert [...]. Im April 2010 wurde vom Gemeinderat der Grundsatzbeschluss zum Bau der Brücke gefasst und anschließend eine Machbarkeitsstudie in Auftrag gegeben. Vor allem die Finanzierung musste gesichert sein. Dank der Förderung durch das Land Rheinland-Pfalz und den Europäischen Fonds für die ländliche Entwicklung im Rahmen des LEADER–Programms [...] stand die Finanzierung. 460 000 Euro kommen von der EU, weitere 240 000 Euro steuert das Land Rheinland-Pfalz bei. Anfang 2014 konnte mit den konkreten Planungen begonnen werden.
(Quelle: Geierlay – Bau und Entstehung. www.haengeseilbruecke.de, 18.10.2015)

M3 Hängeseilbrücke – Idee-Finanzierung-Planung

Aufgaben

1. Beschreibe, wie der Bau einer Hängeseilbrücke die Entwicklung im ländlichen Raum stärkt.
2. Überlege Gründe und geeignete Maßnahmen, die ländlichen Gebiete in Rheinland-Pfalz zu stärken und weiterzuentwickeln.
3. a) Beschreibe die Lage und den Verlauf des Saar-Hunsrück-Steigs (Internet).
   b) Nenne naturräumliche Attraktionen entlang des Weges.
   c) Nenne fünf Orte und kulturelle Attraktionen entlang der Route (Atlas, Internet).

Gewusst – gekonnt

1 Räume werden geplant

a) Stelle heraus, durch welches Instrument Politik die Entwicklung von Räumen beeinflusst.
b) Beschreibe das Schema der Raumplanung mit deinen Worten. Fasse dazu das Organigramm in einem geschlossen Sachtext zusammen.
c) Benenne die drei Ebenen der Raumplanung und nenne die Planungsebene, die dich an deinem Wohnort direkt betrifft.

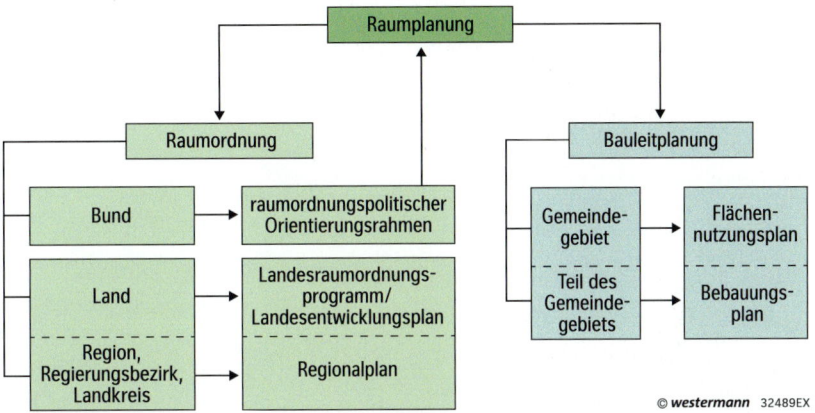

2007	4,02 Mio.
2008	3,94 Mio.
2009	3,79 Mio.
2010	3,49 Mio.
2011	2,89 Mio.
2012	2,79 Mio.
2013	2,67 Mio.
2014	2,45 Mio.
2015	2,66 Mio.

2 Umwertung eines Flughafens

a) Erkläre am Beispiel des Flughafens Hahn den Begriff und die Funktion der Konversion.
b) Beurteile und beschreibe die Entwicklung des Passagieraufkommens am Flughafen Hahn und ziehe daraus Schlüsse.
c) Notiere drei Konversionsbeispiele in Rheinland-Pfalz.

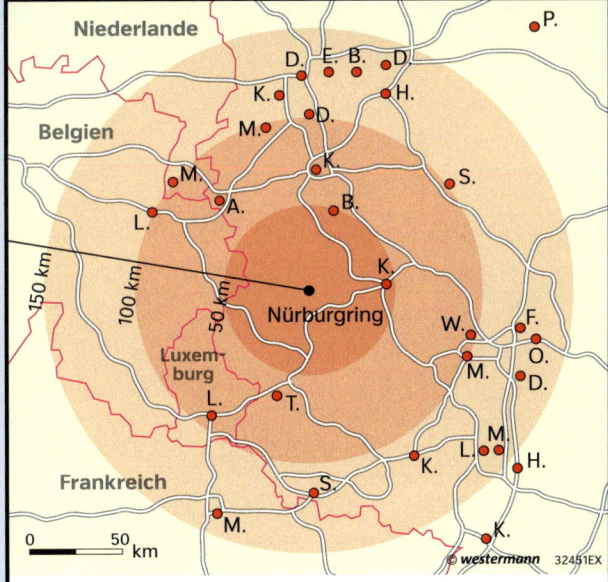

3 Der Nürburgring

a) Beschreibe die geographische Lage des Nürburgrings.
b) Beurteile die Lage des Nürburgrings hinsichtlich
- seiner Erreichbarkeit über das Verkehrsnetz (Autobahnen).
- des Besucherpotenzials aus umliegenden Großstädten und Ballungsräumen.

c) Liste Oberzentren im Umkreis von 100 km auf.

Bevölkerungsentwicklung

M1 Großeltern mit Enkel und Urenkel in Deutschland

M2 Großvater mit Enkeln und Urenkeln in Nigeria (Afrika)

M3 Übervolles Schwimmbad in Tokio (Japan)

Die Weltbevölkerung wächst

M1 www.weltbevölkerung.de

Wird es eng auf der Erde?

Auf der Erde leben heute über sieben Milliarden Menschen. Jede Sekunde kommen 2,7 dazu; pro Jahr sind das 83,7 Millionen Menschen.
Die Weltbevölkerung wächst sehr schnell, jedoch mit großen regionalen Unterschieden.
Das Wachstum findet fast ausschließlich in den Schwellenländern und den Entwicklungsländern statt, vor allem in den am wenigsten entwickelten Ländern. Den stärksten Zuwachs verzeichnet dabei der Kontinent Afrika (M3, M4).
Nach Prognosen der UNO werden im Jahr 2100 fast 87 Prozent der Weltbevölkerung in den Entwicklungsländern leben. Das schnelle Wachstum hat Einfluss auf die wirtschaftliche Entwicklung dieser Länder. Armut und Umweltprobleme werden sich dort noch vergrößern.
In fast allen Industrieländern bleibt dagegen die Bevölkerungszahl gleich oder schrumpft sogar. Im Jahr 2050 wird hier ein Drittel der Bevölkerung wahrscheinlich 60 Jahre und älter sein.

Prognosen 2050:
10,6 Mrd. höchster Wert
9,5 Mrd. mittlerer Wert
7,4 Mrd. geringster Wert

Info

Bevölkerungsprognose

Eine Bevölkerungsprognose ist eine Vorhersage darüber, wie sich die Bevölkerungszahl in einem Gebiet entwickelt. Hierfür werden die neuesten Zahlen über Geburten, Sterbefälle, Geschlecht und Alter, Lebenserwartung, mögliche Ein- und Auswanderungen ausgewertet. Dann wird für einen festgelegten Zeitraum eine Vorhersage erarbeitet.
Wissenschaftler der Weltorganisation UNO (Vereinte Nationen) erstellen mithilfe von Computerprogrammen Prognosen der Bevölkerungsentwicklung. Diese enthalten jeweils den höchstmöglichen und den geringsten Wert sowie den mittleren Wert.

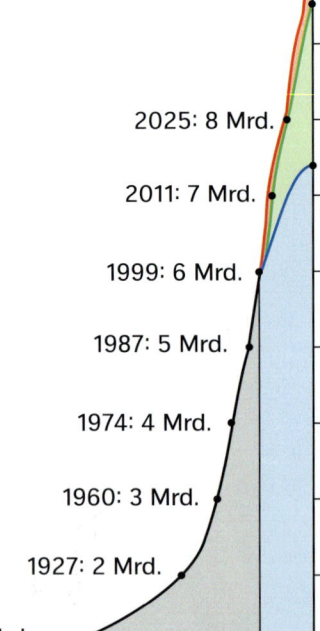

M2 Entwicklung und mögliches Wachstum der Weltbevölkerung (Nach: Vereinte Nationen)

Bevölkerungsentwicklung

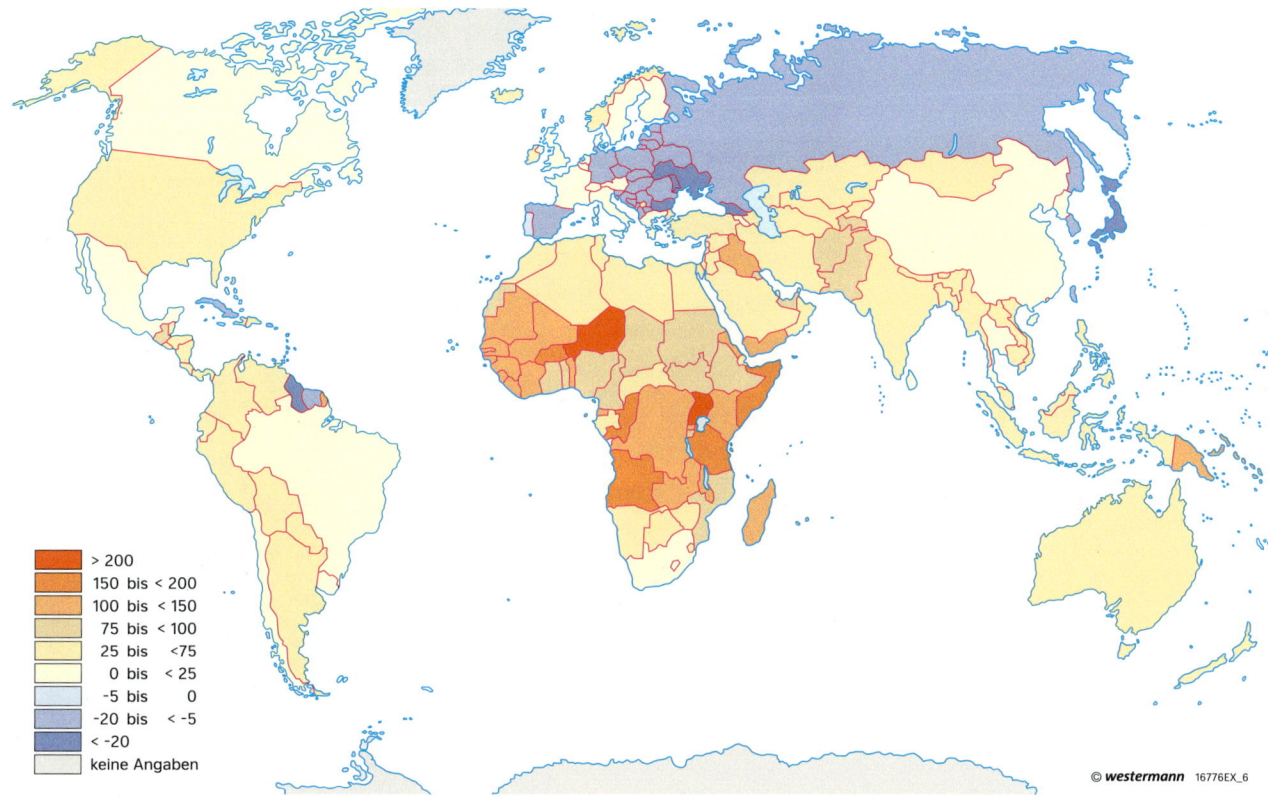

M3 Bevölkerungsentwicklung bis 2050 in Prozent

Wenn die Welt ein Dorf mit nur 100 Einwohnern wäre, ...

... wären davon heute:
16 Afrikaner,
5 Nordamerikaner,
10 Europäer,
8 Lateinamerikaner und
60 Asiaten.

26 Menschen wären Kinder unter 15 Jahren. 8 Menschen wären älter als 64 Jahre. Im Durchschnitt bekämen die Frauen 2,5 Kinder. Die Zahl der Dorfbewohner würde jährlich um etwa 1 Menschen steigen.

Im Jahr 2050 würden bereits 133 Menschen im Dorf leben. Es wären:
33 Afrikaner,
6 Nordamerikaner,
10 Europäer,
10 Lateinamerikaner
1 Ozeanier und
73 Asiaten.

(Quelle: Stiftung Weltbevölkerung: Die Welt – ein Dorf. www.weltbevölkerung.de, Weltbevölkerungsbericht 2015)

M4 Die Welt – ein Dorf

Aufgaben

1. a) Die Weltbevölkerungsuhr findest du im Internet in einer Suchmaschine unter dem Stichwort: Weltbevölkerungsuhr.
Ermittle dort die aktuelle Zahl der Weltbevölkerung.
   b) Vergleiche mit der Zahl in M2.

2. a) Die Bevölkerungszahl der Erde steigt rasant an. Erläutere diese Aussage (Text, M1).
   b) Ermittle anhand von M2, wie viele Jahre jeweils vergangen sind, bis die Bevölkerungszahl der Erde um eine Milliarde gewachsen ist. Fasse deine Beobachtung in einem Satz zusammen.

3. Werte M3 aus. Verfasse einen zusammenhängenden Text zur Bevölkerungsentwicklung bis zum Jahr 2050.

4. Erstelle zu M4 ein aussagekräftiges Schaubild.

5. Über sieben Milliarden Menschen gibt es und jedes Jahr kommen über 80 Mio. dazu: Wo sollen diese Menschen wohnen? Wie sollen sie ernährt werden? Überprüfe, ob es sich hierbei um ein nicht lösbares Problem handelt, oder welche Lösungsmöglichkeiten es gibt.

Nigeria – immer mehr Menschen!

M1 Lage Nigerias

M3 Auf einem Wochenmarkt in Lagos

Nigerias Bevölkerung wächst und wächst ...

Nigeria ist mit fast 170 Mio. Menschen das weitaus bevölkerungsreichste Land Afrikas. Es ist der größte Erdölproduzent des Kontinents, aber gleichzeitig eines der ärmsten Länder der Welt. Der Export von Erdöl und Erdgas umfasst nahezu 90 Prozent der Staatseinnahmen. Die breite Bevölkerung profitiert jedoch bislang nicht davon. Das Geld bleibt in der Hand der Ölkonzerne, der Regierung und bei korrupten Vermittlern und Banden.

Die Lebenserwartung der Menschen liegt bei etwa 45 Jahren. Die Bevölkerung wächst sehr schnell; ungefähr die Hälfte der Einwohner ist jünger als 15 Jahre. Die Frauen bekommen im Durchschnitt sechs Kinder. Viele Kinder zu haben, ist sehr wichtig für die Menschen. Es gibt keine staatliche Altersversorgung, keine Arbeitslosen- und keine Krankenversicherung. Die Kinder kümmern sich mit um den Lebensunterhalt der Familie. Außerdem versorgen sie ihre Eltern, wenn diese alt sind. Zudem haben Frauen häufig nur einen unzureichenden Zugang zu Aufklärung und Verhütungsmitteln.

Im Land gibt es eine Schulpflicht für 6- bis 15-Jährige. Diese wird aber nicht eingehalten. In erster Linie werden Jungen zur Schule geschickt; Mädchen behält man zu Hause, damit sie im Haushalt und auf dem Feld helfen können. Da viele Eltern oft nicht bereit sind, ihre Töchter zur Schule zu schicken, liegt der Alphabetismus in Nigeria nur bei 60 Prozent.

Die nigerianische Regierung investierte 2012 drei Millionen US-Dollar in Verhütungsmittel wie Antibaby-Pillen und Kondome. Dieser Einsatz blieb weitgehend ohne Folgen. Kulturelle Barrieren sorgten vor allem im muslimisch geprägten Norden Nigerias dafür, dass Verhütung für viele Menschen tabu ist. Im Nordwesten des Landes nutzten lediglich 2,7 Prozent der verheirateten Frauen Verhütungsmittel.
Um die Menschen besser zu erreichen, werden bei der Aufklärungsarbeit vor Ort inzwischen traditionelle und religiöse Führer eingebunden.

(nach Zeitungsmeldungen)

M2 Nigeria – freier Zugang zu Verhütungsmitteln

Bevölkerungsentwicklung

Nigerias Bevölkerung wächst rasant an. Für viele junge Menschen lautet die wichtigste Frage deshalb: Wie und wo finde ich Arbeit, von der ich leben kann? Die Landwirtschaft kann nur sehr wenigen eine Zukunft bieten. Deshalb suchen viele ihr Glück in den großen Städten und wandern dorthin ab, zum Beispiel in die Millionenstadt Lagos. Doch viele der jungen Menschen, die in der Hoffnung auf Arbeit abwanderten, werden schnell enttäuscht: Sie müssen feststellen, dass die wenigen festen Stellen in den Städten bereits an besser Ausgebildete oder Personen mit den guten Beziehungen vergeben sind. Dies trifft vor allem auf gut bezahlte Jobs in der boomenden Erdölwirtschaft zu. Daher müssen sich viele Zuwanderer als Kleinhändler, Tagelöhner oder Bettler durchschlagen. Einige von ihnen leben in der Stadt somit weiterhin in Armut.

M4 Zur Arbeitssuche in die Stadt (Foto: Elendssiedlung in Lagos)

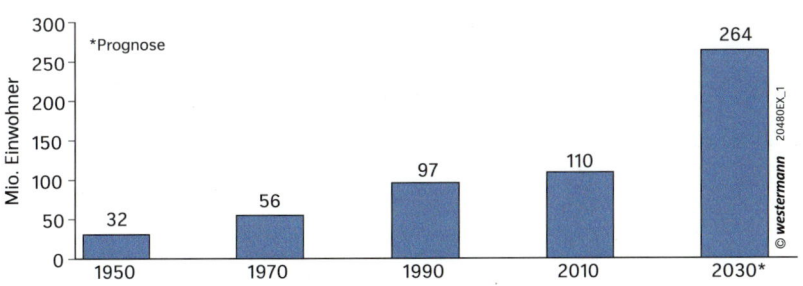

M5 Bevölkerungsentwicklung Nigerias

Kinder tragen zum Familieneinkommen bei.

Kinder sind die Altersversorgung der Armen.

Große Familien sind angesehen und geachtet.

Hohe Kindersterblichkeit macht viele Kinder notwendig.

M6 Gründe für die hohe Kinderzahl in den armen Ländern

Aufgaben

1. a) Beschreibe die Entwicklung der Bevölkerung in Nigeria (M5).
   b) Lege eine Folie auf die Atlaskarte „Afrika – Bevölkerung" und skizziere die Umrisse des Landes. Markiere Gebiete mit einer hohen Bevölkerungsdichte. Beschreibe die Lage. Nenne die Millionenstädte.
2. M2 und M6 stehen in einem Zusammenhang. Begründe.
3. Erläutere, warum Mädchen gegenüber Jungen benachteiligt sind.
4. Bewerte die Chancen einer Abwanderung in die Städte (M4).

Die Situation von Frauen in der Welt

Gleiche Rechte für Frauen – oft nur auf dem Papier

Insgesamt genießen Frauen heute mehr Rechte als jemals zuvor. Dennoch sind sie in einem großen Teil der Welt nach wie vor Opfer von Diskriminierung und Gewalt. Eine Untersuchung der Organisation UN Women aus dem Jahr 2014 ergab, dass Frauen und Männer in 139 Ländern und Territorien formal gleichgestellt sind. Die gleichen Rechte für Frauen stehen aber oft nur in der Verfassung. Millionen Frauen haben nicht die gleichen wirtschaftlichen Möglichkeiten und den gleichen Zugang zu öffentlichen Dienstleistungen (zum Beispiel Bildung, Gesundheitsdienste) wie die Männer.

Sehr ungleich ist die Situation von Frauen und Männern in den vielen sogenannten Entwicklungsländern. In einigen dieser Länder werden Mädchen verheiratet, bevor sie 18 sind; sie haben kaum Bildungschancen und werden früh schwanger. Viele junge Frauen heiraten einen Mann, den ihre Eltern ausgesucht haben. Diese Frauen leben häufig in völliger Abhängigkeit von ihrem Mann.

Spitzenreiter bei der Gleichberechtigung sind nach wie vor die Frauen in den skandinavischen Ländern (Norwegen, Schweden, Finnland, Dänemark). Durch eine Vielzahl von Unterstützungsmaßnahmen für Eltern ist es dort leicht, Beruf und Familienleben zu vereinbaren. Das Ergebnis: Etwa 75 Prozent der Frauen in diesen Ländern sind berufstätig.

Frauen sind für rund 50 % der Nahrungsmittelproduktion weltweit verantwortlich. Die Vereinten Nationen gehen davon aus, dass die Erträge um 20 % – 30 % höher ausfallen könnten, wenn Frauen die gleichen Nutzungsmöglichkeiten hätten wie Männer. Die Zahl der hungernden Menschen weltweit ließe sich um 12 % – 17 % reduzieren.

Die Weltbank nimmt an, dass die Produktivität weltweit um 40 Prozent steigen würde, wenn alle Benachteiligungen von Frauen auf dem globalen Arbeitsmarkt beseitigt wären.

(Quelle: Factsheet Frauen und Entwicklung. www.welthungerhilfe.de, März 2014)

M1 Entwicklung durch Gleichberechtigung

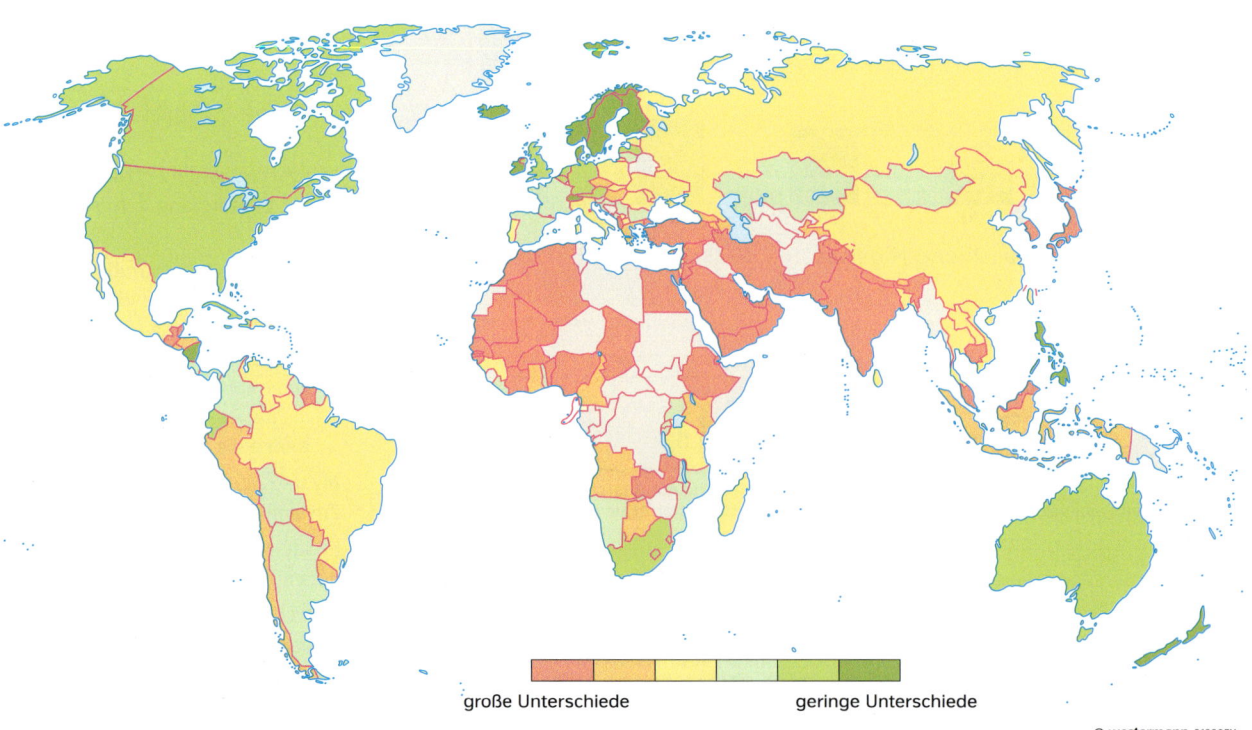

große Unterschiede — geringe Unterschiede

M2 Ergebnis des Global Gender Gap Reports (2013)

Bevölkerungsentwicklung

Der Schulbesuch ist in einigen Ländern für viele Mädchen nicht möglich, so auch im Norden Pakistans. Religiöse Extremisten zerstörten Mädchenschulen und verboten den Mädchen den Schulbesuch. Dagegen engagierte sich ein junges pakistanisches Mädchen, Malala Yousafzai (geb. 1997). Sie trat per Internet für das Recht der Mädchen auf Bildung ein und setzte sich mit ihren Freundinnen über das Schulbesuchsverbot hinweg. Ihren Einsatz bezahlte sie fast mit dem Leben: Malala saß im Schulbus, als an einer Straßenkontrolle zwei Männer an den Bus herantraten und mit einer Pistole auf sie feuerten. Sie wurde durch Schüsse in Kopf und Hals schwer verletzt, musste in Pakistan und anschließend in England operiert werden. Sie ist wegen ihres Einsatzes für das Recht von Mädchen auf Bildung berühmt geworden und bekam 2014 den Friedensnobelpreis.

M4 Lage von Pakistan

M3 Malala – ein mutiges Mädchen

Info

Der Global Gender Gap Report

Der Global Gender Gap Report ist ein Versuch, die Gleichstellung der Geschlechter weltweit zu erfassen. Er wird vom Weltwirtschaftsforum erstellt, einer Schweizer Stiftung, die sich mit globalen Wirtschaftsfragen beschäftigt. Der höchste mögliche Wert ist 1 (Gleichheit) und der geringste mögliche Wert ist 0 (Ungleichheit). Der Gesamtwert wird aus verschiedenen Indikatoren ermittelt:

1 Beschäftigungsanteile
2 Lebenserwartung
3 Anteile an Top-Positionen in Politik, Verwaltung und Wirtschaft
4 Grundschulbesuch
5 Einkommensverhältnis von Frauen zu Männern
6 Verhältnis der Alphabetisierungsraten
7 Geschlechterverhältnis der Geborenen
8 Einkommensunterschiede bei gleicher Tätigkeit
9 Anteile an Expertinnen und Technikerinnen
10 Anteile der weiblichen Parlamentsmitglieder
11 Verhältnis der universitären Ausbildung
12 Anteil der weiblichen Staatschefs in den letzten 50 Jahren
13 Geschlechterverhältnis der höheren Ausbildung
14 Anteile der weiblichen Regierungsmitglieder (Ministerinnen)

Aufgaben

1 a) Schildere die Situation von Frauen in der Welt, wie sie sein sollte und wie sie tatsächlich ist.

b) Liste mithilfe des Atlas und M2 je fünf Länder auf, in denen große Unterschiede (rot/orange) und geringe Unterschiede (grün/dunkelgrün) zwischen den Geschlechtern herrschen. Verteile deine Auswahl auf mehrere Kontinente.

2 Mehr Gleichberechtigung hätte positive Effekte für die Weltwirtschaft. Erläutere (M1).

3 Ordne die Indikatoren des Global Gender Gap Reports (Info) folgenden Kategorien zu:
a politische Teilhabe,
b Gesundheit,
c wirtschaftliche Teilhabe,
d Bildung.

Die Tragfähigkeit der Erde

M1 Karikatur zur Tragfähigkeit

Wie viele Menschen trägt die Erde?

Das Wachstum der Weltbevölkerung ist unaufhaltsam. Zwischen 1960 und 2000 hat sich die Weltbevölkerung verdoppelt. Doch wie viele Menschen können gleichzeitig auf der Erde leben? Für wie viele Menschen reichen die Ressourcen? In der Wissenschaft gehören solche Fragen zur Tragfähigkeitsforschung. In den letzten 200 Jahren wurde untersucht, wie viele Menschen auf der Erde ernährt werden können (agrare Tragfähigkeit). Johann Peter Süßmilch lieferte 1741 eine der ersten Berechnungen. In einer Zeit, in der gerade einmal 800 Millionen Menschen auf der Erde lebten, bestimmte er die Tragfähigkeit der Erde auf sieben Milliarden Menschen für das 21. Jahrhundert.

Im Laufe der Zeit wurden die Berechnungen immer genauer: Der Kaloriengehalt verschiedener Nahrungsmittel wurde dem Kalorienbedarf des Menschen gegenübergestellt. Zudem bewerteten Geographen die Fruchtbarkeit der Böden in verschiedenen Vegetationszonen.

Hungerkatastrophen infolge von Dürren, Fortschritte in der Ernährungsforschung und die Modernisierung der Landwirtschaft machten die Bestimmung der Tragfähigkeit im 20. Jahrhundert immer schwieriger. Heute weiß man, dass die Ernährung der Weltbevölkerung viel mehr ein Verteilungs- als ein Versorgungsproblem ist: Hunger und Armut in Afrika stehen Reichtum und Nahrungsüberfluss in Europa und den USA gegenüber.

In den 1970er-Jahren kam deshalb die ökologische Tragfähigkeit hinzu. Dennis Meadows vom Club of Rome zeigte 1972 in einem Modell auf, dass die Umwelt und nicht die Nahrung der beschränkende Faktor für das weltweite Bevölkerungswachstum sein könnte. Seitdem sind weitere Formen der Tragfähigkeit hinzugekommen.

„Ostasien: Energie-Engpass – China geht die Puste aus"

„EU: Frankreich meldet Rekord-Arbeitslosigkeit"

„Südostasien: Klimawandel bedroht Millionen von Menschen in Megastadt Dhaka"

„Afrika: Hungersnot infolge von Dürre – Sahelzone steht kurz vorm Zusammenbruch"

M2 Schlagzeilen zur Überschreitung der Tragfähigkeit

Info

Club of Rome

Der Club of Rome ist ein weltweiter Zusammenschluss von Experten aus Politik, Wirtschaft, Wissenschaft und Kultur. Leitgedanke ist eine nachhaltige Entwicklung.

Name	Jahr	berechnete Tragfähigkeit
Süßmilch	1741	7 Mrd.
Ravenstein	1891	6 Mrd.
Ballod	1912	23 Mrd.
Penck	1924	7,7 Mrd.
Hollstein	1937	13,3 Mrd.
Meadows	1972	8,2 Mrd.
Klaus	1994	420 Mio. – 30 Mrd. (je nach Ernährungsstil)

M3 Agrare Tragfähigkeitsberechnungen seit 1741

Bevölkerungsentwicklung

agrare Tragfähigkeit: Verhältnis zwischen Nahrungsmittelbedarf und maximal möglicher Nahrungsmittelproduktion

ökologische Tragfähigkeit: Verhältnis zwischen Ressourcenverbrauch und Umweltverschmutzung

ökonomische Tragfähigkeit: Verhältnis zwischen Erwerbspersonen und maximaler Anzahl an Arbeitsplätzen

energetische Tragfähigkeit: Verhältnis zwischen Energiebedarf und maximal möglicher Energieproduktion

M4 Formen von Tragfähigkeit

Wir schreiben das Jahr 2050. STOP. Die Weltbevölkerung ist auf 10 Mrd. Menschen gewachsen. STOP. Durch den Klimawandel sind die Permafrostböden geschmolzen. Unter dem Eis wurden neue Ressourcen entdeckt. STOP. Erdöl und Kohle werden wieder massenhaft verbrannt. Kohlendioxid und andere Klimagase haben die Umwelt stark geschädigt. STOP. Der Klimawandel bedroht unsere Existenz. STOP.

M7 Nachricht aus der Zukunft

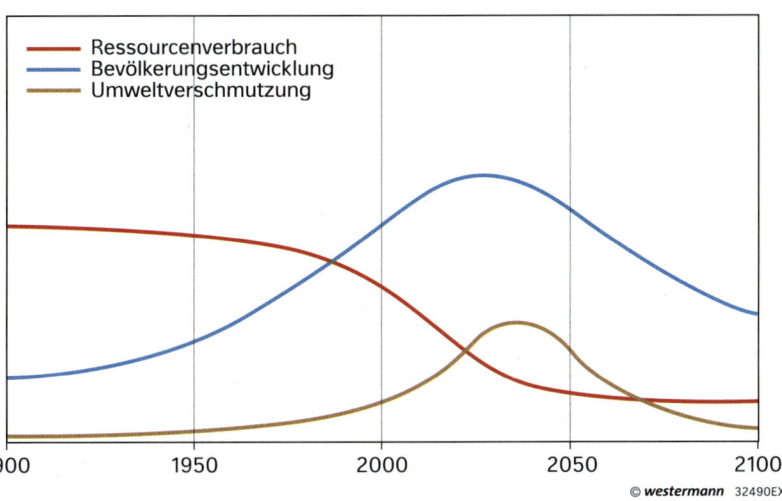

M5 Modell zur ökologischen Tragfähigkeit

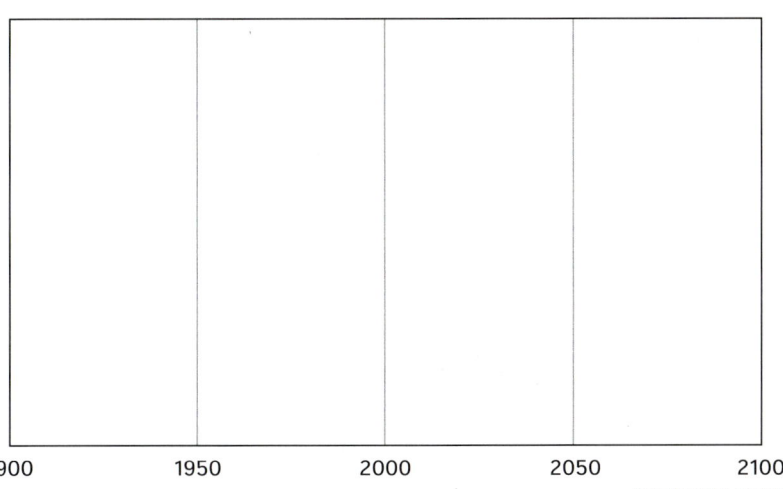

M6 Arbeitsmodell (Vorlage)

Aufgaben

1. Erläutere den Begriff „agrare Tragfähigkeit".
2. Bewerte die Aussage der Karikatur.
3. Vergleiche die Werte der damaligen Tragfähigkeitsberechnungen mit der heutigen Weltbevölkerung. Beurteile die Genauigkeit der damaligen Forscher.
4. a) Erkläre die Wechselwirkungen zwischen Bevölkerungsentwicklung, Ressourcenverbrauch und deren Einflüsse auf die Umwelt.
   b) Stelle die Informationen „Bevölkerungsentwicklung", „Ressourcenverbrauch" und „Umweltverschmutzung" aus der Zukunftsnachricht (M7) als Kurven dar. Erläutere die Wechselwirkungen.
5. a) Erläutere die Formen der Tragfähigkeit und ordne ihnen jeweils eine Schlagzeile zu.
   b) Formuliere eigene Schlagzeilen zu den verschiedenen Tragfähigkeitsformen.
   c) Bewerte anhand aktueller Schlagzeilen aus den Medien, welche Tragfähigkeitsform bald überschritten sein könnte.

Eine Bevölkerungspyramide lesen und auswerten

Die Bevölkerung eines Landes nach Altersgruppen

Der Altersaufbau der Bevölkerung eines Staates kann grafisch dargestellt werden. Diese Darstellung heißt Alterspyramide oder Bevölkerungspyramide. In der Grafik trennt man die weibliche und die männliche Bevölkerung.
Die x-Achse (waagerechte Achse) zeigt links die Anzahl der Männer und rechts die Anzahl der Frauen in den verschiedenen Altersstufen. Manche Alterspyramiden stellen auch den prozentualen Anteil von Männern und Frauen an der Gesamtbevölkerung dar. Die y-Achse (senkrechte Achse) bündelt die Altersstufen in Fünf- oder Zehnjahresschritten.

Je nachdem wie sich die Bevölkerung eines Landes nach dem Alter aufbaut, ähnelt die Alterspyramide einer der drei Formen: der Pyramide, Glocke oder Urne. Die Alterspyramide eines Landes entspricht natürlich nicht genau der Form, die Kernaussagen sind aber auf alle Länder übertragbar. Alterspyramiden lassen Rückschlüsse zu auf die Lebensbedingungen der Bevölkerung und auf geschichtliche Ereignisse des jeweiligen Landes. Beispiele dafür sind Kriege, Naturkatastrophen oder Veränderungen im Verhalten der Menschen wie zum Beispiel die Einführung der Pille als Verhütungsmethode.

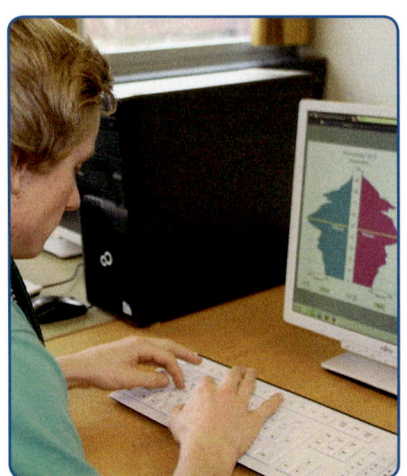

M1 Christopher analysiert die Alterspyramide des Statistischen Bundesamtes.

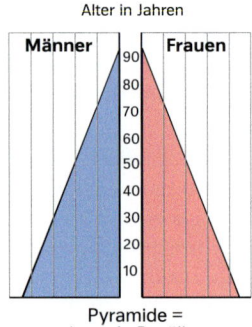
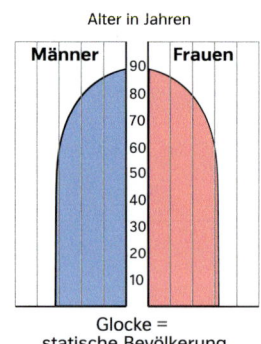
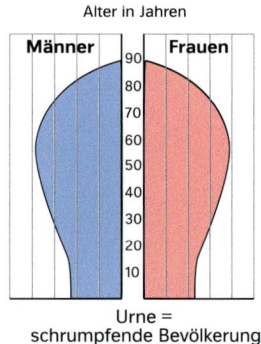

Pyramidenform
Die Bevölkerung wächst beständig. Jeder Neugeborenenjahrgang ist größer als der vorangegangene. Deshalb verjüngt sich die Pyramide nach oben. Die Pyramide ist die Standardform für viele Entwicklungsländer.

Glockenform
Die Bevölkerungszahl stagniert. Jeder Neugeborenenjahrgang ist genauso groß wie der vorangegangene. Durch die natürliche Sterberate verjüngt sich oben die Glocke. Die Glockenform ist typisch für Schwellenländer, aber auch für Industrieländer.

Urnenform
Die Bevölkerungszahl nimmt ab. Jeder Neugeborenenjahrgang ist kleiner als der vorangegangene. Deshalb verjüngt sich die Pyramide nach unten. Die Urnenform (auch Pilzform oder Zwiebelform) ist typisch für Industrieländer.

M2 Modelle von Alterspyramiden

So gehst du vor

Drei Schritte zur Auswertung einer Alterspyramide

1. Orientiere dich.
- Für welches Land und für welches Jahr wurde die Alterspyramide erstellt?
- Sind die Angaben an der x-Achse in Prozent der Gesamtbevölkerung angegeben oder in der Zahl der Menschen?
- Bestehen die Abschnitte an der y-Achse aus Fünf- oder Zehnjahresschritten?

2. Beschreibe.
- Wie teilt sich die Bevölkerung nach Alter und Geschlecht auf?
- Wo gibt es einen Frauen- / Männerüberschuss?
- Hat die Alterspyramide einen breiten Unterbau, das heißt: Gibt es viele Geburten; wächst die Bevölkerung? Oder wird der Unterbau schmaler?
- Verjüngt sich die Alterspyramide nach oben stark, was bedeutet, dass viele Menschen früh sterben?
- Werden viele Leute alt? Ist die Lebenserwartung hoch?

3. Interpretiere.
- Wie lassen sich die unter Punkt 2 gemachten Beobachtungen erklären?

Aufgaben

1. Besuche im Internet die Seite des Statistischen Bundesamtes: www.destatis.de/bevoelkerungspyramide/ (M1). Dort findest du eine Animation zur Veränderung der Alterspyramide Deutschlands. Wähle zunächst als Startjahr 1950 aus und setze an der Auswahlbox (Checkbox) „Frauen- bzw. Männerüberschuss anzeigen" ein Häkchen. Was kannst du beobachten?

    a) Beschreibe so detailliert wie möglich die Form der Alterspyramide.

    b) Suche Erklärungen für die Überschüsse. Starte die Animation mit dem Startknopf. Sie läuft bis zur Prognose für das Jahr 2060.

    c) Beobachte die Veränderungen der Form der Alterspyramide. Wie verändert sie sich?

    d) Welche Folgen hat diese Veränderung und welche Probleme zieht sie nach sich?

    e) Schau dir die Animation auch in den drei weiteren Prognose-Varianten an. Wo liegt der Unterschied und welches sind die Annahmen für die unterschiedlichen Varianten?

2. a) Werte die Alterspyramide von Nigeria nach den drei Schritten aus (M3).

   b) Werte die Alterspyramide von China aus (M4).

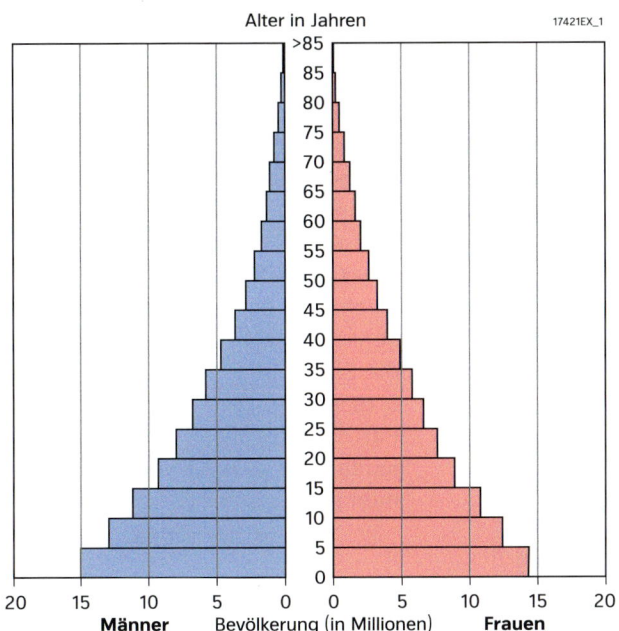

M3 Alterspyramide von Nigeria 2013

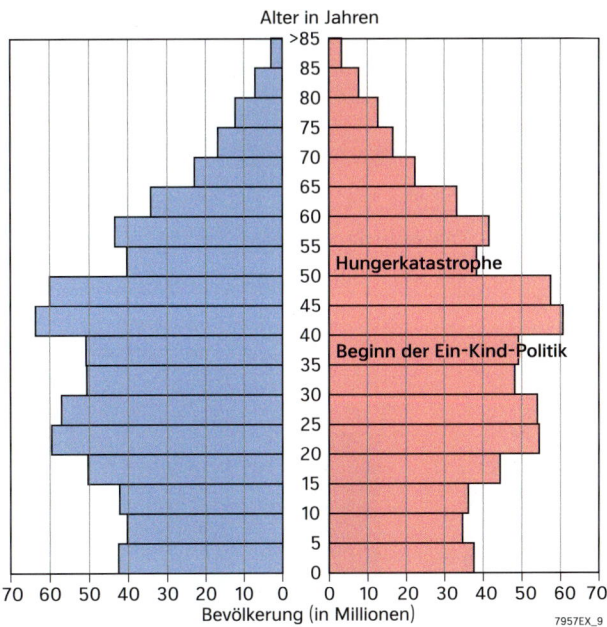

M4 Alterspyramide von China 2013

China – kontrolliertes Bevölkerungswachstum

M1 Lage von China

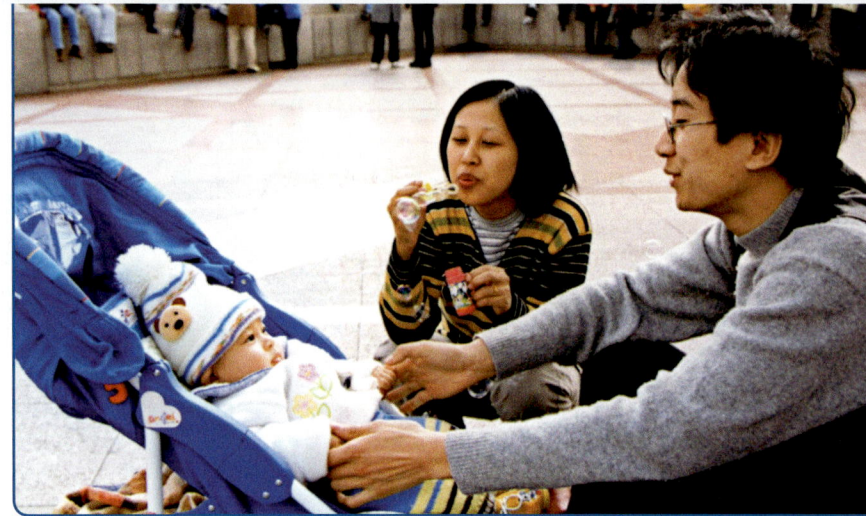

M4 Ein-Kind-Familie in China

China – ein Volk ohne Geschwister?

China ist mit 1,36 Milliarden Menschen das bevölkerungsreichste Land der Erde (Deutschland: 80,6 Millionen, Jahr: 2015). Die chinesische Regierung hat lange Zeit mit strengen Maßnahmen zur Familienplanung das Bevölkerungswachstum reduziert. Zwischen 1980 und 2015 gab es die sogenannte Ein-Kind-Politik. Wer ohne Erlaubnis mehr als ein Kind bekam, wurde bestraft. Es gab außerdem zahlreiche Fälle von Zwangssterilisationen der Frauen und erzwungene Abtreibungen durch die Behörden. Grund für die Einführung dieser Familienpolitik war damals, im Land Hungersnöte und Armut in der Bevölkerung zu vermeiden und wirtschaftlichen Fortschritt zu ermöglichen.

Die Ein-Kind-Politik konnte allerdings nur in den Städten konsequent umgesetzt werden. Im ländlichen Raum waren die Kontrollen nicht möglich, da die Landesfläche zu groß war. Zudem gab es Ausnahmeregelungen: Auf dem Land durften Paare, deren erstes Kind ein Mädchen war, ein zweites Kind bekommen.

Vor Einführung der Ein-Kind-Politik besaß China eine hohes Bevölkerungswachstum. Die Bevölkerung wuchs pro Jahr um 20 Millionen Menschen. Durch die Ein-Kind-Politik wurde der Zuwachs auf acht Millionen gesenkt. Im Oktober 2015 wurde die Ein-Kind-Politik schließlich offiziell von der kommunistischen Partei abgeschafft. Seitdem darf jedes Paar zwei Kinder bekommen (M2).

China schafft Ein-Kind-Politik ab

Das hat die Staatsführung in Peking beschlossen. Grund dafür ist die dramatische Alterung der Bevölkerung. [...] Die jetzige Entscheidung der obersten Parteiführung wurde vor allem mit demographischen Entwicklungen begründet. Wegen der jahrzehntelangen Geburtenbeschränkungen altert die chinesische Bevölkerung rapide und Wissenschaftler warnen vor einem Mangel an Arbeitskräften und einer Belastung für die Rentenkassen durch die vielen Rentner."
(Quelle: Petra Kolonko, www.faz.net, 29.10.2015)

M2 China – Paare dürfen künftig zwei Kinder bekommen.

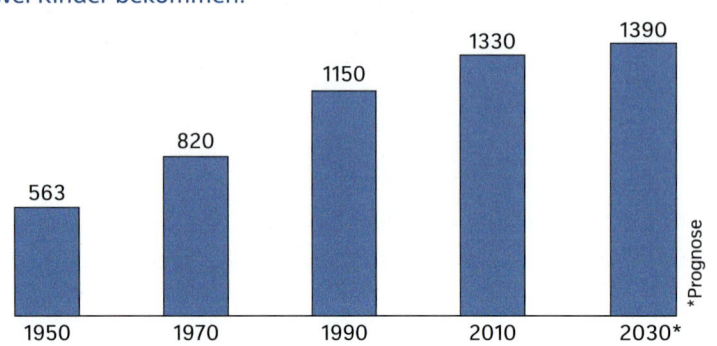

M3 Bevölkerungsentwicklung in China

Bevölkerungsentwicklung

Ein Volk ohne Geschwister

„Kinder sind das Juwel des Hauses." Dieses Sprichwort zeigt, welche Bedeutung Kinder in China haben. Bis Mitte der 1960er-Jahre galt Kinderreichtum als das große Glück. Doch allmählich wurden die Probleme einer Überbevölkerung erkannt.

Zwischen 1979/80 und 2015 setzte China eine Ein-Kind-Politik rigoros durch. Das Mindestalter für eine Heirat wurde für Frauen auf 20, für Männer auf 22 Jahre festgelegt. Dazu kamen Aufklärungskampagnen, die kostenlose Ausgabe von Empfängnisverhütungsmitteln, aber auch der kostenlose Schwangerschaftsabbruch.

Familien mit nur einem Kind hatten steuerliche Vorteile oder erhielten eine bessere Wohnung.

Bekam eine Familie jedoch mehr als ein Kind, entfielen alle Vergünstigungen. Die Eltern mussten zusätzlich mit Geldstrafen rechnen, die bis zu zehn Jahreseinkommen betrugen. Diese strengen Maßnahmen hatten dazu geführt, dass in den letzten 20 Jahren offiziell über 300 Millionen Abtreibungen vorgenommen und Hunderttausende Kinder offiziell nicht angemeldet wurden.

M5 Auswirkungen der damaligen Ein-Kind-Politik

M6 Staatlich geförderte Kinderbetreuung in China

M7 Senioren in einem Park in Peking

Info

Familienplanung

Mit Familienplanung bezeichnet man alle Maßnahmen, um die Zahl der Kinder in einer Familie zu beschränken. In den Ländern, in denen die Bevölkerung über die Vorteile der Familienplanung aufgeklärt wurde, gingen die Zahl der Kinder und die Kindersterblichkeit zurück.

Aufgaben

1. a) Beschreibe die Entwicklung der Bevölkerung in China (M3).
   b) Lege eine Folie auf die Atlaskarte „Asien – Politische Übersicht" und skizziere den Umriss von China. Lege dann die Folie passgenau auf die Karte „Asien – Bevölkerung" und markiere das Gebiet mit einer großen Bevölkerungsdichte. Beschreibe die Lage dieses Gebietes innerhalb von China.
2. a) Nenne die Ursachen für die Einführung der Ein-Kind-Politik (Text, Infobox).
   b) Beurteile die Folgen, die die staatliche Bevölkerungspolitik für die chinesische Gesellschaft hatte (Text, M5-M7).
3. Nenne die Ursachen für die Abschaffung der Ein-Kind-Politik für China (M2).

Orientierung in Asien

Der bevölkerungsreichste Kontinent der Erde

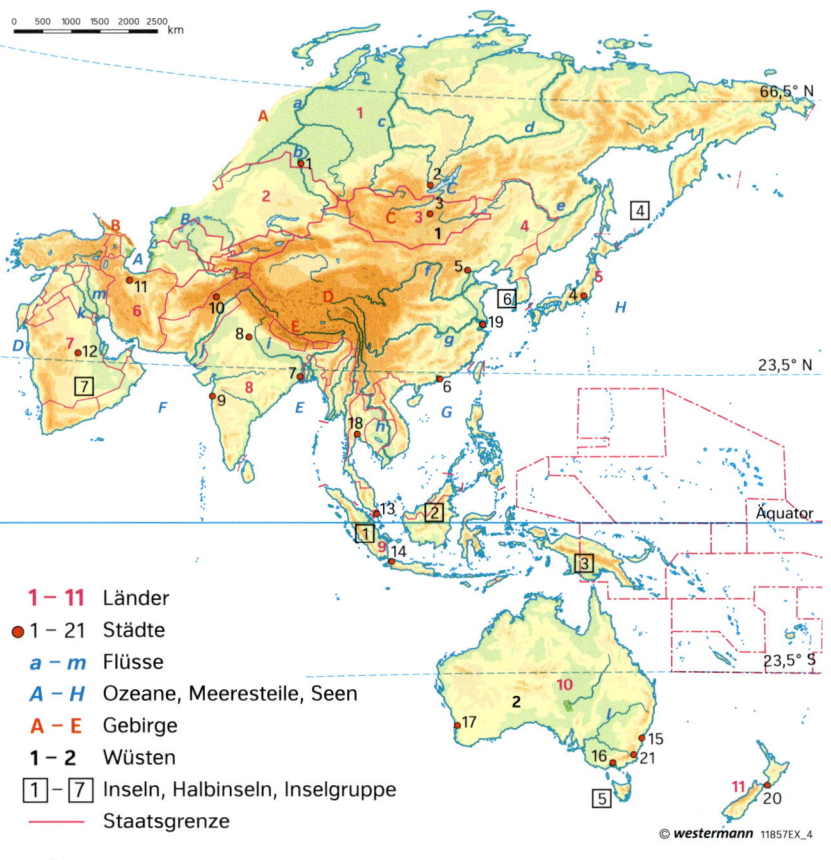

M1 Übungskarte Asien / Pazifischer Raum

1 – 11 Länder
1 – 21 Städte
a – m Flüsse
A – H Ozeane, Meeresteile, Seen
A – E Gebirge
1 – 2 Wüsten
1 – 7 Inseln, Halbinsel, Inselgruppe
――― Staatsgrenze

Asien ist nicht nur der flächenmäßig größte, sondern auch der bevölkerungsreichste Kontinent der Erde. In Asien leben mehr als 4,4 Milliarden Menschen. Das entspricht ca. 60 Prozent der Weltbevölkerung.

Wegen seiner Größe wird Asien in Regionen gegliedert. Im Westen gibt es keine eindeutige geographische Grenze zu Europa. Die Grenze lässt sich am ehesten mithilfe von Gebirgen, Flüssen und Meeren beschreiben.

Zwischen 1950 und 2010 hat sich die Bevölkerung in Asien von 1,4 Mrd. auf 4,2 Mrd. Menschen verdreifacht. Demzufolge ist die Bevölkerungsdichte einzelner Länder und Städte besonders hoch. Hier leben Menschen auf engstem Raum. Mit China und Indien besitzt Asien die bevölkerungsreichsten Länder der Erde. Beide Länder kommen zusammen auf 2,6 Milliarden Menschen. Damit lebt jeder dritte Mensch auf der Erde in Indien oder China.

M2 Alltag in Tokio: 3,1 Milliarden Fahrgäste pro Jahr nutzen die U-Bahn.

Land / Stadt	Fläche (km²)	Bevölkerung
Macau	29,5	575 000
Singapur	718	5 469 000
Hongkong	1104	7 188 000
Bangladesch	147 570	158 512 000
Südkorea	100 210	50 423 000

M3 Daten zur Berechnung der Bevölkerungsdichte (2015)

Info

Bevölkerungsdichte

Die Bevölkerungsdichte oder Einwohnerdichte gibt Auskunft über die Anzahl an Einwohnern in einem bestimmten Gebiet. Der Wert wird in Einwohnern pro km² angegeben. Die Bevölkerungsdichte wird benutzt, um Bevölkerungsdaten verschiedener Länder, Regionen, Städte oder Gemeinden zu vergleichen. Die Mongolei ist das Land mit der niedrigsten Bevölkerungsdichte weltweit. Hier leben 1,8 Einwohner pro km².

www.diercke.de
100857-110

Bevölkerungsentwicklung

M4 Dhaka, Bangladesch – Zugfahren in einem der am dichtesten besiedelten Länder der Erde

M5 Gliederung Asiens

> Bevölkerungsdichte = Einwohner : Fläche (km²)
>
> Beispielrechnung Deutschland:
> 80 620 000 (Einwohner) : 357 168 km² (Fläche)
> = 225,7 Einwohner pro Quadratkilometer (Einw./km²)

M6 Formel Bevölkerungsdichte

Aufgaben

1. Verfasse eine Kurzgeschichte über eine Zugfahrt in Tokio oder Dhaka (M2, M4).
2. a) Löse die Übungskarte (Atlas).
   b) Erkläre die Gliederung Asiens (M5).
   c) Beschreibe die Grenze zwischen Asien und Europa mithilfe von Flüssen, Gebirgen und Meeren (M1, M5, Atlas).
3. Bestimme mithilfe des Atlas die äußersten Festlandpunkte (Kaps) Asiens (S = Kap Buru) (M5).
4. Berechne die Bevölkerungsdichte der Länder/Städte in M3 (M6).

Deutschland – immer weniger Menschen!

M1 Jeder vierte Mensch in Deutschland ist mindestens 60 Jahre alt (2015)

Deutschland wird immer älter

Während die Bevölkerung in den meisten Entwicklungsländern wächst, schrumpft sie in vielen Industrieländern – auch in Deutschland.
Für den Rückgang der Bevölkerung in Deutschland gibt es mehrere Ursachen. Vereinfacht lässt sich sagen, dass jährlich mehr Menschen sterben, als Kinder geboren werden. Jede Frau in Deutschland bringt im Durchschnitt 1,4 Kinder (2015) zur Welt.

Um die Bevölkerungszahl aufrechtzuerhalten, müssten durchschnittlich 2,1 Kinder pro Elternpaar geboren werden.
In Deutschland nimmt die Bevölkerungszahl seit 2002/03 stetig ab. Gleichzeitig wird die Bevölkerung älter. Diese Entwicklung wird als demographischer Wandel bezeichnet. Dadurch könnten sich künftig Probleme für den Generationenvertrag ergeben.

Deutschland hat die zweitälteste Bevölkerung der Welt ...

... und die älteste Bevölkerung in Europa. 2012 waren nur 13 Prozent jünger als 15 Jahre. Weltweit verzeichnete nur Japan einen noch etwas geringeren Wert. Mehr als jede fünfte Person in Deutschland ist älter als 65 Jahre. Im internationalen Vergleich liegt Deutschland auch bei der Geburtenrate auf dem letzten Platz. Pro 1000 Einwohner werden nur noch acht Kinder geboren.
(Quelle: Die Welt, 10.10.2012)

Info

Generationenvertrag

Wer arbeitet, zahlt in die Rentenkasse ein und finanziert so die Renten der alten Menschen heute. Dabei verlässt man sich darauf, dass die Generation der Kinder und Enkelkinder in Zukunft zum Zahler der eigenen Rente wird. So besteht ein Abkommen zwischen Jung und Alt, ein Vertrag zwischen den Generationen.

M2 Zeitungsartikel

Kinder kosten Geld und verringern den Lebensstandard.

Frauen bekommen später Kinder als früher.

Kinder schränken die Berufstätigkeit der Frauen ein.

Die Altersversorgung hängt nicht von der Kinderzahl ab.

M3 Gründe für die niedrige Kinderzahl in den Industrieländern (Auswahl)

Bevölkerungsentwicklung

M4 Der Generationenvertrag

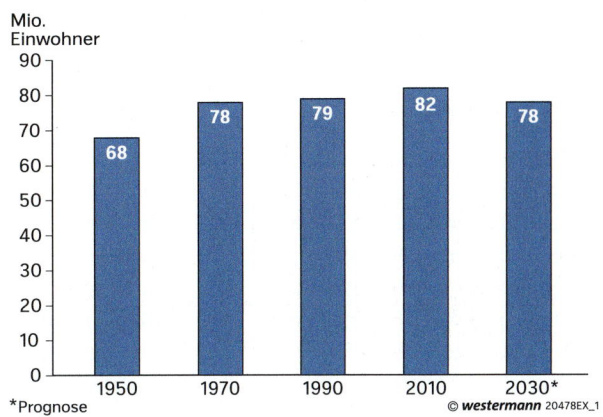

M6 Bevölkerungsentwicklung in Deutschland

Studie zu den Zukunftserwartungen junger Menschen

Der demographische Wandel ist den meisten jungen Menschen bereits bekannt - dies legt eine Erhebung des Instituts für Demoskopie Allensbach nahe: Mehr als die Hälfte beschäftigt sich konkret damit; mehr als jeder dritte junge Mensch investiert in private Altersvorsorge; es besteht eine enge Bindung an die Familie und zwei Drittel gehen von einer gegenseitigen Verantwortung der Generationen aus. [...] 88 Prozent der 20- bis 34-Jährigen sehen eine steigende Belastung auf sich zukommen. Um den demographischen Wandel zu bewältigen, wünschen sie sich eine partnerschaftliche Aufteilung in Beruf, Haushalt, Kindererziehung und Pflege. Darüber hinaus steigt der Wunsch nach Kindern. Väter möchten mehr Zeit mit ihren Kindern verbringen und wünschen sich eine familienfreundliche Arbeitswelt.

(Quelle: Manuela Schwesig stellt Erhebung über Zukunftserwartungen junger Menschen vor. Bundesministerium für Familie, Senioren, Frauen und Jugend, www.bmfsfj.de, 10.04.2014)

M5 Zukunftserwartungen

M7 Karikatur zum Generationenvertrag

Aufgaben

1. Beschreibe die Entwicklung der Bevölkerung in Deutschland (M6, Atlas).
2. Nenne Gründe für die geringe Geburtenrate in Deutschland (M3).
3. Beschreibe den Generationenvertrag und seine Bedeutung für die Gesellschaft (Info, M4).
4. Erkläre die Karikatur M7 unter Zuhilfenahme von M6 und des Generationenvertrages (M4, Info).
5. Diskutiert Maßnahmen, die zu einem Anstieg der Geburtenzahl in Deutschland führen könnten.
6. Möchtest du später Kinder haben und wenn ja, wie viele? Begründe.

Der demographische Übergang – ein Modell

Info

Geburtenrate / Sterberate

Die Geburtenrate beschreibt die Anzahl der lebend geborenen Kinder in einem bestimmten Gebiet für einen bestimmten Zeitraum. Die Sterberate beschreibt hingegen die Anzahl der Todesfälle in einem bestimmten Gebiet für einen bestimmten Zeitraum.

Bevölkerung im Wandel

Die natürliche Entwicklung einer Bevölkerung lässt sich mit den Größen „Geburtenrate" und „Sterberate" beschreiben. Beides sind Fachbegriffe aus der Demographie, der Wissenschaft der Bevölkerung. Demographen untersuchen die Bevölkerungsentwicklung und -struktur sowie die Wanderungsbewegungen (Migration).

Die demographische Entwicklung der letzten 200 Jahre in den Industrieländern kann mit dem Modell des demographischen Übergangs beschrieben werden. Es stellt die Veränderung in der Bevölkerung von einer hohen zu einer niedrigen Sterbe- und Geburtenrate dar. Den Ausgangspunkt bildet eine Agrargesellschaft, die sich zunächst in eine Industriegesellschaft und später in eine Dienstleistungs- und/oder Informationsgesellschaft wandelt. Das Modell lässt sich nicht auf alle Länder übertragen, da sich die Bevölkerung unterschiedlich entwickelt. So dauerte der demographische Übergang in England fast 200 Jahre, in Deutschland nur etwa 70 Jahre. Viele Entwicklungsländer befinden sich aktuell in der ersten Phase, in der die Industrialisierung langsam einsetzt.

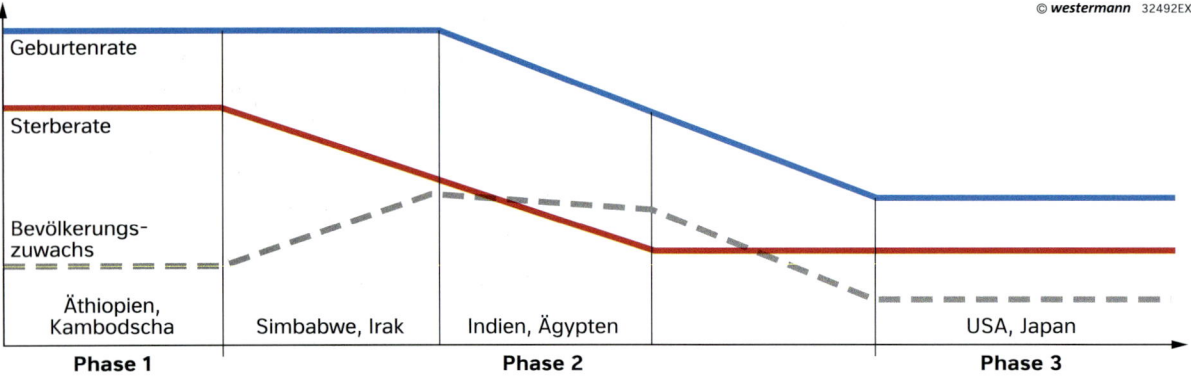

M1 Modell des demographischen Übergangs

M2 Von der tradtionellen Agrargesellschaft zur modernen Dienstleistungs- und Informationsgesellschaft

Bevölkerungsentwicklung

Herausforderung demographischer Wandel

Viele Industrieländer befinden sich in der letzten Phase des demographischen Übergangs. Merkmal ist eine stark überalterte Gesellschaft mit geringen Anteilen an junger Bevölkerung. Bis zum Jahr 2050 könnte die Bevölkerung in Deutschland nicht nur überaltert sein, sondern auch schrumpfen. Diese Entwicklung wird als demographischer Wandel bezeichnet.
Die Auswirkungen des demographischen Wandels sind vielfältig: Neben der Altersvorsorge (Stichwort „Generationenvertrag") wird das Gesundheitssystem stark belastet. Immer mehr ältere Menschen müssen betreut, gepflegt und medizinisch versorgt werden. Dadurch braucht der Staat mehr Versorgungsplätze in Alten-, Pflegeheimen und betreuten Wohneinheiten, was zu höheren Kosten führt. In Regionen mit geringer Bevölkerungsdichte kann es zu leer stehenden Häusern und Wohnungen kommen. Eine weitere Folge des Wandels: Kindergärten und Schulen haben weniger Kinder zu betreuen, was zur Zusammenlegung und Schließung führen kann. Mit Zuwanderung wird derzeit versucht, dem demographischen Wandel entgegenzuwirken.

Info

Natürliche Bevölkerungsentwicklung

Die Differenz zwischen Geburten- und Sterberate nennt man natürliche Bevölkerungsentwicklung. Natürlich deshalb, da Wanderungsbewegungen unberücksichtigt bleiben.

A Marie hat beschlossen, nach ihrem Studium erst ein paar Jahre zu arbeiten, bevor sie Kinder bekommt.
B Der Arzt ist froh, dass eine neue Kanalisation im Dorf gebaut wurde. Nun fließen die Abwässer nicht mehr durch den Fluss, an dem die Kinder spielen.
C Tom überlegt, eine Ausbildung als Altenpfleger zu machen, denn laut Arbeitsamt hat der Beruf Zukunft.
D Eine Mutter steht verzweifelt vor dem Bett ihres fünften Kindes. Das 14 Monate alte Kind hat eine schwere Lungenentzündung, die ärztliche Versorgung ist schlecht. Das Kind droht zu sterben.
E Tom feiert seinen 50. Geburtstag mit seinen sechs Kindern und 28 Enkeln. Sein ältester Sohn sorgt für ihn, seit er bei einem Unfall ein Bein verloren hat und nicht mehr arbeiten kann.
F Als Frieda mit 14 Jahren von ihren Eltern verheiratet wurde, musste sie die Schule abbrechen. Sechs Jahre später, nach der Geburt ihres dritten Kindes, besucht sie das neue Gesundheitszentrum im Dorf, um sich über kostenlose Verhütungsmethoden informieren zu lassen.

(Quelle: Vankan, Leon (Hrsg.): Diercke Methoden. 2011)

M3 Aussagen zum Modell des demographischen Übergangs

M4 Die Stadt Halle (Saale) verlor von 1990 bis 2015 ca. 25 Prozent ihrer Bevölkerung – „natürlich" und durch Abwanderung

Aufgaben

1 Erkläre die natürliche Bevölkerungsentwicklung.
2 a) Ordne die Aussagen in M3 den Phasen des Schemas zu (M1).
   b) Präsentiere mündlich deine Ergebnisse.
3 Beschreibe die Herausforderungen des demographischen Wandels.
4 Zuwanderung aus anderen Ländern ist eine Lösung für den demographischen Wandel. Nimm Stellung zur Aussage.

Gewusst – gekonnt

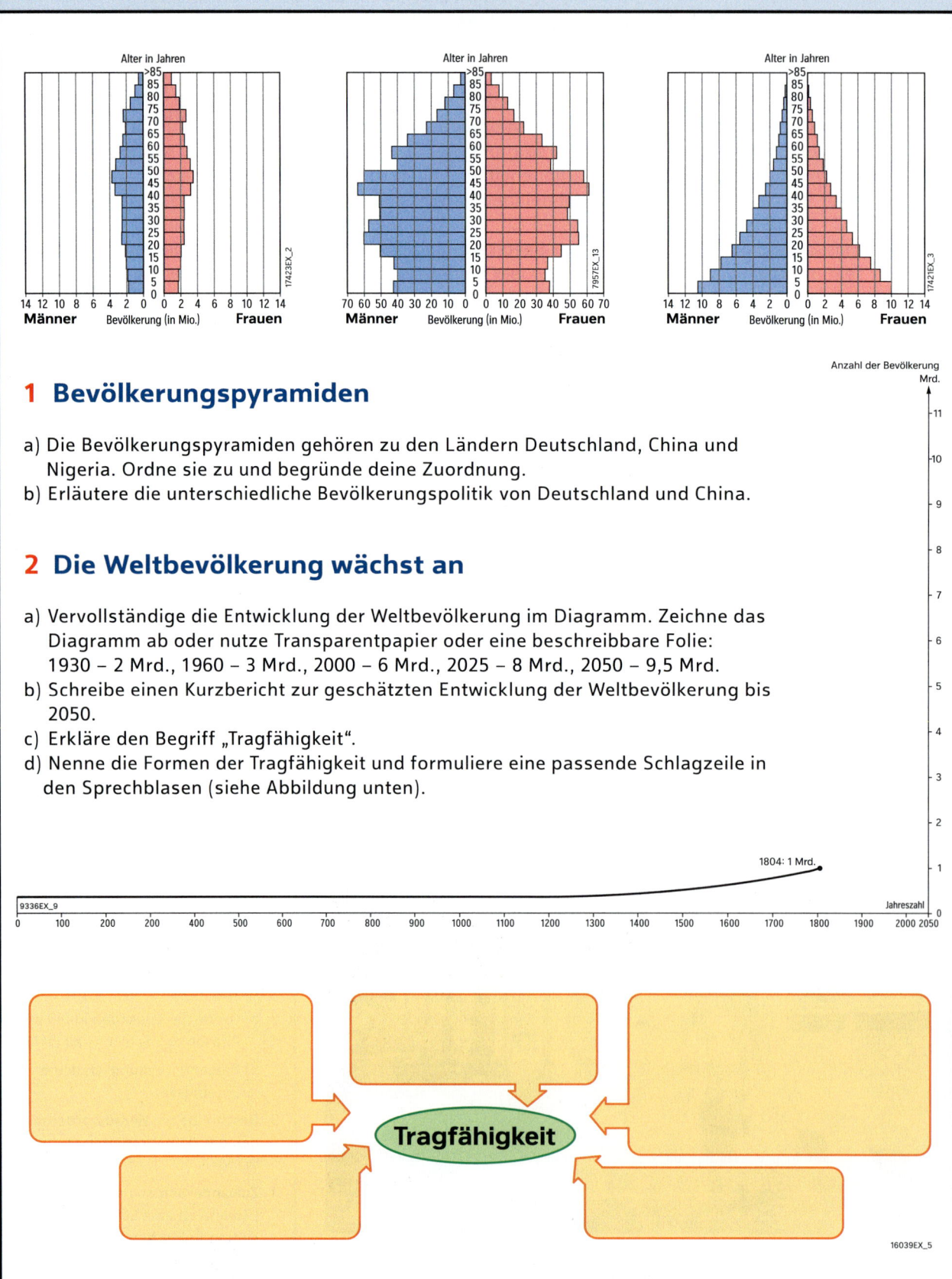

1 Bevölkerungspyramiden

a) Die Bevölkerungspyramiden gehören zu den Ländern Deutschland, China und Nigeria. Ordne sie zu und begründe deine Zuordnung.
b) Erläutere die unterschiedliche Bevölkerungspolitik von Deutschland und China.

2 Die Weltbevölkerung wächst an

a) Vervollständige die Entwicklung der Weltbevölkerung im Diagramm. Zeichne das Diagramm ab oder nutze Transparentpapier oder eine beschreibbare Folie:
1930 – 2 Mrd., 1960 – 3 Mrd., 2000 – 6 Mrd., 2025 – 8 Mrd., 2050 – 9,5 Mrd.
b) Schreibe einen Kurzbericht zur geschätzten Entwicklung der Weltbevölkerung bis 2050.
c) Erkläre den Begriff „Tragfähigkeit".
d) Nenne die Formen der Tragfähigkeit und formuliere eine passende Schlagzeile in den Sprechblasen (siehe Abbildung unten).

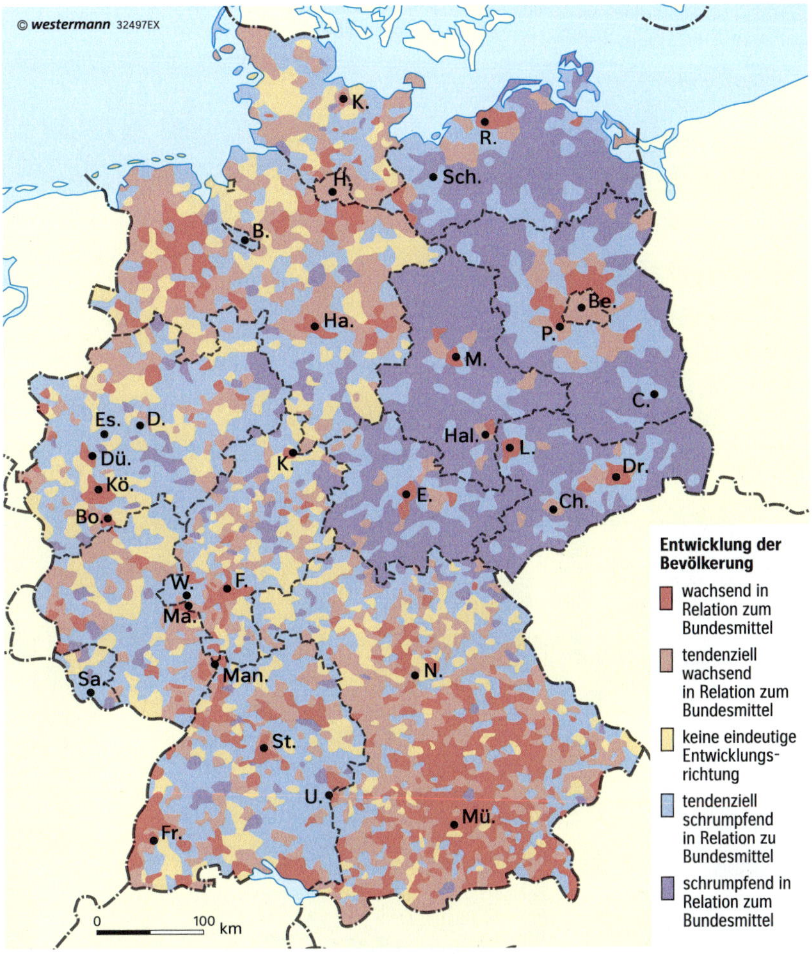

3 Demographischer Wandel

a) Erkläre die drei Hauptphasen zum Modell des demographischen Übergangs.
b) „Die Deutschen sterben aus!" Beurteile diese Zeitungsschlagzeile und nenne mögliche Gründe für den Rückgang der Einwohnerzahl.
c) Erläutere den Zusammenhang zwischen demographischem Wandel und schrumpfenden Städten/Gemeinden.
d) Ermittle mithilfe des Atlas fünf Städte mit starkem Bevölkerungswachstum.
e) Ermittle mithilfe des Atlas fünf stark schrumpfende Städte.

4 Generationenvertrag

a) Vervollständige die fehlenden Erklärungen zum Generationenvertrag. Schreibe die Erklärungen in dein Heft.
b) Beurteile für deine Generation, ob der Generationenvertrag weiterhin gültig sein sollte.
c) Überlege dir eine alternative Regelung zur Altersvorsorge in Deutschland.

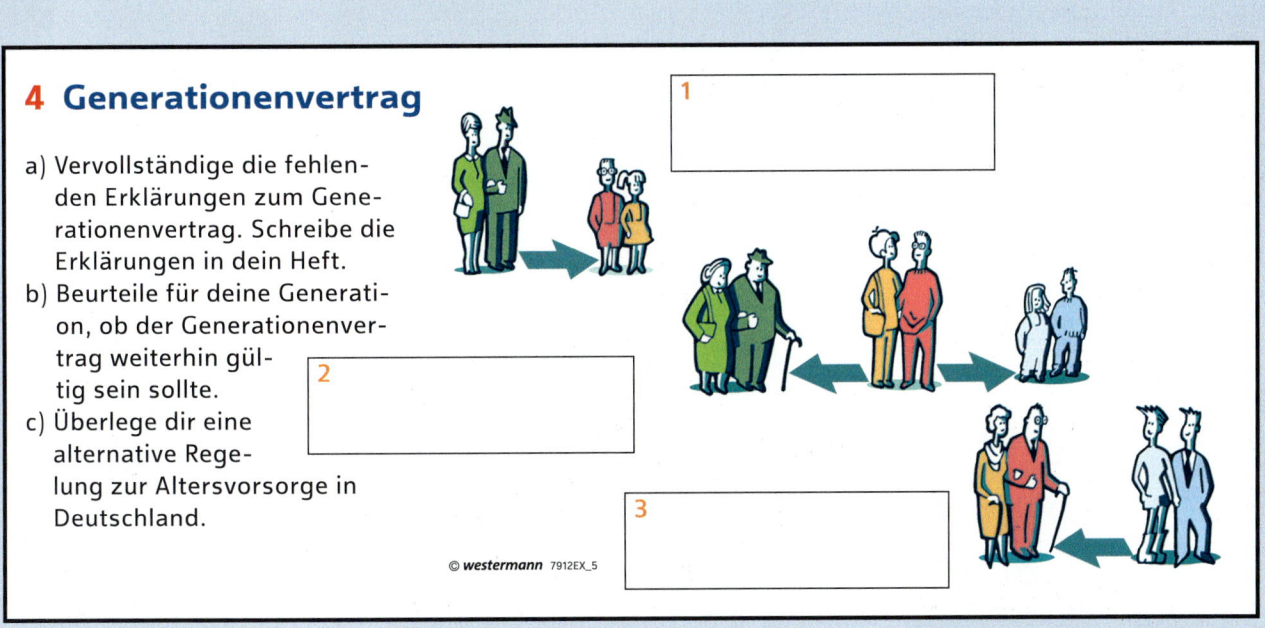

Migration und Verstädterung

M1 Flüchtlinge an der Grenzanlage zur spanischen Exklave Melilla

M2 Slumsiedlung und Gated Community in Buenos Aires, Argentinien

M3 Blick auf die Weltstadt New York, USA

Die Welt wird Stadt

M1 Stadtbezirk Pudong in Shanghai (China) 1980

Die Verstädterung der Erde

Jeder zweite Mensch auf der Erde lebt mittlerweile in einer Stadt. Die Verstädterung der Erde ist aber kein Phänomen des 21. Jahrhunderts. Seit der jüngeren Steinzeit (9 000 v. Chr.) sind in jeder Geschichtsepoche städtische Siedlungen nachweisbar.
Heute gibt es auf der Erde mehr als 300 Millionenstädte, die mindestens die Größe von Köln oder München besitzen. Die städtische Bevölkerung wächst in weniger industrialisierten Ländern wie Indien stärker als in den Industrieländern. Gründe hierfür sind die enorme Zuwanderung (Migration) der ländlichen Bevölkerung in die Städte, was als Landflucht bezeichnet wird, und die natürliche Zunahme der Bevölkerung durch einen Geburtenüberschuss.

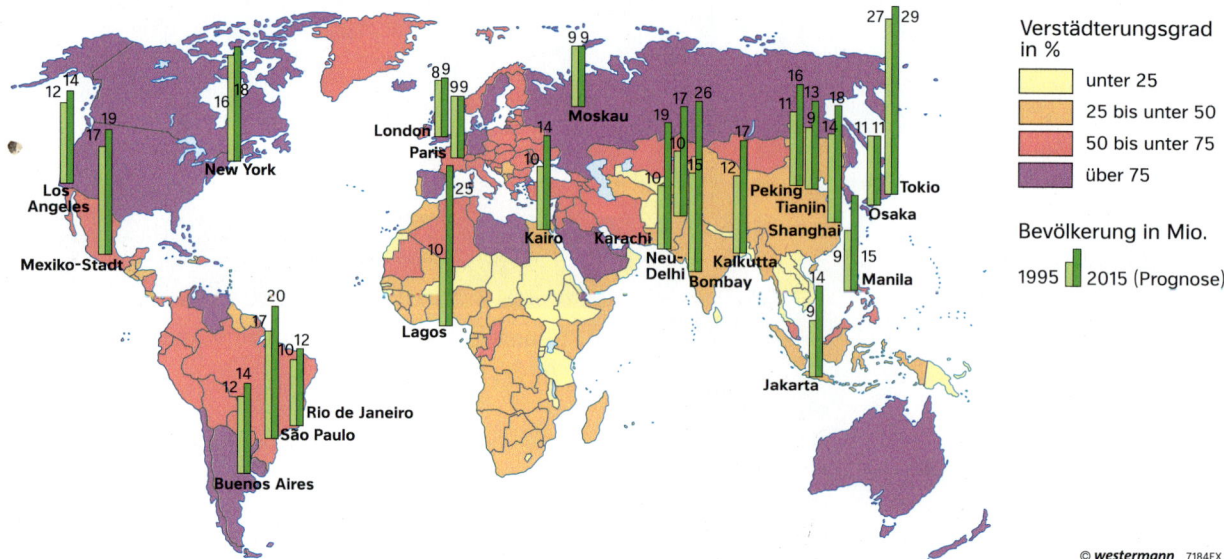

M2 Verstädterung auf der Erde

Migration und Verstädterung

M3 Stadtbezirk Pudong in Shanghai (China) heute

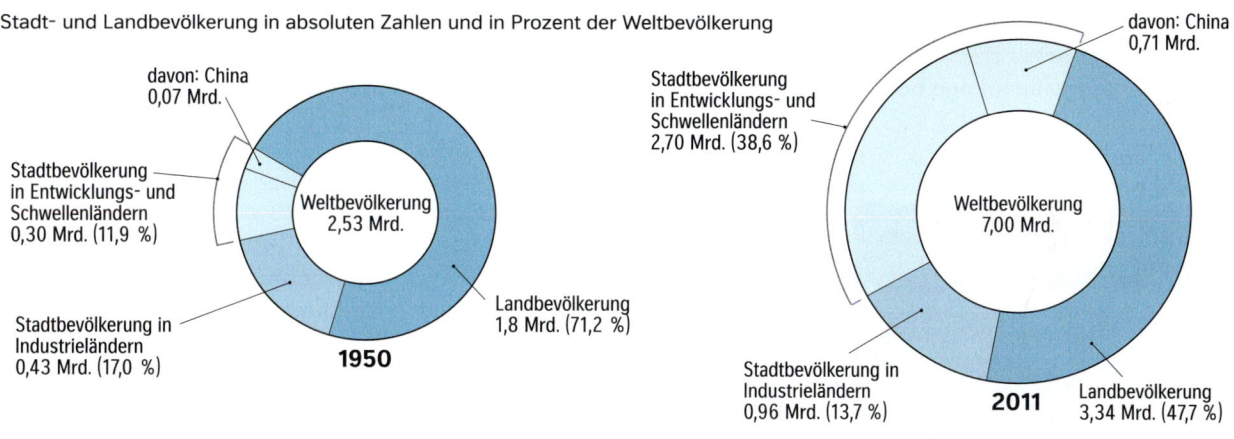

M4 Weltweite Verstädterung und Wachstum der Megastädte

Info

Verstädterung

... kennzeichnet die starke Zunahme der städtischen Wohnbevölkerung. Häufig wird der Begriff Urbanisierung gleichbedeutend dafür verwendet. Einige Forscher definieren Urbanisierung als die Verbreitung städtischer Lebensformen und Lebensweisen.

Aufgaben

1. Beschreibe die Entwicklung Shanghais und Pekings (M1, M3, Atlas).
2. Nenne die Ursachen der weltweiten Verstädterung.
3. Beschreibe die Verteilung der Weltbevölkerung nach Stadt- und Landbevölkerung.
4. Bewerte das Städtewachstum auf der Erde (M4).
5. Ermittle mit den Atlaskarten „Erde – Bevölkerungsdichten" und „Verstädterung", in welchen Regionen/Ländern der Erde die Einwohnerzahl pro km² über 100 liegt. Sortiere nach Kontinenten.
6. Recherchiere die Einwohnerzahlen Shanghais für 1950, 1960, 1970, 1980, 1990, 2000, 2010. Fertige ein Balkendiagramm an (in Mio.).

Menschen verlassen ihre Heimat

M1 Bürgerkriegsflüchtlinge besteigen einen Zug in Ungarn, der sie nach Deutschland bringt (Herbst 2015).

M2 Wanderarbeiter in China – Millionen Chinesen verlassen ihre meist ländliche Heimat, um in den großen Metropolen Arbeit zu finden.

Im Aufbruch

Migration ist eines der großen Themen unserer Zeit. Weltweit verlassen Millionen Menschen ihre Heimat aus unterschiedlichen Gründen. Doch was treibt die Menschen aus ihrer Heimat und was zieht sie am Zielort an? Solange es Menschen gibt, gehört Migration zur menschlichen Lebensweise. So hat sich beispielsweise der Mensch von Afrika aus über die Erde verbreitet und seit dem 17. Jahrhundert wanderten Millionen Menschen in Amerika ein.

An den Gründen, die Menschen dazu bringen, ihre Heimat zu verlassen, hat sich über die Zeit wenig verändert. Armut und fehlende Zukunftsaussichten im Heimatland sind die wichtigsten. Diese Gründe werden Push-Faktoren genannt. Die Gründe, die Migranten zu einem bestimmten Ziel hinziehen, heißen Pull-Faktoren: Von jeher ist das vor allem die Hoffnung auf bessere Lebensumstände.

Info

Migration

Unter Migration versteht man Wanderungsbewegungen einzelner Menschen oder größerer Bevölkerungsgruppen. Die Menschen wechseln dabei ihren Wohnsitz für längere Zeit oder für immer. Die Ursachen für die Migration werden als Push-Faktoren und Pull-Faktoren zusammengefasst.

Migration und Verstädterung

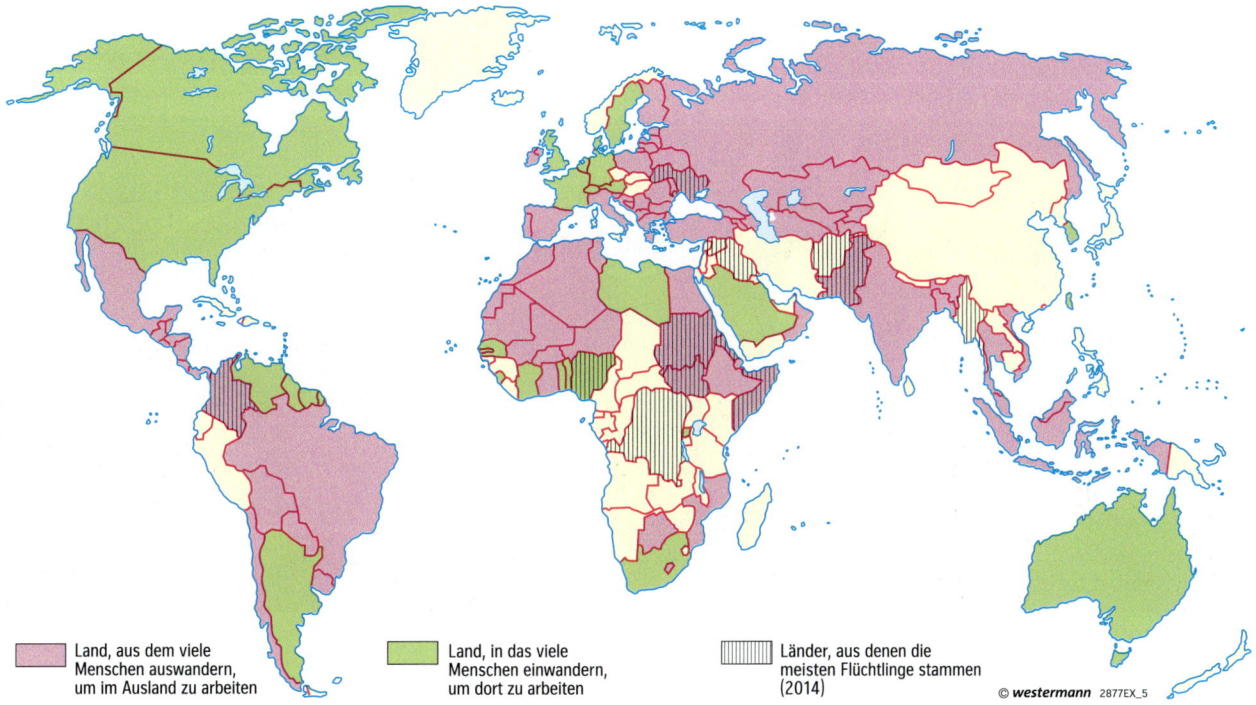

Land, aus dem viele Menschen auswandern, um im Ausland zu arbeiten

Land, in das viele Menschen einwandern, um dort zu arbeiten

Länder, aus denen die meisten Flüchtlinge stammen (2014)

M3 Migration weltweit 2014 (Auswahl)

Im Herkunftsland/-gebiet – Push-Faktoren

- geringes Einkommen, Armut
- Arbeitslosigkeit, fehlende Arbeitsplätze
- Mangel an Nutzfläche für Selbstversorgung
- Hunger, Bevölkerungswachstum
- fehlende oder mangelhafte Krankenversorgung
- kaum Bildungs- und Ausbildungsmöglichkeiten
- Abhängigkeit, z. B. von Großgrundbesitzern
- Bürgerkrieg, Verfolgung, Unterdrückung
- Natur- und Umweltkatastrophen
- schlechte Infrastrukturbedingungen (z. B. unbefestigte Straßen, eingeschränkter Zugang zu sauberem Wasser, Strom und Telefon)
- hohe Kriminalität, fehlende Polizeikräfte

Im Zielland/-gebiet – Pull-Faktoren

- mehr und bessere Arbeits- und Verdienstmöglichkeiten
- Verbesserung des Lebensstandards (z. B. höherer Standard bei Wohnungen)
- gesicherte medizinische Versorgung
- sauberes Trinkwasser
- bessere Bildungs- und Ausbildungsmöglichkeiten
- wirtschaftliche und persönliche Unabhängigkeit
- Annehmlichkeiten des städtischen Lebens (z. B. gute Infrastruktur, Zugang zu öffentlichen Verkehrsmitteln, Kino, Restaurants)
- größeres Warenangebot
- Rechtssicherheit, Demokratie

M4 Push- und Pull-Faktoren für Migration

Aufgaben

1. Beschreibe die Situation der Migration weltweit (M3, Atlas).
2. Das Foto M1 zeigt verschiedene Menschen auf dem Weg in ein neues Land. Betrachte das Bild und versetze dich in ihre Lage. Notiere, was sie möglicherweise gerade denken.
3. Stelle dir vor, du müsstest mit deinen Eltern in ein anderes Land flüchten. Liste auf, mit welchen Schwierigkeiten du rechnen müsstest.
4. Die Gründe von Migration werden mit Push- und Pull-Faktoren beschrieben (M4). Erläutere, was man darunter versteht.
5. „Migration ist nicht gleich Flucht." Begründe diese Aussage.

Weltstadt New York – Menschen aus aller Welt

M1 Blick auf Manhattan (im Vordergrund der Battery Park)

M2 Lage von New York

M3 In Little Italy

Weltstadt New York

New York ist mit etwa 8,4 Millionen Einwohnern (Kernstadt) die bevölkerungsreichste Stadt der USA. Die Weltstadt New York gliedert sich in fünf Stadtteile. Im Stadtteil Manhattan haben zahlreiche nationale und internationale Firmen ihren Hauptsitz in einem der vielen Wolkenkratzer. Hier werden wirtschaftliche Entscheidungen mit globalen Auswirkungen getroffen. Die New Yorker Börse an der Wallstreet gilt weltweit als der wichtigste Finanzplatz.

Die meisten Menschen, die in Manhattan arbeiten, wohnen aufgrund der hohen Mietpreise in anderen Stadtteilen oder außerhalb der Stadtgrenzen. Zur Rushhour in den frühen Morgenstunden pendeln sie meist mit der Subway (U-Bahn) zu ihrem Arbeitsplatz und am Abend wieder zurück.

New York ist nicht nur ein wirtschaftliches, sondern auch ein touristisches Zentrum. Über 25 Mio. Besucher kommen jährlich, um sich die Sehenswürdigkeiten wie die Freiheitsstatue anzusehen. Auch die vielen weltberühmten Museen, die bekannten Musicals am Broadway oder die zahlreichen Geschäfte locken die Touristen in die Stadt. Die Bezeichnung „the City that never sleeps" trifft besonders am Times Square zu, wo das hektische Treiben auf den Straßen bis in die Nacht anhält.

Aber die Weltstadt New York hat auch Schattenseiten. Viele Menschen sind arbeitslos und verarmen. Da sie keine staatliche Hilfe in Anspruch nehmen können, leben viele von ihnen auf der Straße. Gerade in den Wintermonaten verschärft sich für die Obdachlosen die Lebenssituation.

Migration und Verstädterung

Stadt der Einwanderer

Die Einwohner New Yorks kommen aus mehr als 170 verschiedenen Ländern. Deshalb trägt New York den Beinamen „Stadt der Einwanderer". Die Menschen hoffen, dass sich ihre Lebensverhältnisse im Vergleich zu ihrer Heimat verbessern.

Sie siedeln sich meist in bestimmten Stadtvierteln (Ethnic Neighbourhoods) an. Oftmals wohnen bereits Familienmitglieder oder Bekannte aus ihrem Heimatland in diesem Stadtteil. Sie helfen den Neuankömmlingen, in der Stadt Fuß zu fassen.

Eine der bekanntesten Ethnic Neighbourhoods ist Chinatown in Manhattan. Hier leben etwa 100 000 Chinesen. In den Geschäften werden zahlreiche chinesische Waren angeboten. Die Preisschilder und die Leuchtreklamen bestehen häufig nur aus chinesischen Schriftzeichen. Auch die anderen Ethnic Neighbourhoods sind durch die Lebensweisen der jeweiligen Einwanderergruppen geprägt.

Häufig werden Teile der Ethnic Neighbourhoods als Problemgebiete deklariert. Ohne Ausbildung und ausreichende Sprachkenntnisse können viele Einwanderer nur schlecht bezahlte Jobs annehmen oder sie finden gar keine Arbeit. Die Armut führt teilweise zu hoher Kriminalität. Der Traum von Reichtum und Wohlstand erfüllt sich nur für einen Teil der Einwanderer.

M5 In Chinatown

M4 Ethnic Neighbourhoods verschiedener Einwanderergruppen

Aufgaben

1. a) Notiere die Namen der fünf Stadtviertel von New York (M4).
   b) Ermittle, aus welchen Ländern die Einwanderergruppen stammen.
   c) Notiere die Kontinente, auf denen diese Länder liegen (Atlas).

2. a) Nenne Gründe, warum sich Menschen in den Ethnic Neighbourhoods niederlassen.
   b) Schreibe einen Text über die Probleme, die sich daraus ergeben können. Präsentiere.

3. New York wird auch als „Big Apple" bezeichnet. Hierfür gibt es verschiedene Erklärungen. Stelle diese zusammen (Internet) und begründe, welche du am besten findest.

Lebenswelten in der Metropole São Paulo

M1 Alphaville – geschlossene Wohnsiedlung in der westlichen Metropolregion São Paulos

Info

Gated Community

Gated Communities sind privat geführte und bewachte Wohnkomplexe, die durch Zäune, Tore oder Mauern von der Umgebung abgeschlossen sind. Gründe für die Errichtung sind Angst vor Kriminalität, Unzufriedenheit mit den vorhandenen Wohnangeboten, Bedürfnisse nach Ruhe und der Wunsch nach Abgrenzung zu ärmeren Gesellschaftsschichten.

Leben hinter Mauern

São Paulo gehört zu den zehn größten Städten auf der Erde. Die Kernstadt hat rund zwölf Millionen Einwohner. Im erweiterten Stadtgebiet (Metropolregion) leben mehr als 20 Millionen Menschen. Nicht nur wegen seiner Größe ist São Paulo eine Metropole. Die Stadt besitzt große internationale Flughäfen und bildet neben Mexiko-Stadt das bedeutendste Wirtschafts-, Finanz- und Kulturzentrum Südamerikas.

São Paulo ist eine gefährliche Stadt. Arm und Reich leben auf engstem Raum zusammen. Die Kriminalitätsrate ist hoch. Viele Menschen haben Angst vor Gewalt, Mord und Raub. Diejenigen, die es sich leisten können, möchten sich abschotten. Deshalb kam es ab Anfang der 1970er-Jahre zur Errichtung von Gated Communities. Alphaville ist ein Beispiel dafür und zugleich die größte und bekannteste ihrer Art. Der Wohnkomplex trennt etwa 50 000 wohlhabendere Menschen von den ärmeren Vierteln São Paulos.

M2 Städtischer Aufbau São Paulos

Migration und Verstädterung

Mein Name ist Lino, ...

...ich bin neun Jahre alt. Ich wohne mit meinen drei Brüdern und meiner Familie in einer Elendssiedlung in São Paulo. Unser Viertel ist arm und heruntergekommen. Die Menschen hier leben in einfachen Hütten aus Wellblechen oder kleinen Steinhäusern. Die Straßen sind schmutzig und uneben. Deshalb wird unsere Gegend als Favela bezeichnet. Ich spiele gern mit Antonio Fußball oder wir gehen durch unser Viertel, um Sachen zu sammeln, die wir noch benutzen oder verkaufen können. Wir bekommen keine Hilfe vom Staat und müssen sehen, wie wir über die Runden kommen. Mein Vater arbeitet in einer Sammelstelle für Autoteile. Seine Arbeit ist nicht gemeldet.

In unserer Nähe wurde ein neues Wohnviertel errichtet. Man nennt es Alphaville. Früher konnten wir dort noch Fußball spielen, heute starren wir auf eine riesige endlose Mauer. Hinter den Mauern wohnen die Reichen, sagt man. Viele von denen haben Angst davor, ausgeraubt oder überfallen zu werden. Hier in São Paulo gibt es tatsächlich viel Kriminalität. Meine Brüder berichten häufig davon.

M3 Bericht aus einer Favela

M5 Lage von São Paulo in Brasilien

Mein Name ist Maria, ...

... ich bin 14 Jahre alt und wohne mit meiner Schwester und meinen Eltern in Alphaville. Wir haben dort ein Haus gekauft. Die Häuser hier in Alphaville sehen alle ähnlich aus. Unser Haus ist sauber und gepflegt, es gibt aber noch bessere und größere Häuser als unseres. Insgesamt ist es sehr ruhig in Alphaville. Die Straßen sind leer und es herrscht wenig Verkehr. Die meisten Leute kennen sich gut untereinander und sind sehr nett, insgesamt leben wir in einer guten Gemeinschaft.

Wenn wir in die Stadt fahren, müssen wir an Sicherheitskontrollen vorbei. Um wieder nach Alphaville hineinzukommen, wird unser Auto gecheckt und wir müssen durch eine Fingerabdruck-Kontrolle. Die Sicherheitsleute sind schwer bewaffnet. Wir fahren aber nur selten nach São Paulo. In Alphaville gibt es eigentlich alles: ein großes Zentrum mit Supermärkten, Krankenhäusern, Schulen, Kinos und vielen Ärzten und Apotheken. Meine Mutter sagt, dass uns Alphaville vor der Kriminalität da draußen schützt. Manchmal gehe ich zu den großen Mauern und überlege, was die Kinder auf der anderen Seite wohl gerade machen. Auf die andere Seite will ich aber nicht, es ist zu gefährlich.

M4 Bericht aus Alphaville

Aufgaben

1. Erläutere mithilfe von M2 den städtischen Aufbau São Paulos.
2. Liste die Merkmale einer Gated Community auf.
3. Ermittle Gated Communities in Deutschland (Internet). Stelle ein Beispiel vor.
4. Stell dir die Favela vor, in der Lino lebt (M3). Zeichne eine Karte vom Viertel und überlege dir einen Namen dafür.
5. Linos oder Marias Lebenswelt? Begründe, wo du lieber wohnen würdest.

Megastädte – Megarisiken

M1 Panoramaaufnahme vom Victoria Harbour der Megastadt Hongkong

M2 Wohnhäuser der Agglomeration Chongqing, China

- Verunreinigung von Trinkwasser, Luft und Nahrungsmitteln
- Massenkarambolagen, Flugzeugabstürze, U-Bahn- und Eisenbahnunfälle
- Großbrände
- Industrieunfälle (Explosionen, Austritt giftiger Gase)
- Nuklearunfälle
- Seuchen
- soziale sowie religiöse Krisen und Konflikte (Gewalt, Zerstörung, Aufstände, Demonstrationen)
- Terrorangriffe / Kriege

(Quelle: Kraas, Frauke: Megacities as Global Risk Areas. In: PGM 147 (4), 2003, S. 6–15)

M3 Vom Menschen verursachte Risiken in Megastädten

Megastädte sind verwundbar

Per Definition leben in einer Megastadt mindestens fünf Millionen Menschen und die Bevölkerungsdichte beträgt mindestens 5 000 Einw./km². Das Zusammenleben mehrerer Millionen Menschen auf engstem Raum macht eine Megastadt im Falle von Katastrophen verwundbar. Tsunamis gefährden zum Beispiel küstennahe Megastädte wie Jakarta. Miami und New York sind stark gefährdet durch Hurrikans und Blizzards. Tokio und Los Angeles liegen in erdbebengefährdeten Regionen. Ein historisches Beispiel einer großen Naturkatastrophe ist das Erdbeben in San Francisco im Jahr 1906.
Zudem ist die Megastadt vom Menschen gemachten Risiken ausgesetzt, zum Beispiel Bedrohungen durch Industrieunfälle. Das enge Zusammenleben fördert das Ausbreiten von Epidemien. Ein weiteres Risiko ist die hohe Luftbelastung durch Ozon, Staub- und Rußpartikel. Das extrem hohe Verkehrsaufkommen erweist sich in jeder Hinsicht als Risikofaktor.

Megastädte haben sich auf mehreren Kontinenten herausgebildet. In Europa, Nord- und Südamerika ist ihr Wachstum allerdings zum Stillstand gekommen und auch in den meisten Ländern Asiens hat sich das Städtewachstum abgeschwächt. Nur in Afrika wachsen immer mehr Großstädte zu Megastädten heran. Hier sind die gesellschaftlich entstandenen Risiken besonders hoch.

In der Kernstadt Chongqings leben fast fünf Millionen Menschen. Im Ballungszentrum etwa 7,7 Mio. und in den städtischen Verwaltungsgrenzen circa 28,8 Mio. Menschen. Das Verwaltungsgebiet der Stadt ist sehr groß und besteht auch aus ländlichen Siedlungen, Gebirgen, Wald- und Agrarflächen. Die Definitionen für Städte sind unterschiedlich und richten sich nach der Frage, wie das Stadtgebiet abgegrenzt wird. Eng verbunden mit dem Begriff Megastadt ist der Begriff der Agglomeration. Eine Agglomeration ist nach Definition der Vereinten Nationen eine Kernstadt samt ihrem verstädterten Umland.

M4 Ab wann ist eine Stadt eine Megastadt?

Im Internet recherchieren

M5 Verteilung von Städten mit mehr als fünf Millionen Einwohnern innerhalb der Stadtgrenzen (Kernstadt) im Jahr 2010 (Auswahl)

• Städte mit mehr als 5 Mio. Einw.

So gehst du vor

Vier Schritte zur Durchführung einer Internetrecherche

1. Schritt: Finden
- Arbeitsauftrag zur Internetrecherche sorgfältig lesen und mögliche Suchbegriffe formulieren (ggf. mehrere Wörter miteinander kombinieren, z. B. Megastadt Hongkong Tsunami)
- Internetseiten auswählen (Suchmaschine: z. B. www.google.de, Online-Lexikon: www.wikipedia.de, Fachseiten: www.bpb.de, Zeitungsartikel: www.zeit.de)

2. Schritt: Filtern
- Kurzansicht und Linkadresse betrachten (Passt die Seite grundsätzlich zu meinem Suchauftrag?)
- ausgewählte Seiten im neuen Tab des Browsers öffnen
- Überfliegen der ausgewählten Seiten (Wer ist der Autor? Wirkt die Seite seriös? Verstehe ich die Seiteninhalte?)

3. Schritt: Festhalten
- Seiten bei Bedarf ausdrucken
- geforderte Informationen des Arbeitsauftrags herausarbeiten

4. Schritt: Formalitäten
- Zitate mit Anführungszeichen („Megastädte sind") kenntlich machen
- Quellenangabe (Autor, Link, Datum)

(Quelle: www.trg-oha.de/unterricht/methodenkonzept/pdf/internetrecherche.pdf, 20.08.2014)

- Tsunamis, Tornados, Erdbeben, Blizzards, Vulkanausbrüche
- Wirbelstürme, Sandstürme
- Sturmflut, Überschwemmung
- Waldbrände, Dürreperioden
- lang anhaltende Schneefälle, Dauerfrost, Hagel
- Lawinen, Hangrutschungen, Bergsenkungen, globaler Meeresspiegelanstieg

(Quelle: Kraas, F.: „Megacities as Global Risk Areas", In: PGM 147 (4), 2003, S. 6–15)

M6 Natürliche Risiken

Aufgaben

1 Definiere die Begriffe Megastadt und Agglomeration (Text, M4).
2 Ermittle mithilfe des Atlas zehn Städte mit mehr als fünf Millionen Einwohnern (M5).
3 Bewerte die Verwundbarkeit einer Megastadt. Unterteile in natürliche und menschengemachte Risiken.
4 Löse die Übungskarte M5.
5 Führe eine Internetrecherche durch. Themenvorschläge: Megastädte in China, informeller Sektor in Megastädten.

Megastadt Mexiko-Stadt

M1 Entstehung eines dreigeschossigen Selbstbauhauses in den 1970er-Jahren in Neza

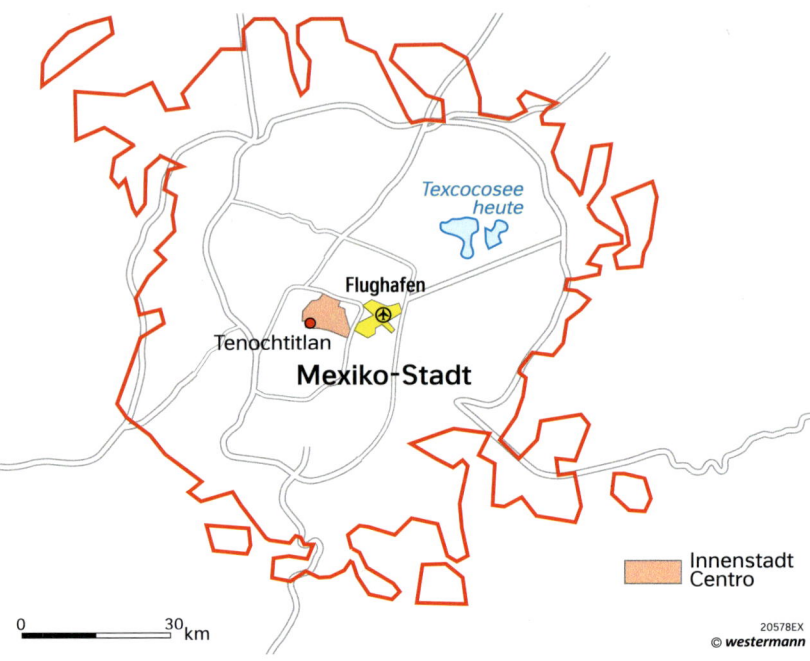

M3 Faustskizze von Mexiko-Stadt

M2 Die Mexikaner übersetzen Nezahualcóyotl mit „hungriger Kojote" und haben den Vorort in den 1960er-Jahren mitten auf dem ausgetrockneten Texcocosee gebaut.

Über die größte informelle Siedlung der Erde

Mexiko-Stadt ist eine der zehn größten städtischen Agglomerationen der Erde. Die Stadt wuchs in den letzten 100 Jahren von einer Million Menschen auf etwa 20 Mio. Menschen. Die Bevölkerung unterteilt sich in wohlhabende und sozial schwache Stadtviertel. Viele der sozial schwachen Stadtviertel befinden sich im Osten in der Nähe des ausgetrockneten Texcocosees, von dem sehr viel Staub in die armen Wohnviertel getragen wird.

Bei den ärmeren Wohnvierteln und Vororten handelt es sich teilweise um ungenehmigte Siedlungen. Der Vorort Nezahualcóyotl (kurz Neza) ist Beispiel einer informellen Siedlung. Hier wohnen etwa 1,7 Mio. Menschen. Neza wird oft als Slum, Hütten- oder Stadtrandsiedlung bezeichnet. Der Vorort war in den 1960er-Jahren das wichtigste Siedlungsgebiet für Tausende von Menschen, die aus dem Umland nach Mexiko-Stadt einwanderten. Zu dieser Zeit gab es etwa 180 000 Grundstücke ohne Wasser- oder Stromanschluss, die von selbst ernannten Bodenhändlern verkauft wurden.

Als die Stadt von den illegalen Bodengeschäften in Neza erfuhr, teilte sie das unbebaute Land in ein Schachbrettmuster ein, damit die Einwanderer gleich große Grundstücke kaufen konnten. In den Folgejahren entstand in Neza eine der größten informellen Siedlungen der Erde. Gebaut wurde in Eigenleistung ohne Kontrolle durch die Behörden. Die Stadt hat in Neza seit 1970 zwar zahlreiche Straßen gebaut, Wasser- und Stromleitungen errichtet und für eine Kanalisation gesorgt. Diese sind jedoch nicht für die hohe Bevölkerungsdichte ausgelegt.

Migration und Verstädterung

Größe des Blocks	ca. 34 x 234 m	
Grundstücke	9 x 17 m (153 m²)	
Jahr	**1970**	**1997**
Anzahl Grundstücke	52	52
Unbebaute Grundstücke	21	1
Nettobauland	7956 m²	7956 m²
Überbaute Fläche	2430 m²	6110 m²
Grundflächenzahl (GRZ*)	0,31	0,77
Bruttogeschossfläche	2430 m²	9800 m²

*GRZ Flächenanteil eines Baugrundstücks, der überbaut werden darf (Bsp.: GRZ: 0,31 = 31 % des Grundstücks dürfen überbaut werden)
(Nach: Ribbeck, E.: „Die informelle Moderne" Heidelberg, 2002)

M4 Entwicklung eines typischen Baublocks in Neza

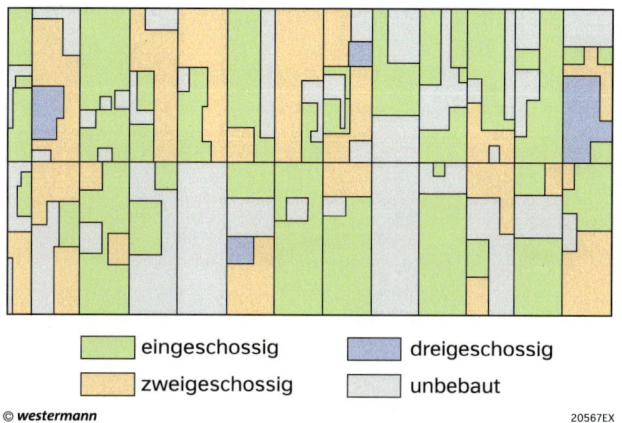

M6 Plan eines Wohnblocks mit bebauten Häusern (nicht maßstabsgetreu)

Legende: eingeschossig – zweigeschossig – dreigeschossig – unbebaut

Informeller Sektor

Unter den informellen Sektor fallen alle Arbeiten, die offiziell nicht erfasst sind. Am Beispiel von Neza waren dies die Errichtung mehrerer Hunderttausend Häuser in Eigenregie. Für den Hausbau wurden die Baumaterialien bei Baustoffhändlern gekauft, die nicht registriert waren. Dazu kamen Handwerksleistungen durch Maurer, Maler oder Elektriker ohne offizielle Betriebe. Viele informelle Betriebe sind Familienunternehmen, bei denen der familiäre Nachwuchs keine Aussicht auf Bildung oder Arbeit hat. Informelle Sektoren bilden sich häufig in Megastädten. Weitere Beispiele informeller Tätigkeiten sind Müllsammler und -sortierer, Straßenhändler und Trinkwasserverteiler.

M5 Satellitenaufnahme von Neza (2013)

Aufgaben

1. a) Übertrage die Faustskizze in dein Heft. Trage den Vorort Neza und vereinfacht die Wohngebiete der Unterschicht in deine Skizze ein (M3, Atlas).
   b) Beschreibe die räumliche Verteilung der Wohnbevölkerung (Ober-, Mittel- und Unterschicht) (M3, Atlas).
2. Beschreibe die bauliche Entwicklung Nezas von 1970 bis heute (M5).
3. Zeichne ein zweigeschossiges Selbstbauhaus deiner Wahl (M6).
4. Oftmals werden Siedlungen wie Neza in den Städten ärmerer Länder als Slums oder Elendssiedlungen bezeichnet. Diskutiere, ob auch Neza als Slum oder Elendssiedlung bezeichnet werden kann.
5. Bewerte die Bedeutung des informellen Sektors für die ärmere Bevölkerung in Entwicklungsländern.

Chinas ländlicher Raum im Umbruch

M1 Nicht alle Dörfer in China profitieren von der wirtschaftlichen Entwicklung im Land. Fernab der Städte gibt es nach wie vor traditionelle Dörfer mit Ackerbau und armer Bevölkerung.

M3 Aus traditionellen Dörfern ...

Städtische Dörfer

Chinas Wirtschaft ist in den letzten Jahren rasant gewachsen. Der Wirtschaftsaufbau führte unter anderem dazu, dass ein Wohlstandsgefälle zwischen Stadt und Land entstanden ist. Die Regierung versucht, die Armut im ländlichen Raum zu bekämpfen – doch mit welchen Mitteln?
Lange Zeit gehörten dem Staat die landwirtschaftlichen Flächen im ländlichen Raum Chinas. Mit der Wirtschaftsreform 1978 wurde das Land freigegeben. Die Bauern können seitdem selbst über die Nutzung ihrer Flächen bestimmen.
Im ländlichen Raum nahe der Groß- und Megastädte führt dies dazu, dass Bauern ihre Grundstücke an private Unternehmen, Fabrikbesitzer oder Gewerbebetriebe verkaufen oder verpachten. Mit den Einnahmen bauen sie eigene Häuser oder mehrstöckige Wohnanlagen zur Vermietung. Der Staat investiert seinerseits in Straßen und Infrastruktur wie Wasser- und Stromversorgung.
Der ländliche Raum Chinas befindet sich mitten im Umbruch: Dort, wo früher Obst und Gemüse angebaut wurden, stehen heute Industrieparks, Hightech-Unternehmen oder mehrstöckige Wohnblocks. Ehemalige Dörfer verwandeln sich in städtische Dörfer (Urban Villages). Der neue Wohnraum wird an Arbeiter vermietet, die sich Wohnungen in der Stadt nicht leisten können.

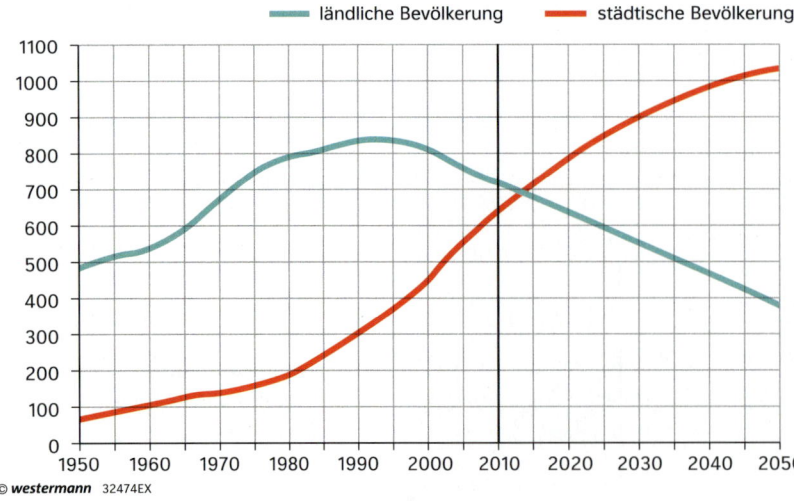

M2 Entwicklung der städtischen und ländlichen Bevölkerung in China

Migration und Verstädterung

Info

Urban Village

Urban Villages sind die Folge des voranschreitenden Städtewachstums in China. Sie entstehen am Stadtrand von Groß- und Megastädten. Die Bebauungsdichte mit Gebäuden liegt bei über 70 Prozent. Die Infrastruktur ist oftmals dafür nicht ausgelegt. Im Kern gibt es Fußgängerbereiche, Kultureinrichtungen und Einkaufsmöglichkeiten. Urban Villages bieten günstige Unterkünfte für Arbeitsmigranten oder Wanderarbeiter aus ländlichen Gebieten.

M4 ... entwickelt sich ein städtisches Dorf.

Der neue Wohlstand der Familie Wang

Familie Wang hat drei Söhne. Jeder Sohn besitzt mittlerweile ein eigenes Haus. Zwei Söhnen gehört ein Bauunternehmen mit mehreren Angestellten. Der dritte Sohn ist der Verwaltungsleiter des neuen Urban Village. Der alte Herr Wang arbeitet schon lange nicht mehr. Früher besaß er ein kleines Bauernhaus, das er von seinem Vater geerbte hatte. In vier Generationen lebten hier mehr als 30 Personen. Täglich musste er raus und in mühevoller Arbeit seine Felder bestellen. Sein wertvollster Besitz waren ein Ochse und ein alter Pflügkarren.

Heute fährt Herr Wang mit seinem VW-Passat durch das ehemalige Dorf und schaut sich die rasanten Entwicklungen an. Die nahe liegende Megastadt ist bis an sein ehemaliges Dorf vorgerückt. Das Land konnte er für viel Geld an ein Industrieunternehmen verkaufen. Sein neu erbautes Haus hat fünf Etagen, drei davon sind an zwölf Arbeitsmigranten vermietet. Im Flur liegt Marmor, die Wände im Haus sind mit Seidenglanztapeten ausgestattet. Im Wohnzimmer stehen eine Couchgarnitur, ein Wohnzimmertisch, ein Flachbildfernseher und ein Laptop. Die Einbauküche ist nach westlichem Stil mit Mikrowelle, Dunstabzugshaube und Kühl-Gefrierkombination eingerichtet. Hier kocht Frau Wang noch gern für die ganze Familie. Im Flur hängen die Hochzeitsfotos der Söhne. Alle drei haben in modernen Hotels in Shanghai geheiratet.

M5 Vom Ackerbauern zum Landbesitzer

Aufgaben

1 Beschreibe die Entwicklung der städtischen und ländlichen Bevölkerung in China.

2 Vom traditionellen Dorf zum Urban Village.
   a) Notiere in Stichworten die Ursachen des Wandels.
   b) Bewerte die Entwicklungen im ländlichen Raum. Wäge hierbei zwischen stadtnahen und stadtfernen Dörfern ab.

3 Erkläre den Wohlstand der Familie Wang.

Die (Wüsten-)Stadt der Zukunft?

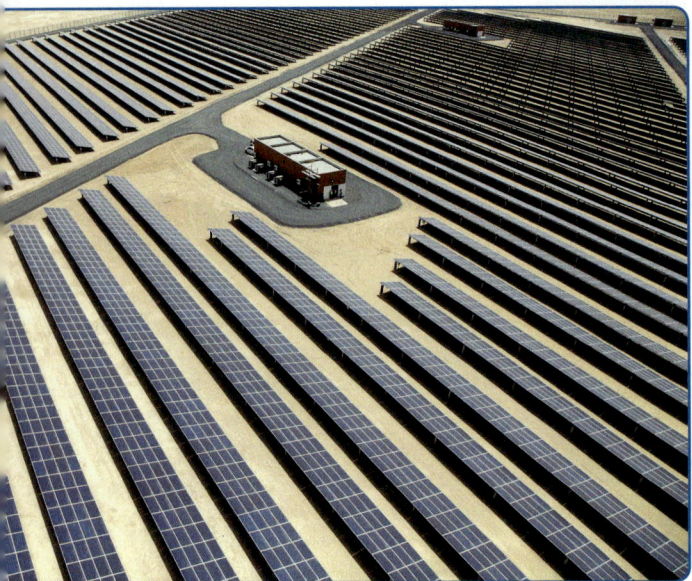

M1 Die Sonne ist für Masdar City die wichtigste Energiequelle und soll die Stadt vollständig mit Strom versorgen.

M3 Übersichtskarte Vereinigte Arabische Emirate (V.A.E.)

Eine Ökostadt mitten in der Wüste

In vielen großen Städten gibt es erhebliche Probleme in den Bereichen Energie- und Wasserversorgung, Müll, Luftverschmutzung, Verkehr und Flächenversiegelung. Wissenschaftler und Stadtplaner arbeiten deshalb ständig an neuen Ideen und Konzepten für die Stadt der Zukunft. Für jeden Problembereich müssen Ideen gefunden werden, um die Stadt der Zukunft lebenswert und ökologisch langlebig zu gestalten.

Mitten in der Wüste im Emirat Abu Dhabi soll die erste Ökostadt der Welt entstehen. Ihr Name ist Masdar City, sie wurde im Februar 2006 auf dem Papier geplant. Auf einer Fläche von sechs Quadratkilometern sollen 40 000 Menschen und 1500 Firmen angesiedelt werden. Die Planstadt kostet circa 16,5 Mrd. Euro und soll bis zum Jahr 2016 fertiggestellt werden.

Aufgaben

1. Beschreibe die Ökostadt in der Wüste.
2. Du nimmst an einem Ideenwettbewerb teil und sollst mit deinem Tischnachbarn die Stadt der Zukunft entwerfen. Sammle Ideen zur Lösung der Problembereiche Verkehr, Energienutzung, Müll, Wasserverbrauch. Präsentiere deine Ergebnisse.
3. Löse die Übungskarte M3 (Atlas).

M2 Der Personal Rapid Transit (PRT) ist ein führerloses Fahrzeug, das in Masdar City eingesetzt werden soll. Das Cybertaxi bringt Personen ohne Zwischenstopp an ihr Ziel. Einen Fahrplan gibt es nicht, das Fahrzeug kann nach Bedarf abgerufen werden.

Gewusst – gekonnt

1 Push- und Pull-Faktoren

a) Wiederhole, was man unter Push- und Pull-Faktoren versteht.
b) Nenne mindestens vier Push-Faktoren und vier Pull-Faktoren, die Menschen dazu bewegen, ihr Heimatland zu verlassen und in einem anderen Land zu leben. Nutze Transparentpapier oder schreibe die Faktoren in dein Heft.

© westermann 32387EX

Push-Faktoren
ökologisch
sozial
wirtschaftlich
politisch

Verlassen
? _____
? _____
? _____
? _____

Finden
? _____
? _____
? _____
? _____

Pull-Faktoren
ökologisch
sozial
wirtschaftlich
politisch

2 Megastädte – Megarisiken

a) Erkläre den Unterschied zwischen einer Metropole und einer Megastadt.
b) Liste je fünf menschengemachte und natürliche Risiken in Megastädten auf.

3 Urban Village

Du bist ein chinesischer Bauer und bekommst ein Angebot zum Verkauf deiner Ackerflächen. Erkläre deiner Familie, welche Folgen der Verkauf hat.

Länder und ihre Entwicklungsmöglichkeiten

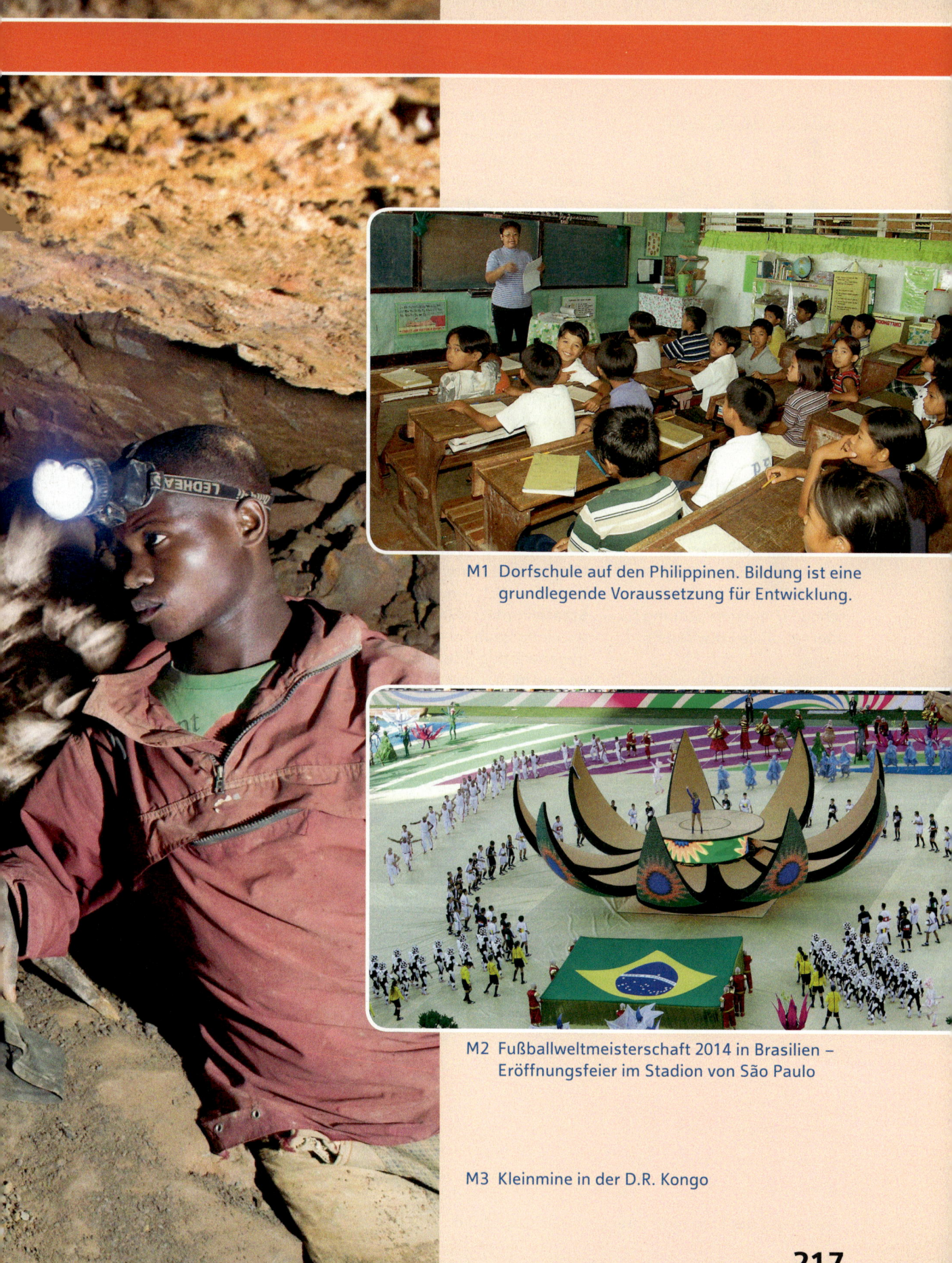

M1 Dorfschule auf den Philippinen. Bildung ist eine grundlegende Voraussetzung für Entwicklung.

M2 Fußballweltmeisterschaft 2014 in Brasilien – Eröffnungsfeier im Stadion von São Paulo

M3 Kleinmine in der D.R. Kongo

Eine Welt – verschiedene Entwicklungsstände

M1 Grundbedürfnisse. „Entwicklung heißt heute nicht mehr und nicht weniger als die Befriedigung der Grundbedürfnisse aller Menschen." (Deutsche Stiftung für internationale Entwicklung)

200 Staaten mit unterschiedlicher Entwicklung

Die Mehrzahl der Entwicklungsländer wurde früher als Dritte Welt zusammengefasst. Diese heute veraltete Sammelbezeichnung wurde in einer Zeit geprägt, in der zwischen den modernen Industriestaaten (Erster Welt), den ehemals sozialistischen Industriestaaten (Zweiter Welt), der Dritten und einer Vierten Welt (der ärmsten, ohne ausländische Hilfe nicht überlebensfähigen Staaten) unterschieden wurde.

Im heutigen Informationszeitalter, das durch eine global organisierte Güterproduktion und eine kontinentüberspannende Handelslogistik geprägt ist, ist diese Unterscheidung nicht mehr möglich. Eine Welt – mit rund 200 Staaten unterschiedlicher Entwicklungsstände – so kann die gegenwärtige Situation beschrieben werden.

HDI – Messzahl für den Entwicklungsstand?

Das Bruttoinlandsprodukt (BIP) pro Einwohner ist die wichtigste Kennzahl für die Wirtschaftskraft eines Landes. Diese reicht jedoch nicht aus, um den Entwicklungsstand zu charakterisieren.

1990 schufen daher Wissenschaftler den „Human Development Index", kurz HDI genannt. Er berücksichtigt neben der Wirtschaftskraft die Lebenserwartung und den Bildungsstand. Der HDI wird für jedes Land der Erde berechnet. Nach diesem Maß lebt heute fast ein Drittel der Weltbevölkerung in Staaten mit einem niedrigen Entwicklungsstand. Dies bedeutet, dass rund 2,5 Mrd. Menschen ihre wichtigsten Grundbedürfnisse nicht vollständig erfüllen können. Kritiker weisen darauf hin, dass der HDI keine ökologischen Faktoren einbezieht und die Stellung der Frau in der Gesellschaft nicht berücksichtigt.

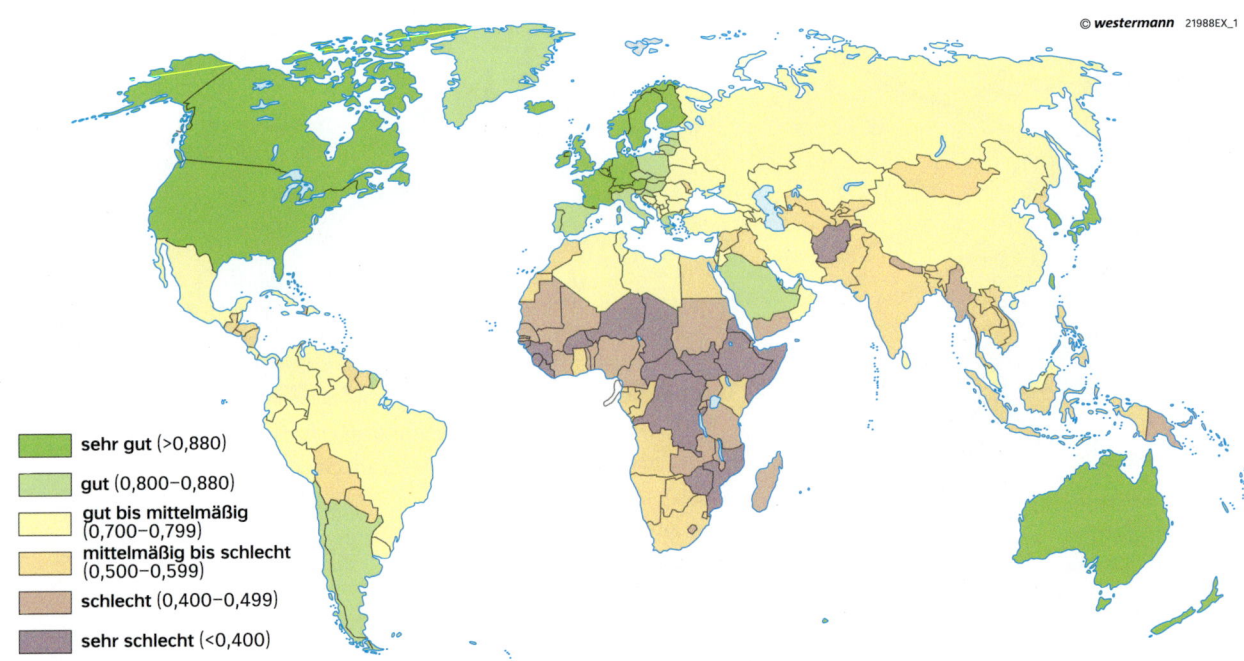

M2 Die Länder der Erde nach ihrem Entwicklungsstand

Länder und ihre Entwicklungsmöglichkeiten

Staaten über der Entwicklungsschwelle

2001 fasste ein Wissenschaftler und Bankmanager die vier Schwellenländer Brasilien, Russland, Indien und China unter der Bezeichnung BRIC zusammen. Sie repräsentieren etwa 40 Prozent der Weltbevölkerung. Innerhalb seines Berichts prognostizierte er, dass diese vier „Riesen" nach der Fläche und Einwohnerzahl bis zum Jahr 2050 gemeinsam die G7-Staaten in ihrer Entwicklung und Wirtschaftskraft überholen würden.

Das erste Gipfeltreffen der BRIC-Staaten fand im Jahr 2009 statt. Im Jahr 2010 trat Südafrika als fünftes Mitglied der Gruppe bei und aus den BRIC- wurden die BRICS-Staaten. Dank überdurchschnittlich hoher Wachstumsraten im Vergleich zur EU und zu den USA ist ihr Anteil an der Weltwirtschaftsleistung in der Vergangenheit kontinuierlich gewachsen.

M4 Die Staats- und Regierungschefs der BRICS-Staaten (2014)

	Fläche (km²)	Bevölkerung in Millionen	BIP (Mrd. US-$)	BIP pro Kopf (US-$)	Import (Mrd. US-$)	Export (Mrd. US-$)
Brasilien	8 358 140	200,4	2 246	11 173	239,6	242,2
Russland	16 376 870	143,5	2 097	14 591	314,9	527,3
Indien	2 973 190	1 252,1	1 877	1 509	466,0	336,6
China	9 388 211	1 357,4	9 469	6 959	1 950,0	2 209,0
Südafrika	1 213 090	53,0	351*	6 621*	103,5	95,2
Deutschland	348 540	80,6	3 636	44 999	1 194,5	1 458,6
USA	9 147 420	316,1	16 768	53 001*	2 328,3	1 578,0

*Schätzung des IWF

M5 Zahlen aus den BRICS-Staaten im Vergleich mit Deutschland und den USA (2013)

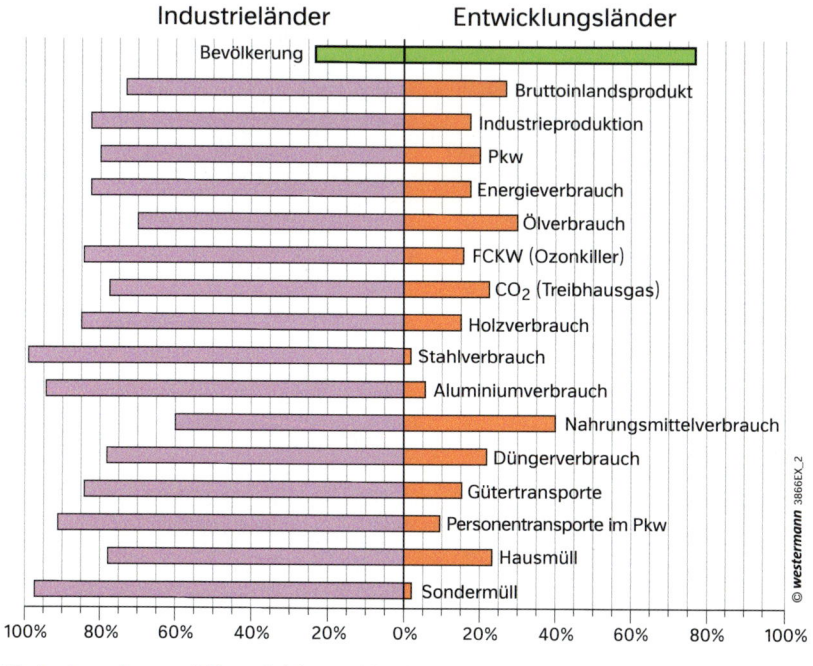

M3 Industrie- und Entwicklungsländer im Vergleich

Aufgaben

1. Nenne jeweils zwei Staaten in Südamerika, Afrika und Asien, die zu den wirtschaftlich am wenigsten entwickelten Staaten gehören (M2, Atlas).
2. Erläutere die Anteile der Industrieländer und die der Entwicklungsländer in den einzelnen Bereichen von M3.
3. Bewerte den Begriff „Entwicklungsland". Formuliere einen alternativen Begriff.
4. Beschreibe, inwieweit die Grundbedürfnisse der einzelnen Menschen erfüllt werden:
   a) in einem reichen Industrieland,
   b) in einem Entwicklungsland.

Zusammenarbeit in der Einen Welt

M1 Karikatur

Reichtum verpflichtet

Eden ist ein fröhliches Kind. Sie lacht gerne und ist glücklich, wenn sie mit ihren gleichaltrigen Freundinnen in der Schule lernen kann. Und doch mangelt es Eden an vielen Dingen.
Sie lebt in Eritrea, einem Land mit einem geringen HDI-Wert (siehe S. 218). Platz 182 von 187 Plätzen, so sagt es der Report 2015 zur Entwicklung von Ländern. Eritrea ist ein Land, das viele Bewohner verlassen, um ein besseres Leben in Europa zu führen. Oft ist Deutschland das Ziel.

Hier lebt Julia. In ihrer Familie fehlt es ihr und ihrem Bruder an nichts. Für Julia sind die Voraussetzungen für ein wirtschaftlich gutes Leben erfüllt, denn sie lebt in einem Land mit einem hohen Entwicklungsstand.
Eden träumt davon, später in Deutschland oder einem anderen Industrieland zu studieren. Danach möchte sie als Ärztin in ihrem Land helfen.

	Deutschland	Eritrea
(in Mio.)	81,6	85,0
Erwartete Bev. 2025 (in Mio.)	79,7	119,8
Bev. unter 15 Jahren (in %)	14	44
Bev. über 65 Jahre (in %)	20	3
Zahl der Kinder pro Frau	1,4	5,4
Bev.-Wachstum (in %)	− 0,2	2,7
Geburten (in %)	0,8	3,9
Lebenserwartung (Jahre)	80	55
Säuglingssterblichkeit (%)	0,4	7,7

M2 Zahlen zur Bevölkerung 2015

Eden ...
... lebt in Eritrea.
Sie hat sechs Geschwister.

Im Alter von 8 Jahren:
Eden bricht die Schule ab. Sie muss Wasser holen, Brennholz suchen und sich um ihre jüngeren Geschwister kümmern.

Im Alter von 16 Jahren:
Eden heiratet einen Mann, den ihre Mutter für sie ausgesucht hat. Sie bekommt ihr erstes Kind. Über Familienplanung weiß sie nichts.

Im Alter von 29 Jahren:
Eden ist zum fünften Mal schwanger. Ihr Baby stirbt bei der Geburt.

Im Alter von 35 Jahren:
Eden bekommt ihr sechstes Kind.

Im Alter von 38 Jahren:
Eden hat bereits vier Enkel.

Im Alter von 50 Jahren:
Eden stirbt.

(Quelle: Deutsche Stiftung Weltbevölkerung; www.weltbevoelkerung.de)

Julia ...
... lebt in Deutschland.
Sie hat einen älteren Bruder.

Im Alter von 8 Jahren:
Julia geht in die dritte Klasse. Nachmittags spielt sie. Zweimal pro Woche geht sie zum Ballettunterricht.

Im Alter von 16 Jahren:
Julia geht noch zur Schule. Sie hat ihren ersten Freund. Julia weiß, wie sie eine Schwangerschaft verhüten und sich vor Aids schützen kann.

Im Alter von 29 Jahren:
Julia heiratet. Ihr Studium hat sie vor drei Jahren beendet. Seither ist sie berufstätig.

Im Alter von 35 Jahren:
Julia bekommt ihr zweites Kind.

Im Alter von 38 Jahren:
Julias Jüngster kommt in den Kindergarten. Sie arbeitet halbtags.

Im Alter von 50 Jahren:
Julia ist voll berufstätig.

Im Alter von 62 Jahren:
Julia wird Großmutter.

Im Alter von 82 Jahren:
Julia stirbt.

M3 Eden und Julia – zwei Mädchen in zwei Welten

Länder und ihre Entwicklungsmöglichkeiten

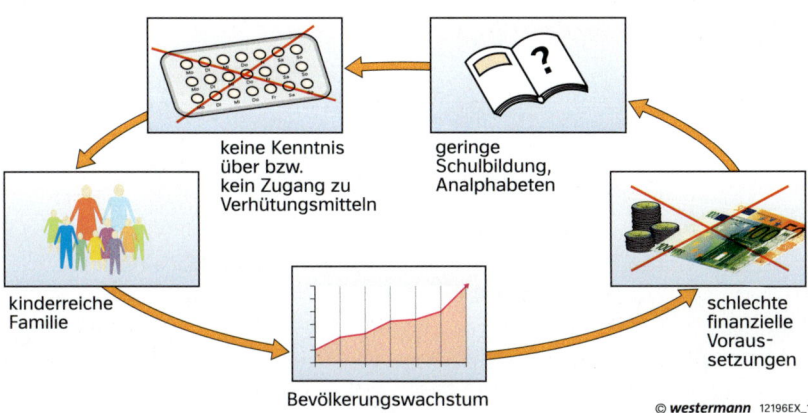

M4 Teufelskreis geringer Entwicklung

Entwicklung – Verlassen des Teufelskreises

Die reichen Industrieländer mit ihrem hohen Grad menschlicher Entwicklung, Bildung und Wirtschaftskraft stehen in der Verantwortung, Entwicklungsländern partnerschaftlich zur Seite zu stehen. Die Entwicklungszusammenarbeit orientiert sich dabei an vier Grundsätzen (M5).

Hilfe zur Selbsthilfe
Durch finanzielle, personelle oder technische Unterstützung aus den Industrieländern sollen die Entwicklungsländer befähigt werden, sich selbst zu helfen und von fremder Hilfe unabhängig zu werden. Das heißt, den Entwicklungsländern wird beispielsweise kein Brot geliefert, sondern Saatgut und den Gegebenheiten vor Ort angepasstes Werkzeug, um selbst die Felder bestellen zu können.

Zusammenarbeit mit Partnerländern
Alle Maßnahmen der Entwicklungszusammenarbeit werden mit den Regierungen und Organisationen in den Entwicklungsländern genau abgesprochen. Die Industrieländer und Entwicklungsländer arbeiten als Partner zusammen.

Angepasste Technologien
Die in den Entwicklungsländern eingesetzte Technik soll so beschaffen sein, dass sie von den Menschen im Partnerland ohne fremde Hilfe eingesetzt, gewartet und repariert werden kann und den örtlichen Gegebenheiten angepasst ist.

Nachhaltige Entwicklung
Jede Entwicklungszusammenarbeit soll darauf abzielen, die vorhandenen Ressourcen dauerhaft zu erhalten und nachhaltige Entwicklung zu ermöglichen. Die Errichtung von Schulen führt beispielsweise dazu, dass die jungen Menschen das Erlernte in Zukunft zum Fortschritt des eigenen Landes anwenden können. Der Effekt des Entwicklungsprojektes Schule reicht damit weit über den Schulbesuch der Kinder hinaus – er ist nachhaltig.

M5 Grundsätze der Entwicklungszusammenarbeit

Info

Grenzen der Entwicklungszusammenarbeit

Trotz aller Bemühungen sind der Zusammenarbeit Grenzen gesetzt, wenn zum Beispiel korrupte Politiker in Entwicklungsländern die Hilfen selbst einbehalten, statt sie ihrer Bevölkerung zukommen zu lassen. Auch nicht funktionierende Verwaltungsstrukturen machen eine effektive Versorgung der Bevölkerung oft unmöglich (Bad Governance). Eine schlechte Infrastruktur, wie zerstörte Straßen und Schienen, behindert die Verteilung von Hilfsgütern erheblich. In Bürgerkriegsgebieten, wie zum Beispiel in Somalia (siehe S. 91), ist es oftmals lebensgefährlich, Hilfe vor Ort zu leisten.

Aufgaben

1 Gib die wesentlichen Inhalte der Entwicklungsstrategien in eigenen Worten wieder.

2 a) Beschreibe die Karikatur M1.
   b) Erkläre, welche Probleme und Gefahren der Zeichner sieht.

3 Entwicklungszusammenarbeit kann nur partnerschaftlich gelingen. Erörtere diese Aussage.

4 Lies die Lebensläufe von Eden und Julia. Erläutere die Ursachen für die schlechten Entwicklungsmöglichkeiten von Eden (M2, M3, M4).

Brasilien – das „B" unter den BRICS-Staaten

M1 Rio de Janeiro mit dem Zuckerhut

Brasilien – Land an der Schwelle

Brasilien bedeckt 47 Prozent der Fläche Südamerikas. Drei Großlandschaften kennzeichnen das Land. Im Norden liegt das Bergland von Guayana. Es ist ein Mittelgebirge und besteht aus einer leicht gewellten Landschaft mit weiten Ebenen und einzeln stehenden Bergen. Nach Süden folgt das Amazonasbecken. Dieses Tiefland wird vom Amazonas und seinen zahlreichen Nebenflüssen durchflossen. Der Amazonas ist der wasserreichste Fluss der Erde mit einem riesigen Einzugsgebiet von etwa 7,18 Mio. km² (Fläche Deutschlands: 0,36 Mio. km²). Weiter im Süden erhebt sich das Brasilianische Bergland. Es ist ebenfalls ein Mittelgebirge mit sanft gewellten Oberflächenformen.

Der Großteil der Brasilianer lebt an der Atlantikküste. Hier liegen auch fast alle Großstädte des Landes. São Paulo ist die größte Stadt in Südamerika. Die Stadt zieht zahlreiche Einwanderer an und ist ein Kultur- und Wissenschaftszentrum.
Das riesige Land gehört zu den sich am schnellsten wirtschaftlich entwickelnden Ländern der Erde. Als Gründungsmitglied der BRICS-Staatengruppe verfügt das Land über reiche Ressourcen wie Bodenschätze, Wasserkraft, Arbeitskräfte und gute Bedingungen für die Landwirtschaft. Es gehört zugleich zu den am stärksten industrialisierten Ländern des Kontinents, ist aber von großen regionalen und sozialen Gegensätzen geprägt.
Die wichtigsten Ausfuhrgüter sind Erze, Flugzeuge, Stahlerzeugnisse, Agrarprodukte, Nahrungsmittel, Kfz und Maschinen sowie elektrotechnische Produkte.

M2 Lage Brasiliens

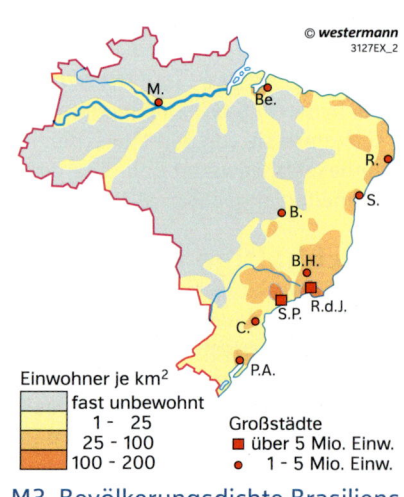

M3 Bevölkerungsdichte Brasiliens

Länder und ihre Entwicklungsmöglichkeiten

Die größten Eisenerzlagerstätten der Welt

1967 entdeckte ein Geologe in Brasilien die größten Eisenerzlagerstätten der Erde. 1982 begann die bergbauliche Erschließung und damit eine großräumige Zerstörung des tropischen Regenwaldes. Mehrere Eisenerzminen wurden im Tagebau erschlossen. Die größte ist die Mine Ferro Carajás. Sie ist mit einer 890 km langen Bahnlinie mit dem Hafen São Louis verbunden.

Einige Unternehmen verhütten an der Mine das Erz zu Eisen und Stahl. Die Eisenhütten benutzen überwiegend Holzkohle, um das Metall aus dem Erz zu schmelzen. Tausende von Köhlern stellen für sie diesen Brennstoff her. Um diese Menge herzustellen, werden große Regenwaldflächen abgeholzt.

M4 Die Eisenerzmine Ferro Carajás

Industrialisierung – der Schlüssel zum Erfolg?

Die Regierung von Brasilien fördert die Industrialisierung des Landes.
Es werden Fertigwaren hergestellt, die dann im Land verkauft werden. So können teure Importe vermieden werden. Die Automobilindustrie ist hierfür ein Beispiel. In Brasilien produzierte Autos werden inzwischen in alle Welt verkauft. Auch VW in Deutschland erhält Fahrzeugteile aus Brasilien.
Weiterhin sollen die Rohstoffe des Landes nicht mehr alle exportiert, sondern im Land weiterverarbeitet werden. Für Stahl erzielt man einen höheren Preis als für den Rohstoff Eisenerz. Noch mehr lohnt sich der Verkauf von Autos, Schuhen und Fernsehern.

	Fahrzeuge	Beschäftigte
1954	700	200
1965	75 000	11 000
1975	502 000	38 000
1985	358 000	41 000
2005	361 000	22 300
2015	538 000	21 600

M5 Produktion und Beschäftigte bei VW do Brasil

Info

Volkswagen do Brasil

Im Jahr 1953 begann VW mit zwölf Mitarbeitern in São Paulo mit der Herstellung von Fahrzeugen. Heute ist Volkswagen do Brasil das größte private Unternehmen des Landes. Es gibt fünf Fabriken, die Pkw, Lkw und Omnibusse herstellen. Die Fahrzeuge werden in 30 Länder weltweit verkauft. Hauptabnehmer sind die USA. Die Mitarbeiter erhalten Vergünstigungen. Firmeneigene Busse transportieren die Mitarbeiter zu ihren Arbeitsplätzen. Ärzte, Zahnärzte und Kliniken behandeln Mitarbeiter zu Vorzugspreisen.

Aufgaben

1. Nenne Faktoren, die die wirtschaftliche Entwicklung Brasiliens begünstigen (Atlas).
2. Berichte über die Anstrengungen der Regierung zur Industrialisierung des Landes.
3. Beurteile die Entwicklung von VW in Brasilien (M5).

Brasilien – Folgen der Raumerschließung

THE JUNGLE PIONEER
(Text/Musik: M. Borges, M. Nascimento, B. Walsh; Album: Viola Violar; SBK/EMI Berlin/Universal Music/MCA USA)

Here where we stand
there used to be a forest
A timber rising endlessly before us
We cleared away that God
forsaken jungle
And in return the Indians adore us

What was mud now is a highway
Reaching wide into a prairie
Horses run – cattle are grazing
You would swear it is Oklahoma

...

M1 Bau einer Straße durch den Regenwald im Amazonastiefland

Vom Rand zur Mitte

In Brasilien lebten 2015 über 200 Mio. Menschen. Jedes Jahr wächst die Bevölkerung um über ein Prozent. Der tropische Regenwald im Landesinneren, die Schatztruhe des Landes, ist kaum besiedelt. Man konnte das Gebiet nur per Schiff auf dem Amazonas und seinen Nebenflüssen erreichen. Die Regierung entschloss sich um 1960, Amazonien zu erschließen. Startschuss war der Bau einer neuen Hauptstadt fast 1000 km von der Küste entfernt: Brasília. Es entstand ein Netz von Straßen.

Eine der Straßen, die den Regenwald verkehrsmäßig erschließen, ist die Transamazônica. Sie ist eine unbefestigte Piste und verläuft vom Atlantik im Osten bis zur peruanischen Grenze im Westen.
Entlang der Piste wurden von den 1960er- bis 1980er-Jahren Kolonisationsgebiete ausgewiesen. Das sind Flächen zur landwirtschaftlichen Nutzung durch Neusiedler. Die Straße diente somit auch der Raumerschließung im südlichen Amazonasbecken.

„Großfarmer verwandelten unsere Region nach und nach in eine Soja-Wüste." So beschreibt der Kleinbauer Silvino Pimentel aus dem nordbrasilianischen Bundesstaat Para eine tragische Entwicklung.
Bis vor wenigen Jahren kannten die Bauern die knapp erbsengroße runde Bohne überhaupt nicht. Soja wuchs nur im Süden des Landes. Doch dann machte die Ölfrucht Karriere als Futtermittel für das Vieh der Industriestaaten. So landet sie nun in großen Mengen in europäischen Futtertrögen. Auf der Suche nach neuen Flächen zogen Großfarmer gen Norden, um auch hier großflächig Soja anzubauen. Dort verdrängen sie die traditionellen Kleinbauern von ihrer Scholle und roden Regenwald, um zusätzliche Flächen zu gewinnen.
(Quelle: www.abendblatt.de, 12.12.2009)

M2 Soja-Boom in Brasilien

Antonio da Silva kam 1985 mit seiner Frau Maria aus dem Nordosten Brasiliens nach Altamira, ein landwirtschaftliches Kolonisationsgebiet entlang der Transamazônica. Maria berichtet: „Als wir hierher kamen, haben wir von der Regierung 100 Hektar bekommen. Davon durften wir aber nur 50 Hektar abbrennen und bewirtschaften. In den ersten Jahren hatten wir gute Ernten. Wir bauten Mais, Maniok und Bohnen an. Inzwischen ist der Boden jedoch so schlecht, dass viele wieder wegziehen wollen. Heute bauen wir vor allem Pfeffer an. Er bringt gute Erlöse und verdirbt nicht so schnell. Denn wenn die Transamazônica zur Regenzeit überschwemmt ist, können die Lastwagen zum Teil zwei Monate lang nicht fahren. Erdrutsche und Verschlammungen blockieren dann die Piste."

M3 Eine Familie berichtet

Länder und ihre Entwicklungsmöglichkeiten

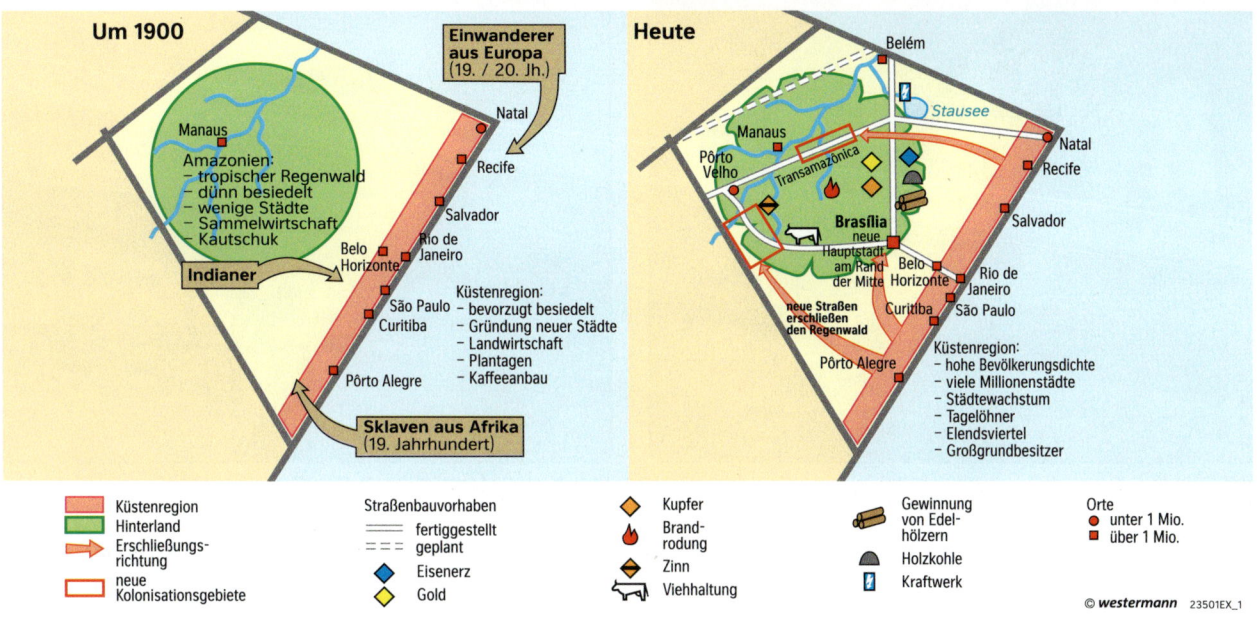

M4 Entwicklungsmodell – Brasilien um 1900 und heute

Der Tod kam aus der Eisenerzmine Samarco unweit der Bergbaustadt Mariana. Vor zwei Wochen brachen dort zwei Staudämme von Rückhaltebecken voller Abraum und Abwässern aus der Mine. Ungefähr 62 Mio. m³ eines toxischen Gemisches aus Arsen, Aluminium, Blei, Kupfer und Quecksilber ergossen sich in die Landschaft (...). Die Fluten lösten eine Schlammlawine aus, die das Bergdorf Bento Rodrigues binnen weniger Minuten unter sich begrub. Nach offiziellen Angaben starben mindestens elf Menschen, ebenso viele werden noch vermisst. Betroffene berichten von bis zu 40 Toten. Der Dreck hat sich über Täler und Zuflüsse in den Rio Doce geschoben, und der verteilte ihn im Südosten des Landes. (...) Die Schlacke hat inzwischen die Atlantikmündung erreicht. (...) In diesem Teil des Südatlantiks liegen Nahrungsgründe von Walen, Delfinen und Rochen, auch die sind jetzt bedroht.
(Quelle: Boris Herrmann: Giftiger Klärschlamm verseucht Fluss in Brasilien. www.sueddeutsche.de, 26.11.2015

Aufgaben

1 a) Erläutere die Unterschiede zwischen der Küste und dem Landesinneren Brasiliens um 1900 (M4).

b) Die Bedeutung des Landesinneren hat sich verändert (M3). Begründe.

2 Nenne drei Gründe für den Bau der Transamazônica.

3 Erläutere, welche Auswirkungen Straßenbaumaßnahmen und Sojaanbau auf die Wälder Amazoniens haben. Beziehe auch den Songtext in M1 ein.

4 Berichte über die Erfahrungen von Antonio und Maria da Silva.

5 Wäge die Vor- und Nachteile der Erschließung des Landesinneren Brasiliens ab. Begründe deine Meinung.

M5 Negative Folge der wirtschaftlichen Erschließung des Landesinneren

Ruanda – ein Partnerland in Afrika

M1 Teeernte

M4 Kigali, Hauptstadt Ruandas

Rheinland-Pfalz und Ruanda – gute Partner

Seit 1982 ist Rheinland-Pfalz mit dem ostafrikanischen Staat Ruanda partnerschaftlich verbunden. Viele verschiedene Kontakte tragen dazu bei, in dem Entwicklungsland Armut, Hunger und Not zu bekämpfen. Dabei setzen sich beide Länder für eine an den Grundbedürfnissen der Menschen orientierte Entwicklungszusammenarbeit ein.

Es werden auch viele persönliche Kontakte geknüpft. Mittlerweile engagieren sich in Rheinland-Pfalz zahlreiche Institutionen, Gruppen und Einzelpersonen, um die großen Probleme Armut und Hunger in diesem Staat Zentralafrikas zu überwinden. Auch zwischen vielen Gemeinden und Schulen gibt es Partnerschaften. Auf diese Weise werden Hilfsmaßnahmen und Hilfsprojekte auf die tatsächlichen Bedürfnisse der Menschen vor Ort abgestimmt.

M2 Lage von Ruanda

www:
www.rlp-ruanda.de

Buchtipps:
Rosamond H. Carr/Ann H. Halsey:
Land der tausend Hügel – Ein Leben in Afrika.
München 2001

Leonhard Harding:
Ruanda – der Weg zum Völkermord.
Hamburg 1998

M3 Internet und Lesetipps Rheinland-Pfalz und Ruanda – erfolgreiche Partner

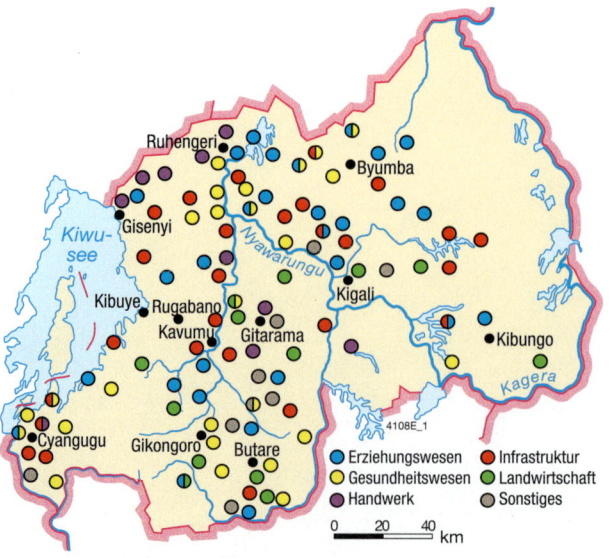

M5 Ruanda – Schwerpunkte und Partnerschaftshilfe

Länder und ihre Entwicklungsmöglichkeiten

Der Naturraum
Ruanda ist mit 26 338 km² nicht viel größer als Rheinland-Pfalz und das Saarland zusammen. Nur 46 Prozent der Fläche eignen sich für den Ackerbau, weil der Boden mit Ausnahme der vulkanischen Gebiete im Nordwesten nicht besonders fruchtbar ist. Auch klimatisch gibt es zahlreiche Einschränkungen. In Ost-Ruanda fallen weniger als 900 mm Niederschlag pro Jahr und die Trockenzeit dauert drei Monate. Dagegen ist es in Gebieten mit über 1600 mm Jahresniederschlag oft schon zu feucht für den Anbau und in dem höher gelegenen Bergland im Westen ist es zu kalt. So gedeihen in über 2000 m Höhe zum Beispiel keine Bohnen mehr, die ein Grundnahrungsmittel der Bevölkerung sind. Auch der Anbau von Bananen und Kaffee ist nicht mehr möglich.

Bevölkerungsdruck
Die Bevölkerungsdichte ist in den letzen 60 Jahren von rund 70 auf über 310 Einwohner pro Quadratkilometer gewachsen. Der Bevölkerungsdruck ist so groß, dass die Menschen sich gezwungen sehen, auch in ungünstigsten Gebieten Landwirtschaft zu betreiben, wo jederzeit mit Missernten zu rechnen ist. An den Hängen der Virunga-Vulkane baut man stellenweise noch in 3000 m Höhe Kartoffeln an, selbst steile Hänge werden von landsuchenden Bauern bepflanzt. Bei Starkregen kommt es dann oft zu starker Erosion und zum Verlust großer Teile der Ernte.

Politische Unruhen / Bürgerkrieg
Seit den 1950er-Jahren haben massive Konflikte das Land quasi zerstört. 1994 erreichten die Auseinandersetzungen einen grauenhaften Höhepunkt, als innerhalb von nur 100 Tagen etwa 800 000 Menschen, überwiegend Tutsi, ermordet wurden. Zahlreiche Quellen sprechen von einem der größten Völkermorde in der Geschichte. Nach den Massakern flohen rund zwei Millionen Menschen in das damalige Zaire (heute: Demokratische Republik Kongo), nach Tansania und Burundi. Heute sind die meisten Flüchtlinge zurückgekehrt. Das Land leidet aber immer noch unter dem Erbe dieser Ereignisse. Die Infrastruktur wurde damals fast völlig zerstört und nahezu jede Familie beklagte Tote und Verstümmelte. Tausende Frauen wurden vergewaltigt.

M6 Schlaglichter Ruandas

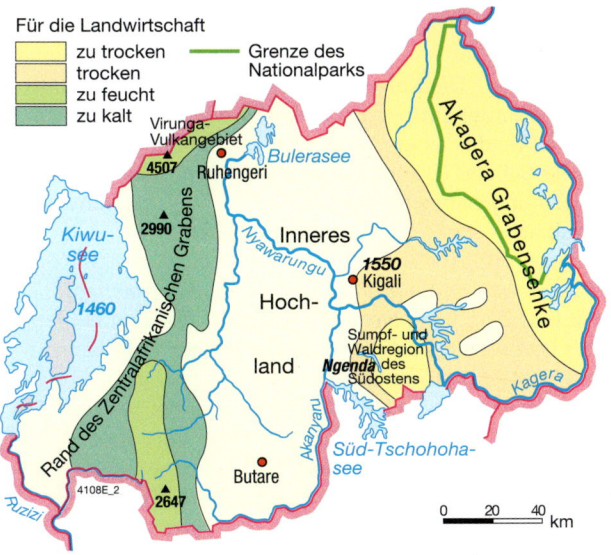

M7 Grenzen landwirtschaftlicher Nutzung

Aufgaben

1. Nenne Merkmale eines Entwicklungslandes, die Ruanda aufweist.
2. Nenne die Voraussetzungen der Entwicklungspartnerschaft zwischen Ruanda und Rheinland-Pfalz (www.rlp-ruanda.de).
3. Suche mithilfe des Internets mindestens ein Beispiel zu den Schwerpunkten der Partnerschaftshilfe in M5.

Ruanda – Kinder sind die Zukunft

M1 Begegnung im Waisenhaus und im Straßenkinderprojekt bei Kigali

„Kinder sind unsere Zukunft, ihre Ausbildung ist für uns das Wichtigste!"

Interview mit Abbé Prudence, Direktor des Petit Séminaire St. Leon bei Kigali

„Direktor Prudence, was ist für Sie an unserer Partnerschaft besonders wichtig?"
„Es geht vor allem um den gegenseitigen Kontakt, bei dem auch deutsche Schüler von ruandischen Kindern lernen können. Am wichtigsten ist es, dass unsere Schüler wissen, dass sie nicht allein sind und sich so ihr Blick auf die Welt verändert."

„Und was ist mit dem von uns erarbeiteten Geld?"
„Das brauchen wir dringend für unsere Schule. So konnten wir letztes Jahr zum Beispiel unser Labor für Physik und Chemie mit Geräten ausstatten. Jetzt können die Schüler auch praktische Versuche machen, zuvor lernten sie Naturwissenschaften nur theoretisch."

Herr Prudence

„Wo kaufen Sie die Geräte?"
„Wir geben an das Tagwerk-Büro in Kigali eine Liste mit Geräten, die wir benötigen. Diese Dinge werden dann von diesem Büro bei Firmen in Europa bestellt und mit Containern über den Flughafen Frankfurt nach Kigali geliefert. Dort können wir sie nach einigen Monaten abholen. Die Organisationsgruppe Aktion Tagwerk an eurer Schule bekommt von uns eine Liste der gelieferten Güter und eine genau Abrechnung."

„Was wollen Sie mit den 5000 Euro machen, die wir dieses Jahr zur Verfügung stellen?"
„Wir werden einige Kühe kaufen. Dann haben wir für unsere Schulküche Milch und ab und zu auch Fleisch. Das gibt es bei uns sehr selten. Schweine können wir uns keine halten, denn bei unseren Mahlzeiten bleiben keine Abfälle übrig, die wir verfüttern könnten.

Im Gegenteil: Die Nahrungsmittel reichen oft nicht, damit alle Kinder satt werden. Daher wollen wir mit einem Teil des Geldes einen Schulgarten einrichten. Dort sollen unsere Schüler lernen, wie man Obst und Gemüse anbaut, und gleichzeitig können wir den Speiseplan der Schulküche etwas reichhaltiger gestalten."

„Was könnte man mit fünf Euro in Ruanda erreichen?"
„Mit fünf Euro kann ein ruandischer Schüler drei Monate alles bezahlen, was er für die Schule braucht. Er kann Seife, Hefte, Uniform und Stifte kaufen.
Die Schüler leben im Internat, da viele durch den Bürgerkrieg 1994 Waisen sind. Mit den fünf Euro können aber auch Fahrten nach Hause oder Tabletten bei Krankheiten finanziert werden, zum Beispiel ist Malaria weit verbreitet."

M2 Aus der Schülerzeitung einer Schule in Neustadt/Wied über die Partnerschule

Länder und ihre Entwicklungsmöglichkeiten

Es gilt der Grundsatz: Nicht wir wissen, was für Ruanda gut ist, sondern die Ruander selbst.

1. Der ruandische Partner unterbreitet dem Koordinationsbüro in Kigali einen Projektvorschlag, der eine kurze Projektbeschreibung und eine erste Kostenrechnung umfasst.
2. Die Anfrage wird von den Mitarbeitern des Büros nach Sinnhaftigkeit, Umsetzbarkeit und Übereinstimmung mit den ruandischen Bestimmungen sowie auf Wirkung und Nachhaltigkeit überprüft.
3. Ist das Büro von dem Projektantrag überzeugt, verfasst es einen offiziellen Förderantrag für den Partner in Rheinland-Pfalz mit einer überprüften Kostenkalkulation.
4. Stimmt der rheinland-pfälzische Partner dem Antrag zu und kann er das Projektvolumen aus eigener Kraft finanzieren, so gibt er dem Partnerschaftsverein in Mainz grünes Licht zur Durchführung.
5. Kann der Verein das Volumen nicht komplett alleine stemmen, so kann er beim Land Rheinland-Pfalz einen Zuschuss beantragen. Stimmt das Land dem Antrag zu, wird das Büro ermächtigt, jenes Projekt in Angriff zu nehmen.
6. Mit dem Erhalt der Erlaubnisermächtigung aus Mainz informiert das Koordinationsbüro in Kigali den ruandischen Partner.
7. Mit dem ruandischen Partner wird ein Vertrag mit einer Zeitplanung zur Umsetzung des Projektes vereinbart.
8. Das Koordinationsbüro begleitet die Umsetzung des Projektes und verfasst auf Anfrage Zwischenberichte. Die Gelder werden nach vereinbarten Teilbeträgen ausbezahlt.
9. Nach Beendigung des Projektes verfasst das Büro in Kigali einen Abschlussbericht und erstellt eine Foto-Dokumentation.
10. Nach Prüfung der Unterlagen in Mainz erhält der Partner in Rheinland-Pfalz die Unterlagen. Das Projekt gilt hiermit als abgeschlossen.

(Quelle: Verein Partnerschaft Rheinland-Pfalz / Ruanda e.V.: Graswurzelpartnerschaft Rheinland-Pfalz-Ruanda. rwa.rlp-ruanda.de, Zugriff: 25.10.2015)

M3 Ablauf eines Projektes in der Graswurzelpartnerschaft (M4)

Die Grundidee des Vereins „Aktion Tagwerk" ist es, Schülerinnen und Schüler an einem sozialen Tag im Jahr zu aktiver Hilfe für Ruanda zu motivieren. Ältere Jugendliche können an diesem Tag Arbeitsverträge abschließen; der Arbeitslohn wird dann direkt auf das Konto von „Aktion Tagwerk" überwiesen. Jugendliche unter 13 Jahren, die nach dem Jugendschutzgesetz noch nicht arbeiten dürfen, können zum Beispiel auf dem Sportplatz einzelne von Paten gesponserte Läufe durchführen.
Der Verein „Aktion Tagwerk" hilft bei der Durchführung des sozialen Tages. Er schickt zum Beispiel Arbeitsverträge, sorgt für eine Versicherung der Teilnehmer und liefert bei Bedarf auch viele Ideen, was man Sinnvolles tun kann. Schließlich kümmert er sich auch um die sachgerechte Verwendung der eingenommenen Gelder.
Alle Informationen rund um die Aktion Tagwerk und den Sozialen Tag in Rheinland-Pfalz: www.aktion-tagwerk.de.

M5 Aktion Tagwerk

1. Säule: Auf kommunaler Ebene bestehen Partnerschaften zwischen 40 Städten, Landkreisen und Gemeinden und Partnern aus Ruanda. (...) Weiterhin gibt es Partnerschaften zwischen Hochschulen.

2. Die Schulpartnerschaften bilden die zweite große Säule in dem Beziehungsgeflecht zu Ruanda. Im Jahr 2014 waren über 230 rheinland-pfälzische Schulen mit ruandischen Schulen verpartnert.

3. Die dritte Säule (...) sind die gut 50 Vereine und Stiftungen in Rheinland-Pfalz. Darüber hinaus halten auch Einzelpersonen und Einzelinitiativen die Partnerschaft zwischen beiden Ländern lebendig.

M4 Graswurzelpartnerschaft Rheinland-Pfalz – Ruanda
(Quelle: www.rlp-ruanda.de)

Aufgaben

1. Erkläre die Idee der Graswurzelpartnerschaft am Beispiel des Petit Séminaire St. Leon bei Kigali (M2).
2. Erstelle ein Länderprofil zu Ruanda. Nutze die Materialien auf den Seiten 226 – 229, den Atlas und das Internet, z. B. www.knoema.com, www.worldbank.org → Data. Präsentiere deine Ergebnisse in Form einer Bildschirmpräsentation.

Ländervergleich

Wertvollster Besitz: das Fahrrad.
Sehnlichster Wunsch: ein Motorrad, ein Bewässerungssystem, ein umzäunter Garten.
Zeichen von Erfolg: Geld – nur Arbeit bringt Erfolg.
Die Kinder bringt voran: Ausbildung, vor allem in Landwirtschaft, Fischerei.

M1 Familie Natomo aus Kouakourou, Region Mopti (Mali) – Soumana Natomo (39, Fischer und Bauer) und Pama Kondo (28, erste Frau) mit Töchtern Fata (13), Pai (11) und Söhnen Kontie (9), Mama (6), Mamadou (3); Niangani Toure (26, zweite Frau) mit Töchtern Toure (5), Fatoumata (3) und Sohn Mama (1).

Wertvollster Besitz: die Bibel (Eltern), Puppenhaus (Julie), Legosteine (Michael).
Sehnlichster Wunsch: ein Wohnmobil.
Zeichen von Erfolg: ein glückliches Zuhause.
Die Kinder bringt voran: eine gottesfürchtige Erziehung.

M2 Familie Skeen aus Pearland/Texas (USA): Pattie (34, Erzieherin) und Rick (36, Telefonkabel-Verleger) mit Tochter Julie (10) und Sohn Michael (7).

Industrieland vs. Entwicklungsland im Vergleich

Vergleichen heißt Gemeinsamkeiten und Unterschiede herausarbeiten – und dies immer in Bezug auf ein Thema: zum Beispiel Klassenarbeiten in Bezug auf die Note oder die Fehlerzahl oder verschiedene Länder in Bezug auf ihre Fläche, die Bevölkerungszahl oder ihr Klima.

Ein Ländervergleich in fünf Schritten

1. Lege das Thema fest, unter dem der Vergleich stattfinden soll.
2. Überlege, welche Aspekte zum Thema gehören. Dazu eignet sich zum Beispiel das Anlegen einer Mindmap.
3. Bearbeite die Materialien, anhand derer du vergleichen willst, immer unter einem der Aspekte. Suche hier nach Gemeinsamkeiten und nach Unterschieden. Hierzu kann man gut eine Tabelle erstellen.
4. Fasse die wesentlichen Ergebnisse des Vergleichs zusammen. Kann man zum Beispiel verschiedene Gruppen voneinander abgrenzen?
5. Suche nach den Ursachen (und eventuell den Folgen) für die Gemeinsamkeiten und die Unterschiede.

Willst du zum Beispiel vergleichen, wie sich die Kultur von Menschen aus unterschiedlichen Ländern ausdrückt, kannst du folgendermaßen vorgehen:

1. Du legst als Thema „Kultur" für den Vergleich fest.
2. Du notierst dir die Aspekte, die zum Thema Kultur gehören, zum Beispiel Sprache, Kleidung, Religion, Essen, Baustil der Häuser.
3. Du vergleichst zunächst alle Materialien unter dem Teilaspekt „Sprache", suchst nach Gemeinsamkeiten und Unterschieden, dann untersuchst du den Aspekt „Kleidung" usw.
4. Du fasst zusammen (Gemeinsamkeiten und Unterschiede): Bei Sprache stellst du fest, dass es eine Gruppe von Ländern gibt, in denen Englisch gesprochen wird, und eine andere Gruppe, vor allem südamerikanische Länder, in denen Spanisch gesprochen wird.
5. Nun forschst du nach möglichen Ursachen und entdeckst, dass bei vielen Entwicklungsländern die heute benutzte Amtssprache mit der Kolonialzeit zusammenhängt.

In M1 und M2 findest du zwei Familien aus zwei Ländern, die sich mit ihrem gesamten Hausrat vor ihrem Haus fotografieren ließen und auf folgende Fragen antworteten:
1. Was sehen Sie als Ihren wertvollsten Besitz an?
2. Was ist Ihr sehnlichster Wunsch?
3. Was wäre für Sie ein Zeichen von Erfolg?
4. Was bringt Ihrer Ansicht nach die Kinder am besten voran?

Zwar sagt ein altes Sprichwort „Man kann nicht Äpfel mit Birnen vergleichen!" und das ist im Prinzip richtig. Es gibt jedoch eine Ausnahme, wenn man für beide Gegenstände einen gemeinsamen Nenner finden kann – einen Aspekt, unter dem sich beide vergleichen lassen. Äpfel und Birnen zum Beispiel sind Früchte. Beide können reif sein oder unreif. Man könnte also sagen: In dem einen Korb (mit zehn roten Äpfeln) liegen doppelt so viele reife Früchte wie in dem anderen Korb (mit fünf grünen Birnen).

M3 Erstaunlich! Man kann Äpfel mit Birnen vergleichen!

Aufgabe

1 Vergleiche die Lebensbedingungen der Familien auf S. 230. Gehe in fünf Schritten wie in der Anleitung vor. Beachte: Vor allem in den Bildern sind zahlreiche Teilaspekte zum Vergleich enthalten.

Arbeitsanregungen:

a) Überlege dir Aspekte, die du zum Vergleich heranziehen könntest. (Berücksichtige dabei in erster Linie die Bilder.)

b) Erstelle eine Tabelle, in die du alle Aspekte zu beiden Familien einträgst.

c) Vergleiche auch den Naturraum und den Entwicklungsstand der Länder.

231

Armut trotz Rohstoffreichtum

M1 Eindrücke aus der D. R. Kongo (Rohstoffabbau, Soldaten, Flüchtlinge)

M2 Karikatur zur belgischen Kolonialzeit im Kongo unter König Leopold (1906)

Das Erbe des Kolonialismus

Die Ursachen der in vielen afrikanischen Staaten aufbrechenden Konflikte reichen in die koloniale Vergangenheit Afrikas. Seit dem Ende der Kolonialherrschaft konnten sich in vielen Staaten Afrikas praktisch keine echten Demokratien herausbilden. In der Kolonialzeit waren die Länder lediglich Rohstofflieferanten und auch in den Jahren danach entwickelte sich kaum Industrie. Eine wirtschaftliche Entwicklung blieb meist aus. Afrika geriet zum Armenhaus der Welt. Häufig wurden koloniale Grenzen übernommen, die feindliche Volksgruppen in einem Staat vereinten. Oft bevorzugten die Kolonialmächte einzelne Volksgruppen. Krisenanfällige Länder sind eine Folge der sich bis heute fortsetzenden Spannungen zwischen den Volksgruppen.

Der lange Krieg

Nach der Unabhängigkeit 1960 kam die heutige Demokratische Republik Kongo (D.R. Kongo) selten zur Ruhe. Bewaffnete Unabhängigkeitsbestrebungen, eine lange skrupellose und korrupte Diktatur sowie drei Kriege führten dazu, dass das rohstoffreiche Land keine stabile wirtschaftliche Entwicklung nahm.
Von Mitte der 1990er-Jahre an herrschte im Kongo fast ununterbrochen Krieg. Verantwortlich dafür waren unter anderem ethnische Konflikte im östlichen Nachbarland Ruanda. Der Konflikt griff auch auf die D. R. Kongo über. In der Folgezeit kam es zu einer Vielzahl kriegerischer Auseinandersetzungen mit wechselnden Allianzen zwischen kongolesischen Regierungstruppen, Rebellen und ausländischen Truppen. Hunderttausende Menschen starben durch die Kriege oder deren Folgen (Hunger, Krankheiten) und Millionen waren und sind auf der Flucht. Ein Friedensschluss im Jahr 2002 beendete den Krieg in weiten Landesteilen.

Info

Coltan

Coltan ist ein seltenes Erz, aus dem die Metalle Niob und Tantal gewonnen werden. Diese verwendet man wegen ihrer großen Temperaturbeständigkeit hauptsächlich, um Spezialstähle zu erzeugen und die Schweißbarkeit zu verbessern. Es werden daraus chirurgische Instrumente hergestellt und sie werden zur Produktion von Mobiltelefonen und Laptops genutzt.

Länder und ihre Entwicklungsmöglichkeiten

M3 Sicherheitsposten der Monusco bei Goma im Westen der D. R. Kongo

M4 Die D. R. Kongo – ein rohstoffreiches Land in Zentralafrika

Info

MONUSCO

Die MONUSCO (Mission de l'Organisation des Nations unies pour la stabilisation en République démocratique du Congo) war 2015 der größte friedenssichernde Einsatz der UNO. Etwa 25 000 Personen (Soldaten und zivile Kräfte) waren im Einsatz.

Aufgaben

1. a) Beschreibe, was auf den Fotos (M1, M3) zu sehen ist. Erstelle anschließend ein Schaubild oder einen Text, um die Zusammenhänge zwischen den Fotos zu verdeutlichen.
   b) Überprüfe, ob die in Aufgabe 1a) festgestellten Zusammenhänge ausreichen, um den Konflikt in der D. R. Kongo zu begründen (Text, Internet).

2. a) Werte die Karte M4 aus.
   b) Begründe, warum sich die Standorte der MONUSCO im Osten des Landes konzentrieren.

3. Erstelle ein Länderprofil zur D. R. Kongo. Nutze die Materialien auf den Seiten 232/233, den Atlas und das Internet, z. B. www.knoema.com, www.worldbank.org → Data. Präsentiere deine Ergebnis in Form einer Bildschirmpräsentation.

Bildung und Gesundheit

M1 Mithilfe von Unicef wurde Tanalhers Schule instand gesetzt.

Bildung und Gesundheit sind die Grundlagen

In vielen Ländern ist die Analphabetenrate insbesondere in den ländlichen Regionen sehr hoch, vor allem unter Frauen. Oft fehlen Schulen und Lehrer. Häufig sind die Eltern zu arm, um ihre Kinder in die Schule zu schicken. Sie müssen Geld verdienen oder im Haushalt oder auf dem Feld mithelfen. Aber ohne Bildung bleiben die Menschen arm.
Auch die flächendeckende ärztliche Versorgung und Beratung ist in vielen Ländern nicht ausreichend vorhanden. Krankheiten können sich dadurch leichter ausbreiten. Kranke Menschen können aber nicht arbeiten. Den ohnehin armen Familien fehlen dann Einkünfte.
Die Länder haben oft nicht die Mittel oder die Möglichkeit, die Bevölkerung mit diesen grundlegenden Bedürfnissen zu versorgen. Deshalb sind die Bereiche Gesundheit und Bildung ein Hauptbetätigungsfeld von internationalen Hilfsorganisationen.

Land	Alphabetisierungsrate
Brasilien	91 (2013)
Deutschland	99 (2014)
D.R. Kongo	75 (2012)
Mali	34 (2011)
Niger	15 (2012)
Ruanda	68 (2012)

M2 Alphabetisierungsrate in Prozent der Bewohner (älter als 15 Jahre, Quelle: www.worldbank.org)

Azamalane ist ein kleines Dorf mit rund 600 Einwohnern und liegt im Norden Nigers. Hier lebt Tanalher. Die Elfjährige besucht die fünfte Klasse, das letzte Jahr der Grundschule. Die Schule hat zwei Räume und ist eine Schule wie jede andere im Norden Nigers. Mit einem großen Unterschied: Mehr Mädchen besuchen hier den Unterricht als Jungen. Das ist ungewöhnlich, denn meist sind die Jungen in der Überzahl. Nur vier von zehn Mädchen in Niger gehen zur Grundschule. Tanalhers Lieblingsfach ist Geschichte. Sie interessiert sich sehr für die Vergangenheit ihres Landes.
Von 12.00 bis 15.30 Uhr haben die Schüler Pause, und die ist für die Elfjährige noch anstrengender als das Lesenlernen. Wenn die Sonne am höchsten steht, muss sie zum Brunnen gehen und Wasser für ihre Familie holen. Bis zu siebenmal trägt sie das Wasser in 10- oder 20-Liter-Kanistern auf ihrem Kopf. Wenn sie zur Hütte ihrer Familie zurückkehrt, isst sie schnell etwas. Vor dem Nachmittagsunterricht muss sie Feuerholz sammeln.
Tanalher weiß schon genau, wie ihre Zukunft aussehen soll. Sie will Lehrerin werden.
(Quelle: www.schulenfuerafrika.de/projekte/projektlaender/niger, 26.09.2013)

M3 Aus dem Schulalltag von Tanalher

Kampf gegen Aids

Weltweit waren Anfang 2014 über 33 Mio. Menschen mit HIV infiziert. Etwa 25 Mio. davon leben in Afrika südlich der Sahara. Viele Babys werden dort noch nicht einmal fünf Jahre alt, weil sie sich vor der Geburt bei ihrer Mutter angesteckt haben. Im Jahr 2013 starben weltweit etwa 1,5 Mio. Menschen an den Folgen der Infektion.
Im südlichen Afrika fehlt vielen jungen Menschen das Wissen über Sexualität, Aids und Verhütungsmethoden. Oft wird das Problem verharmlost oder verdrängt. Es fehlen HIV-Tests, die Gewissheit schaffen, ob sich jemand angesteckt hat oder nicht. Die UN-Organisation UNAIDS will das ändern. Sie klärt über Verhaltensweisen und die Prävention durch Kondome auf. Die Verhinderung von Mutter-Kind-Übertragungen und der Zugang zu Medikamenten sind weitere Maßnahmen.

Aufgaben

1 Erkläre, warum Bildung und Gesundheit für die gesellschaftliche und wirtschaftliche Entwicklung eines Landes besonders wichtig sind.
2 Werte die Tabelle M2 aus. Stelle dazu die Werte als Balken- oder Säulendiagramm dar.

Gewusst – gekonnt

1 Grundbedürfnisse

a) Erstelle eine Liste der Grundbedürfnisse von Menschen (1 – 8).
b) Ergänze den Satz in deinem Heft.

„Entwicklung heißt heute nicht mehr und nicht weniger als die Befriedigung d___ G_____ aller Menschen."

(Deutsche Stiftung für internationale Entwicklung)

3 Abhängigkeiten

Werte die Karikatur aus.

2 Ruanda – Rheinland-Pfalz: Entwicklungszusammenarbeit

a) Erkläre, was unter Entwicklungszusammenarbeit zu verstehen ist.
b) Ein wesentliches Merkmal der Entwicklungszusammenarbeit zwischen Rheinland-Pfalz und Ruanda ist die sogenannte Graswurzelpartnerschaft. Erkläre, was man darunter versteht.

4 Teufelskreis

Ergänze den Kreislauf mit den fehlenden Begriffen.

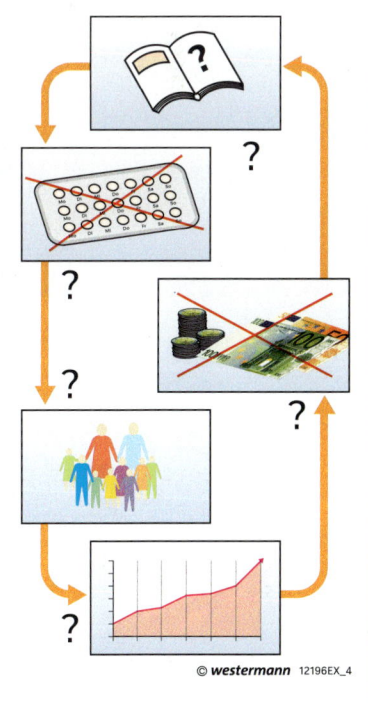

235

Globalisierung

M1 Weltkultur Harry Potter? Fans in Indien stehen Schlange

M2 Im modernsten Volkswagen-Werk der Welt in Fóshān (Südchina)

M3 Das Containerschiff – Symbol der Globalisierung

Globalisierung – neues oder altes Phänomen?

Wann begann die Globalisierung?

Globalisierung ist einer der am häufigsten verwendeten Begriffe unserer Zeit. Mit dem Begriff wird versucht, die Abläufe unserer Epoche zu beschreiben. Doch seit wann gibt es die Globalisierung? Ist sie wirklich ein neues Phänomen oder gab es entsprechende Abläufe vielleicht, noch bevor dazu ein passender Begriff gefunden wurde?

Globalisierung steht für die zunehmende weltweite Vernetzung und Entgrenzung. In Wirtschaft und Politik, in der Gesellschaft, Kultur und Umwelt finden diese Vernetzungen statt, die weit über Ländergrenzen hinausreichen. Hierbei werden Güter, Geld, Wissen, Ideen und Innovationen weltweit ausgetauscht und verbreitet. Voraussetzung für die Abläufe der Globalisierung ist der grenzüberschreitende Informationsaustausch. Durch die Globalisierung wurden räumliche und zeitliche Grenzen überwunden. Die Frage nach dem Beginn der Globalisierung kann nach wie vor nicht eindeutig beantwortet werden.

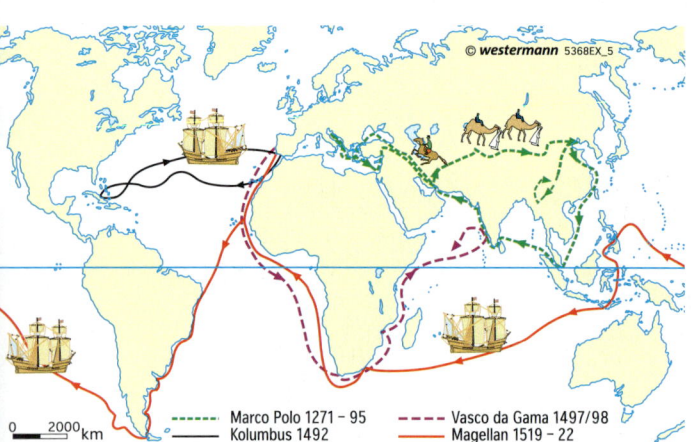

M1 Globale Auswirkungen des Vertrags von Tordesillas

Antwort 1: Globalisierung beginnt im ausgehenden 15. Jahrhundert. Christopher Kolumbus und Vasco da Gama entdecken neue Seewege nach Amerika und Indien. 1494 wird der Vertrag von Tordesillas geschlossen. Es ist der erste Vertrag mit globaler Reichweite.

M2 Mechanischer Webstuhl, England, 18. Jahrhundert

Antwort 2: Globalisierung beginnt im ausgehenden 18. Jahrhundert mit der industriellen Revolution. Erfindungen wie der mechanische Webstuhl ermöglichen die Großproduktion von Textilien. Englische Textilprodukte gelangen nach Nord- und Südamerika und Asien.

Globalisierung

M3 Frühe Dampfschiffe im 19. Jahrhundert
Antwort 3: Globalisierung beginnt in der Mitte des 19. Jahrhunderts. Mit der Erfindung der Dampfmaschine werden räumliche Grenzen überwunden. Eisenbahnstrecken in Europa und Nordamerika werden ausgebaut und mit Dampfschiffen werden bislang unentdeckte Bodenschätze in Übersee erschlossen. Transportkosten sinken drastisch.

M5 Tim Berners-Lee, Erfinder des World Wide Web
Antwort 5: Globalisierung beginnt 1989 mit der Erfindung des Internets.

M4 VW-Käfer aus dem Produktionswerk Puebla, Mexiko, werden in Deutschland ausgeladen.
Antwort 4: Globalisierung beginnt in den 1970er-Jahren. Durch internationale Arbeitsteilung entstehen weltweit neue Produktionsstandorte, z. B. in der Bekleidungs- und Automobilindustrie.

Aufgaben

1 Erläutere die „Geschichte der Globalisierung" anhand der Beispiele.
2 Die Illustrationen stehen für die Globalisierung in unterschiedlichen Zeiten. Teile sie in Kategorien ein.
3 Beschreibe Alltagssituationen, in denen du Abläufe von Globalisierung entdecken kannst.
4 Beantworte die Leitfrage mithilfe der Abbildungen M1 – M5.

Leben in einer globalisierten Welt

M1 Börse von New York

M2 in Südwestafrika

M4 McDonald's-Filiale in Peking (China)

Ursachen der Globalisierung

Mit dem Beginn der Globalisierung intensivieren sich die weltweiten Beziehungen. Entfernungen spielen heute kaum mehr eine Rolle. Dadurch verändern sich die wirtschaftlichen Beziehungen und das Leben der Menschen. Überall auf der Welt werden Güter aus aller Welt umgeschlagen und gehandelt.

Dafür gibt es verschiedene Gründe. So sind zum Beispiel die Transportkosten von Gütern stark gesunken. Fortschritte in der Transporttechnik wie der schnelle und sichere Gütertransport in Containern machen dies möglich. Vor allem aber haben die neuen Kommunikationsformen dafür gesorgt, dass der Austausch von Informationen auf der Welt einfach und schnell vonstatten geht. In Bruchteilen von Sekunden können Preise von Waren weltweit ausgetauscht und Geschäfte getätigt werden.

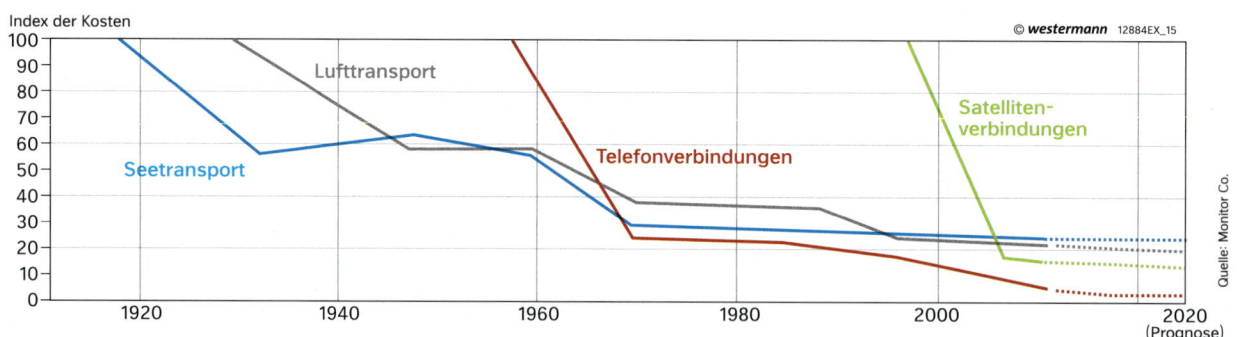

M3 Entwicklung der Kosten in Handel und Kommunikation

Info

Globalisierung

... bezeichnet den fortschreitenden Prozess weltweiter Arbeitsteilung. Dadurch nehmen die Verflechtungen zwischen den Ländern immer mehr zu und die Kulturen wachsen stärker zusammen.

Globalisierung

M5 Klimakonferenz der Vereinten Nationen

M7 Chinesische Touristen in Heidelberg

M8 Indisches Holi-Fest in Berlin

Wirtschaft
(z. B. Handel mit Waren, Geschäftsreisen, internationale Patente, Zuwanderung ausländischer Arbeitskräfte)

Gesellschaft
(z. B. Wohlstand, Arbeitslosigkeit, Menschen vieler Nationalitäten in einem Land)

Politik
(z. B. internationale Organisationen, internationale Zollabkommen, Bekämpfung des internationalen Terrorismus, Einsatz von Blauhelmsoldaten durch die Vereinten Nationen)

Kultur
(z. B. Schüleraustauschprogramme, Reisen, häufigere Verwendung englischer Wörter in der deutschen Sprache, Radiosendungen mit internationaler Musik und Beiträgen aus aller Welt)

Umwelt
(z. B. Verschmutzung der Luft durch Unfall in einem Atomkraftwerk, internationale Vereinbarungen zum Schutz des Bodens)

M6 Bereiche der Globalisierung

Aufgaben

1. a) Erläutere, warum die Fotos Beispiele für Globalisierung sind.
   b) Ordne die Fotos den einzelnen Bereichen in M6 zu.
2. Liste die Faktoren auf, die Globalisierung ermöglichen (Text, M3, M6, Atlas).
3. Stelle die Ursachen, Erscheinungsformen und möglichen Folgen der Globalisierung in einer Mindmap dar (M1 – M8, Atlas).
4. Bereite einen Kurzvortrag zum Thema „Was ist Globalisierung?" vor (Atlas).

Weltweiter Handel – globalisierte Wirtschaft

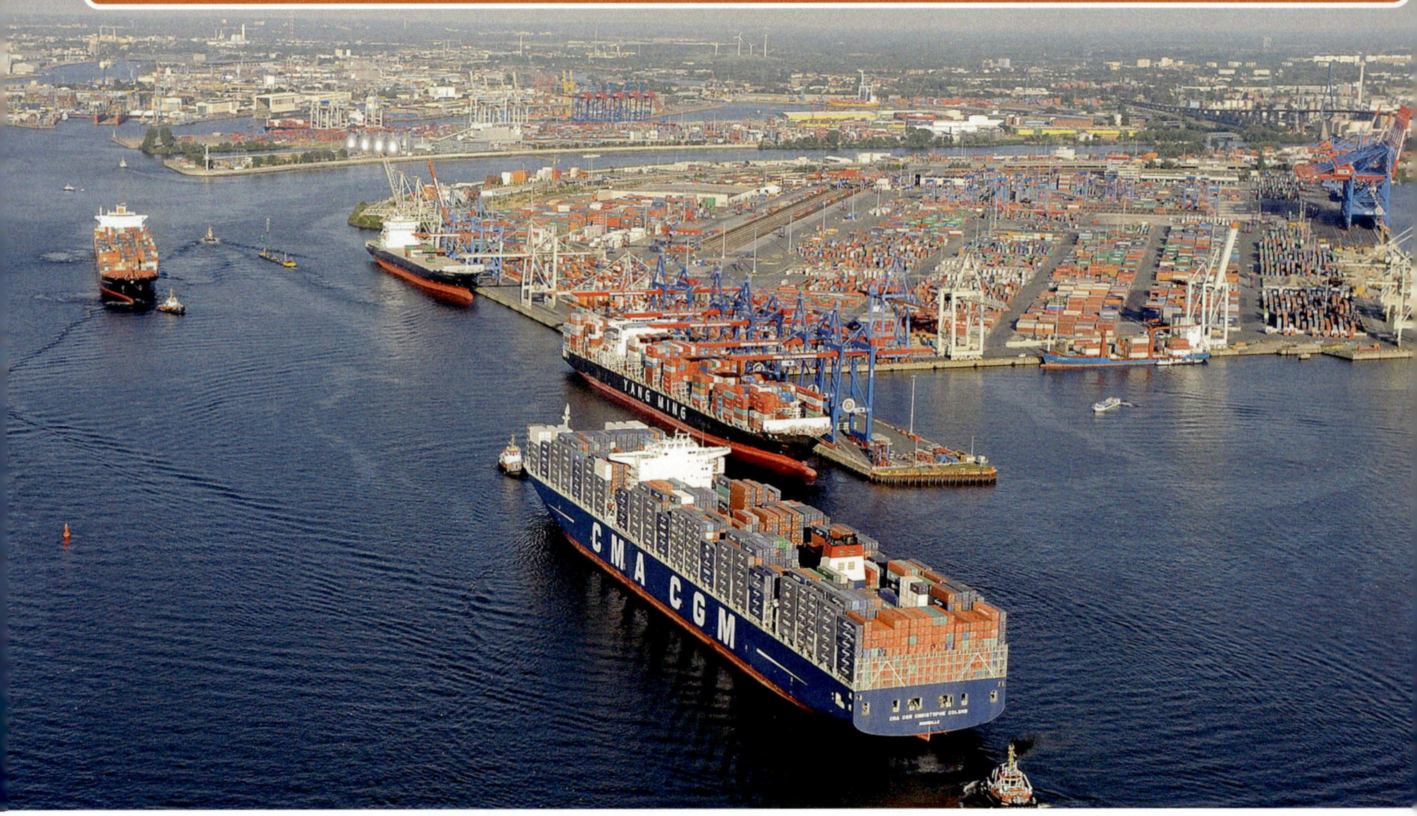

M1 Containerschiffe - „Transportkisten“ des Welthandels

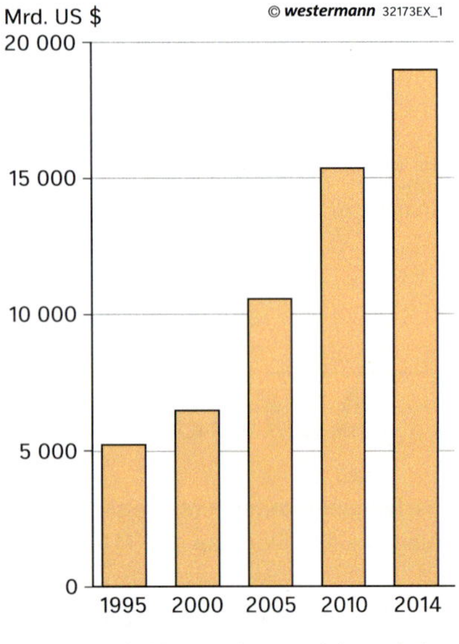

M2 Entwicklung des Welthandels (Exporte)

Entwicklungen im Welthandel

Erleichterungen im Welthandel (z. B. Abbau von Zöllen, Containerumschlag) beschleunigten die Globalisierung.
Die Art der Welthandelsgüter hat sich stark verändert. Der Handel mit industriellen Produkten (Maschinen, Elektronik, Textilien) und Dienstleistungen (Transport, Kommunikation, Tourismus) wuchs mehr als doppelt so stark wie der mit Rohstoffen.
Ein Grund für den Anstieg des Welthandels ist zum Beispiel die Verlagerung von Produktionen aus den Industrieländern in andere Teile der Welt.
Aber auch der Handel zwischen den Industriestaaten Nordamerikas, der EU und Ostasien, der sogenannten Triade, stieg rasant an. Der Anteil der Länder Lateinamerikas, Afrikas und Westasiens ist wesentlich kleiner. Sie exportieren hauptsächlich Rohstoffe und führen Fertigwaren aus der Triade ein.
Seit einigen Jahren verhandelt die EU mit den USA über ein transatlantisches Freihandelsabkommen (TTIP). Dieses sieht den Wegfall von Zöllen und anderen Handelshemmnissen vor. Dadurch könnte der weltgrößte Wirtschaftsraum entstehen.

M3 Den Ausgleich anstreben

www.diercke.de
100857-184, -185, -186

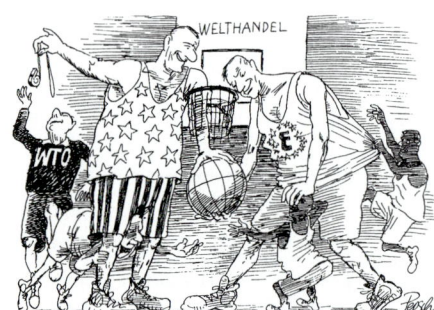

Globalisierung

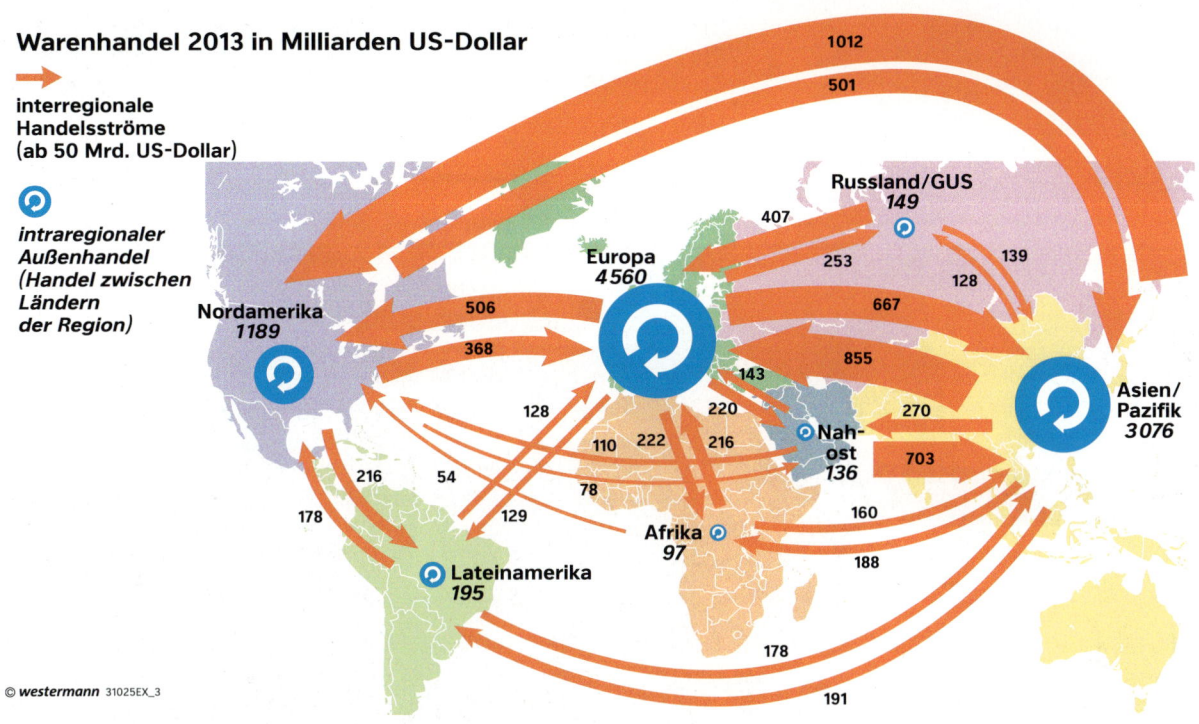

M4 Warenhandel auf der Welt

Land	BIP/Kopf	Export	Import
Deutschland	36 003 US-$	18 % Kraftfahrzeuge, 15 % Maschinen, 10 % chemische Erzeugnisse	13 % Datenverarbeitungsgeräte, 9 % Kraftfahrzeuge, 9 % Erdöl und Erdgas, 9 % chemische Erzeugnisse
Japan	36 156 US-$	20 % Maschinen, 18 % Kraftfahrzeuge und Kraftfahrzeugteile, 11 % Elektronik, 10 % chemische Erzeugnisse	32 % Brennstoffe (darunter 20 % Erdöl, 8 % Erdgas), 10 % Elektronik, 9 % chemische Erzeugnisse
Äthiopien	628 US-$	29 % Kaffee, Tee, Gewürze, 17 % Gemüse und Früchte, 18 % Ölsaatgut	13 % Erdölprodukte, 9 % Maschinen, 7 % Kraftfahrzeuge, 7 % Eisen und Stahl
Brasilien	11 920 US-$	40 % Primärgüter (Eisenerz, Erdöl, Fleisch, Zucker), 18 % Lebensmittel, Getränke und Tabak, 6 % Kraftfahrzeuge	15 % chemische Erzeugnisse, 12 % Maschinen, 11 % Kraftfahrzeuge, 9 % Erdöl, 7 % Kommunikationstechnik

M5 Handelswaren ausgewählter Länder (2014)

Aufgaben

1 Beschreibe die Entwicklung des Welthandels (M2).
2 Beschreibe und bewerte den Warenhandel a) der Triade; b) der EU-Staaten; c) der Länder Afrikas (M4).
3 Arbeite mit dem Atlas.
  a) Nenne je drei Länder mit Erdölförderung, Eisenerzabbau und Goldbergbau.
  b) Beschreibe die Handelsströme mit Erdöl.
  c) Vergleiche den Handel mit Rohstoffen Japans, der USA, Australiens und Perus.
  d) Nenne je fünf Länder mit hoher und mit niedriger Bedeutung von Bodenschätzen und ihren Rohprodukten am Gesamtexport.
4 Erkläre den Zusammenhang zwischen BIP und Handelswaren (M5).
5 Werte die Karikatur aus (M3).

Containerschifffahrt durch den Panamakanal

M2 Schleuse im Panamakanal. Die Gebühren für die Durchfahrt richten sich nach Ladegewicht und Typ des Schiffes. Die größten Schiffe zahlen durchschnittlich 300 000 US-$.

M1 Ausbaupläne des südlichen Abschnittes des Kanals

Das achte Weltwunder

Der 1914 eröffnete Panamakanal gilt als eine der wichtigsten Wasserstraßen der Welt. Der circa 82,4 km lange Kanal verbindet den Pazifischen mit dem Atlantischen Ozean. Mit etwa 14 000 Handelsschiffen und mehr als 300 Mio. t Frachtaufkommen pro Jahr werden zwischen fünf und sechs Prozent des gesamten Welthandels über den Kanal abgewickelt.

Der Kanal hat eine große Bedeutung für Transporte zwischen der Ost- und Westküste der USA sowie für den Handel mit Asien, insbesondere mit China. Mit der fortschreitenden Globalisierung wird der Kanal seit 2007 erweitert. Der mehrjährige Ausbau soll den größten Mega-Frachtern, Kreuzfahrtschiffen und Supertankern ausreichend Platz auf ihren Wegen durch den geteilten Kontinent bieten. Mit der Erweiterung soll sich die Transportkapazität auf 600 Mio. t verdoppeln.

Auch in Nicaragua, Mexiko und Kolumbien wurden im Laufe der Geschichte Kanalprojekte geplant. Die Planungen für einen Nicaragua-Kanal reichen bis in die Gegenwart hinein. Letztlich wurde aber bislang kein zweites Kanalprojekt dieser Größenordnung umgesetzt.

Globalisierung

Seit der Entdeckung durch die Spanier im frühen 16. Jahrhundert gab es Erzählungen über die Existenz eines weiteren Ozeans neben dem Atlantik. Der spanische Eroberer Vasco Nunez de Balboa überquerte als erster Europäer Panama und erreichte den Pazifik. Benjamin Franklin hatte bereits die Idee, die Welt zu teilen, um die Ozeane zu verbinden. Schließlich war es der Erbauer des Suezkanals Ferdinand de Lesseps, der 1881 das Projekt begann. Sein Vorhaben scheiterte nach zehn Jahren: Er versuchte, den Kanal auf Meeresniveau ohne Schleusen zu bauen. Zudem unterschätzte er die Massen an Erdaushub, die klimabedingten Bodenbeschaffenheiten und den Zeit- und Kostenfaktor.
Unter Präsident Theodore Roosevelt versuchten die Amerikaner erfolglos, das begonnene Projekt samt Territorium von Kolumbien abzukaufen. Als sich die Kolumbianer weigerten, entstand unter US-amerikanischer Führung 1903 eine Revolution in Panama und der Kleinstaat erlangte die Unabhängigkeit. Von 1904 bis 1914 wurde der Kanal fertiggestellt. US-amerikanische Ingenieure bauten schließlich Stauseen und Schleusen. Das Projekt kostete am Ende 386 Mio. US-$ (größtenteils finanziert durch die USA) und forderte 25 000 Menschenleben, vor allem durch Malaria. Am 15. August 1914 durchquerte der Riesendampfer „Ascon" als erster den Kanal.

M3 Sie teilten die Welt.

M5 Zwei Seerouten im Vergleich

Info

TEU
Die Twenty-foot Equivalent Unit ist eine internationale Einheit zur Beschreibung der Ladekapazität von Schiffen und Ladeterminals beim Containertransport. Die Container sind standardisiert, um sie weltweit umschlagen zu können. 1 TEU sind 20 Fuß (6,10 m x 2,44 m x 2,59 m).

Info

Panamax
(oder Panmax) ist ein Begriff aus der Schifffahrt für Schiffe, die aufgrund ihrer Abmessungen gerade noch durch die Schleusen des Panamakanals passen. Die Schleusen sind jeweils 305 m lang, 33,5 m breit und 12,2 m tief.

M4 Bau eines Schleusentores (um 1900)

Aufgaben

1. Du bist Reporter im Jahr 1903. Berichte von den vergangenen Bauphasen des Panamakanals (M3).
2. Erläutere die Bedeutung des Panamakanals für den Staat Panama sowie für den Welthandel (Atlas, M5).
3. Nenne Gründe für den Ausbau des Panamakanals und beschreibe die Ausbaupläne.
4. „Wir haben den Kanal gebaut, wir haben ihn bezahlt, wir werden ihn auch behalten" (Ronald Reagan 1976, späterer Präsident der USA). Nimm Stellung zu dieser Aussage.

Globalisierung vor der Haustür

M1 Produktionsstätten und Verkaufsbüros der Firma Stabilus weltweit

Info

Gasdruckfedern

Gasdruckfedern sind im Inneren mit Gas befüllt. Das Gas steht unter Hochdruck und wird für die Abgabe der Federkraft genutzt. Vorteil von Gasdruckfedern ist die kompakte Bauweise und ihre dämpfende („geräuscharme") Funktion. Gasdruckfedern sind durch ihre platzsparende Form universell einsetzbar. Sie werden auch für den Gewichtsausgleich von Produkten, zum Beispiel in Schreibtischstühlen, verbaut.

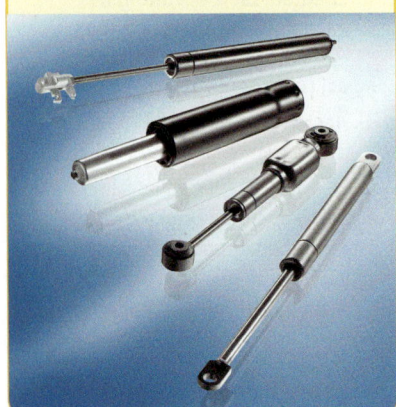

Stabilus – Gasfedern für den Weltmarkt

Nicht nur Weltkonzerne tragen stark zur Globalisierung bei, sondern auch spezialisierte Unternehmen aus Deutschland.
Ein Beispiel aus Rheinland-Pfalz ist der Gasdruckfeder-Hersteller Stabilus mit Stammsitz in Koblenz. Das Unternehmen produziert weltweit an elf Standorten, besitzt Vertriebs- und Verkaufsbüros in über 50 Ländern. Es beschäftigt mehr als 4 000 Mitarbeiter. Etwa 1600 arbeiten davon in Koblenz in der Firmenzentrale. Gegründet wurde Stabilus 1934. In den Gründungsjahren erfand man einen Stabilisator, der die Straßenlage und die Federung von Autos verbessern sollte, denn damals waren die Straßen viel unebener und holpriger als heute.

Inzwischen fertigt das Unternehmen mehr als 15 000 verschiedene Produkte. Die Gasfedern und Dämpfer von Stabilus finden sich in unserem Alltag fast überall, größtenteils sind sie in Heckklappen und Motorhauben von Fahrzeugen verbaut.

In Produktionswerken werden aus Einzelteilen fertige Produkte hergestellt. Im Falle von Stabilus sind dies Gasdruckfedern und Schwingungsdämpfer. Global ausgerichteten Unternehmen wie Stabilus reicht ein Produktionsstandort in einem Land oftmals nicht aus. Deshalb werden die Produktionsstätten auf andere Länder ausgeweitet.
Dies hat den Vorteil, dass die Lieferwege in andere Regionen der Welt erheblich verkürzt und die Transportkosten der Produkte verringert werden können. Oftmals lohnen sich Ausweitung und Verlagerung der Produktion ins Ausland für ein Unternehmen, da dort unter anderem Rohstoffe, Arbeitskräfte, Mieten, Steuern und Zölle günstiger sind.

M2 Produktionsstätten

Globalisierung

M3 Firmensitz der Firma Stabilus in Koblenz

Jahr	Entwicklungsschritt		
1934	Gründung Stabilus	1985	Produktionsstart Werk Australien
1938	Direktvermarktung an Kfz-Halter	1988	Produktionsstart Werk Großbritannien
1948	Serienproduktion Lenkungsdämpfer	1994	Produktionsstart Werk Mexiko und Italien
1953	Einsatz halbautomatischer Maschinen	1997	Produktionsstart Werk Brasilien
1956	Neukunden Daimler-Benz und Volkswagen	2000	Produktionsstart Werk Neuseeland
1962	Serienproduktion der ersten Gasdruckfedern	2003	Produktionsstart Werk Südkorea
1972	Produktionsstart Werk USA	2005	Produktionsstart Werke China und Rumänien
1981	Produktionsstart Werk Spanien	2014	Börsengang der Stabilus S. A.

M4 Der Weg von der Gründung zum globalisierten Unternehmen

Die weltweiten Vertriebs- oder Verkaufsbüros dienen dem Absatz der Produkte. Vertriebsbüros befinden sich nicht immer in den Ländern der Produktionsstätten. Sie liegen teilweise in anderen Ländern, um dort neue Märkte zu erschließen, oder wegen der räumlichen Nähe zu Großkunden. Sämtliche Produktionsstätten, Verkaufs- und Vertriebsbüros sind nicht nur untereinander, sondern auch mit dem Stamm- oder Gründungswerk durch Informations- und Kommunikationstechnologien (Internet, Computer, Telefon, Fax) vernetzt. Sämtliche Produktionsstätten und Verkaufs- oder Vertriebsbüros auf der Welt bilden ein global verflochtenes Unternehmen und werden damit zu einem Puzzleteil von wirtschaftlicher Globalisierung.

M5 Vertriebs- oder Verkaufsbüros

Aufgaben

1. Erläutere die Entwicklung Stabilus' von der Gründung zum globalisierten Unternehmen (M4).
2. Zähle weitere Produkte aus deinem Alltag auf, in denen Gasdruckfedern verbaut sind.
3. Nenne Vorteile der weltweiten Verteilung von Produktionsstätten und Verkaufsbüros.
4. Begründe, warum sich Produktionsstätten und Verkaufsbüros nicht in ein- und demselben Land befinden.
5. Nenne weitere global ausgerichtete Unternehmen aus Rheinland-Pfalz und Deutschland.

Wirtschaftliche Verknüpfung durch Logistik

M1 Die Verkehrswege Schiene, Straße und Wasserweg („trimodal") laufen im Duisburger Hafen zusammen – auch nachts.

Kühne + Nagel ist eines der größten Logistikunternehmen der Welt mit ca. 63 000 Mitarbeitern in 100 Ländern. Im Jahr 2013 transportierte das Logistikunternehmen weltweit 3,6 Millionen Container (TEU). Damit das Unternehmen wettbewerbsfähig bleibt, bietet es verkehrsübergreifende Logistiklösungen mit den europäischen Staatsbahnen (Straße – Schiene) an.
(Quelle: www.kn-portal.com/industry, 01.11.2015)

M2 Kühne + Nagel weltweit

Info

Logistik

Schlanke Produktion erfordert genaue Planung. Im Zentrum der Planung stehen Transport und Lagerung. Logistikunternehmen sorgen dafür, dass die Produkte rechtzeitig zur Weiterverarbeitung oder zu einem anderen Logistikzentrum transportiert werden. Voraussetzung für diese Transportkette ist der Einsatz von Containern. Logistikunternehmen nutzen den Luft-, Wasser-, Bahn- und Lastwagentransport.

Made in Germany? – Autoteile aus aller Welt!

Wenn heutzutage ein Produkt, z. B. ein Auto, hergestellt wird, kommen die Teile aus vielen Regionen der Welt (arbeitsteilige Produktion). Der Transport an den Produktionsstandort ist eine große logistische Herausforderung. Die Planung muss stimmen. Zumeist sind zahlreiche Zulieferer in die Produktion eingebunden. Sie müssen jeweils genau dann liefern, wenn die Teile gebraucht werden. Diese Just-in-time-Produktion betrifft alle Teile: von der einzelnen Schraube bis zum Motor.

Arbeiten, die woanders schneller, preiswerter oder besser erledigt werden können, werden an einem anderen Standort von einem anderen Unternehmen ausgeführt (Outsourcing). So können im Automobilwerk die Lagerkosten gesenkt werden. Im Werk befinden sich nur diejenigen Materialien, die gerade benötigt werden. Diese schlanke Produktion (Lean Production) erfordert weniger Arbeitskräfte, die jedoch besser ausgebildet sein müssen. Liefert ein Zulieferer jedoch nicht rechtzeitig, gerät die gesamte Produktion ins Stocken. Die Zuverlässigkeit und Qualitätstreue der Zulieferer ist entscheidend. Just-in-time-Produktion und Outsourcing werden heute von vielen Unternehmen praktiziert. Voraussetzung dafür ist, dass die benötigten Güter schnell und preiswert transportiert und umgeschlagen werden können. Logistikunternehmen gewinnen deshalb immer mehr an Bedeutung. Sie arbeiten auf einem hohen technischen Niveau. Per Mausklick wird der Transport organisiert. Der Kunde erhält jederzeit Auskunft über den genauen Ankunftszeitpunkt seiner Fracht.

Globalisierung

Instrumente, Klimasysteme:
Marokko, Rumänien, Frankreich, Tunesien, Malta

Elektrische Leitungen (Kupfererz):
Australien, Papua-Neuguinea

Karosserieteile, Bleche:
Spanien, Italien, Norwegen

Beleuchtungssysteme:
Polen, Spanien

Motor, Felgen, Getriebe (Aluminiumerze/Bauxit):
Guinea, Sierra Leone, Guyana, China

Benzin / Motoröl (Erdöl):
Großbritannien, Nigeria, Libyen, Saudi-Arabien

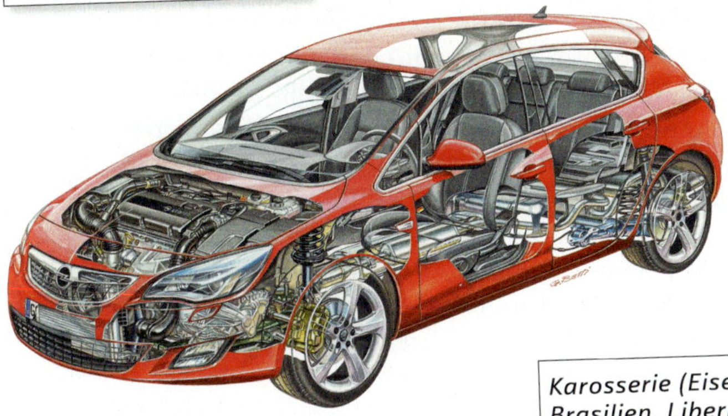

Karosserie (Eisenerz):
Brasilien, Liberia, Kanada, Schweden

Motor, Getriebe:
Ungarn, Japan, Deutschland, Österreich, Schweiz

Kühlwasserschläuche, Kunststoffschläuche:
Türkei, USA, Israel, Slowenien

Reifen (Naturkautschuk):
Malaysia, Indonesien, D.R. Kongo

Glasscheiben:
Polen, Peru

M3 Autoteile aus aller Welt

M5 Der Duisburger Hafen

Der Duisburger Hafen ist mit 13,5 km² Fläche der größte Binnenhafen der Welt. Das Gelände des früheren Krupp-Hüttenwerkes wurde 1999 zum Dienstleistungs- und Logistikzentrum Logport I umgestaltet. 2014 wurden 3,4 Mio. Container (TEU) umgeschlagen. Der Hafen ist über Schiene, Straße und Wasser exzellent an die Verkehrswege angeschlossen und hat sich inzwischen zur führenden Logistikdrehscheibe in Mitteleuropa entwickelt.

M4 Logistikstandort für Weltkonzerne

Aufgaben

1 Besorgt euch eine politische Weltkarte und verortet die Länder, aus denen die Autoteile in M3 kommen.

2 Erläutere den Zusammenhang von schlanker Produktion und der zunehmenden Bedeutung von Logistikunternehmen.

3 Du bist Pressesprecher von Kühne + Nagel. Verfasse eine Pressemitteilung, in der die Entscheidung für den Standort Duisburg begründet wird (M3 – M5).

Globalisierung hautnah – Textilindustrie

M1 Woher stammt eigentlich meine Kleidung?

stücks bestimmen: „Made in China", „Made in Bangladesch" oder „Made in Vietnam". Doch was sagt diese Angabe wirklich aus? Die Markenjeans (M1) stammt zum Beispiel nicht nur aus Vietnam, sondern hat bis zum Verkauf einen langen Weg durch viele Länder hinter sich (M4).

Zwar findet die Endfertigung der Jeans tatsächlich in Bangladesch statt. Teilprodukte werden aber aus Fabriken in anderen Teilen der Welt bezogen. Das Modelabel, ein globalisiertes Unternehmen, kauft oder produziert die Teilprodukte jeweils dort, wo sie am günstigsten zu haben sind. In Deutschland sind die Standortbedingungen für die Textilproduktion insgesamt eher ungünstig. Deshalb werden hier kaum noch Textilien produziert. Die Textilindustrie ist ein Musterbeispiel für wirtschaftliche Globalisierung. Die weltweit verstreute Produktion führt zu vernetzten Strukturen und sorgt für die Zunahme des Welthandels.

Ein langer Weg

Jugendliche finden in Geschäften ein vielfältiges Angebot an Konsumgütern: zum Beispiel Smartphones, Sportschuhe oder schicke Markenjeans. Viele besitzen mehrere Jeans, machen sich aber kaum darüber Gedanken, wo und unter welchen Bedingungen diese hergestellt werden.
Anhand des Etiketts kann man die Herkunft eines Kleidungs-

T-Shirt: Kambodscha 14,99 €
Jacke: Türkei 24,99 €
Jeans: Bangladesch 49,95 €
Schuhe: China 69,00 €

M2 Jan – global ausgerüstet

In den letzten zehn Jahren ist die Zahl der Beschäftigten in der Bekleidungs- und Textilindustrie weiter um 25 Prozent auf etwa 60 000 Beschäftigte (2014) gesunken. Etwa ein Drittel arbeitet in der Bekleidungsindustrie und etwa zwei Drittel sind in der Textilindustrie tätig. Neben den Produktivitätsfortschritten in Deutschland ist die Globalisierung der Textil- und Bekleidungsindustrie für den massiven Rückgang verantwortlich.
Um wettbewerbsfähig zu bleiben, waren viele deutsche Unternehmen gezwungen, in Ländern zu produzieren, in denen geringe Löhne gezahlt werden. Gleichzeitig wurde damit begonnen, neue Produkte in anderen Ländern einzuführen und neue Märkte zu erschließen. 2014 wurde fast die Hälfte des Umsatzes im Ausland erwirtschaftet, vor allem in den Ländern der EU. Eine weitere Maßnahme: die Entwicklung neuer zukunftsträchtiger Produkte. Deutschland war 2014 international führend im Bereich der technischen Textilien. Diese spezialisierten Textilien werden z. B. im Fahrzeug- und Maschinenbau oder der Medizintechnik eingesetzt.

M3 Entwicklung der deutschen Bekleidungs- und Textilindustrie

Globalisierung

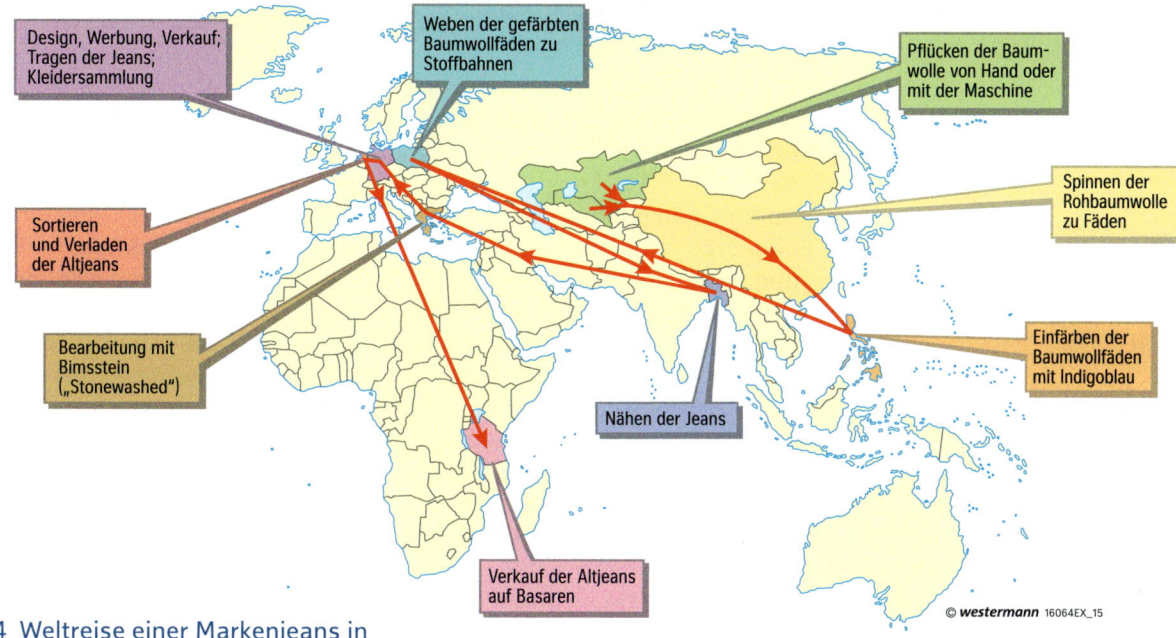

M4 Weltreise einer Markenjeans in neun Etappen (ca. 60 000 km)

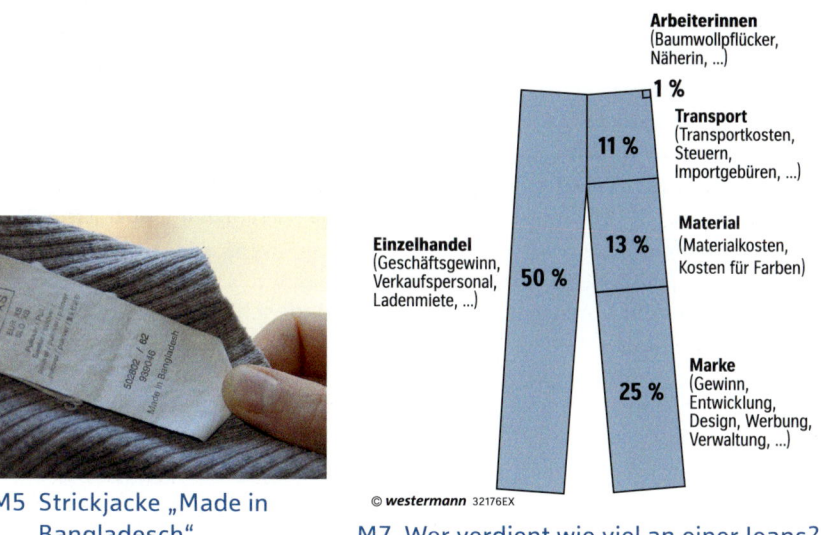

M5 Strickjacke „Made in Bangladesch"

M7 Wer verdient wie viel an einer Jeans?

- schlechte Arbeitsplatzausstattung (Lärm, Hitze, Kälte, schlechte Luft, Dunkelheit)
- unzureichende Sicherheit am Arbeitsplatz
- wenige staatliche Umweltschutzauflagen
- lange Arbeitszeiten, unbezahlte Überstunden
- Arbeitslöhne liegen unter den regionalen oder nationalen Durchschnittslöhnen
- Einsatz von Kindern und Jugendlichen („Kinderarbeit")
- geringe oder fehlende Sozialleistungen

M6 Produktionsbedingungen in einigen Ländern Asiens

Aufgaben

1 „Kleidung für Jugendliche ist heute wesentlich preiswerter als zu meiner Jugendzeit."
   a) Befrage deine Eltern zu dieser Aussage.
   b) Bewerte den Verdienst einer Näherin (M7).

2 Ermittle von drei deiner Kleidungsstücke das Herkunftsland (M5).

3 Nenne Gründe für die Auslagerung von Produktionsschritten.

4 Ordne den Produktionsstufen einer Jeans in einer Tabelle die entsprechenden Länder zu (M4, Atlas).

5 Beschreibe und begründe die Entwicklungen in der deutschen Bekleidungs- und Textilindustrie (M3).

6 Suche im Internet nach ökologischen und sozialverträglichen Alternativen und begründe, ob du dir den Kauf vorstellen könntest.

Sweatshops – Nähen für die Welt

Handelskette in der Bekleidungsindustrie

Marlene hat zu ihrem Geburtstag einen Gutschein über 100 Euro für ein Sportgeschäft erhalten, das zu einer Ladenkette gehört. Deren Filialen gibt es in den Fußgängerzonen der großen Städte und in vielen Einkaufszentren. Die Ladenkette kauft bei verschiedenen Markenfirmen große Mengen Sportartikel ein, zum Beispiel Shirts oder Joggingschuhe. Das gibt ihr einen gewissen Spielraum bei der Gestaltung der Preise.
Die Ladenkette gibt teilweise die günstigen Einkaufspreise einzelner Artikel direkt an ihre Kunden weiter.

Die Modelabels entscheiden, welche Artikel mit welchem Design hergestellt werden. Die weiteren Abläufe koordinieren und steuern oft spezielle Dienstleistungsfirmen. Produktion, Fertigung und Verpackung erfolgen dann in Niedriglohnländern. Oft geben diese Hersteller Teilaufträge an andere Betriebe weiter.

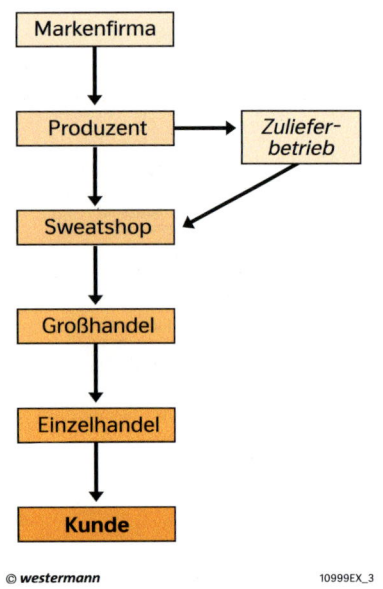

M1 Handelskette

„Ich arbeite in einer Fabrik weit weg von meinem Heimatdorf. Deshalb muss ich in der Nähe der Fabrik wohnen. Ich lebe mit fünf Leuten in einem engen Raum.
Unserem Arbeitgeber gehören die Hütten, in denen wir leben. Er verlangt eine Miete und viel Geld für Strom und Wasser, obwohl es oft keins von beidem gibt. Wenn du nicht zur Arbeit gehen kannst, weil du krank bist, bekommst du keinen Lohn. Die Miete musst du trotzdem bezahlen."

M2 Bericht einer Arbeiterin aus Bangladesch

„Wir arbeiten jeden Tag von 8:00 Uhr bis 12:30 Uhr, dann haben wir eine Mittagspause. Anschließend arbeiten wir von 13:00 Uhr bis 17:00 Uhr.
Aber wir müssen fast jeden Tag Überstunden machen. Manchmal arbeiten wir bis 2:00 Uhr oder 3:00 Uhr morgens. Auch wenn wir noch so erschöpft sind, können wir keine Überstunden ablehnen, weil wir jedes zusätzliche Geld brauchen. Manchmal würden wir gern freinehmen, aber unser Arbeitgeber lässt das nicht zu.
Ich verdiene im Schnitt umgerechnet 50 US-$ pro Monat. Davon zahle ich 3 US-$ für Strom, Wasser und meine Schlafstelle. Außerdem zahle ich 5 US-$ für Reis. So habe ich 42 US-$ übrig. Davon leben meine Eltern, meine Töchter und ich."

M3 Bericht einer Arbeiterin aus Kambodscha

Globalisierung

Global Player und Kritiker der Globalisierung

Textil- und Sportartikelhersteller treten als Global Player überall auf der Erde auf und erzielen hohe Gewinne. Ihre Waren werden von Jugendlichen gern gekauft. Oft werden diese Produkte allerdings – an westlichem Standard gemessen – unter sehr schlechten Arbeitsbedingungen in Sweatshops (Info) hergestellt.

In Europa gibt es Menschen, die dagegen etwas unternehmen. Sie organisieren sich in Nichtregierungsorganisationen (NGOs) und setzen sich für menschenwürdige Arbeitsbedingungen in den Sweatshops ein. Um möglichst viele Leute auf ihr Anliegen aufmerksam zu machen, gehen sie auf Großveranstaltungen, zum Beispiel die Olympischen Spiele. Dort können sie in einem großen Rahmen auf schlechte Arbeitsbedingungen bei der Produktion von Sportartikeln aufmerksam machen.

Info

Sweatshop

Der Begriff Sweatshop (engl. „sweat": Schweiß) bezeichnet eine Produktionsstätte in einem Entwicklungsland, in der Waren (Kleidung, Spielwaren, Sportartikel usw.) für Industrieländer hergestellt werden. Die Arbeiterinnen und Arbeiter bekommen Niedriglöhne bei langen Arbeitszeiten. Es gibt keinen Krankheits- und Kündigungsschutz.
Allerdings sind die Mitarbeiterinnen und Mitarbeiter in Sweatshops froh, dass sie einen Arbeitsplatz haben und Lohn erhalten.

„Aktiv gegen Kinderarbeit" informiert (…) über einen möglichen Beitrag zur Überwindung der Kinderarbeit. Deutsche Städte, Gemeinden, Landkreise und Bundesländer stehen bereits auf der Liste der Kampagne, die die Beschaffung von Produkten aus Kinderarbeit ablehnen. Ebenso wird in einer Firmenliste gezeigt, wie namhafte Firmen und Marken zum Thema „Kinderarbeit" stehen.

(Quelle: www.aktiv-gegen-kinderarbeit.de, 28.10.2015)

M4 Eine Kampagne von EarthLink e. V.: „Aktiv gegen Kinderarbeit"

Gefährden meine Kleidungsstücke die Umwelt?
- Werden die Rohstoffe für die Kleidung umweltschonend angebaut?
- Welche Chemikalien wurden bei der Herstellung verwendet?
- Wie lange kann ich die Kleidung tragen?
- Kann ich Kleidung recyceln?
- … ?

Gefährden meine Kleidungsstücke die Gesundheit?
- Wird bei der Herstellung auf die Gesundheit der Erntehelfer geachtet?
- Werden Arbeitsschutzbestimmungen in den Produktionsstätten eingehalten?
- Sind die bei der Herstellung benutzten Chemikalien gefährlich für mich?

Werden meine Kleidungsstücke auf Kosten anderer hergestellt?
- Sorgt das Unternehmen dafür, dass soziale Mindeststandards eingehalten werden?
- Bekommen die Arbeiterinnen in der Herstellung den gesetzlichen Mindestlohn?
- … ?

M5 Mögliche Fragen eines kritischen Verbrauchers beim Einkauf

Aufgaben

1. Stell dir vor, du hast einen Gutschein über 100 Euro erhalten und kaufst einen Sportartikel. Fertige ein Plakat an, auf dem du zu dem Artikel kritische Fragen stellst (M5).

2. a) Berichte über die Arbeitsbedingungen in einem Sweatshop (M2, M3, Internet).
   b) Nimm Stellung zu den Arbeitsbedingungen.

3. Erörtere, ob du durch deinen Einkauf Einfluss auf die Arbeitsbedingungen bei der Herstellung von Textilien nehmen kannst (M2–M5).

Smartphones aus dem Silicon Valley?

M2 Apple Campus im Silicon Valley in Kalifornien, USA

Entworfen in Kalifornien – gebaut in China

Mit einem Smartphone ist man ständig online und weltweit vernetzt. Das beliebte Smartphone ist somit ein Symbol der Globalisierung geworden. Doch gibt es auch Schattenseiten?

Apple gilt als wertvollstes Unternehmen der Welt. Seine Produkte sind innovativ, schick und weltweit beliebt. Bis März 2015 hat der Konzern mehr als 700 Mio. iPhones verkauft.

Der Hauptsitz liegt im sonnigen Silicon Valley in den USA. Seit den 1960er-Jahren siedeln sich dort Unternehmen der Informations- und Hightech-Industrie an. Neben Apple sind unter anderem mit Google, Ebay, Electronic Arts, Intel, IBM, HP und Facebook weitere Weltkonzerne vertreten.

Regelmäßig wird ein neues iPhone-Modell vorgestellt. Entwickelt und entworfen werden die Apple-Smartphones im Silicon Valley. Die arbeitsintensive Produktion verlagerte Apple, wie andere Unternehmen auch, aus dem Silicon Valley nach Asien.

M1 Silicon Valley südlich von San Francisco

Globalisierung

M3 Produktion in Shenzhen, China

Info

Fairphone

Das niederländische Unternehmen Fairphone versucht, ein umwelt- und sozialverträgliches Smartphone herzustellen. Fairphone setzt sich dabei folgende Ziele:
- Müllvermeidung durch lange Haltbarkeit und Reparaturmöglichkeiten
- Rücknahme und Recycling
- Verarbeitung von Rohstoffen aus geprüften Minen
- faire Produktionsbedingungen (Einhaltung von Arbeitszeiten und Mindestlöhnen)

Für einen der größten Hersteller für elektronische Produkte arbeiten in Asien mehr als 1,2 Mio. Menschen. Der Konzern produziert elektronische Bauteile (z. B. Prozessoren, Platinen, Grafikchips) und Displays.
Das taiwanesische Unternehmen macht wegen seiner schlechten Arbeitsbedingungen sowie niedrigen Löhne auf sich aufmerksam. Es wird von 15-stündigen Arbeitstagen ohne längere Pausen und Verdiensten unterhalb der gesetzlich geregelten Mindestlöhne berichtet (der Mindestlohn in Shenzhen beträgt umgerechnet 260 Euro). Von den 500 Euro, die wir durchschnittlich für ein aktuelles Smartphone bezahlen, kommen nur etwa 15 Euro bei den Arbeitern an.
Im Vergleich dazu beträgt das mittlere Haushaltseinkommen (2015) im Silicon Valley 84 000 Euro. Auch wenn man die unterschiedlichen Lebenshaltungskosten (Mietpreise, Nahrungsmittel) beider Länder mitberücksichtigt, so stellt sich die Frage nach mehr sozialer Gerechtigkeit.

M4 Ungleiche Arbeitsbedingungen

Aufgaben

1. Beschreibe die Lage des Silicon Valley (M1, Atlas).
2. „Entworfen in Kalifornien – zusammengebaut in China". Erkläre das Konzept anhand des Beispiels.
3. Beschreibe und bewerte die Arbeitsbedingungen in China (M4).
4. Smartphone oder Fairphone? Begründe, für welche Variante du dich entscheiden würdest.

255

Mc World und Cocacolization

M1 Filmvorstellung von Avatar in Sydney, Australien. Avatar gilt als weltweit erfolgreichster Film aller Zeiten (Einspielergebnis: 2,78 Mrd. US-$).

Land	Name
Albanien	„Kush do të bëhet Milioner?"
Afghanistan	‏یک میخواهید میلیونر شوید؟‎
England	„Who Wants to Be a Millionaire?"
Deutschland	„Wer wird Millionär?"
Frankreich	„Qui veut gagner des millions?"
Indien	„Kaun Banega Crorepati?"
Polen	„Milionerzy"
Russland	„Kto chotschet stat millionerom?"
Spanien	„¿Quiere ser millonario?"
Südafrika	„Who Wants to Be a Millionaire?"
Türkei	„Kim Milyoner Olmak İster?"
USA	„Who Wants to Be a Millionaire?"
Vietnam	„Ai Là Triệu Phu??"

M2 Versionen der englischen TV-Sendung „Who Wants to Be a Millionaire?"

Globalisierung von Kultur

Kultureller Austausch ist ein wesentliches Merkmal der menschlichen Entwicklung. Beispiele dafür finden sich in allen geschichtlichen Epochen. Bereits die römische Kultur verbreitete sich in mehr als 1000 Jahren in weiten Teilen der Welt.

Goethe prägte 1827 den Begriff „Weltliteratur" für Werke, die weltweit verbreitet werden sollten. Auch in der Musik und Kunst haben sich die Kulturen immer wieder gegenseitig stark beeinflusst. Anfang des 20. Jahrhunderts kam beispielsweise mit den damals neuen technischen Möglichkeiten der Vinyl-Schallplatte außereuropäische Musik nach Europa.

Das Zusammenfließen von Kulturen ließ ab dem 19. Jahrhundert eine Weltkunst, Weltliteratur und Weltmusik entstehen. Dies waren die Vorläufer der kulturellen Globalisierung.

Heute wird kulturelle Globalisierung als eine weltweite Anpassung von Kultur und Konsumgewohnheiten der Menschen bezeichnet. Nahezu überall auf der Welt können die gleichen Produkte konsumiert werden: der Kinofilm Avatar in Australien, eine Coca Cola in Afrika, der Big Mac in China oder ein Sub in Russland. Experten sprechen von einer Dominanz der westlichen Kultur, die durch eine starke Konsumorientierung geprägt ist.

Globalisierung

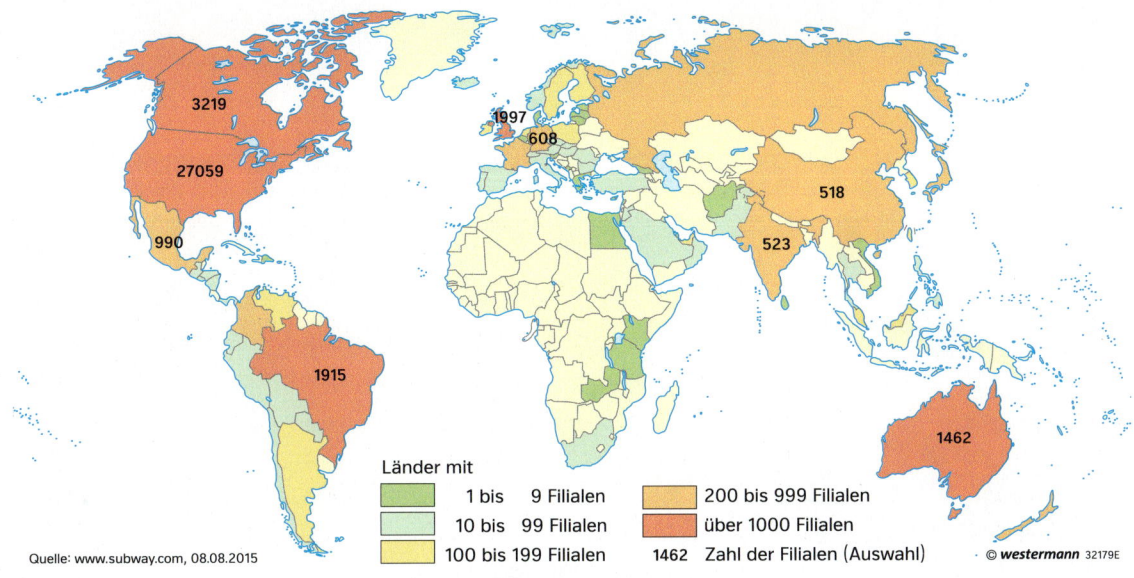

M3 Subway-Restaurants weltweit (Auswahl)

Eng verbunden mit dem Begriff „Globalisierung" ist der Begriff „Glokalisierung". Dieser setzt sich aus den Wörtern „Globalisierung" und „Lokalisierung" zusammen. Mit Glokalisierung werden die lokalen und regionalen Auswirkungen der Globalisierung beschrieben. Beispiele dafür sind der „McAloo Tikki Burger". Dieser wurde von McDonald's für den indischen Markt eingeführt. Dadurch konnte McDonald's zunächst regional bekannt werden. Das internationale Standardangebot gab es parallel auf den Speisekarten.
Weitere Beispiele sind in der Unterhaltungsindustrie zu finden. Das ursprünglich aus England stammende Fernsehgewinnspiel „Who Wants to Be a Millionaire?" gibt es in Russland in einer etwas abgewandelten Form. Hier wird das Publikum aktiver in die Sendung einbezogen. Auch die Castingshow „Germany's Next Topmodel" ist eine deutsche Interpretation von „America's Next Topmodel", die es bereits seit 2003 gibt. Massenmedien, Fernreisen und global nachgefragte Konsumgüter gelten als die wichtigsten Verbreitungsmittel der Glokalisierung.

M4 Glokalisierung

M5 McDonald's-Restaurant in Yangshuo, China

Aufgaben

1 Erläutere die Ursprünge der kulturellen Globalisierung.

2 Erkläre mithilfe der Beispiele M1 – M3 den Begriff „kulturelle Globalisierung".

3 Nenne weitere Beispiele aus deinem Alltag und deiner Region, die für eine Globalisierung von Kultur stehen.

4 Beschreibe die Verteilung der Subway-Restaurants weltweit (M3).

5 Erkläre den Begriff „Glokalisierung" (M4).

6 Nimm Stellung zu folgender Aussage: „Die kulturelle Globalisierung ist eine Bedrohung für die ursprüngliche Kultur eines jeden Landes."

7 Berechne den Anteil an Menschen, der Avatar im Kino gesehen hat (Annahme: 1 Kinokarte kostet ca. 15 US-$).

Entwicklung durch Tourismus?

M1 Touristenzentrum in Mexiko – Cancún

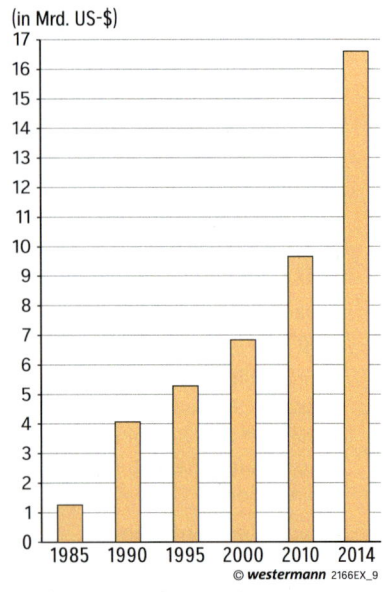

M2 Entwicklung der Tourismuseinnahmen in Mexiko

Vorteile des globalen Tourismus

Der weltweite Tourismus ist in den letzten Jahrzehnten rasant gewachsen. Zwischen 1950 und 2014 stieg die Zahl der Auslandsreisen von rund 25 auf 1140 Mio. pro Jahr. Immer mehr Menschen können sich Urlaubsreisen im In- oder Ausland leisten. Ursachen dafür sind der wachsende Wohlstand auf der Erde und die sinkenden Transportkosten im Tourismus.

Viele Entwicklungsländer erhoffen sich vom Tourismus einen wirtschaftlichen Aufschwung. Die Einnahmen könnten in die Entwicklung der inländischen Wirtschaft investiert werden. Darüber hinaus schafft Tourismus zahlreiche direkte Arbeitsplätze wie Kellner, Touristenführer, Souvenirhändler oder Busfahrer. Aber auch der indirekt vom Tourismus betroffene Arbeitsmarkt hat Vorteile (z. B. das Baugewerbe). Das Land könnte einen Großteil seiner Einnahmen aus dem Tourismus in den Ausbau der Infrastruktur investieren. Selbst abgelegene ländliche Regionen würden davon profitieren. Der Tourismus im Land könnte sich zudem positiv auf den Naturschutz auswirken. Oftmals werden Wildtierreservate oder Naturschutzgebiete aus den Tourismuseinnahmen unterhalten.

Globalisierung

M3 Karikatur zum Thema Tourismus in Entwicklungsländern

	Internationale Touristenankünfte (in Mio.)	Einnahmen aus internat. Tourismus (in Mrd. US-$)
Mexiko	24,2	14,3
Thailand	26,5	46,0
Malaysia	25,7	21,0
zum Vergleich: Deutschland	31,5	55,1

M5 Tourismusdaten ausgewählter Länder (2013)

- Entwicklungsländer besitzen einzigartige touristische Attraktionen und haben dadurch ein Alleinstellungsmerkmal auf dem Weltmarkt – Exportprodukte sind Massenprodukte mit großer Konkurrenz.
- Die Touristen reisen selbst zum Produkt (dem Tourismus-Standort), sodass die Transportkosten für das Produkt entfallen.
- Durch den direkten Kontakt zwischen Angebot (Hotel, Region) und Nachfrage (Tourist) kann sich die Tourismusregion auf die wechselnden Bedürfnisse der Touristen einstellen.
- Tourismus basiert größtenteils auf heimischen Ressourcen, es müssen nur wenige Vorleistungen (bei einem Produkt z. B. Energie, Technik, Forschung und Entwicklung) importiert werden.

(Quelle: Vorlaufer, Karl: Tourismus in Entwicklungsländern. GR (H.3), 2003, S. 4-13)

M4 Tourismus oder Exportprodukte?

Aufgaben

1. Werte die Karikatur aus (M3).
2. Liste Gründe auf, warum Tourismus weltweit wächst und die wirtschaftliche Entwicklung eines Landes fördern kann.
3. Beschreibe die Entwicklung der Tourismuseinnahmen in Mexiko (M2).
4. Einnahmen durch Tourismus oder Exportgüter? Erläutere die Vorteile des Tourismus gegenüber Exportgütern (M4).
5. a) Bewerte die natur- und kulturräumlichen Sehenswürdigkeiten in Cancún und Yucatán (Atlas).
   b) Erstellt in eurer Klasse ein Werbeplakat zum Thema „Urlaub in Cancún" (Reiseprospekte, Reiseführer, Internet, Lexika).
6. Wohin ging dein letzter Urlaub? Schätze ein, ob der Tourismus dort zur wirtschaftlichen Entwicklung beiträgt. Nenne ein Beispiel, das deine Einschätzung untermauert.

Auswirkungen des Tourismus

M1 Jugendliche auf Sri Lanka belagern Touristen in einem Hotel und erhoffen sich etwas Geld.

Nachteile des globalen Tourismus

Auszug aus einem Interview:
„Frau Snider, Sie sind Mitarbeiterin des Studienkreises Tourismus und Entwicklung. Welche Auswirkungen entstehen durch den Tourismus für die Entwicklungsländer?"

„Nehmen Sie zum Beispiel die Arbeitsplätze. Häufig sind sie schlecht bezahlt und die Leute haben keine gesicherten Arbeitsverträge. Es kann vorkommen, dass die Urlaubssaison nur sechs bis acht Monate im Jahr andauert. Die Anlagen der Hotels und Freizeiteinrichtungen sind in der übrigen Zeit nicht ausgelastet und haben trotzdem ihre Unterhaltungskosten für Energie und Wasser. Die Mitarbeiter sind in dieser Zeit auf zusätzliche Einkommensquellen angewiesen. Wenn gerade während der Hochsaison die Erntearbeiten anfallen, müssen sie von Frauen und Kindern erledigt werden, weil die Männer im Tourismus beschäftigt sind. Außerdem ist Tourismus ein unsicheres Geschäft mit starken Schwankungen!"

„Welche Auswirkungen haben die Einnahmen durch den Tourismus?"

„Eine Reihe von Entwicklungsländern könnte ohne sie gar nicht existieren. Aber auch dabei ist nicht alles Gold, was glänzt: Von großen Teilen der Einnahmen haben die Einheimischen nichts.

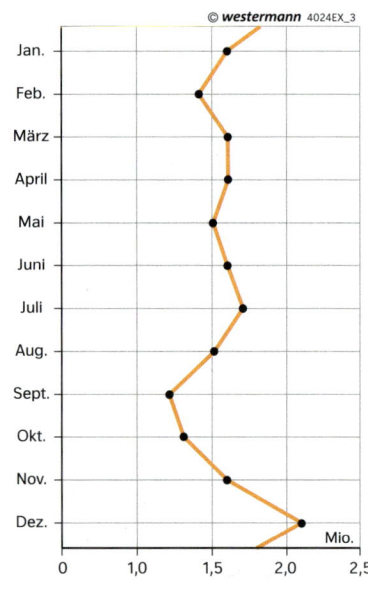

M2 Jahresgang des Tourismus in Mexiko

Globalisierung

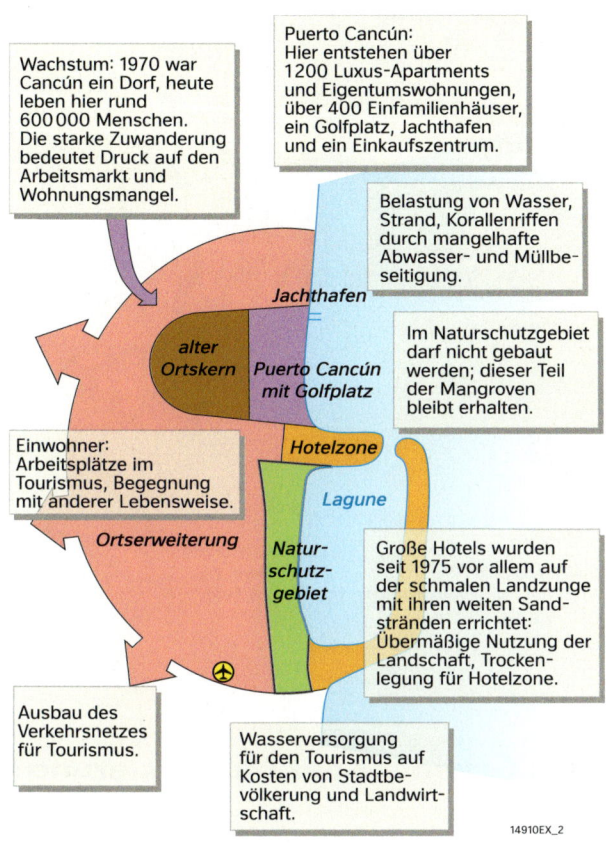

M3 Auswirkungen des Tourismus (Modell)

M4 Unterwasserwelt bei Cancún

M5 Der Mangrovenwald ist für Cancún überlebenswichtig, denn er bildet einen natürlichen Schutz gegen Hurrikans und Unwetter. Es handelt sich um tropisches Gehölz, dem häufige Überschwemmungen mit Salzwasser nichts ausmachen.

Auswirkungen auf die Länder

„Was passiert mit den Einnahmen?"
„Sie fließen zu großen Tourismusunternehmen und Hotelbesitzern im Ausland. Ein Teil der Einnahmen fließt somit zurück in die Industrieländer. Zudem ist die ökologische Belastung hoch. Der hohe Wasserverbrauch, das Müllaufkommen, der Verbrauch schützenswerter Flächen durch touristische Infrastruktur und die Zerstörung der Umwelt sind in Geldwerten nicht aufzuwiegen."
„Wie sehen Sie die Chance, dass der Ferntourismus zur Begegnung von unterschiedlichen Kulturen beiträgt?"
„Die Chance besteht durchaus.

Oft sind solche Begegnungen aber schwierig. Neugierige Europäer suchen zwar Kontakt zu Einheimischen, um etwas über die Leute zu lernen oder besonders exotische Lebensformen zu entdecken. Viele der Einheimischen, die sich um Touristen bemühen, kämpfen aber verzweifelt um Einnahmequellen. Sie sehen im Touristen jemanden, der reich ist, mit dem Flugzeug kommt, sich Nahrung im Überfluss leisten kann und nicht arbeiten muss – eine gute Quelle, um an etwas Geld zu kommen. Leicht führen aber solche unterschiedlichen Erwartungshaltungen zu wechselseitigen Missverständnissen."

Aufgaben

1 Frau Snider spricht das Problem der Saison im Tourismus an. Erkläre die Auswirkungen auf Hotels und Mitarbeiter. Nutze auch M2.

2 Erläutere die Auswirkungen des Tourismus in Cancún (M1, M2, M4, M5). Verwende dafür das Modell M3.

3 a) Fertige eine Tabelle an, in der du die negativen den positiven Auswirkungen gegenüberstellst.

   b) „Ferien im globalen Dorf – Entwicklung durch Tourismus." Nimm Stellung zu dieser Aussage.

Globalisierung konkret

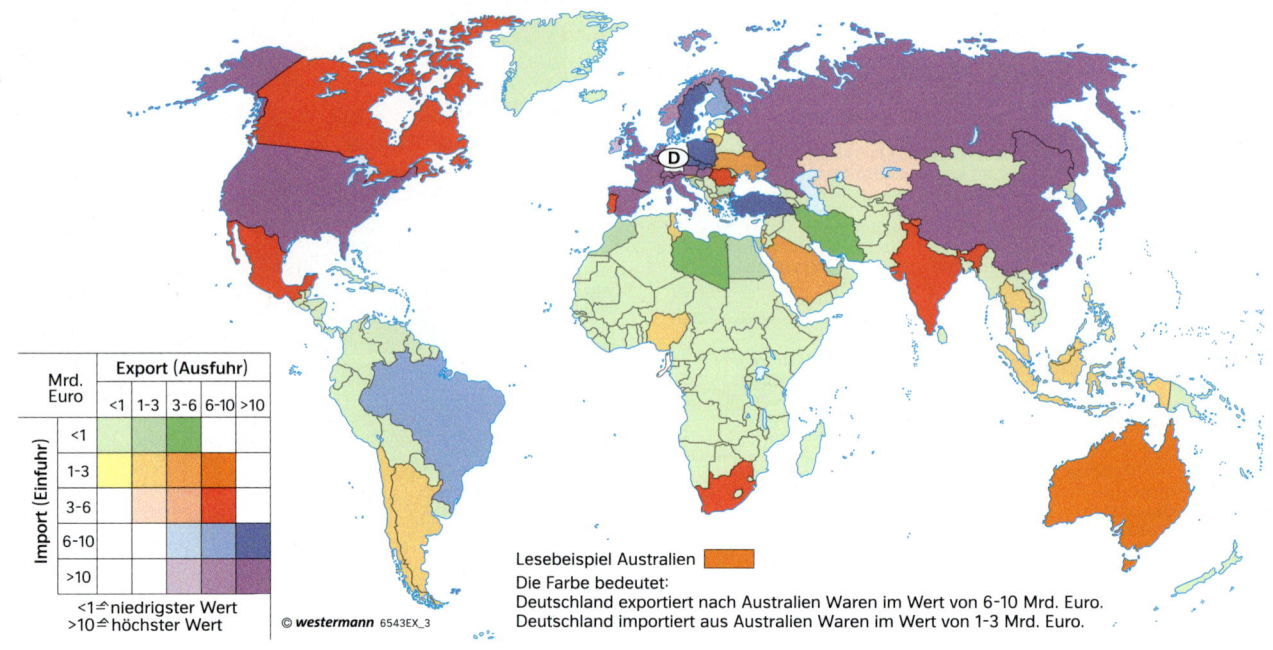

M1 Exporte und Importe Deutschlands

Deutschland – ein Gewinner der Globalisierung?

Die Globalisierung führt zu einer kontinuierlichen Weiterentwicklung der Weltgemeinschaft. Im Zuge der Globalisierung stellt sich jedoch immer wieder die Frage, ob es Gewinner- oder Verliererländer gibt.
Deutschland gehört mit China und den USA zu den wichtigsten Exportländern der Welt. Seit Jahren sind Kraftfahrzeuge, Maschinen und chemische Erzeugnisse erfolgreiche Exportwaren für den Weltmarkt. Deutsche Unternehmen sind auf dem Weltmarkt deshalb so erfolgreich, weil sie spezialisierte und qualitativ hochwertige Waren anbieten können. Durch die Produktion im Ausland umgehen sie Handelshemmnisse wie hohe Steuern für Importe von Fertigwaren. Außerdem nutzen die Unternehmen weitere Standortvorteile im Ausland wie günstige Arbeitskräfte, den Zugang zu Rohstoffen oder niedrige Energiekosten.
Im Inland gehen einerseits durch die Verlagerung von Produktionsstätten ins Ausland Arbeitsplätze verloren. Andererseits werden aber auch neue Arbeitsplätze geschaffen. Wenn die Nachfrage im Ausland steigt, kann das Unternehmen später seine administrativen Arbeitsplätze (Forschung, Entwicklung, Verwaltung) im Inland ausbauen. Der Wert für Exporte übersteigt bei Weitem denjenigen für Importe. Das trägt zur Ausweitung des Wohlstands bei.

Info

Ausländische Direktinvestition

Wenn ein inländischer Investor sein Geld, sein Wissen oder seine Technologie ins Ausland investiert, dann tätigt er eine ausländische Direktinvestition.
Merkmal ausländischer Direktinvestitionen ist eine Beteiligung am ausländischen Unternehmen von mindestens zehn Prozent.

Jahr	in Mrd. Euro
1990	113,4
2000	520,1
2010	1021,3
2012	1196,8

M2 Deutsche Direktinvestitionen im Ausland

Globalisierung

M3 Fabrik in Ho-Chi-Minh-Stadt (Vietnam)

Globalisierung – positiv oder negativ?

Der Lebensstandard ist zwar weltweit gestiegen, aber die Kluft zwischen Arm und Reich ist weltweit stärker denn je.
Die Globalisierung schafft Arbeitsplätze, zum Teil vernichtet sie welche. So müssen in Afrika zum Beispiel Textilfabriken schließen, weil dort günstige Altkleider aus Europa angeboten werden. Auf einem Markt in Kenia konkurrieren Handwerker mit günstiger Importware. Ein örtlicher Schreiner etwa mit einem Händler, der Plastikstühle aus China verkauft. Gleichzeitig kommen Touristen aus aller Welt und schaffen Arbeitsplätze.
In Deutschland verlagerten Bekleidungshersteller ihre Produktion ins Ausland und Arbeitsplätze in Deutschland gingen verloren. Zeitgleich können importierte Textilien günstig angeboten werden.

Durch ausländische Direktinvestitionen in China sind zahlreiche Arbeitsplätze entstanden. Die Wirtschaft boomt, die Kosten der Umweltverschmutzung sind jedoch hoch und viele Rohstoffe müssen importiert werden.

M4 Altkleider aus Europa in Nairobi (Kenia)

Aufgaben

1 Stelle die Länder zusammen (M1, Atlas),
   a) in die Deutschland viel exportiert und aus denen es viel importiert,
   b) in die Deutschland mehr exportiert, als es von dort importiert.
2 Erläutere, warum Deutschland zu den wichtigen Exportländern zählt.
3 Erstelle eine Präsentation, in der du die Vor- und Nachteile der Globalisierung für Deutschland zur Diskussion stellst.
4 Erkläre anhand eines Beispiels den Begriff „ausländische Direktinvestition".
5 Beschreibe M3 und M4 und stelle den Zusammenhang zur Globalisierung dar.
6 Erläutere, warum es so schwer ist, die Globalisierung eindeutig zu bewerten.
7 Diskutiere, ob du von der Globalisierung profitierst.

Gewusst – gekonnt

1 Dimensionen der Globalisierung

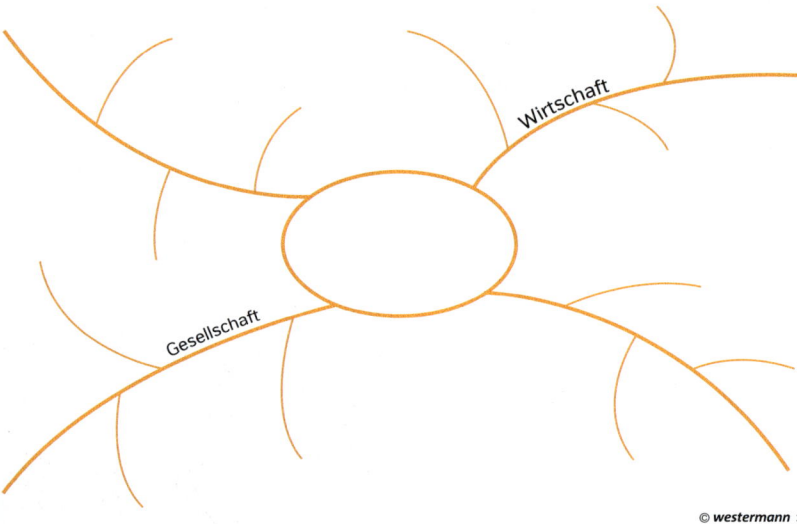

a) Verfasse eine kurze Geschichte über den Beginn der Globalisierung.
b) Vervollständige die Mindmap (links) zu den Dimensionen der Globalisierung.
c) Ordne die Bilder oben den Dimensionen der Globalisierung zu.
d) Eine Dimension fehlt. Benenne sie.
e) Nenne Beispiele aus deinem Alltag, die zeigen, dass du mit anderen Teilen der Welt verflochten bist.

2 Globalisierung der Wirtschaft

a) Beschreibe die Globalisierung der Wirtschaft am Beispiel der Automobilindustrie.
b) Liste Gründe auf, warum zum Beispiel Volkswagen seine Produktionsstandorte auf die ganze Welt verlagert.
c) Just-in-time – Stelle die Rolle von Logistikunternehmen für die Automobilwirtschaft dar.

3 Globalisierung der Kultur

a) Weltliteratur, Weltmusik, Weltkunst, Weltgericht, Weltfilm. Ermittle für jeden Bereich ein passendes Beispiel.
b) Erläutere, inwiefern deine Kultur von der Globalisierung geprägt wird.
c) Erkläre den Begriff „Glokalisierung" anhand eines Beispiels.

4 Gewinner und Verlierer der Globalisierung

a) Werte die Karikatur aus und nimm Stellung zur ihrer Aussage.
b) Diskutiere, ob die Aussage „Globalisierung – Gewinner und Verlierer" auf die globale Textil- und Bekleidungsindustrie zutrifft.
c) Beschreibe die Vor- und Nachteile von „Ferien im globalen Dorf" anhand des Tourismusbeispiels Cancún.

5 Mehr als eine Metallkiste

a) Beschreibe die Funktion eines Containers im Welthandel.
b) Bewerte die Bedeutung der Container im Welthandel.

Minilexikon

Agenda 21 (S. 108)
Agenda ist ein lateinischer Begriff und bedeutet sinngemäß „Was zu tun ist". Die Agenda 21 ist eine 1992 getroffene Willenserklärung der Regierungen von 178 Staaten der Erde, die Zukunft der Menschheit umweltschonend und sozial gerecht zu gestalten.

agronomische Trocken- und Kältegrenze (S. 70)
Die agronomische Trockengrenze begrenzt das Gebiet, in dem Ackerbau aufgrund großer Trockenheit nicht mehr möglich ist. Auch sehr kalte Regionen sind für den Anbau von Feldfrüchten ungeeignet. Diese liegen jenseits der agronomischen Trockengrenze.

Alphabetismus (S. 180)
Als Alphabetismus bezeichnet man die Fähigkeit des Menschen, einen Text lesen und selbst verfassen zu können.

Anökumene (S. 70)
Die Anökumene ist der von Menschen unbesiedelte Teil der Erde. Hier setzen vor allem Kälte und Trockenheit dem Leben und Wirtschaften des Menschen Grenzen.

Aquakultur (S. 100)
In Küstennähe werden Fische oder Muscheln in Käfigen gezüchtet, gemästet und anschließend vermarktet.

arid (S. 74)
Der Begriff arid bezeichnet Besonderheiten des Klimas in Trockengebieten: Die mittlere jährliche Gesamtverdunstung übersteigt die mittlere jährliche Gesamtniederschlagssumme (V>N). Auch einzelne Monate innerhalb eines Jahres können arid sein.

äußere Tropen (S. 72)
Als äußere Tropen bezeichnet man die wechselfeuchten Tropen

Bevölkerungspyramide (S. 186)
Eine Bevölkerungspyramide (auch Alterspyramide) ist die grafische Darstellung der Bevölkerung eines Raumes (z.B. Staat, Stadt) nach Alter und Geschlecht. Aus der Bevölkerungspyramide kann man z.B. Rückschlüsse auf die Befriedigung der Grundbedürfnisse innerhalb des Raumes, auf bevölkerungsrelevante Ereignisse in der Vergangenheit und auf künftige Entwicklungen ziehen.

Bodenart (S. 15)
Die Bodenart ist die Einteilung der Böden nach Korngrößenzusammensetzung (z.B. Tonboden, Sandboden).

Bodenhorizont (S. 15)
Der Bodenhorizont ist eine von unterschiedlich dicken, mehr oder weniger parallel zur Erdoberfläche verlaufenden und mit verschiedenen Merkmalen ausgestattete Bodenschicht.

Bodentyp (S. 15)
Bodentypen bezeichnen die grundlegende Einteilung der Böden, die die Gesamtheit der bodenbildenden Faktoren berücksichtigt. Die Benennung eines Bodentyps orientiert sich zumeist an der im Bodenprofil sichtbar werdenden Abfolge der Bodenhorizonte.

Cash Crops (S. 92)
Cash crops sind ausschließlich für den Markt erzeugte Agrarprodukte, die meist auf großen Plantagen und Feldern angebaut werden. Hierzu gehören zum Beispiel Kakao, Bananen und Kaffee.

Container (S. 240)
Ein Container ist ein großer Behälter, in dem Waren gelagert oder transportiert werden, z.B. mit Containerschiffen.

Dauerfrostboden (S. 8)
Ein ganzjährig bis in große Tiefen gefrorener Boden, der in den Sommermonaten nur oberflächlich auftaut, heißt Dauerfrostboden (auch Permafrostboden).

Dauerkultur (S. 19)
Kulturpflanzen, die man mehrjährig nutzt, heißen Dauerkultur. Man spricht von Dauerkulturen hauptsächlich bei Bäumen und Sträuchern, wie zum Beispiel Oliven- und Obstbäumen.

demographische Entwicklung (S. 194)
Die demographische Entwicklung ist eine andere Bezeichnung für Bevölkerungsentwicklung.

demographischer Wandel (S. 192)
Der demographische Wandel beschreibt Veränderungen in der Zusammensetzung und Altersstruktur der Bevölkerung. Hierzu zählen z.B. eine steigende Lebenserwartung und sinkende Geburtenzahlen.

Durchbruchstal (S. 56)
Ein Durchbruchstal ist ein durch ein Gebirge führendes Flusstal. Der Fluss ist älter als das Gebirge, das sich langsam hob, während der Fluss sich gleichzeitig in das empordringende Gestein einschnitt.

Dürre (S. 90)
Als Dürre wird ein Zeitraum lang anhaltender Trockenheit bezeichnet. Weil Wasser fehlt, gibt es keine oder geringe Ernteerträge. Oft kommt es zu Hungerkatastrophen.

Eiszeit (S. 62)
Eiszeiten sind Abschnitte der Erdgeschichte, in denen es durch einen weltweiten Rückgang der Temperaturen zur Ausbreitung von Eis und Gletschern kam.

Endmoräne (S. 63)
Am Ende eines Gletschers lagern sich Massen von Gesteinsmaterial ab, die der Gletscher vor sich her und zusammengeschoben

hat. Endmoränen sehen meistens wallartig aus.

endogene Vorgänge (S. 32)
Dies sind Prozesse, die durch erdinnere Kräfte ausgelöst werden. Neben Magmabewegungen, Vulkanismus und Erdbeben zählen auch Krustenbewegungen und gebirgsbildende Prozesse zu den endogenen Vorgängen.

Energiewende (S. 122)
Die Energiewende bezeichnet den Übergang von einer Nutzung fossiler Energieträger und von Kernenergie zur Nutzung erneuerbarer Energien.

Entwicklungsland (S. 178)
Ein Land, das im Vergleich zu einem Industrieland weniger entwickelt ist, nennt man Entwicklungsland. Es weist typische Merkmale auf, z.B. ein hohes Bevölkerungswachstum, eine hohe Analphabetenrate und Slums. Die Grundbedürfnisse der meisten Menschen sind hier nicht befriedigt.

Entwicklungszusammenarbeit (S. 102)
Maßnahmen zur Unterstützung des wirtschaftlichen Wachstums und der sozialen Entwicklung in Entwicklungsländern werden Entwicklungszusammenarbeit genannt. Der Fokus liegt dabei auf „Hilfe zur Selbsthilfe", sodass langfristig unterstützende Maßnahmen überflüssig werden.

Erdbeben (S. 36)
Ein Erdbeben ist eine Erschütterung der Erdoberfläche, die durch Kräfte im Erdinneren verursacht wird. Erdbeben entstehen meist durch die ruckartigen Verschiebungen der Platten der Erdkruste.

Erosion (S. 32, 54)
Erosion ist die Abtragung von Boden und/oder Gestein, die durch Fließgewässer, Meer, Eis oder Wind verursacht wird.

Europäische Union (EU) (S. 134)
Die Europäische Union ist ein Zusammenschluss von europäischen Staaten mit dem Ziel der wirtschaftlichen und politischen Einigung.

exogene Vorgänge (S. 32)
Prozesse sind exogen, wenn sie durch Kräfte hervorgerufen werden, die von außen auf die Erdoberfläche einwirken. Dazu zählen z.B. Wind, Niederschläge und Sonnenenergie.

fairer Handel (S. 110)
Dies bezeichnet einen Handel zu Preisen, die die Produktionskosten und die Lebenshaltungskosten abdecken. Die Kleinbauern in den Erzeugerländern arbeiten unter besseren Bedingungen und erhalten durch den fairen Handel bessere Preise als am normalen Markt.

Familienplanung (S. 188)
Zur Familienplanung zählen Maßnahmen zur Begrenzung der Geburten. Zur Familienplanung gehören die Beratung über die Verhütung von Schwangerschaften und die Ausgabe von Mitteln zur Empfängnisverhütung.

Findling (S. 62)
Findlinge sind große Steine, die vom Gletschereis transportiert worden sind.

Flussaue (S. 56)
Dies ist ein Gebiet beiderseits eines Flusses, das immer wieder von Hochwasser überschwemmt wird und daher eine typische Vegetation aufweist (feuchte Wiesen und Auwälder).

Food Crops (S. 90)
Food Crops sind Agrarprodukte, die der Selbstversorgung der lokalen Bevölkerung dienen. Feldfrüchte wie Hirse und Mais werden meist von Kleinbauern angebaut.

Fremdlingsfluss (S. 80)
Ein solcher Fluss entspringt in einem niederschlagsreichen Gebiet und fließt anschließend durch einen Trockenraum (Wüste). Sein Wasser erhält er also aus einem fremden Gebiet. Fremdlingsflüsse sind z.B. Nil und Indus.

Generationenvertrag (S. 192)
Der Generationenvertrag ist ein fiktiver Vertrag zwischen jüngeren und älteren Generationen. Er besagt, dass die Generation der Kinder und Enkelkinder in der Zukunft die Rente für die älteren Menschen zahlt.

Geofaktoren (S. 8)
Geofaktoren wie Relief, Klima, geologischer Bau, Boden, Wasserhaushalt, Vegetation sowie der Einfluss des Menschen beeinflussen die Landschaft.

glaziale Serie (S. 63)
Eine glaziale Serie ist eine Abfolge von Oberflächenformen, die als Ergebnis der Tätigkeit des Inlandeises und seiner Schmelzwässer im Eiszeitalter entstanden sind. Dazu gehören Grundmoräne, Endmoräne, Sander und Urstromtal.

Gleithang (S. 56)
Der Gleithang liegt in einem Fluss dem Prallhang gegenüber und ist deutlich flacher als dieser. Der Fluss oder Bach fließt hier langsamer und lagert mitgeführtes Material ab.

Gletscher (S. 62)
Ein Gletscher ist eine Eismasse im Hochgebirge, die sich langsam talwärts ausbreitet. Der Gletscher gliedert sich in ein Nähr- und ein Zehrgebiet. Im Nährgebiet (oben) erhält der Gletscher seinen Nachschub. Hier bildet sich aus dem gefallenen Schnee Gletschereis. Im Zehrgebiet (unten) schmilzt der Gletscher ab.

Minilexikon

Global Player (S. 253)
Als Global Player bezeichnet man Unternehmen, die in ihrer Branche weltweit führend sind.

Grundmoräne (S. 63)
Die Grundmoräne entsteht unter dem Gletscher. Hier sammelt sich abgelagertes Material verschiedener Art und Herkunft. Hügel, Seen und Tümpel prägen die Landschaft nach dem Abtauen des Gletschers.

G7-Staaten (S. 219)
Die G7-Staaten sind ein Zusammenschluss von den sieben Industriestaaten Deutschland, Frankreich, Großbritannien, Italien, Japan, USA und Kanada. Mit dem Beitritt Russlands wurde der Verbund zur G8-Staatengruppe erweitert.

Hochterrasse (S. 56)
Dies bezeichnet Reste früherer Talböden, die durch eine weitere Vertiefung des Flusstals entstanden sind. Auf den Hochterrassen des Rheins haben sich viele Dörfer angesiedelt. Hier gibt es auch Landwirtschaft und Wälder.

Huerta (S. 18)
Eine fruchtbare, künstlich bewässerte Ebene in den östlichen Küstengebieten Spaniens heißt Huerta. Hier wird auf guten Böden vor allem Obst- und Gemüseanbau betrieben.

Human Development Index (HDI) (S. 218)
Der Human Development Index ist eine Methode, nach der die Vereinten Nationen seit Beginn der 1990er-Jahre den Entwicklungsstand der Länder berechnen. Dabei werden die Lebenserwartung, der Anteil der Analphabeten, die durchschnittliche Dauer des Schulbesuchs und die Kaufkraft der Bevölkerung berücksichtigt.

humid (S. 74)
Der Begriff bezeichnet das Klima in Gebieten mit Niederschlagsüberschuss: Hier ist somit der Niederschlag größer als die Verdunstung.

Humus (S. 14)
Alle toten organischen Stoffe in und auf dem Boden gehören zum Humus. Der Anteil an Humus bestimmt weitgehend die Fruchtbarkeit des Bodens.

Import (S. 93)
Import ist die Einfuhr von Gütern aus fremden Wirtschaftsgebieten in das inländische Wirtschaftsgebiet.

Industrieland (S. 178)
Dies ist ein Staat, dessen Wirtschaftsstruktur überwiegend durch die Industrie und/oder den Dienstleistungssektor geprägt ist. Im primären Sektor (Land- und Forstwirtschaft, Fischerei) arbeiten weit unter zehn Prozent der Erwerbstätigen.

informeller Sektor (S. 211)
Dieser Sektor ist ein für Entwicklungsländer typischer, offiziell nicht erfasster Bereich des Klein- und Dienstleistungsgewerbes (z.B. Straßenhandel, Schuhputzer). Obwohl keine Steuern an den Staat gezahlt werden, wird der informelle Sektor geduldet, da in ihm große Teile der Bevölkerung ein Auskommen finden.

informelle Siedlung (S. 210)
Eine informelle Siedlung ist eine ungeplante, am Stadtrand entstehende Siedlung, die aus provisorischen Unterkünften besteht. Informelle Siedlungen werden auch als Elendsviertel bezeichnet.

innere Tropen (S. 73)
Als innere Tropen bezeichnet man die immerfeuchten Tropen in der Nähe des Äquators.

Landesentwicklungsprogramm (LEP) (S. 156)
Das Landesentwicklungsprogramm ist das wichtigste Instrument der Raumplanung eines Bundeslandes. Es enthält Festlegungen zur Raumordnung auf Landesebene für das jeweilige Bundesland.

Lava (S. 42)
Lava ist ein aus einer Öffnung der Erdkruste (z.B. Vulkan) ausströmender, glutflüssiger, meist über 1000 °C heißer Gesteinsbrei (Magma), der an der Erdoberfläche erstarrt.

Mäander (S. 56)
Bäche und Flüsse können bei mäßiger Fließgeschwindigkeit und relativ geringem Gefälle ziemlich gleichmäßige Flussschlingen ausbilden. Typisch für Mäander ist die Abfolge von Prallhang und Gleithang.

Maar (S. 48)
Maare sind trichterförmige Krater, die sich im Laufe der Zeit mit Wasser gefüllt haben (Maarseen).

Magma (S. 42)
Der gashaltige, glutflüssige Gesteinsbrei im Erdinnern heißt Magma. Beim Austritt an der Erdoberfläche wird er als Lava bezeichnet.

Mangelernährung (S. 88)
Mangelernährung ist eine unzureichende Ernährung infolge fehlender oder in nicht ausreichender Menge vorhandener lebensnotwendiger Stoffe, z.B. Eiweiß und Vitamine. Die Bewohner vieler Entwicklungsländer leiden unter Mangelernährung.

Mineral (S. 14)
Ein Mineral ist ein natürlich vorkommender kristalliner Festkörper, der in seiner chemischen und strukturellen Beschaffenheit einheitlich ist. Minerale sind die Bestandteile der Gesteine.

Mittelterrasse (S. 56)
Diese entstehen ebenso wie Hochterrassen durch weitere Vertiefung des Flussbetts, sind jedoch jüngeren Datums. Die Mittelterrassen des Rheins z.B. verlaufen auf halber Talhöhe und eignen sich für den Weinanbau.

Mülldeponie (S. 113)
Ein von der Gemeinde eingerichteter Lagerplatz für Abfälle ist eine Mülldeponie. Die Deponie ist gegen das Grundwasser abgedichtet, hält im Boden versickerndes Wasser zurück und wird „abgedeckt" (rekultiviert), wenn sie gefüllt ist.

Müllverbrennungsanlage (S. 113)
Zur Beseitigung wird der Müll hier in speziellen Anlagen verbrannt. Dabei entstehen Schadstoffe, die nur teilweise herausgefiltert werden können.

Nachhaltigkeit (S. 102, 157)
Nachhaltigkeit bedeutet, bei der Deckung seiner Bedürfnisse darauf zu achten, dass keine Schäden (z. B. ökologische oder wirtschaftliche) entstehen, die zukünftigen Generationen das Leben auf unserem Planeten erschweren.

Naturereignis (S. 36)
Naturereignisse sind Phänomene mit natürlicher Ursache, wie Vulkanausbrüche, Erdbeben, Wirbelstürme und Überschwemmungen.

Naturkatastrophe (S. 36)
Wenn die Auswirkungen eines Naturereignisses für die Menschen und die Wirtschaft eines Landes Schaden verursachen, werden sie als Naturkatastrophe bezeichnet.

Niederterrasse (S. 56)
Niederterrassen entstehen durch weiteres Einschneiden eines Flussbettes, sind jedoch jünger als Hoch- und Mittelterrassen.

Die Niederterrassen des Rheintals bilden z.B. den Siedlungsraum für Dörfer und kleine Städte.

Nomade (S. 71)
Ein Nomade ist ein Angehöriger einer Volksgruppe, die mit ihren Viehherden von Weideplatz zu Weideplatz zieht. Nomaden führen all ihren Besitz (z.B. Zelte, Kochgeräte, persönliche Dinge) auf ihrer Wanderschaft mit sich.

ökologischer Fußabdruck (S. 120)
Der ökologische Fußabdruck ist eine Messgröße, die den Verbrauch an natürlichen Ressourcen (z.B. Nahrungsmittel, Energie, Wasser) durch den Menschen berechnet. Die Angabe erfolgt in Hektar pro Person. Dies ist dann die Fläche, die nötig ist, um einen einzelnen Menschen in einem bestimmten Raum ein Jahr lang mit allen Gütern und Dienstleistungen zu versorgen.

ökologischer Rucksack (S. 114)
Der ökologische Rucksack steht für die Menge an Ressourcen, die bei der Herstellung, der Nutzung und Entsorgung eines Produktes oder einer Dienstleistung verbraucht werden.

Ökumene (S. 70)
Als Ökumene wird der vom Menschen besiedelte Teil der Erde bezeichnet.

Ozonschicht (S. 20)
Die Schicht der Atmosphäre in einer Höhe von 20 bis 30 Kilometern nennt man Ozonschicht. Hier kommt das Gas Ozon in höchster Konzentration vor. Die Ozonschicht schützt die Erde vor der gefährlichen ultravioletten Strahlung der Sonne. Der Mensch zerstört die Ozonschicht z. B. durch Flugzeugabgase und die Verwendung von Kühlmitteln sowie Treibmitteln in Spraydosen.

Polder (S. 58)
Ein Polder ist eine Fläche, die bei Flusshochwassern geflutet werden kann, um den Wasserspiegel des Flusses zu senken.

Prallhang (S. 56)
Der Prallhang liegt bei einem mäandrierenden Fluss dem Gleithang gegenüber. Der Prallhang ist meist steil, da hier das Flusswasser aufprallt und sehr stark zur Seite hin erodiert.

räumliche Disparitäten (S. 138)
Räumliche Disparitäten sind Unterschiede in der räumlichen Ausstattung von Regionen. Diese zeigen sich in einem unterschiedlichen Angebot an Arbeitsplätzen oder an unterschiedlichen Lebensbedingungen bzw. ungleichen Entwicklungsmöglichkeiten.

Raumordnung (S. 156)
Raumordnung beinhaltet die Tätigkeiten staatlicher Stellen, die Zielvorstellungen zur Gestaltung des Raumes oder von Teilräumen formulieren und Maßnahmen zur Verwirklichung dieser Ziele ergreifen. Zur planmäßigen Gestaltung des Raumes gehört u.a. die räumliche Ordnung von Wohngebäuden, Wirtschaftseinrichtungen und von der Infrastruktur.

Raumplanung (S. 156)
Raumplanung ist eine zusammenfassende Bezeichnung für Landesplanung, Regionalplanung und Orts- bzw. Stadtplanung.

Regenfeldbau (S. 71)
Der Regenfeldbau ist der Anbau ohne künstliche Bewässerung. Für das Wachstum der Nutzpflanzen reichen die Niederschläge aus.

Sahel (S. 71)
Sahel oder Sahelzone ist eine Bezeichnung für das südliche Randgebiet der Sahara. In dieser Region fallen zwischen 100 und 500 mm Niederschlag im Jahresdurchschnitt. Da die Niederschlä-

Minilexikon

ge nicht regelmäßig sind und die ariden Monate im Jahr überwiegen, kommt es in dieser Region häufig zu Dürren.

Sander (S. 63)
Sander sind meist aus Sand bestehende Ablagerungen, die beim Abtauen der Gletscher der Eiszeit zwischen Endmoränen und Urstromtälern entstanden sind. Sander sind Teil der glazialen Serie.

Savanne (S. 72)
Tropische Grasländer zwischen der Wüste und dem tropischen Regenwald werden als Savanne bezeichnet. Je nach Dauer der Regenzeit und der Niederschlagsmenge ändert sich die Vegetation.

Schichtvulkan (S. 42)
Ein Schichtvulkan ist ein meist kegelförmiger, steilflankiger Vulkan. Er besteht aus abwechselnden Lava- und Ascheschichten.

Schildvulkan (S. 42)
Ein Vulkan mit flach gewölbten, weit auslaufenden Flanken wird als Schildvulkan bezeichnet. Er entsteht durch Ausströmen dünnflüssiger Lava.

Schwellenland (S. 178)
Ein Land, das sich im Übergang (auf der Schwelle) vom Entwicklungsland zum Industrieland befindet, wird als Schwellenland bezeichnet.

Sedimentation (S. 55)
Sedimentation ist die Ablagerung von verwittertem Gesteinsmaterial verschiedener Größe durch Gewässer und Wind.

semiarid (S. 74)
Dies ist eine Bezeichnung für Klimate, in denen die monatlichen Niederschläge im Allgemeinen niedriger sind als die Verdunstung (arid). In drei bis fünf Monaten liegt die Niederschlagsmenge über der Verdunstung (humid).

Slum (S. 210)
Städtische Wohngebiete mit schlechten baulichen Verhältnissen und ohne Anbindung an das städtische Versorgungsnetz werden Slums genannt. Sie werden oft von Minderheiten und benachteiligten Gruppen bewohnt.

Sowjetunion (S. 81)
Die Sowjetunion war ein zentralistischer Staat in Osteuropa und Nordasien (1922 – 1991), der aus 15 Sowjetrepubliken bestand, die mit Ausnahme der baltischen Staaten heute die GUS bilden.

Subsistenzproduktion (S. 90)
Die Subsistenzproduktion in der Landwirtschaft dient der Eigenversorgung und ist in den Entwicklungsländern verbreitet.

Tageszeitenklima (S. 73)
Dies bezeichnet ein Klima, das viel stärker durch Schwankungen (insbesondere der Temperatur) während des Tages als durch jahreszeitliche Schwankungen geprägt ist.

Taiga (S. 8)
Die Taiga ist eine jeweils große, zusammenhängende Nadelwaldzone in Europa, Nordamerika und Asien. Sie erstreckt sich von Nordeuropa im Westen bis zum Pazifik im Osten.

Treibhauseffekt (S. 20)
Der natürliche Treibhauseffekt verhindert, dass sich die Erde zu stark abkühlt. Die Atmosphäre lässt die Strahlung der Sonne zur Erde durch. Die von der Erde zurückgestrahlte Wärme wird von der Atmosphäre jedoch zurückgehalten wie beim Glasdach eines Treibhauses und wiederum zur Erde zurückgeworfen.

Triade (S. 242)
Die Triade ist ein Begriff aus der Wirtschaft, der für die drei größten Wirtschaftsräume der Welt (Nordamerika, EU, Ostasien) steht.

Tundra (S. 8)
Die Tundra ist eine baumlose Landschaft der Polarregion mit spärlichem Pflanzenwuchs (vor allem Moose, Flechten und Zwergsträucher). Die Zeit, in der Pflanzen wachsen können, ist kürzer als drei Monate und die mittlere Temperatur des wärmsten Monats liegt unter 10°C.

Urstromtal (S. 63)
Ein meist breites Tal, in dem sich die Schmelzwässer beim Abtauen der Gletscher der Eiszeit sammelten und abflossen, nennt man Urstromtal. Ein Urstromtal ist Teil der glazialen Serie.

Verfassung (S. 182)
Die Verfassung ist die rechtliche Grundordnung eines demokratischen Staates. Sie hat Vorrang vor allen anderen Gesetzen und ist nur schwer zu ändern.

Verursacherprinzip (S. 163)
Dies ist ein für alle Umweltbereiche geltendes Prinzip, dass derjenige die Kosten für die Folgen seines umweltbelastenden Verhaltens zu tragen hat, der diese Kosten verursacht.

Verwitterung (S. 32)
Gesteine werden durch den Einfluss von Wasser, Frost und Hitze zersetzt und zerkleinert. Dies nennt man Verwitterung.

virtuelles Wasser (S. 116)
Dieser Begriff sagt aus, wie viel Wasser zur Herstellung eines industriellen oder landwirtschaftlichen Produktes verbraucht wurde.

Vorsorgeprinzip (S. 163)
Das Vorsorgeprinzip in der Umweltpolitik zielt darauf ab, Belastungen bzw. Schäden für die Umwelt und die menschliche Gesundheit im Voraus zu verringern oder zu vermeiden.

Vulkanausbruch (S. 36)
Den Austritt von Magma, Asche, Gesteinsbrocken und Gasen aus einem Vulkan nennt man Vulkanausbruch.

Weltagrarmarkt (S. 92)
Den Weltmarkt für landwirtschaftliche Produkte bezeichnet man als Weltagrarmarkt.

Welternährung (S. 100)
Die Welternährung umfasst die Lage der Ernährung der Menschen auf der ganzen Welt. Sie untersucht verschiedene Ausprägungen der Ernährung wie Unter-, Mangel-, Fehl- oder Überernährung.

Weltstadt (S. 204)
Eine Weltstadt ist in der ganzen Welt bekannt aufgrund ihrer Bedeutung in den Bereichen Wirtschaft, Politik, Kultur und Kunst. In ihr leben Menschen aus vielen verschiedenen Ländern. Als Weltstädte der heutigen Zeit gelten etwa New York, London, Paris und Berlin.

Wendekreis (S. 11)
Wendekreise nennt man die beiden Breitenkreise der Erde, über denen die Sonne einmal im Jahr senkrecht steht, danach scheinbar wendet und sich wieder dem Äquator nähert. Die beiden Wendekreise liegen bei 23,5° nördlicher und südlicher Breite.

Wendekreiswüste (S. 19)
Die Wüsten im Bereich der Wendekreise, bedingt durch absteigende trockene Luftmassen, heißen Wendekreiswüsten.

Zenit (S. 11)
Ein gedachter Himmelspunkt, der sich senkrecht über einem Punkt auf der Erde befindet, heißt Zenit. Am Äquator steht die Sonne zweimal im Jahr im Zenit, d.h. ihre Strahlen treffen senkrecht auf die Erdoberfläche.

Zentralismus (S. 142)
Zentralismus ist ein Prinzip politischer, teilweise auch wirtschaftlicher Verwaltung, in dem alle Entscheidungen für ein Land von einem Zentrum aus getroffen werden.

Mit Beiträgen von:
Franz Bösl, Edgar Brants, Andreas Bremm, Thomas Brühne, Margit Colditz, Andre Demmrich, Dieter Engelmann, Timo Frambach, Peter Gaffga, Inga Gryl, Uwe Hofemeister, Karsten Jonas, Peter Kirch, Peter Köhler, Norma Kreuzberger, Heike Kubitza, Wolfgang Latz, Ute Liebmann, Matthias Meyer, Jürgen Nebel, Friedrich Pauly, Notburga Protze, Winfried Sander, Wolfgang Schleberger, Carola Schön, Rita Tekülve, Michael Tempel, Martina Weiser und Steffen Zips.

271

Bildquellenverzeichnis

|123RF.com, Hong Kong: Kan Khampanya 54 M1 li.; nito500 19 M8; Tim Roberts 77 M5. |action press, Hamburg: NIBOR 100 M3. |Adam Opel AG, Rüsselsheim: 249 M3. |Ahrens, Tina, Berlin: 103 M4 o.m.. |akg-images GmbH, Berlin: 148 M1. |Aktion Tagwerk e.V., Mainz: 229 M5. |alamy images, Abingdon/Oxfordshire: Andrew McConnell 64 M1; Eitan Simanor 65 65 M4 li. und 67.3 re., 67; imageBROKER 70 M1; Stan Rohrer 96 M2. |Alfred-Wegener-Institut, Bremerhaven: 34 M1. |APA-PictureDesk GmbH, Wien: David Parker/Contrast 38 M1. |Aquaculture Stewardship Council (ASC), London: 101 u.re.. |Astrofoto, Sörth: 10 M1. |Atelier Rissler, Heidelberg: 14 M3. |Baaske Cartoons, Müllheim: Gerhard Mester 265 .4; Jules Stauber 184 M1; Karl Gerd Striepecke 93 M4. |Bergmoser + Höller Verlag AG, Aachen: 193 193 M4 und 197.4, 197 2. |Bilderberg, Hamburg: Ginter 230 M2. |Blickwinkel, Witten: Luftbild Bertram 55 M1 re.. |bpk-Bildagentur, Berlin: Scala 132 M2; Staatliche Kunstsammlungen Dresden | Herbert Boswank 109 M2. |Bridgeman Images, Berlin: 42 M2. |Brühne, Thomas, Koblenz: 79 M5, 79 M6, 254 M2. |Caro Fotoagentur, Berlin: Sven Hoffmann 54 M1 re.. |Clean Clothes Kampagne Österreich - Südwind Agentur, Wien: 252 M2. |Clipdealer GmbH, München: stu99 88 M2. |Deutsche Stiftung Weltbevölkerung (DSW), Hannover: 89 M4, 178 Logo, 178 M1. |Deutsche UNESCO-Kommission e.V., Bonn: 109 M5. |DLR Deutsches Zentrum für Luft- und Raumfahrt, Weßling, OT Oberpfaffenhofen: 4, 130 130/131 M3. |dreamstime.com, Brentwood: Americanspirit 240 240 M1 und 264.1 li., 264; Anacoimbra 32 M2 re.2; Bidouze Stéphane 9 M4; Bo Li 208 M2; Bogdan Carstina 125 M4; Ivan Danik 137 M5 re.o.; Marifa 19 M6; Photawa 65 M5; Prashant Vaidya Titel; Raluca Tudor 122 M1; Sean Pavone 205 M5; Tomas Sereda 32 M2 li.4; Vladislav Turchenko 46 M2; Václav Psota 261 M5. |duisport.de / Duisburger Hafen AG, Duisburg: Hans Blossey 248 M1. |EGP GmbH, Trier: Albrecht Haag 155 M2. |Emser Therme GmbH, Bad Ems: 165 M5. |EUREGIO e.V., Gronau: 146 M1. |EUREGIO EGRENSIS Arbeitsgemeinschaft Bayern e.V., Marktredwitz: 147 M5 li.. |European Union, Brüssel: http://europa.eu.int 148 M2. |F1online, Frankfurt/M.: Andreas Geh 3, 52 52/53 M3. |Fairphone, Amsterdam: 255 Logo. |Falk Verlag, Ostfildern (Kemnat): 169 M3. |Focus Photo- u. Presseagentur GmbH, Hamburg: David Parker/SCIENCE PHOTO LIBRARY 39 M8; Maze/Woodfin Camp 223 M4; Menzel 230 M1; Peter Menzel 87 M1. |Folhapress, BRA-São Paulo: Tuca Vieira 206 M1. |Fotex Medien Agentur GmbH, Hamburg: Orion Press 5, 176 176/177 M3. |fotolia.com, New York: 103 M4 u.; Alfonso de Toms 142 M1; arquiplay77 200 m.; auremar 137 M5 li.o.; Boggy 215 .3; byggarn.se 18 M3; Digitalpress 252 M3; DiversityStudio 220 M3 li.; ExQuisine 111 M8; ferkelraggae 99 M5; Jargstorff, Wolfgang 7 M1; Kara 156 M1 A; kovgabor79 73 M2 C; Kurt Hochrainer 31 M2; Light Impression 32 M2 re.1; M.E.A. 32 M2 re.4; moonrun 135 Flagge; Pargeter, Kirsty 265 .5; Peter Atkins 192 M1 re.; Phimak 100 M1; Picture-Factory 137 M5 li.u., 137 M5 re.u.; Pixinoo 15 M5; rcfotostock 7 M2; RCH 73 M2D; Rudolf Tepfenhart 9 M3; SeanPavonePhoto 60 M1; Sven Käppler 32 M2 li.2; Tobias Kromke 81 M5; Visions-AD 27 M4, 151 M6; XtravaganT 98 M2; Zlatan Durakovic 102 M2. |Frambach, Timo, Braunschweig: 107 M2. |Frey, Peter, Pernes les Fontaines: 224 M1. |Gaffga, Peter, Eggenstein-Leopoldshafen: 49 M3 d. |Geiger, Folkwin, Merzhausen: 18 M2 li., 18 M2 re.. |Gemeinde Insul, Insul: 166 M1, 167, 167 M2. |Gesellschaft für Gewerbeansiedlung (GGS) VG Stromberg mbH, Stromberg: Design: Watzmann Werbekultur KG 172 o.li.. |Gesellschaft für ökologische Forschung e.V., München: Sammlung 24 M1 li.; Zängl, Wolfgang 24 M1 re.. |Getty Images, München: AFP/Jode Colon 199 M1; AFP/Munir uz Zaman 215 .2; AFP/Stringer 233 M3; AFP/Stringer/Pal Pillai 237 M1; AFP/Tallis, Justin 255 m.u.; Antoine Gyori 83 M4; AWL Images RM/Camilla Watson 207 M3; Dinodia 103 M4 o.re.; George Steinmetz 3, 68 68/69 M3; Janek Skarzynski/AFP 131 M2; Mark Metcalfe 256 M1; Per-Anders Pettersson 232 M1 li.; Richard Morrell 12 M1; Roger Ressmeyer 42 M1; Samad; Jewel /AFP/Getty Images 50 M2; Sia Kambou/AFP 111 M7; Stringer 36 M1; Veronique de Viguerie 91 M5. |Global Footprint Network/ www.footprintnetwork.org, Oakland: Global Footprint Network 2010 120. |Google Earth: 211 M5. |Gottscheber, Pepsch, München: 242 M3. |gradmesser.net, Hamburg: Maria Pinke 120 M2. |Greiner, Alois, Braunschweig: Meyer 8 M1. |Güttler, Peter - Freier Redaktions-Dienst (GEO), Berlin: 121 1. |Haitzinger, Horst, München: 27 M6, 98 M1, 193 M7, 235 .3. |hcp GmbH, Kaiserslautern: 156 M1 B. |HHLA - Hamburger Hafen und Logistik AG, Hamburg: 242 M1. |Interfoto, München: Glasshouse Images JT Vintage 245 M4; NG Collection 122 M2. |iStockphoto.com, Calgary: Titel; Alex Potemkin 213 M4; Beboy_ltd 46 M1; bizoo_n 139 M4; blueclue 103 M4 o.li.; BondMatia 144 M1; Bourloton, Christophe 220 M3 re.; br-photo 241 241 M8 und 264.1 re., 264; Chris_Elwell 12 M2 re.; christophe_cerisier 65 65 M4 m. und 67.3 m., 67, 226 M1; cinoby 65 65 M4 re. und 67.3 li., 67; constantgardener 69 M1; csakisti 202 M1; DRB Images, LLC 153 .2 u.li.; Drbouz 20 M1; eurotravel 57 M4; franckreporter 17 o.; garyshiu 208 M1; Glade, Christine 257 M5; HAVET 40 m.li.; iShootPhotos 77 M2; isitsharp 222 M1; isoft 33 M4; jaroon 250 M2; Jason Lugo 105 .3 Foto; Jayson Photography 5, 198 198/199 M3; Juanmonino 207 M4; legenda 159 M7; LianeM 147 M4; majaiva 139 M3; MarkGabrenya 229 M4; martiapunts 101 M6; Maudib 32 M1; McCausland, Craig 239 M3; messenjah 9 M6; moronif 53 M1; pastorscott 250 M1; PatrickPoendl 204 M3; Peeter Viisimaa 180 M3; peeterv 177 M2; PeopleImages 4, 106 106/107 M3, 153 .2 u.re.; photoquest7 76 M1; pixel1962 129 re.u.; ralfgosch 17 M5; rebelml 258 M1; Rene Lorenz 53 M2; robas 43 M4; rotofrank 11 11 M3 und 29.2, 29, 29; rssfhs 212 M3; RusN 115 M4 o.; sadikgulec 91 M7; searagen 244 M2; Silvia Jansen 192 M1 li.; silviacrisman 115 M4 u.; Solidago 79 M4; Spondylolithesis 47 M4; sumos 37 M3; tamergunal 115 M4 re.; taolmor 103 M4 m.li.; Tarzan9280 191 M4; wynnter 238 M2; xxz114 201 M3. |Jacob Lohner & Co, Wien: 124 M1. |Jenni Energietechnik AG, Oberburg: Orlando Eisenmann 104 .2. |juniors@wildlife Bildagentur GmbH, Hamburg: Dressler 19 M7. |Kappest, Klaus-Peter, Mendig: 49 49 M3 b und 156 M1 C, 156. |Karto-Grafik Heidolph, Dachau: 14, 25, 40, 47 2, 66, 79, 94, 100, 101, 111, 117, 156, 175, 197, 221, 235. |Keßler, Timo Michael, Kettig: 163 M4, 168 M1, 173 M3. |Kirch, Peter, Koblenz: 49 M3 a, 164 M3 li., 169 A-C, 169 A-C, 169 A-C. |KNMI, De Bilt: 22 M2. |Kreuzberger, Norma, Lohmar: 32 M2 li.3. |laif, Köln: Alberto Garcia/REA 3, 30 30/31 M3; Arcticphoto 84 M1; Imaginechina 188 M4; Piero Oliosi/Polaris 214 M1; Rosenthal, Daniel 110 M1; Sinopix 213 M5; Torfinn, Sven 5, 216 216/217 M3; Ulufunok 71 M5; Welters 80 80 M4 und 85.3, 85. |Landesbetrieb Mobilität Trier / www.hochmoseluebergang. rlp.de, Koblenz: Realisation: V-KON.media, Trier 4, 154 154/155 M3. |Latz, Wolfgang, Linz: 228 M2, 260. |Lüddecke, Liselotte, Hannover: 89. |MAN Truck & Bus SE, München: 129 li.u.. |Marine Stewardship Council (MSC), Berlin: 101 u.re.. |Masdar City, Abu Dhabi, UAE: 214 M2. |mauritius images GmbH, Mittenwald: Hoffmann 32; imagebroker/Doering 263 M4; Mayer 69 M2; Rafael Macia 190 M2. |Meerbach, Katharina, Waltershausen: 251 M5. |Mester, Gerhard, Wiesbaden: 29 .3. |Meyer, Matthias, Paderborn-Elsen: 186 M1. |NASA/GSFC, Houston/Texas: Visible Earth 78 M2. |Naturland - Verband für ökologischen Landbau e.V., Gräfelfing: 101 u.re.. |Nebel, Jürgen, Muggensturm: 189 M5. |Nürburgring Betriebsgesellschaft mbH, Nürburg: 160 M1. |Nußbaum, Dennis, Koblenz: 2, 2, 3, 3, 3, 3, 3, 3, 3, 3, 3, 3, 3, 3, 3, 3, 4, 4, 4, 4, 4, 4, 4, 4, 4, 4, 4, 4, 5, 5, 5, 5, 5, 5, 5, 5, 5, 18 Zitrone, 19, 28, 38 M2, 41, 43, 47, 61, 63, 65, 73, 77, 77 M4, 81, 83, 84, 94 o.li., 95, 97, 99, 101, 101 M4, 108 M1, 114 114 M1 und 129 li.o., 116 M1, 117, 118 /119 u., 118 o., 121, 123 M3, 124 o., 126 m., 128, 129, 145 o., 151, 152, 161, 174, 183, 185, 194 M2, 195, 203, 208, 210 M2, 211, 213, 233, 234, 238 /239 Illu, 245, 247, 254 o.li., 257 Hamburger. |Ortsgemeinde Mörsdorf, Mörsdorf: Ingo Börsch 174 M1; www.stadt-land-plus. de 174 Logo. |OSPAR Commission, London: 150 M2. |PantherMedia GmbH (panthermedia.net), München: Carl-Jürgen Bautsch 62; Frank Röder 55 M1 li.; Walek-Larisch, Gabriele 81 M7. |Paul Glaser Pressefotografie, Berlin: 195 M4. |Pfeiffer, Tom/www.volcanodiscovery.com, St. Wendel: 50 M1. |Picture Press Bild- und Textagentur GmbH, Hamburg: Haderer/stern 259 M3. |Picture-Alliance GmbH, Frankfurt/M.: 89, 243; AA/Muhammed Shekh Yusuf 217 M2; Aflo / Mainichi Newspaper 31 M1; AFP 87 M2, 240 240 M4 und 264.1 2.v.l., 264; akg-images/Garozzo, Alfio 44; ANN/The Star 212 M1; AP Photo/Kropa, Andy 239 M5; AP Photo/Rafiq Maqbool 4, 86 86/87 M3; AP/Alex Washburn 38 M4; AP/Pisarenko, Natacha 199 M2; AP/Vogel, Richard 263 M3; AP/Willens 204 M1; dpa/Andreas Landwehr 237 M2; dpa/ Bernhart, Udo 177 M1; dpa/epa Elta 135 M3; dpa/epa/Made Nagi 241 241 M5 und 264.1 2.v.re., 264; dpa/Ernert, Matthias 241 M7; dpa/Friso Gentsch 264 .2 li.; dpa/Hackemann, Jörg 265 .3 re.; dpa/Justin Lane 183 M3; dpa/P. Steffen 149 M5; dpa/Ruiz, Elizabeth 26 M3; dpa/Wagner, Ingo 150 M1; dpa/Ym Yik 255 M3; epa/ afp/Ugarte 232 M1 re.; epa/Diezins 158 158 M1 und 175.2, 175; Globus 137 M4; HB Verlag/Emmler, Clemens 240 240 M2 und 265.3 li., 265; Helga Lade 217 M1; Imaginechina 200 M1, 202 M2; Mary Evans Picture Library 232 M2; Photoshot 40 M1, 219 M4; Presseamt Frankfurt dpa/lhe 136 M2; rlp-info 48 M2; S. Simon/F. Hoermann 129 re.o.; Thieme, Wolfgang 149 M6; Thomas Frey/dpa 58 M1; Ton Koene 181 M4; ZB/Jörg Lange 189 M7; ZB/K.Schindler 112 M3. |PRO-JECT AUDIO SYSTEMS, Wien: 144 M2 u.. |Proffer, David / Lizenz: CC BY 2.0, creativecommons.org/licenses/by/2.0/: 226 M4. |REUTERS, Berlin: Feisal Omar 90 M3; Finbarr OReilly 232 M1 m.; Ricardo Moraes 225 M5. |Ribbeck, Eckhart, Heidelberg: 210 M1. |Sakurai, Heiko, Köln: 105 .4, 120 M3. |Sander, Winfried, Leimbach: 228 228 M1 und 235.2, 228 228 M1 und 235.2, 235, 235. |Schieber, Roman/commons.wikimedia.org: 162 M1. |Schönauer-Kornek, Sabine, Wolfenbüttel: 13 m., 64 M2, 142 M3 Illus, 142 M3 Illus. |Science Photo Library, München: Parker, David 38 M3. |SeaTops, Pirmasens: Conlin, Mark 261 M4. |Seeber, Christian, Berlin: 189 M6. |Seidel, Sigmar, Koblenz: 128 M1. |Shutterstock.com, New York: D. Hammonds 103 M4 m.re.; DeReGe 152 M1; Joakim Lloyd Raboff 85 .4; Leremy 51 .3; Lucian Coman 74 M1; tcly 5, 236 236/237 M3. |SKODA AUTO Deutschland GmbH, Weiterstadt: 144 M2 o.. |Slow Food Deutschland e.V., Berlin: 97 M3 Logo. |Stabilus GmbH, Koblenz: 246 Info, 247 M3. |Stadt Bingen am Rhein, Bingen am Rhein: 155 M1. |Stadt- und Touristikmarketing Bad Ems e.V., Bad Ems: 164 M1, 164 M3 re.. |Stephan, Thomas, Munderkingen: 44 M3. |stock.adobe.com, Dublin: Guillaume Le Bloas 3, 6. |Ternes, Jens J. Dipl.-Ing., Koblenz: 170 M1 Logo. |Terra-Verde Förderverein e.V. i.G., Kirchheim/Teck: Projekt PATECORE 75 M3. |TransFair e.V., Köln: 110 M2. |Trebels, Rüdiger, Düsseldorf: 33 M6. |ullstein bild, Berlin: VW/AUDI 239 M4; White Night Press/Irina Bernstein 80 M3. |UNICEF Deutschland, Köln: Giacomo Pirozzi 234 M1. |United Nations Photo Library/Department of Public Information, New York: Cia Pak 102 M1. |Vangerow-Kühn, Prof. Dr. Arno, Bad Ems: 165 M4. |Verein Grünwerk, CH-Winterthur: Fischer, Patrick T. 12 M2 li.. |Volkswagen Media Services, Wolfsburg: 264 .2 re.. |Vulkanpark GmbH, Koblenz: 49 M3 c. |Weidner, Walter, Altußheim: 72 M2 A, 72 M2 B. |Wiegand, Alice (Lyzzy)/wikimedia.org - GNU Lizenz für freie Dokumentation, Version 1.2: 144 M2 m.. |wikimedia.commons: 172 u.re.. |Wilken, Thomas: 32 M2 li.1. |Wojsyl/wikimedia.org - GNU-Lizenz für freie Dokumentation, Version 1.2: 131 M1. |www.klimareporter.eu: 107 M1. |www.worldmapper.org, London: 92 M1. |Zweibrücken The Style Outlets, Zweibrücken: 159 M8. |© Europäische Union, Berlin: 149 M4.

Wir arbeiten sehr sorgfältig daran, für alle verwendeten Abbildungen die Rechteinhaberinnen und Rechteinhaber zu ermitteln. Sollte uns dies im Einzelfall nicht vollständig gelungen sein, werden berechtigte Ansprüche selbstverständlich im Rahmen der üblichen Vereinbarungen abgegolten.

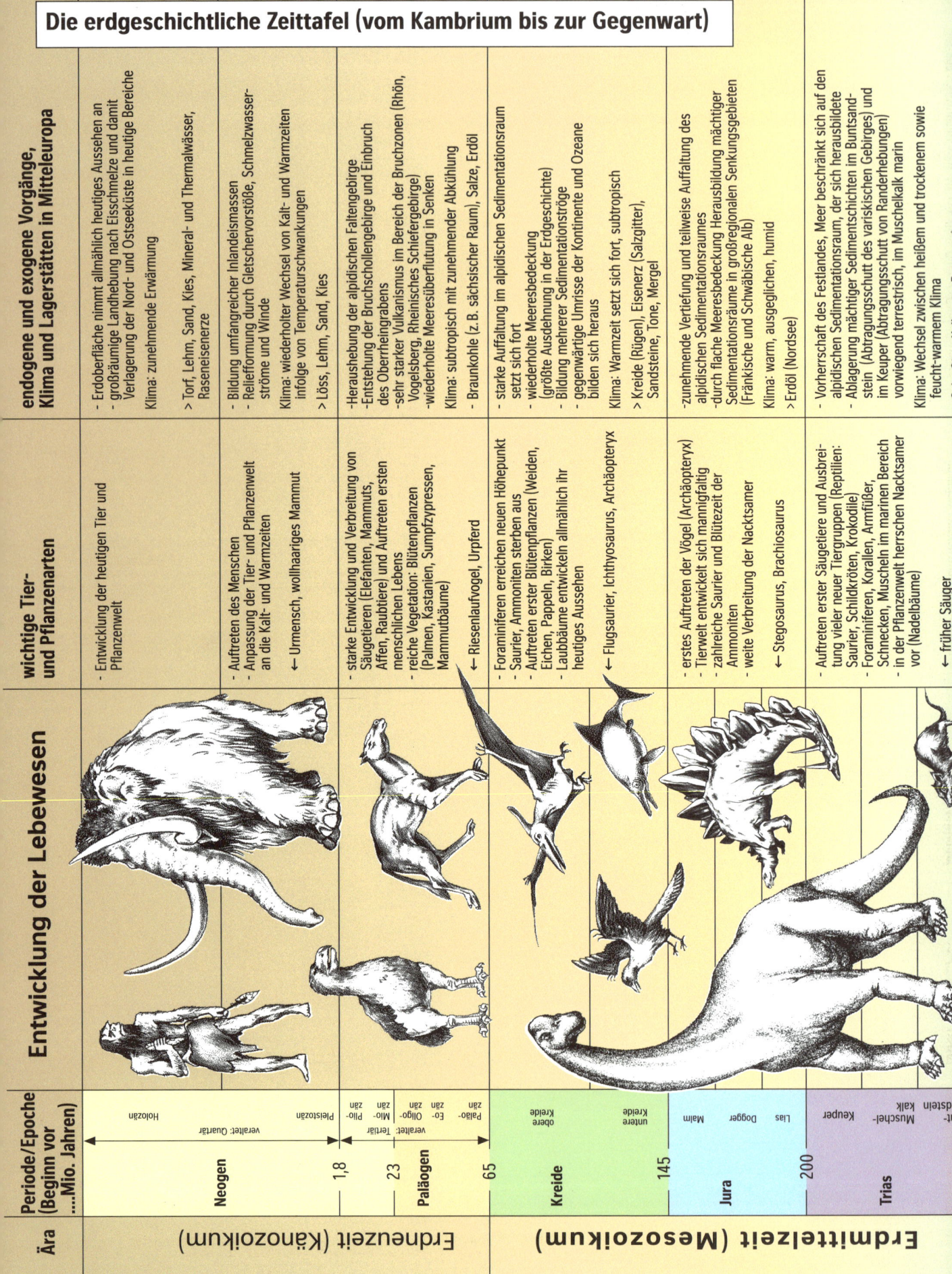